操作介面設計模式 第三版

Designing Interfaces
Patterns for Effective Interaction Design
THIRD EDITION

Jenifer Tidwell, Charles Brewer, and Aynne Valencia　著

張靜雯　譯

目錄

第三版前言

「萬變不離其宗。」

《操作介面設計模式》這本書的初版已經發行接近 15 週年，第二版也已經發行 10 週年了。值得我們看一看哪些東西發生了變化，而哪些東西沒有發生變化，以及這些變與不變對設計介面和使用軟體的人們有著什麼樣的意義。

初版發行後，最大的變化是技術和軟體都在加速成長和傳播，迄今這種趨勢沒有停止。今天，我們日常生活的各個方面幾乎都在與軟體進行互動。不論是工作、休閒、交流、購物、學習等。配備智慧軟體和網際網路連線能力的裝置和事物呈爆炸式增長：汽車、智慧音箱、電視、玩具、手錶、房屋。螢幕的尺寸和類型各不相同，並且在消費類產品上手勢或語音介面出現了爆炸式增長。以全球來說，地球上超過一半的人口可以存取網際網路。最後，軟體正變得越來越強大、更具分析性、更具預測性、更能夠提供更聰明的見解和更獨立地執行。簡而言之，它越來越像我們。

就像其他所有內容一樣，介面設計也會隨著時代的變化而變化。面對不斷增加的複雜性，本書的第三版試圖成為所有介面的完整設計指南，這個任務很龐大，而且沒有完結的一天。

為什麼要寫這本書

當寫第三版《操作介面設計模式》的機會來臨時，我們因為許多原因而感到興奮。首先，多年來，我們經常在同事的辦公桌和書架上看到這本書，這讓我們覺得很驚喜。的確，在過去的十五年中，《操作介面設計模式》一直是許多設計師的資訊和靈感來源，能更新這份巨作讓人倍感榮幸。

本書更新版本的時機點也是正確的，因為技術和我們的數位生活的變化速度已經大幅加快，設計也在快速變化，《操作介面設計模式》需要被更新，這代表著有雙重機會將**本書**的特別之處再進化，使它的重點更加鮮明和新鮮。

在我們說「我願意！」時的願景是這樣的：我們認為設計需要新的指南，新的指南將有助於理解新的軟體設計概念。我們希望編寫一本具有廣泛吸引力的指南，從新手到各行各業經驗豐富的設計師和團隊都可以隨時使用。儘管一本書已不再可能作為所有新興數位管道和專業知識的指南，但我們仍然希望有一個指南能夠成為互動設計的「基礎」。因此，我們決定將第三版重點放在網站和移動裝置的畫面互動設計上。刪除了只適用於一時的內容。最後，我們想編寫一本提供獨特觀點的指南。讓《操作介面設計模式》與眾不同和重要的原因，很明顯是其設計模式。我們添加了一些自己的模式，特別是在人類認知和行為方面會影響設計工作的模式，我們希望這一本指南能將設計模式介紹給新讀者。

設計模式仍然相當重要

我們問自己：「設計和**介面設計**為什麼有關連？」答案是設計模式。設計模式是從人們對軟體的理解和使用方式而來，人類的感官和心理不會改變，這些模式使用的就是人類的感官和心理，而不是與之對抗。模式也經得起時間的考驗，因為它們是以人們想要使用軟體完成的大大小小任務為基礎。人們總是希望在畫面上搜索事物；輸入資料；創建、控制或操縱數位物件；管理資金和付款；並向其他人發送和接收資訊、訊息和檔案。設計模式是畫面上使用者介面的基本建構單元。更重要的是，以模式的角度進行思考，並尋找新興的模式非常符合當今軟體和互動的設計。

軟體就是系統

跟以往相比，現在的設計師、企業家和開發人員以及公司幾乎都擁有一種有效的工具集，可以設計和建構出色的軟體。

設計和軟體世界已經發展成為一種用系統、元件和模組開發的方式了。從頭開始設計或編寫全新的程式碼已不再是常態。有許多使用者介面工具集和框架，可讓您創建以畫面為基礎的介面，而且這些介面可快速適用於多種畫面尺寸。這些元件庫應被視為快速建立紮實根基的一種方法，不要把它們視為設計創新的天花板：它們是地板。

增強軟體功能的服務和中介軟體，也有越來越多是整合獨立所有權與線上運營服務的。當您可以使用 Google、Facebook 和其他註冊服務時，為什麼還要開發自己的註冊系統？當您

可以隨心所欲整合強大、可客製化的商業智慧平台時，為什麼還要開發自己的分析和報告建立軟體？當您可使用 Amazon Web Services 時，為什麼要自己管理移動平台？對於所有人力資源流程、所有 IT 基礎架構也都是如此。我們做著越來越多的組合工作，而不是從零開始。

本書重點：以螢幕為基礎、網站與移動裝置

我們選擇聚焦在以螢幕為基礎的網路和移動設備設計，因為當今的絕大部分設計都以這些為重點。螢幕不會消失，而且未來還會出現更多的螢幕。實際上，我們需要在這些螢幕上顯示的內容的複雜性正在增加，這將進一步考驗我們作為設計師和建構者的技術，總是需要人來設計這些介面。

我們重新設計了視覺設計和互動設計章節，專注於能推動出色設計的基礎理論和實作。本書的其餘部分是模式的討論以及如何應用它們。

我們更新了模式和範例，並提供了說明，以說明它們在當今的重要性。

未加入第三版更新的部分

我們故意沒有談到許多新出現和正在出現的領域。不是因為它們不重要，而是因為它們獨有不斷發展的模式，產生了特殊的設計挑戰。它們各有各自代表的設計領域，市面上也有專注於這些獨特的新領域的設計書籍。若要深入研究這些領域，請尋找一本專門針對該領域的設計書。

語音

我們在家中與電話、汽車和智慧音箱說話，然後讓軟體做我們想做的事，換言之我們是在與機器溝通。若要了解有關語音設計的更多資訊，建議您閱讀 Cathy Pearl 的《*Designing Voice User Interfaces: Principles of Conversational Experiences*》（O'Reilly, 2017）。

社交媒體

社交媒體已經發展成不只是一種讓朋友和家人保持聯繫的方式，它是幾乎成為所有軟體中都存在的溝通、討論和互動層。它徹底改變了商業溝通和生產力。有關更多資訊，請參閱 Christian Crumlish、Erin Malone 的《*Designing Social Interfaces: Principles, Patterns, and Practices for Improving the User Experience*》（O'Reilly, 2015）。

串流數位電視

我們現在所說的電視，是一個我們選擇的螢幕或設備上，播放串流數位影片的娛樂裝置。它的介面已經不止能搜尋和瀏覽。現在，TV 也是一個應用程式，可以存取我們設備上的所有功能和能力。您可以在 Michal Levin 的《*Designing Multi-Device Experiences: An Ecosystem Approach to User Experiences across Devices*》（O'Reilly, 2014）了解更多資訊，繁體中文版為《*Multi-Device 體驗設計 | 處理跨裝置使用者體驗的生態系統方法*》（碁峰資訊, 2015）。

增強實境 / 虛擬實境 / 混合實境

介面和軟體正在成為物理世界之上的一層，或自成一個完全沈浸式的世界。眼罩、眼鏡和其他設備，使我們能夠將數位世界與眼前的事物融合在一起。若要了解更多資訊，請閱讀 Erin Pangilinan 等人的所著的《*Creating Augmented and Virtual Realities: Theory and Practice for Next-Generation Spatial Computing*》（O'Reilly, 2019）。

聊天機器人和交談設計

現在，人性化的軟體助手每天都透過語音、訊息和聊天與我們交談，這些聊天機器人以一種高度自然的方式理解並回應對話。構成這些聊天機器人的軟體，能夠識別資料和語音，還能進行學習和進化，可以接收簡單的資訊請求，並執行幾乎任何商業或情境下的基本任務。為了實現此功能，設計人員必須建立來源資料以及對話框架和場景，這些對話框架和場景能讓聊天機器人進行學習並變得實用。若要了解有關設計機器人和對話的更多資訊，請查看 Amir Shevat 的《*Designing Bots*》（O'Reilly, 2019），繁體中文版為《*設計聊天機器人 | 建立對話式體驗*》（碁峰資訊, 2018）。

自然使用者介面——使用手勢的介面（觸控之外）

這是一個不斷發展的設計領域，著重於利用身體去和技術進行互動。這是一種您可以觸摸、握住、擠壓或揮動的介面；可以透過手、腳的移動或在空間中移動來觸發行為的體驗。

誰適合閱讀本書

我們希望《操作介面設計模式》能夠同時吸引新舊使用者。這本書的目的是讓許多不同的人感興趣和產生價值，它適用於設計初學者、從業人員和管理者、經驗豐富的專業人員和執行人員。它適合那些想要學習、重溫、獲得靈感和嶄新觀點的人。適用於團隊、班

級和個人。它適用於互動設計師、資訊架構師、產品設計師、使用者經驗 / 使用者介面設計師、產品經理、開發人員、品質檢驗工程師、策略師、經理、領導者、顧問、教師、學生，以及任何對設計更好的軟體有興趣的人。

本書架構

本書現在有 12 章，其中有些是新的，另一些被大幅度的更新了。這些章節大多遵循標準的兩部分結構。

介紹與設計討論

每章的前半部分重點放在介紹該主題，然後討論主題延伸部分，其中包括與本章主題相關的設計理論和實作的討論。下半部分的內容，會檢視設計原則、指南和推薦最佳實作。

模式

模式是由元件和功能緊密綁定在一起組成的，有助於使軟體更易用、更實用。每章的後半部分專門介紹精選的軟體設計模式，我們只列出精選的模式，而不是詳盡的列出所有模式，所以實際上還有更多模式。每個模式都分為以下結構：

這是什麼

設計模式的定義。

何時使用

介紹可能的使用場景，解釋使用該模式的環境場景，以及任何特殊考慮或例外。

為何使用

分析設計模式的目的和好處，包括誰可能得到好處，以及可以預期或期望的好處是什麼。

原理作法

描述模式本身的設計及其實作方法，概述如何正確使用模式、以及何時能看出該模式的效果。

最後一部分是來自不同網站和移動裝置的一系列螢幕截圖，這些螢幕截圖展示了目前的模式，每個範例都有各自的描述和分析。

總結

我們相信現在設計和建構軟體的人比以往任何時候都多。現成就有許多可用的工具，所以需要一本介紹新的軟體設計的指南，以使容易理解和易於實作。我們想編寫一本您會想放在辦公桌上使用的網站和移動畫面設計手冊，為初入行的設計師提供指南，以及成為產品經理、工程師和執行管理人員的參考。也希望它能成為有用的參考，成為介面設計領域中一份共用的詞彙表。

消費性軟體體驗已經成為生活中一直會存在的一部分。我們花費了比以往更多的時間在使用軟體介面。軟體介面應該使生活更輕鬆，而不是更困難。

儘管新模式、新設備和新格式正在迅速出現，但現在我們使用的就是螢幕，而且螢幕將長期與我們同在。我們將在螢幕上進行打字、點擊和觸控操作以完成工作、娛樂自己、尋找一些東西、購買一些東西並學習一些東西。我們希望本書中的原理和範例會帶給您知識和信心，去使用這些有效的模式為大眾建立出色的產品和服務、出色的設計和體驗。

—*Jenifer Tidwell*、*Charlie Brewer* 以及 *Aynne Valencia*

本書編排慣例

本書使用下列的編排方式：

斜體字（*Italic*）

    代表新術語、URL、email 地址、檔名，與副檔名。中文用楷體表示。

定寬字（`Constant width`）

    列出程式，並且在文章中代表程式元素，例如變數或函式名稱、資料庫、資料型態、環境變數、陳述式及關鍵字。

致謝

感謝我們的技術審核員 Erin Malone、Kate Rutter、Frances Close、Christy Ennis Kloote、Matthew Russell 和 George K. Abraham。

感謝 Christian Crumlish 給我們這次機會,也非常感謝 O'Reilly 的 Angela Rufino 和 Jennifer Pollock。

Aynne Valencia:我想感謝 IxD@CCA 的一流教職員工,以及我多年來在 SFSU、CCA 和 GA 任職的學生:你們一直是我靈感的泉源,並給我帶來了無盡的希望。最重要的,我要感謝我的丈夫 Don Brooks,謝謝他在我人生旅途中一路支持相伴。

Charlie Brewer:我要感謝以下人員:O'Reilly 的人員,讓我有機會嘗試專業的新事物;SpaceIQ 的產品團隊,讓我能有靈活的工作排程;尤其特別感謝鼓勵我的家人和朋友。

為使用者做設計

本書內容幾乎全部都在講應用程式、網路應用程式與互動裝置的外觀和行為。但這個第一章卻是例外。本章沒有螢幕截圖（screenshot）、沒有版面配置（layout）、沒有導航設計、沒有示意圖、沒有視覺物件……全部都沒有。

為何沒有這些東西呢？畢竟，您從書架上拿起這本書的原因，就是因為想看這些東西呀！

在這開頭的第一章中，我們將要強調使用者使用軟體的目的和結果。具體來說，您將會瞭解到在設計網站、應用程式和介面時，對使用者來說的重點是：

- 使用者使用您的網站或應用程式的整體目的。
- 為達成那些目的而做的任務拆分。
- 使用者對於特定主題或領域的認知。
- 使用者用來思考或討論主題的語言。
- 在做這件事時，使用者所擁有的技能程度。
- 使用者對於該主題的態度。

好的介面設計不是從圖開始，而是從瞭解使用者開始：使用者喜歡什麼、為何使用某個軟體、使用者可能如何和軟體互動。您越瞭解「使用者」，就會越能理解他們，就越能為他們設計出合用的軟體。畢竟，軟體只是使用者為了達到目的所使用的工具。越能滿足這些目的，使用者就會越快樂。

本章中將會列出達成這個目標的一種方法，這種方法涵蓋四個面向。這些並不是建立一個偉大設計一定要遵守的規則或需求，而是讓您和您的團隊可循這些面向打造一個計劃，這樣的計劃將幫助您專注於解決目標客戶所關注的問題。幫助您決定對於您的專案或是公司

來說，要花多少時間才是適當的。經常回顧這些面向，將有助維護您心中的關鍵重點，讓每個人聚焦在為使用者建立出傑出的成果，特別是在使用者介面（UI）設計的部分。

用來理解如何為使用者做設計的四個面向是：

情境
> 您的使用者是誰？

目標
> 他們想做什麼？

研究
> 理解內容或目標的方法

模式
> 與介面設計有關的認知和行為

情境

為使用者做設計的第一步也是最重要的一個主要面向，是為您的設計意向去瞭解使用者的背景。互動設計的第一步是從定義與瞭解誰會使用您的系統開始。具體來說，要依使用者的企圖，以及帶著怎樣的期待、帶著多高的相關知識或領域資訊，以及使用軟體有多專精的程度來決定您的設計。

瞭解您的使用者

在介面設計的領域中，有一句格言是這麼說的：「您並不是使用者」。

所以，這一章要討論的主題是使用者，內含涵蓋幾個重要簡短的概念，並會討論幾個本書中會看到的幾種不同模式。這些模式用來描述一些您設計的軟體可能需要支援的人類的行為（相對於系統行為）。支援這些人類行為的系統更能幫助使用者達成他們想要的目的。

互動即溝通

每當某人使用一個應用程式或數位產品時，該機器上總是備有一種溝通的方法，溝通的方法可能是文字，例如命令列或選單。也有可能是用意會的，例如藝術家在顏料和畫布間進

行的「對話」（即藝術家在其半成品上加入或移走東西）。在社交軟體上，這種對話甚至可以透過代理進行。無論如何都是 UI 負責協調這種對話，幫助使用者達到心中想要實現的目標。

這裡有幾個重點：

- 對話必須要有兩端參加：使用者和軟體。

- 存在一種持續往來的資訊交換。

- 交換是一連串的請求、命令、接收、處理與回應。

- 人類在對話中需要持續地回應介面，以確認事情正常的進行中，輸入有被處理，而且在當下朝著目標持續地處理中。

- 為了讓回應循環可以正常運作，軟體（無法做到像真正的人類那樣自然和反應，至少目前還無法做到）應該要被設計成一個模擬的溝通對象。它應該要能被另外一端所理解，應該要能表達它在等待中（當它處於「聆聽」階段時），當它在回應階段時，回應可以容易被理解。在另一個層面上，後續可能需要有一些預期步驟或建議，就像一個體貼的友人對其他人所做的幫助一樣。

身為一個 UI 設計師，您必須去描述那種對話，或至少定義怎麼稱呼那些對話。如果您要做的是描述一段對話，您也必須充份認識使用者那一端才行，使用者的動機和企圖為何？使用者會使用哪些文字、圖示以及手勢上的所謂的「詞彙」？應用程式要如何認定使用者的合理期待？使用者和機器要如何有意義的相互溝通？

設計適合您的使用者的內容和功能

在開始設計流程之前，請先思考您整個方法。請想一想整體的介面互動形式要怎麼設計。

當您在針對某個指定主題與某個人進行溝通時，會依自己對另外一個人的瞭解，去調整您所說出的話。您可能會考慮對方有多注重這個談話主題，對方是否已經熟悉該主題，對方有多想從您這裡學到東西，以及對方是否一開始就對主題感興趣。如果您搞錯了其中一點，那麼壞事就會發生，例如對方可能覺得被看輕、無趣、沒有耐心或困惑。

這樣的思考可以給您一些明確的設計方向。例如，在您的介面上使用專業術語，應該要配合使用者的知識水準；如果某些使用者不知道該詞彙，請指引他們一個學習不熟悉詞彙的方法。如果使用者不太會操作電腦，請不要逼他們去使用複雜的控制介面或不常見的介面設計。如果使用者的興趣不高，也請接受這一點，不要為了很少的回報而付出過多的努力。

這些思考以微妙的方式融入到整個介面設計中。舉例來說，您的使用者期待能對非常具體的內容進行非常簡明專注的交流，還是他們更希望自由探索？換句話說，要把介面的開放性做到什麼程度？若是太少，您的使用者會覺得被綁手綁腳和不滿意；若是太多了，他們會不知所措，不知道下一步該怎麼做，對於開放性這麼高的互動感到手足無措。

所以，您應該決定要讓使用者行動上有多少自由度。軟體安裝精靈是個自由度很低的例子：使用者執行它時，除了下一步、上一下和取消之外，不能控制其他任何東西。它的工作重點明確、針對性強，論其效能與速度，也是相當令人滿意。另一種應用程式例如 Excel，就是自由度很高的例子，它的介面像是一種「開放空間」，顯示著大量的功能。使用者在一段時間內可以完成數以百計的工作。它的優點是，能自我學習、具有技術能力的使用者可利用該介面做到很多事。這種介面在另一種完全不同的面向上，一樣也相當令人滿意。

技術能力

使用者目前是否已把您的介面使用淋漓盡致？他們願意花多少學間學習您的介面呢？

您的使用者有可能每天工作都要使用這個介面，假以時日他們必然會成為專業的使用者，但同時他們也會變得容易因為一些小插曲而覺得不開心。您的使用者也有可能只會偶爾使用您的介面，只會學習到相對滿意的程度，也相對比較能忍受使用上遇到的困難。又或許使用者只會使用您的介面一次。您必須誠實的回答這個問題：您是否可以期待多數使用者會變成中階或專業使用者，或大多數使用者永遠都會停留在初學者的程度。

底下是一些設計給中階到專業使用者的軟體：

- Photoshop
- Excel
- 程式碼開發環境
- 網頁伺服器的系統管理工具

相對來說，以下的軟體被設計成使用者偶爾才會使用：

- 在遊客中心或博物館的自動販賣機
- Windows 或 macOS 用來設定桌面背景的控制介面
- 線上商店的購買頁面
- 軟體安裝精靈
- 自動櫃員機（ATM）

這兩類軟體的差異可是天差地遠，這些介面中融入了很多對使用者的工具知識的假設，呈現於畫面空間配置、功能標示、集成小工具以及提供（或未提供）協助功能的地方。

第一種分類中的應用程式擁有很多複雜的功能，但它們通常不會一步步的帶領使用者完成工作。它們假定使用者自己已經知道要怎麼做，它們會著重在使工作有效率，而不是學習性：它們通常會有大量的文件，或是條列式（其中有些是命令列應用程式）。通常會有很多書以及課程來講述如何使用它們，這些軟體的學習曲線是陡峭的。

第二種分類中的應用程式則是相反：功能有限，但使用過程中都有說明。它們以簡單的介面呈現，不假設使用者已經懂得如何使用文件式或是命令式應用程式（例如，選單欄或是多選功能等），常會跳出「精靈」吸引使用者的注意力。關鍵的差異點在於使用者沒有動機去學習這種應用程式，因為不值得花時間學！

現在您已看過了兩種極端，現在請看一下位於中間的應用程式吧：

- Microsoft PowerPoint
- Email 使用者端應用程式
- Facebook
- 撰寫部落格工具

事實上，大部分的應用程式都在這種中間分類中，這類的軟體需要好好地服務兩端的使用者，一方面要讓新手使用者可以學習工具怎麼用（同時讓他們馬上達到目的），一方面要讓經常使用的中階使用者可以順利完成工作。這些軟體的設計者心裡知道人們不會上三天的課去學習一個 Email 使用者端應用程式，而且軟體的介面還要能撐得住大量使用者。所以人們要能快速學習基本操作，達到他們想要的熟練程度，而且直到他們想做些特別不同的事之前，都不用再學什麼了。

您可能某天會發現自己同時身處於頻譜的兩端，一方面您希望使用者可以打開您的應用程式馬上知道怎麼用，但是您還是希望盡可能的支援使用頻率高以及專業的使用者，請在其中找到您的平衡點。在第二章的組織模式（例如**協助系統**）可以幫助您同時滿足這兩端的需求。

目標：介面存在的意義是讓使用者達成目標

每個使用工具（軟體或其他的工具）的人，都有一個使用的目的，這些目的就是他們的目標。這些目標可能是以下的結果：

- 找出一些事實或物件
- 學習某種知識
- 執行交易
- 控制或監看某個東西
- 建立某個東西
- 和其他人交流
- 想找些樂子

習慣用法、使用者行為和設計模式可以幫助達成這些抽象目標。使用者體驗（UX）設計師知道如何幫助人們在大量網路訊息中搜索特定事實的方法，他們也知道要如何呈現任務，才讓人輕鬆完成任務。他們一直在學習如何建立文件、範例和程式碼的方法。

詢問原因

設計一個介面的第一步，就是弄懂使用者真正想要完成什麼事。比方說，填寫一張表格，絕對不是為了填表而填表，人們之所以會填寫表格，是因為他們想要在線上買東西、更新駕照或者安裝軟體。他們其實是在執行某種交易。

問對正確的問題，可以幫助您把使用者目標連結到設計程序（design process）上。使用者和顧客通常會告訴您他們想要什麼「功能」或「解決方案」，而不是告訴您，他們「需要什麼」以及「問題是什麼」。當使用者或顧客想要某項功能時，您得問他為什麼想要這項功能，以便判斷他到底想幹嘛。然後，對於這個問題的答案，再問他一次「為什麼想這麼做」；然後進一步再問一次，直到您超過當前設計問題的邊界才停下來。[1]

設計的價值：用正確的方法解決真正的問題

如果已經握有清楚的需求列表，為何您還要去問這些問題呢？因為如果您喜歡設計東西，您很容易就會陷入一個有趣的介面設計問題而不自知。或許您很擅長建立表單，用來詢問

1　這項原理是依據一個相當著名的技巧，名為「**根本原因分析法**」（*root-cause analysis*）。但是，根本原因分析法原本用於修正一個組織的失敗處，而我們在這裡是用這個分析法中（大約）「五個為什麼」，來瞭解使用者的日常行為與功能需求。

使用者一些正確的資訊，也懂得運用正確的控制元件，畫面配置也很完美。但是介面設計真正的藝術卻在於解決正確的問題，意義是幫助使用者達到他們的目標。

所以請不要沈溺於設計表單，如果有辦法讓使用者不填寫表單就可以完成交易，那就丟掉表單吧！這讓使用者更接近他的目標，他可以省下花在這上面的時間和力氣（或許也能省下您的時間和力氣）。

讓我們繼續用這種詢問「為什麼」的方法，深入地挖掘一些典型的設計狀況：

- 為何中階經理人要使用電子郵件客戶端軟體？是的，當然是為了要「閱讀郵件」。為什麼他們要收發電子郵件？是因為要和他人溝通。當然，用其他的方法也可以達到溝通的目的，可以用電話、在大廳聊天，或用公文往返。但是很明顯地，電子郵件能夠滿足一些需求，是其他方法達不到的。這些是怎樣的需求？為什麼這樣的需求對他們很重要？是隱私嗎？是把對話存檔的能力嗎？是一種社交慣例嗎？還有沒有別的可能？

- 有個爸爸連上一個線上旅行社網站，鍵入全家打算在夏天去度假的某個城市名稱，他試著調查不同日期的機票價錢。他從找到的結果中學習經驗，但他的目的並非只是瀏覽探索不同的選擇而已。為什麼？他的目的是想做一筆交易：買機票。再深入問為什麼？他可選擇許多其他不同網站，或者直接打電話和活生生的旅行社人員溝通。但究竟這個網站有什麼特點，值得他捨棄其他的可行方案？比較快嗎？更友善？還是比較有機會找到便宜的機票？

- 有時候，做目的分析還是不足。一個滑雪網站可能會提供資訊（供人學習）、線上商店功能（交易）、以及一些短片（娛樂）。假設，有人到訪這個網站並準備購買東西，但是她被滑雪板技巧的資訊所吸引而忘了買東西，代表她的目的從購買東西變成了瀏覽與學習。或許她之後會再回來買東西，或許就不買了。還有，提供娛樂的部分，是否能成功地娛樂十二歲和三十五歲的客群？會不會反倒讓三十五歲的顧客離開此網站到別處購買雪板（如果網站讓他覺得不舒服的話）？或者三十五歲的顧客根本不在乎？將研究目標框架擴展到包括特定產品購買週期可能會幫上很大的忙。您的雪板客戶在週期不同的階段，可能會抱著不同的目標。或者，您也許會想要構思如何在品牌與客戶間建立長期忠誠度，這可以藉由培養身分認同、建立社群以及崇尚某種生活方式的方法來達成。

其實很容易誤將使用者想像成沒有特色的「使用者」，錯誤地將他們想成只會依據一套簡單使用流程來行動、而且只想達成一個任務的使用者，但是這樣並不能反應使用者的實際情況。

想要做好設計，您需要考量許多「軟性」的因素：期望、個性、偏好、社會背景、信仰與價值觀。這些因素都會影響到應用程式或網站的設計。在這些軟性因素之中，您或許可以找到讓您的應用程式更突出、更成功的關鍵功能或設計要素。

所以，請發揮您的好奇心。悉心研究，找出您的使用者真正喜歡什麼，以及他們真正的想法和感覺。

研究：瞭解使用者和目標的幾種方法

在設計的過程中，研究是瞭解使用者的起點，唯一能取得這方面資訊的好方法是實驗發現（Empirical discovery）、一對一訪談這類的定性研究。這類研究可為您得到使用者的期望、語彙以及他們的工作結構。通常您可以從聽到的東西中找出模式，這些模式可為您的設計指引方向。而市場調查之類的定量研究，可提供您數種驗證或排除您從定量研究中找到的資訊。

在開始設計之初，您將必須找出使用者的特徵（包括前面所談到的軟性因素），而最有效的方法，就是與使用者直接見面。

當然，每個使用者群體都是獨一無二的。比方說，一個新的手機應用程式的目標群眾，一定會和科學用途軟體的目標群眾有相當大的差異。即使有人同時使用該手機應用程式和科學軟體，他對於兩者的期盼也會不同，以研究人員的身分來說，他寧願科學用途的軟體功能強大，卻不在乎使用者介面是否美觀；但是同一個人如果覺得新手機應用程式的使用者介面太難用，他可能過幾天就放棄使用了。

每位使用者也都是獨一無二的。某甲覺得困難的事，某乙卻可能覺得輕而易舉。訣竅就在於釐清使用者的普遍行為，這代表研究的使用者的數量要足夠，才能將一些怪癖從共通的行為模式中剔除。

特別是，您會想知道：

- 他們使用您的軟體或網站想達成的目標
- 要達到這樣的目標，他們需要進行哪些特定任務
- 他們用哪些語言和文字描述他們正在做的事
- 他們使用軟體的技巧是否與您所設計的方式相近
- 他們對於您的設計抱著怎樣的觀感，不同的設計又會如何影響他們的觀感

我無法告訴您，您的目標使用者會是什麼樣的人。您必須自己去找出他們會用軟體或網站去做哪些事，以及這些事在使用者生活中的意義。儘管這是件困難的事，但請您試著去描述潛在的使用者究竟是如何以及為何使用您的軟體。這麼做之後，由於使用者族群不同，所以可能會得到數個不同的答案；這是很正常的。您可能很想兩手一攤說：「我怎麼知道使用者是誰？」或者說「任何人都是潛在的使用者！」，但這樣的態度無助於設計上的聚焦，若無法具體而詳實地描述這些人，您的設計有如在沙台築高塔。

不幸的是，在設計的初期會花費許多時間和資源在做這種「使用者探索」，特別是當您完全不知道使用者是誰，或是完全不知道他們為何要使用您的設計時，將在未來花費更多時間和資源；這是一種投資，因為您和團隊越瞭解使用者的話，就能設計出更好的東西，獲得長期的回報：解決了使用者真的想解決的正確問題。

幸運地，市面上有許多書籍、課程與方法論可以幫助您。雖然本書並沒有在使用者研究上著墨太多，但是這裡提供您一些方法和可思考的方向：

直接觀察

面對面會談，以及線上訪談使用者，可以帶領您直接進入使用者的世界。您可以向使用者詢問他們的目標，以及通常會做些什麼事。通常採取「田野調查」，到使用者實際利用軟體的地方（例如，工作場所或住家），訪談可以是有結構的（事先擬好問題），也可以是沒有結構的（觀察現象而伺機發問）。關於訪談，您具有很大的彈性，次數可以很多，也可以很少；時間可以很長，也可以很短；可以做得很正式，也可以用非正式的方式；可以透過電話，也可以當面訪談。訪談是很棒的機會，能夠學到您所不知道的事。請去詢問使用者「為什麼」，並更深入地一直問下去。

案例研究

案例研究能讓您深入詳細觀察具代表性的使用者或群體。有時候可以透過這種方式來推論「極端使用者」將如何把軟體的能耐推到極限，尤其是在重新設計既有的軟體時。您也可以做橫跨時間的研究，這種研究會使用幾個月、至幾年下來的狀況變化。總而言之，如果您為單一使用者或網站設計客製軟體，您會想要盡可能地瞭解確切的使用情境。

問卷調查

問卷調查可以收集到來自許多使用者的資訊，您可以取得統計上有效的使用者的問卷調查數量。因為不是直接對人接觸，所以您會失去很多額外的資訊，只要沒問到的問題，您就不會知道該項資訊。但透過問卷調查，確實可對您的目標群眾的某些方面有相當清楚的瞭

解。問卷的設計相當重要，必須相當謹慎。如果您想要可靠的數字，而不只是目標群體的大略感受，您絕對要設計出正確的問題、挑選正確的調查對象、用正確的方式分析答案，這是一門學問。

您 可 以 到 Writing Good Survey Questions（*https://oreil.ly/P5o1n*） 以 及 Questionnaire Design Tip Sheet（*https://oreil.ly/7vbqD*）找到更多關於如何訂出有效問卷的指引。

人物誌

人物誌（Persona）並非收集資料的方式；是當您拿到資料後，可以使用人物誌釐清要怎麼處理資料。這是一種用來「建模」目標群眾的設計技巧。對於每一個主要的使用者族群，您會為這個族群建立一個虛構的人物，這個人物具有該族群中最重要的代表面向：他們試著完成什麼工作、他們的最終目標為何、他們在目標領域有何經驗、他們的一般性電腦技能程度如何。人物誌可以幫助您集中焦點，在您設計的過程中，您可以問自己一些問題，像是「這個虛構的人會去做這件事嗎？他會改做什麼事？」。

設計研究並不等於市場研究

各位可能會注意到設計研究中的一些方法和主題，聽起來像是市場研究，例如訪談和問卷調查。它們有著高度的相關性，例如找出重點族群可能會很有幫助，同時也要很小心。在分組時，並不是每個人都會提出自己的意見，可能只有一到兩個人主導整個討論，讓您產生一些誤解。市場研究中的市場區隔（market segmentation）的概念，則很類似我們去定義目標群眾（target audiences）的行為，只是市場區隔是由人口變數區隔、心理性市場區隔和其他特徵定義的。介面設計的目標使用者則是由他們的任務目標與行為定義的。

這兩者的重點都放在想要盡可能瞭解使用者，對身為設計者的您來說，就是試圖去瞭解使用軟體的人。而身為市場研究專家則是想知道哪些人會購買產品。

想瞭解使用者與系統互動的真正原因，並不是一件容易的事。使用者並非都具有足夠的語言和自我思考能力，能解釋清楚他們為什麼想要完成目標；您們需要花費不少心力，才有辦法從他們告訴您的事情中找出有用的設計概念，因為自我的觀察通常都會稍有偏頗。

這些技巧有些是相當正規的技巧，有些則不是。正規方法與定量方法相當具有價值，因為這是一門好的學術科學。只要應用得宜，這樣的方法可以幫助您看到正確的世界，而不是您所認為的世界。如果您用雜亂無章的方式做使用者研究，沒有考慮到偏差的影響（例如，使用者的自我選擇偏差），最後所得到的資料可能無法反映出實際目標群眾的狀況，長期下來對您的設計必定有害。

但是，若您沒有時間用正規的方法，請和少數幾個使用者碰個面，這樣也比完全不瞭解使用者來得好。和使用者談話是有好處的。如果您能站在使用者的角度思考，並能想像這些人會使用您所設計的介面，您就會設計出更好的東西。

模式：與介面設計有關的認知和行為

接下來要講的模式，是指面對軟體介面時多數人會怎麼想或怎麼做。即使每個個體有所差異，人類行為依然可以預期。設計師們已經做了多年的網站訪客觀察以及使用者觀察；認知科學家以及其他的研究者則花了數百個小時看著人們如何做事，以及他們對於正在做的事有什麼看法。

所以，當您觀察您軟體的使用者時，或會進行任何您希望在新軟體中的活動時，您可以期待看到他們做出特定的幾個行為。在做使用者觀察時，經常會看到下面列出的行為模式，特別是當您認真找尋這樣的行為時，更是隨時可以看到。

Note

模式狂人請注意：這裡所講的模式和本書其他部分所講的模式是不一樣的，這裡的模式指的是人類行為（而不是介面設計的元素），也不像其他章節的模式一樣正規；所以也不會像其他章節中的模式一樣清楚說明，此處只會用小段文字介紹而已。

同樣地，若能良好地支援下面這些模式，將可以幫助使用者更有效地達到目標。而這裡的模式也不只關於介面。有時候是涵蓋整個軟體產品，包括介面、底層架構、功能選擇、說明文件等等。這些東西的設計都需要從行為的觀點來考量。您身為一名介面設計師或互動設計師，您應該和您的工作團隊中的其他人思考的一樣詳盡，因為在團隊中，您或許是最適合代表使用者的人。

- 安全探索（*safe exploration*）
- 立即喜悅（*instant gratification*）
- 足夠滿意（*satisficing*）
- 中途改變（*changes in midstream*）
- 延滯選擇（*deferred choice*）
- 漸進建構（*incremental construction*）

- 積習難改（*habituation*）
- 零碎空檔（*microbreaks*）
- 空間記憶（*spatial memory*）
- 預期記憶（*prospective memory*）
- 流暢重複（*streamlined repetition*）
- 只用鍵盤（*keyboard only*）
- 社交媒體、社交證明與協作（*Social Media, Social Proof, and Collaboration*）

安全探索（Safe Exploration）

> 「讓我可以探索，不會迷路，不會遇到麻煩。」

當某人覺得自己可以探索一個介面而不會遭受可怕的後果時，他們可能會比不探索的人學到更多的東西，並且對此感到更加積極。好的軟體可以驅使人們嘗試一些陌生的東西，然後退回原點，然後再嘗試其他的東西，過程中不會感受到壓力。

所謂的「可怕的後果」甚至不一定很糟糕。只是單純覺得很煩，也可能就足以把我們嚇跑，不願意再度嘗試。像是必須關閉不斷彈出來的視窗、必須重新輸入被誤刪的資料，必須在網站無預警大聲播放音樂時趕快關掉聲音，這些都會造成不良的感受。當您設計任何軟體的介面時，要開闢許多可行的探索途徑，讓使用者可以體驗，又不需要付出代價。

基於可用性專家 Jakob Nielsen 的研究[2]，這種模式包含了幾項最有效的使用準則，這些準則有：

- 清楚的系統狀態
- 系統與真實世界的匹配
- 使用者控制與自由

2　Nielsen, Jakob. "10 Usability Heuristics for User Interface Design," *Nielsen Norman Group*, 24 Apr. 1994. *www.nngroup.com/articles/ten-usability-heuristics*.

下面是一些安全探索的例子：

- 攝影師在影像處理應用程式中試用了一些新的影像濾鏡，試用後他覺得他不喜歡這樣的結果，所以他按了幾次「復原」，讓影像回到原本的樣子。然後他又嘗試了一些濾鏡，每次他都可以回到之前的樣子（這個模式名為*多層復原*（*Multilevel Undo*），第 8 章會介紹到）。

- 一名新訪客到了公司網頁首頁，會想試著點點看不同連結，看看到底那裡有什麼，並相信「上一頁」按鈕總是可以帶他們回到主頁。不會有額外的視窗或彈出的視窗，而且「上一頁」按鈕總是不會辜負他的期待。您可以想像，如果網站應用程式對於「上一頁」所設的行為不一樣時，或是應用程式提供了類似「上一頁」的按鈕，但是做的卻不是做「上一頁」該做的事，這樣就會導致混亂，正在瀏覽的使用者，方向感可能會被擾亂，然後可能就徹底放棄嘗試了。

立即喜悅（Instant Gratification）

> 「我想要完成某件事，是現在，不是以後。」

人們喜歡看到自己的動作有立即的結果，這是人類的天性。如果我們開始使用某個程式，並且能在幾秒內就得到「成功的體驗」，我們會覺得相當高興，繼續使用的機會就會相當高，即使之後變得越來越難也一樣。人們會覺得對應用程式、對自己都越來越有自信；這比事先需要花一段時間弄清楚怎麼使用應用程式好多了。

有許多在設計上延展可支援「立即喜悅」的需求，比方說，如果您能夠預測到新使用者第一件會做的事，就應該在 UI 設計時，把第一件事情設計成出奇的容易。比方說，如果使用者的目標是建立某種東西，那就建立一塊新的畫布，在畫布上放一個直接開始工作的行動呼籲，並在畫布旁邊放一個調色盤。如果使用者的目標是完成某件工作，則請直接為他們指引出開始處。

這也意味著，您不能將介紹性的功能隱藏在任何需要細讀或等待的東西之後（像是註冊、一連串的指令、載入很慢的畫面以及廣告等等）。請不要使用這些需要等待的東西，因為這會讓使用者被阻擋，不能夠很快地完成第一件事。

所以重點就是，預測使用者的需求，提供他們明顯的進入點，先為他們提供價值，再要求他們回報有價值的東西（如索求郵件地址，或向他們推銷東西）。

足夠滿意（Satisficing）

「這已經夠好了，我不想花更多時間學習如何用得更好。」

當人們看到新的介面時，他們不會有條理地細讀介面上的所有資訊，然後才決定「我認為這個按鈕最有機會完成我要做的事」。相反地，使用者會快速地掃描介面，直接挑選第一個看起來好像有可能的按鈕，然後就按下去了（即使這個按鈕可能是錯的）。

足夠滿意（*satisficing*）是由滿意（satisfying）和足夠（sufficing）所組成的，是社會科學家 Herbert Simon 於 1957 年所創造的詞，他用這個詞來描述各種經濟和社會狀況下的人類行為。如果學習所有替代方案需要花費時間與精力，人們就會願意接受「夠好」，而不願意追求「最好」。

一旦您明白「剖析」一個複雜的介面需要進行的腦力工作有多繁重，您就會瞭解「足夠滿意」實際上是相當理性的行為。正如同 Steve Krug 在他的《*Don't Make Me Think, Revisited: A Common Sense Approach to Web Usability*》（New Riders, 2014）一書中所提到的，人們不想思考，除非有必要，只要行得通就好了！但是如果使用者馬上看到介面上顯示出一個或兩個可能的明顯選項，他就會傾向試試看。這有機會是正確的選項，就算不是，成本也很低，只要回頭嘗試其他的東西就好了（假設介面支援「安全探索」）。

對設計師來說，這意味著幾件事：

- 在介面上使用「行動呼籲」，以提供第一步該先做什麼事情的指示，像是：在此輸入文字、拖曳一張相片到這裡、點擊此處以開始……等等。

- 標籤文字要盡量短、措辭清楚、一看就懂（這包括選單項目、按鈕、連結，以及任何其他文字）。人們會快速掃描這些文字，並猜測其意義；請將文字寫成使用者可以一看到就懂。如果猜錯多次，使用者會很挫折，您們之間的關係一開始就被打壞了。

- 利用介面的配置來溝通意義。第四章會詳細解釋如何做到這一點。使用者會從視覺上「剖析」顏色和格式，而且跟隨這類線索，這類線索會比需要閱讀的文字標籤更有效率。

- 讓使用者能在介面上輕鬆移動，特別是要回到之前容易下錯誤決定的地方。請提供使用者逃生門（參見第三章）。在典型的網站上，使用「上一頁」按鈕是件很容易的事，所以，對於網路應用程式、安裝程式精靈和行動裝置來說，設計容易使用的「往前 / 往後」導航功能真的很重要。

- 隨時要記得，複雜的介面會導致新的使用者付出相當高的認知成本，眼睛看到的東西越複雜，會促使非專家使用者尋求足夠滿意：他們會尋找第一個可行的東西。

足夠滿意會導致許多使用者在使用系統一陣子之後，養成一些奇怪的習慣。很久以前，使用者可能學習使用 A 路徑來完成一件事，後來新版本雖然提供了 B 路徑，而 B 路徑是更好的替代方式（或是 B 路徑一直存在），但是使用者卻不想學 B 路徑，學習畢竟要花時間，所以繼續使用比較沒有效率的 A 路徑。這並非沒有理性的選擇，因為打破舊習慣，學習新東西需要花力氣，對於使用者來說，為了一點點小改進不值得進行學習。

中途改變（Changes in Midstream）

> 「對於我剛剛做的事，我改變主意了。」

偶而，人們會在事情做到一半的時候，改變主意。可能原本走進房間是為了要找一把鑰匙，但是還沒找到，卻先看到報紙而讀起報紙來了。或者使用者到 Amazon 的網站原本想查商品評價，最後卻買下一本書。或許使用者只是被什麼吸引了注意力，也或許是刻意做出改變。不管怎樣，使用者正在使用您所設計的介面時，他的目的隨時可能會改變。

這意味著，對於設計師來說，應該提供機會讓人們這麼做。請提供其他選擇，不要讓使用者陷入缺乏選擇的環境。除非您有很好的理由，否則請保留連結到其他頁面或功能。這類理由的確還是存在，請見精靈模式（第二章）與強制回應面板（第三章）的範例。

您也可以把下面的步驟設計成使用者容易操作的步驟：啟動一個程序、半路停止、稍後回來、繼續之前的進度，這常常被稱為「reentrance」（再度進入）。比方說，一名律師可能拿著一台 iPad，正在表單上輸入資訊。然後有位客戶來了，律師必須關閉這個裝置，打算稍後回來繼續填完先前的表單。已被輸入的資訊不應該遺失。

為了要支援再度進入，您可以讓對話視窗與網站表單記住先前輸入的內容，而且這樣的對話視窗通常不必是強制回應式的（modal）；如果對話視窗不是強制回應式，使用者就可以把對話視窗拖放到一邊，稍後再處理。對於建構器形式的應用程式，如文字編輯器、程式開發工具，以及繪圖程式等，都支援讓使用者同時處理多個專案，因此可在進行其中一個專案的時候，旁邊放著許多其他專案。請參見第二章的多工作空間（*Many Workspaces*）以瞭解更多資訊。

延滯選擇（Deferred Choice）

「我現在不想回答問題；快點讓我完成就是了！」

這一點源自人們對於「立即喜悅」的渴望。如果您在使用者試圖完成一件事的過程中，向他詢問一些不必要的問題，他寧願先略過這些問題，事後再回答。

比方說，有些 web 電子佈告欄，想使用電子佈告欄的人必須要先透過又長又複雜的註冊過程，包括輸入暱稱、電子郵件帳號、隱私喜好、頭像（avatar）、自我介紹……諸如此類。「但我只是要貼一個小小的佈告呀！」使用者很痛苦地說。為何不讓使用者略過大部分要求，只回答最少的問題，以後回來（如果還會再回來的話）再把剩下的問題填寫完畢呢？否則，他可能要在這裡耗上半個小時，回答沒完沒了的問題，還得挑選一張完美的頭像。

另一個範例則是在網站編輯器中建立新專案。有些事情我們的確會事先決定，例如專案名稱，但有些選擇（例如要把完成的網站專案放在哪一台伺服器上？我還不知道啦！）可以之後再決定。

也有的時候，我們只是單純地不想回答。有時候，則是因為使用者沒有足夠的資訊可以回答。試想，如果一個音樂創作的套裝軟體，在您還沒開始寫出半個音符的時候，劈頭就問您新曲的曲名、音調、節拍……您要怎麼回答？（參考蘋果的 GarageBand 應用程式，它就是有這麼「良好」的設計）。

雖然可能不見得容易實作，不過介面設計的原則相當容易理解：

- 不要讓使用者一開始就面對太多選擇。
- 在使用者真正需要的表單上，清楚地標示「必要欄位」，並盡量減少必要欄位的數目。讓他可以不回答「選擇性的欄位」就繼續下一個動作。
- 有時候您可以將重要的問題（或選項）和不重要的分開。將重要的問題做成比較短的清單，請顯示這個短的清單，暫時隱藏長的清單。
- 盡可能使用**良好的預設值**（第十章），為使用者提供合理的預設值。請注意，這些問題雖然有預先填好的答案，但是仍需讓使用者看過，以免答案不適合。所以，仍然存在一個小小的成本。
- 讓使用者稍後可以回到推遲回答的欄位，並在明顯的地方放置可存取這些欄位的標示。某些對話視窗會對使用者顯示簡短訊息，像是「您可以按下『編輯專案』按鍵，以後回來修改此設定」。某些網站會儲存使用者輸入一半的表單，或其他具保存價值的資料，像是具有尚未結帳商品的購物車。

- 如果網站需要註冊，才能提供有用的服務，請先讓使用者體驗該網站，他們願意註冊的可能性會比較高（先讓他們把頭洗下去），而後再詢問他們的資料。有些網站可以不註冊就完成整個購買程序，直到最後才詢問使用者：是否想直接用剛才購買程序中提供的個人資訊建立登入帳號！

漸進建構（Incremental Construction）

「讓我改變一下這個，看起來不對勁；讓我再改一次，這次好多了。」

當人們建立東西的時候，他們通常不會一次就依循精確的順序建立。即使是專家，也不見得會從頭開始、按部就班地逐步執行創造產品的程序，最後帶著完美的成品出現。

相反地，一開始我們會先試做一小部分，然後好好地試用它，停下來觀察它、測試它（如果是程式碼或什麼可以執行的東西）、修正錯誤的地方，然後繼續建立其他部分。也有可能我們真的不滿意目前的成果，乾脆重新開始。這個創造的過程是斷斷續續的，有時候倒退，有時候前進，常常是累進的方式，累積許多小小的修改，而不是只有幾次大改動。有時候由上而下，有時候由下而上。

建構器式的介面（builder-style interface）需要支援這種形式的工作，讓使用者應該能輕易地建立作品的一些小部分。讓介面有能力反應快速的改變並具有儲存的能力。同時給使用者的回饋也是相當重要的：持續地讓使用者在工作時能看到作品的外觀和行為。如果使用者建立的是程式碼、軟體模擬，或其他可執行的東西，請讓週期中「編譯」的部分盡量縮短，使得操作的回應感覺上很迅速，即讓使用者一做出改變，就能很快或馬上看到結果。

當創造活動有好的工具支援時，有可能誘導使用者進入無我的境界（a state of flow）。這是一種全神貫注在行動中的狀態，在這段期間，時間彷彿不存在，所有令人分心的事都消失了，我們可以沉浸在創造中長達好幾個小時，來自創造行動的喜悅本身就是報酬。藝術家、運動員、程式設計師都知道這樣的狀態。

不好的工具將會讓人分心，這是必然的。如果使用者必須等一下，那怕只是等半分鐘，才能看到剛剛改變後的結果，那麼他的注意力必會被打散，無法進入無我的境界。

如果您想更瞭解無我的境界，可以閱讀 Mihaly Csikszentmihalyi 的一系列著作，其中一本的名稱是《*Flow: The Psychology of Optimal Experience*》（Harper Row, 2009）。

積習難改（Habituation）

「那個動作到處都可以行得通，為什麼在這裡不行？」

當某個人反覆地使用某個介面，一些常用的操作動作就會變成反射動作：例如 Ctrl-S 用來儲存文件、按下「前一頁」按鈕就可以回到前一頁、按下「Enter」就可以關閉強制回應對話視窗，使用動作就可以顯示並隱藏視窗，甚至連踩踏煞車都是反射動作。使用者不需要刻意思考這些動作，這變成一種習慣了。

這種傾向的確是可以幫助人們變成某工具的專家級使用者（也可以幫助進入無我的境界）。習慣可以明顯地改進效率，這您應該不難想像。但習慣也會害使用者鬼打牆。當某個動作變成習慣，但是使用者卻在一個不支援此動作的地方使用它怎麼辦？或是更糟的，用該動作可能會造成破壞後怎麼辦？使用者被弄得措手不及。他忽然間必須再度思考這個工具的用法（我剛剛做了什麼？要怎麼做才能達到目的？），而且還必須想辦法復原剛剛的動作所造成的傷害。

數百萬人已經熟悉 Microsoft Word 和其他文書編輯器的鍵盤快速鍵：

Ctrl-X
  剪下

Ctrl-V
  貼上

Ctrl-S
  儲存文件

這些快速鍵已經完全統一江湖了，這類跨應用程式的使用慣例也能為您的軟體設計加分。一個應用程式內的一致性也同樣重要。某些應用程式很邪惡，它讓您預期某個動作會做行動 X，只有在一個特殊狀況下，該動作會做行動 Y。千萬不要這樣設計您的軟體，否則使用者一定會犯錯；他們越有經驗（越有一些習慣動作），就越會在此犯錯。

如果您在為行動裝置開發一個以手勢控制的介面，請仔細地思量這個模式。一旦使用者學到如何運用他手上的裝置，並且習慣了操縱它的方式，他將會依賴這套標準手勢，預期手勢在所有應用程式上的運作反應都一模一樣。請檢查這類手勢能否在您的設計中達成大家預期的行為。

這也是「確認對話視窗」常常無法防止使用者做出意外改變的原因。當強制回應對話視窗彈出時，使用者只要按下「OK」或「Enter」鍵（如果「OK」是預設按鈕），即可輕易

地關掉這樣的對話視窗。如果在使用者每次有意改變時（例如刪除檔案），都會彈出對話視窗，按下「OK」就會變成一種習慣性的反應。而後，在真正緊要關頭時，對話視窗反而無法達到預期的效果，因為使用者已經訓練到不經思索就按下「確認對話視窗」上的「OK」了。

Note

我至少看過一個應用程式會隨機地調動「確認對話視窗」上的按鈕位置，使用者必須真的閱讀按鈕內容，才能決定要按下哪一個！這不一定是設計「確認對話視窗」的最佳方式，事實上，完全不使用「確認對話視窗」才是最好的；但至少這是個有創意地、迴避積習難改的方式。

零碎空檔（Microbreaks）

「我正在等車，讓我利用幾分鐘做點什麼有意義的事吧！」

人們常常發現自己有幾分鐘的小空檔。可能是在工作時想讓腦子休息一下；可能是在店裡排隊等著結帳，或是枯坐在塞車的車陣中。人們可能會覺得無聊或不耐煩，他們會想做些有創造性或有娛樂性的事來殺時間，但又明白時間不夠進行一次深入的線上活動。

這個模式特別應用在行動裝置上，因為人們在前述狀況中特別容易掏出行動裝置來用。社交媒體大量使用了這一點，才取得卓越的成功。社交和休閒遊戲、Facebook、Instagram、Snap…都善於利用零碎空檔。

以下是一些在零碎空檔間常見的活動：

- 檢查電子郵件
- 閱讀串流與訊息來源（Streams and Feeds，參見第二章），例如連上 Facebook（臉書）或 Twitter（推特）
- 連上新聞網站，看看世界有什麼動態
- 看一段短片
- 很快地搜尋一下網站
- 閱讀線上書籍
- 玩個小遊戲

支援運用零碎空檔的關鍵，在於能又簡單又快速地做活動，就像簡單打開裝置、挑個應用程式（或網站）就能使用。別要求使用者做什麼複雜的設定，別花太多時間來載入活動內容。如果使用者需要登入某個服務，試著保留上一次的身分證明資訊，免得他們每一次都要重新登入。

若是**串流與訊息來源**服務，則要盡可能快速地載入最新內容，並顯示在使用者一眼就看見的畫面上。其他活動（例如玩遊戲、看影片或線上閱讀）則應該記住使用者上次的進度，不用多問，直接將應用程式或網站恢復到上次離開時的狀態（即支援再度進入）。

如果您在設計一套電子郵件應用程式，或任何需要使用者做點「整頓」才能維持內容秩序的設計；請記得提供一個分類項目的高效方式。也就是為每個項目顯示足夠的資料，以利使用者把它們分門別類（例如提供郵件訊息的內容與寄件人資訊）。您還可以讓使用者有機會為感興趣的項目「標上星號」或用其他註記，讓使用者能輕鬆刪除這些項目，或是簡短地回應或更新這些項目。

在此要特別說一下「漫長的下載時間」這件事，載入內容的時間過長，絕對是讓使用者放棄您的應用程式的不二法門，尤其在他們只有零碎空檔時更是如此！請確定您把網頁規劃成容易閱讀的、先載入有用的內容的形式，而且載入延滯的時間非常短。

空間記憶（Spatial Memory）

「我發誓剛剛那個按鈕還在那裡，現在怎麼不見了？」

當人們處理物件和文件時，他們常常會記住可以在哪裡找到它們，但不會記得它們的名字。

以 Windows、Mac、Linux 作業系統的桌面為例。許多人會在桌面上放置文件、常用程式等東西。這其實是因為人們傾向使用空間記憶在桌面上尋找東西，這是相當有效率的方式。人們會有自己的分類方式，例如會記得「這份文件位在右上角、某個東西和某個東西附近」（當然，現實生活中也有相同的事。許多人的辦公桌都是「有組織的混亂」，雖然混亂，但是辦公桌的主人有辦法立刻找到東西。要是哪天有別人幫他整理桌面，就只能請老天保佑他了）。

之所以許多應用程式會把它們的對話視窗按鈕（確定、取消……等等）放在預期的地方，部分的原因正是空間記憶有著巨大的影響。在複雜的應用程式中，人們也會透過相對位置來找東西：工具列的工具、階層中的物件……等。因此，我們應該小心地使用**反應式生效**（*Responsive Enabling*，第四章）這類的模式。在介面的空白處加上某些東西通常不會造成問題，但是重新安排既有的控制元件，有可能會干擾空間記憶，讓東西變得不容易找到或更容易找到。如果您不確定會變成怎樣的話，不妨在您的使用者身上試試看。

許多行動應用程式和遊戲只由幾個畫面組成，通常會把開始畫面設計成使用者最常使用的畫面。上面雖然可能沒有顯示導航功能，但使用者會知道向左、右、上或下滑可以跑到另一個畫面（比方訊息或設定頁）。Snap 是一個行動應用程式的好範例，它的設計就利用了人們的空間記憶。

與空間記憶有密切關聯的積習難改模式，有助於跨平台應用程式保持一致性。因為人們會期待在相近的位置找到相似的功能。範例請見**登入工具模式**（*Sign-In Tools*，第三章）。

空間記憶能解釋為何讓使用者自行安排存放文件和物件的空間（像前面提到的桌面一樣），會是很好的構想。但這樣的作法並非任何時候都很實際，特別是物件太多時，但是在物件不多時是可行的。當人們自己安排東西的位置，多半都會記得它們在哪裡（除非顧客有要求，否則千萬不要擅自幫他們重新安排物件位置！）第四章的**可移動面板**（*Movable Panel*）有提到一種特殊的做法可解決這個問題。

另外，這也是動態改變選單有時候會事與願違的原因。人們已習慣在選單的上面和下面看到某個特定的項目。重新安排或減少選單項目雖然是出自一番好意，但是反而會違反使用者的習慣，導致錯誤發生。如果改變了網站上的導航選單，也可能發生同樣的問題。請把網站的每個子頁面上的選單項目維持在同一個位置，而且依照同樣的順序排列。

附帶一提，根據認知上的說法，清單和選單的最上面和最下面是特殊的位置。人們會更傾向關注並記憶最上面和最下面項目，而比較會忽略中間的項目。所以，如果您想要讓使用者注意到一排項目中的兩個項目時，請將它們放在開頭和結尾處，放在中間的項目比較不會被注意或記住。

預期記憶（Prospective Memory）

「我把這個東西放在這裡，以提醒我自己，等一下要處理它。」

預期記憶是一種廣為人知的心理學現象，但在介面設計上似乎沒有獲得注意。可是我認為應當要注意這個現象。

當我們計畫未來要做某些事，而且安排某種方法好讓自己記得要做這件事時，就是利用了預期記憶。例如您明天必須帶一本書去上班，您可能會在前一晚，先把書放在門旁邊的桌子上。如果您等一下需要回應某人的電子郵件（現在沒空回信！），您可能會讓電子郵件顯示在螢幕上，當作提醒。或者，如果您容易錯過會議開始的時間，您可能會將 Outlook 或行動裝置的鬧鐘設定成在會議開始前五分鐘發出聲響。

基本上，大家都會這麼做。我們用這種方式來對付複雜、高密度時程規劃、多任務的生活：我們使用「現實生活」的知識來協助不夠完美的記憶力。我們需要能夠把事情做好。

有些軟體支援預期記憶。Outlook 和大多數行動平台，會用直接而主動的方式來實作預期記憶；它們有行事曆，而且可以發出鬧鈴聲。Trello 是另外一個支援預期記憶的看板軟體。人們使用的記憶輔助工具可以包括以下：

- 自我的提醒，像是虛擬的「便利貼」
- 留在螢幕上的視窗
- 直接放在文件上的註記（像是「未完成！」）
- 瀏覽器書籤，記下之後會再造訪的網站
- 把文件儲存在桌面上，而不是存在一般檔案系統內
- 電子郵件保存在收件匣內（或許設了特殊標示），而不是封存起來

人們使用以上各種工具技術來支援被動的預期記憶。請注意，上面所列出來的工具技術，在被設計時都不是根據預期記憶的理論來設計。它們被設計成要有相當的彈性，對使用者採放任的態度，讓使用者自行組織他們的資訊。一個良好的電子郵件客戶端軟體可讓您隨意建立可自由命名的資料夾，且不會干涉您怎麼處理收件匣內的訊息。文字編輯器不在乎您輸入的內容，也不管粗體紅色文字是什麼意義。程式碼編輯器不在乎您在某個方法的開頭處用註解寫著「要寫完」。瀏覽器不會管您為什麼要保留某些書籤。

在很多情況下，您真正需要的就是這種完全不干預的彈性。請給人們工具，讓他們建立自己的提示系統；不要試著建立一個太有主見、太自以為聰明的系統。比方說，不要因為使用者有一段時間沒有用到一個視窗，就認定沒人要使用它，而將它自行關閉。一般來說，請系統不要「多事」地為使用者清除系統認為沒有用的檔案和物件；有時候這些東西仍有理由保留下來。還有，不要自動組織或排序東西，除非使用者要求系統代勞。

身為一個設計者，能做哪些對於預期記憶是有幫助的設計呢？如果有人把表單填寫到一半，就暫時關閉表單，您可以幫他保留這些資料，供下次使用，這可以幫助使用者想起上次做到哪裡。參見延滯選擇（*deferred choice*）小節。同樣地，許多應用程式都會記住您最近編輯過的幾個物件或文件。您可以提供類似書籤的「您可能感興趣的物件」清單，這份清單中的內容可包括過去與未來感興趣的東西，請讓這個清單容易閱讀和編輯。您可以實作多工作空間（*Many Workspaces*），這個模式是使用者跑去做其他事情時，能讓未完成的頁面留在開啟狀態。

比較大的挑戰是：如果使用者開啟一項工作，且沒完成就離開，請想想如何既保留這些半成品，又不用開啟視窗來指出那些未完成的工作。另一個挑戰是：使用者要如何把不同來源的提醒（電郵、文件、行事曆……等）集合在一個地方呢？

流暢重複（Streamlined Repetition）

「我必須要重複這多少次？」

在許多應用程式中，使用者有時候發現他們必須一再進行相同的操作。對使用者來說，重複操作的方式越簡單越好。如果您能夠幫助他們把一次重複操作，簡化成只需要一個按鍵或一次滑鼠點擊；或者只需要數次按鍵或數次滑鼠點擊，就可以重複多次操作直到完成工作，那麼您就能為使用者省下許多瑣碎的動作。

許多文字編輯軟體（Word、電子郵件編輯程式等等）都有「尋找與取代」對話視窗，正是使用這個模式的絕佳範例。在這些對話視窗中，使用者輸入要被取代的文字和新的文字。然後只要按一次「取代」按鈕，就可以修改文件中所有舊文字出現的地方，這個功能還是在使用者想要看看並確認每個被取代的地方時才會使用，如果使用者已確信每個舊文字都需要被取代，他可以按下「全部取代」按鈕；只用一個動作就完成整個工作。

接下來的例子更通用一點。在 Photoshop 中，當您想要用一次滑鼠點擊來進行某種自訂次序的多個動作時，Photoshop 可以讓您錄下「動作」。假設您想要對 20 張影像做調整大小、裁切畫面、調亮並儲存，您可以在處理第一張影像的同時錄製這四個動作，然後按下動作的「播放」按鈕來完成其餘的 19 次操作。請參見巨集（*Macro*）模式（第八章）提供的更詳細資訊。

在腳本編寫（scripting）環境中有更通用的範例。Unix 和它的衍生作業系統允許我們把輸入 shell 的任何事物寫成腳本（script）。只要按下 Ctrl-P 加 Enter，您就能將一組能在命令列中執行的命令，放入 for 迴圈中，然後只按一次 Enter 鍵就可以執行。

或者您可以將命令放在 shell 腳本中（或 shell 腳本中的 for 迴圈裡），然後就能像執行單一的命令一樣執行這些動作。腳本編寫的威力相當強大，而且隨著腳本能做的事變得越來越複雜，它編寫的程式什麼都做得到。

其他還包括複製與貼上的能力（避免一再需要輸入重複的資料）、使用者在作業系統桌面上自訂的捷徑（就不用再到檔案系統目錄中尋找這些應用程式）、瀏覽器的書籤（避免需要一再輸入 URL），甚至包括快速鍵。

直接觀察使用者，有助於找出需要支援的重複工作的種類。使用者可能無法告訴您，他們甚至不會察覺自己正在做某種重複的動作，而這種重複動作是可以透過工具幫忙而改善效率的，因為他們可能長久以來都這麼做，所以都習以為常了。藉由觀察使用者的操作，您可以發現一些使用者自己不知道的重複工作。

不管是哪一種用例，重點都在提供使用者一種提高重複動作效率的方式，這可以幫助他們節省時間、避免枯燥且容易出錯的動作。更多資訊，請參見第八章的巨集。

只用鍵盤（Keyboard Only）

「請不要逼我用滑鼠。」

有些人在用滑鼠時遇到肢體上的困難。有些人則是不喜歡在滑鼠和鍵盤之間換來換去，因為這樣很花時間，這些人寧願把雙手一直放在鍵盤上。還有一些人看不到螢幕，而他們所用的「輔助技術」往往只能和使用鍵盤 API 的軟體搭配使用。

為了這些使用者，某些應用程式被設計成有能力完全透過鍵盤來「驅動」。這些應用程式通常也可以用滑鼠驅動，但是絕不會有某項操作只能用滑鼠才能進行，如此一來只用鍵盤的使用者才不會抗議。

對於只用鍵盤的使用情境，有數個標準的技術存在：

- 您可以為應用程式選單列中的操作項目，定義快速鍵、加速鍵以及助記鍵，例如 Ctrl-S 代表「儲存」。請依您的平台說明，以瞭解有哪些標準的行為。

- 從清單中選擇，即使是多重選擇，通常都有可能利用方向鍵加上修飾鍵（例如 Shift）來進行；不過，執行時的細節會受到所用組件的影響。

- Tab 鍵通常用來移動鍵盤的焦點元件，即當下取得鍵盤輸入權的控制元件。按下 Tab 鍵可從一個元件移動到下一個元件，而 Shift-Tab 則可反方向移動。這有時候被稱為「*Tab 遊走*」（*tab traversal*）。許多使用者都會預期可在表單式介面上使用 Tab 遊走功能。

- 大多數標準的控制元件，甚至包括單選圓鈕與複式盒（combo box），都可讓使用者可以透過鍵盤的方向鍵、Enter 鍵和空白鍵改變元件值。

- 對話視窗和網頁常常會有「預設按鈕」，這是用來代表「我已經完成這項任務」的按鈕。在網頁上，這個按鈕通常是「送出」（Submit）或「完成」（Done）；在對話視窗中，通常是「完成」（OK）或「取消」（Cancel）。當使用者在此網頁或對話視窗按下 Enter，就會執行預設按鈕代表的操作。然後使用者就能前往下一頁，或把他帶回到前一個視窗。

這個模式還有更多相關的技術。表單、控制面板，以及標準網頁都可以相當容易地只用鍵盤來操作。至於圖形編輯器等空間為主的應用程式，比較難只用鍵盤來操作，但也並非不可能。

對於資料輸入為主的應用程式來說，支援「只用鍵盤」是相當重要的。這類應用中，資料輸入的速度相當重要，使用者不願意浪費寶貴的時間，不願在每次要換欄位或換頁時，都要把手離開鍵盤，去拿滑鼠（事實上，有很多應用程式甚至不需要我們按下 Tab 鍵來切換到下一個控制元件，它自己會移動到下一個元件）。

社交媒體、社交證明與協作
（Social Media, Social Proof, and Collaboration）

「別人會對這怎麼說？」

人類是社交動物。就算有時再怎麼堅持己見，還是會受到同儕意見的影響。我們強烈地尋求他人的認同並渴望屬於一個群體，我們會維護社交媒體上的身分，會為自己關心的團體和人們做出貢獻。

不管是直接或間接的，別人的意見總是會影響人們做很多情況下的選擇，例如在網路上搜尋東西、進行交易（我該不該買這個產品呢？）、玩遊戲（其他的玩家玩的如何？）甚至是創造東西，有別人的幫助時，人們會更有效率。如果沒有增進效率的話，人們至少也會對成果感到比較滿意。

如果有某個我們認識的人推薦、用過或展示某個商品，會提升我們去看、去買、分享、推薦那個商品的機會，這被稱為社交證明（social proof）。

各種形式大規模和成功社交計算，幾乎主導了所有現實世界的動態。可以說，當今幾乎所有軟體中都含有社交功能或社交層。在軟體中啟用社交動態可以帶來更大的參與度、擴散性、社區性和增長性。

以下是一些社交功能的範例：

使用者評論與推薦
每個人可從群眾智慧瞭解到一些事，評論可以被評分，評論者可以得到知名度或被評定為優良評論者。

任何事物都是社交物件

不管是貼文、圖片、影片或簽到，使用者在社交媒體上所建立的任何內容，都可以變成人們可以虛擬收集的物件。任何東西都可以被共享、評分、加上討論串以及其他類似的活動。

協作

商務生產力和通訊軟體已經進化支援協作的軟體了，能讓不同的空間和時間的人們可以在一起討論、審閱文件、視訊會議、追蹤狀態及進行其他活動。

社交證明會驅使人們採取行動。社群認知、參與和認可對人們來說是有力的回報。

把這些設計到您的介面中，能讓社交動態有機會提高您使用者的參與度、得到回報與成長。

在本書所談的模式中，**協助系統**（第二章）最直接地定義了這個概念；在某些應用中，線上支援社群是一個完善的協助系統裡的重要部分。

若要深入研究社交媒體的設計，請參見 Christian Crumlish 和 Erin Malone 所著的《Designing Social Interfaces: Principles, Patterns, and Practices for Improving the User Experience》（O'Reilly, 2015）。

本章總結

本章向您介紹了成功進行互動設計的關鍵點：了解誰將使用您的軟體。這是做出適用設計的基石，而且它也很易於理解。為了達成此關鍵點，請以本章介紹的四部分為基礎進行設計。首先，了解使用情境。這意味著必須弄清楚要為哪些人設計，為他們的目標、工作領域做設計，以及考慮使用者的既有技能水準。其次，了解他們的目標很重要。這是您要設計的工作流程、任務和結果的框架。第三，使用者研究是一項有價值的活動和技能，可以幫助您了解使用者及其目標。我們概述了許多可供選擇的研究活動。最後，我們研究了許多與設計介面相關的人類行為、感知和思維模式。這四個要素構成了設計流程的基礎。在第二章中，我們著眼於如何為您的軟體或應用程式創建一個強大的組織基礎。

組織內容：
資訊架構與應用程式架構

瞭解了第一章中建立基礎的概念後，現在來看看在你的軟體和應用程式中的資訊架構可能長什麼樣子。設計資訊架構是要做些什麼呢？就是如何用一種對目標使用者來說合情合理的方式，將資料、內容和功能組織起來的方式。具體來說，本章會包含的內容如下：

- 資訊架構的定義

- 如何設計資訊和任務空間以增進理解和瀏覽

- 各種編排內容與資料的方法

- 如何組織工具和功能才能有效率的工作

- 開發一個可重複利用的架構或畫面型態系統

- 顯示、存取和瀏覽內容與功能的模式

此時，你已經知道你的使用者想從應用程式或網站中得到什麼。你可能也已經寫下了一些描述使用者為了要達成目的，可能會如何使用應用程式的進階元件的典型情境。你也可能已經有了使用者會怎麼利用這個應用程式為其生活加值的概念。

在這個階段，你可能會很想直接開始在介面上設計畫面和元件，研究一下配色、圖片、語言和版面。如果你是那種喜歡視覺化思考，且需要繪製草圖，以便構思設計的輪廓，那麼就去做吧。

不過，為了要充份利用你對使用者的理解以及讓你的設計有最大的成功機率，下一步是使用您已理解的事物去開發你的資訊架構。請不要被局限於特定的介面設計，相反地，請退

一步想想要怎麼設計整體架構和軟體結構，讓它可以對使用者的角度來說是有意義的。請思考資訊、工作流程、網站或應用程式的語言以及如何將它們全部組起來，讓它們變得易學易用。

這就是資訊架構（*information architecture*），讓我們藉著瞭解它帶來的好處，以及資訊架構設計來瞭解這個大題目。

目的

資訊架構存在的目的，是為了要讓你的數位產品、服務、網站或應用程式建立成功的架構。這裡的成功，指的是好懂、好學習以及有著最少的壓力和困惑。在互動經驗中，介面不應該成為障礙。

諷刺的是，客戶只在情況不好時才會注意資訊架構。例如：體驗的安排方式毫無意義，介面混亂、畫面令人沮喪，客戶不了解他們在畫面上看到的術語。他們找不到需要的東西。基本上，就是資訊架構反而構成妨礙你的情況。

另一方面來說，如果有做好資訊架構的設計，我們的設計就會完全隱形。使用者不會注意到良好的資訊架構的存在，只知道他們的數位體驗自然、有效率而且愉快。

那麼，這在實務上代表什麼呢？

退一步來說，我們可以假設使用情境是使用者試圖用我們介面做些什麼事情：例如尋找資訊、看影片、購買商品，或加入什麼。簡而言之，他們就是有某件任務要做，但是身為數位產品製作者的你，無法直接為他們服務。你只能用你的應用程式模擬一位優秀的客服能做到的事：

- 預見客戶的需求
- 從客戶的觀點組織與談論資訊
- 用清楚簡單的方法提供資訊
- 使用客戶能懂的字彙
- 明確的提供下一步的選項
- 將你的進度以及發生的事情明顯地傳達
- 確認一個工作已被完成

定義

資訊架構（Information architecture，簡稱 IA）是一門把充滿資訊的空間佈置得井井有條的藝術，是使用對你的使用者的瞭解，去設計以下的項目：

- 您的內容和功能的結構和分類

- 各種人們可在體驗中導航的方式

- 用直覺式的工作流程，或多站式流程完成工作

- 用怎樣的標籤與語言來與這個內容交流

- 以搜尋、瀏覽和過濾工具來幫助使用者找到他們想要找的東西

- 為了最大可用性，設計畫面型態、樣板以及版面配置的標準系統，以使資訊的呈現有一致性

資訊架構包含許多部分：視覺呈現、搜尋、瀏覽、標示、分類、排序、操作，以及有策略地隱藏資訊。尤其當你面對一個新產品時，資訊架構應該是一切的起點。整個目標是從使用者的角度出發，目的是讓他們可以成功地使用你的網站或應用程式。

為使用者設計一個資訊空間

就像建築設計師在實際建造房屋之前要先繪製藍圖一樣，設計師（資訊建構者）制定計劃，說明如何以實用的方式佈置其資訊空間，以及人們如何在其中四處走動並獲得訊息，並完成工作。不論是畫房屋藍圖或建立資訊架構，在建構之前，請先仔細考慮人們將如何使用您將要建構的內容，是很有效率和極具價值的。

方法

思考應用程式的基礎資料和任務可能會有所幫助。請你在做這個思考時，不要去考慮它們最終會呈現的外觀。請抽象地思考：

- 你想讓使用者看見怎樣的資訊和工具？

- 根據他們的期望和當下的情況，您什麼時候想讓他們看見這些資訊和工具？

- 這些資訊和工具要如何分類或排序？

- 使用者想要用這些資訊和工具做些什麼？

- 你有多少種方法呈現這些東西和資訊？你也許會需要一種以上的方法。

- 你如何讓使用者覺得好用？

上面這些問題能幫助您更有創意地思考您要設計怎樣的資訊架構。

將資訊和呈現分開

將資訊架構與視覺設計分開考慮是非常重要的，因此值得更詳細地研究。當您分階段解決設計難題時，它會變得更加容易。實際上，將設計看作是一層層設計的流程是很有用的。

就像軟體工程師把資料庫拆成三層（資料庫；工具與查詢；報告、結果和回應）看一樣，設計人員也可以將他們的設計設定為有三層。

圖 2-1 是這種方法的示意圖。資訊架構是最低的那一層，也就是地基。就像物理建築物一樣，雖然該地基的結構最終是看不見的，但卻會影響在其之上建構的所有內容。在數位世界中，我們把重點放在建立具有適當概念、標籤、關係和類別的資訊架構地基。資訊架構地基會列出固定的資料結構，使用者可以在它的上層進行瀏覽、搜尋和操作。

中間層是您的網站或應用程式的**功能和資料傳遞層**。它可能是使用者會看到、搜尋和閱讀的畫面、頁、報導、列表和卡片。它包含使用者可以用來搜尋、過濾、監看、分析、通訊與建造的各式工具。

最上層是**呈現層**：用於顯示、渲染的視覺設計和編輯系統。它由顏色、版式、佈局和圖形等組成。如果設計得好，則呈現層設計將可以建立出焦點、流程和清晰度。

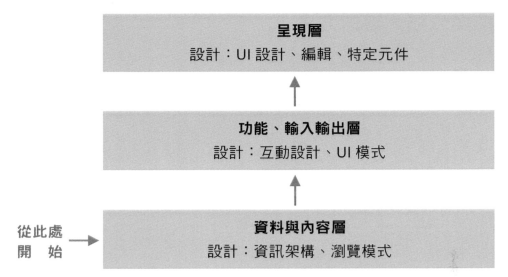

圖 2-1　分層設計：從內容 / 資料層開始向上設計到呈現層（這個概念是由 Jesse James Garrett 在文獻 The Elements of User Experience: User-Centered Design for the Web and Beyond [New Riders, 2011]）提出。

互斥與互補

你的內容和工具需要被編排成對使用者來說有意義的結構。在將資料和內容分組為主要類別或子類別的過程中，請參考以下的經驗法則：*MECE*。

MECE 是「互斥與互補」（Mutually Exclusive, Collectively Exhaustive）的縮寫。首先，「互斥」指的是您的資訊架構中的內容分類，分類間應該要有清楚的差異，不要有模糊或重疊的部分。其次，「互補」代表著組織架構是完整的。它應包含您的網站或應用程式應該處理的所有訊息，以及要設計的所有情況和用例。要有一個可以找到所有東西或放置任何東西的地方。在此過程的後期，您的資訊架構應該能夠擴展以容納新資料，而不會引起混亂。

這些分類將會是你的瀏覽系統的基石，在第三章會有更多討論。

為了要能文件化或與別人溝通這個組織架構，資訊建構者應該要製作如*網站地圖*（*site map*）或*內容大綱*（*content outline*）。

編排與分類內容的方法

你大概已使用過一些常見的編排方法去編排和分類您的網站或應用程式中的資訊。在規劃如何在表格中顯示很大數量的結構資料，編排和分類是件特別重要的事。規劃使用者會如何進行搜尋或瀏覽、過濾資訊以及排序調整他們得到的結果，也是件很重要的事。接下來我們將會說明六種方法，這六種方法的來源是由 Richard Saul Wurman 所著的資料架構書籍《*Information Anxiety 2*》(Que, 2001)，以及 Abbey Covert 與 Nicole Fenton 所著的《*How to Make Sense of Any Mess*》(Covert, 2014)，這兩本書都值得一讀。

Wurman 提供了一個助憶名詞「LATCH」，「LATCH」是「地點（Location）、字母順序（Alphabet）、時間（Time）、分類（Category）、階層（Hierarchy）」的縮寫。讓我們看一下一些方法的詳細做法。

字母順序

這意味著根據字母順序編排列表、名稱和標示項目。您可以依從 A 到 Z 的降冪或從 Z 到 A 的升冪排列，如果排序的標的是名稱或標籤，則還可以包括數字。其中數字排在字母前面，對於任何項目列表或選單來說，這都是一個很好的預設設置。

數字

依數字做編排有很多種方式。第一種是根據整數，其中，項目或數字本身將根據數字系統的順序以升冪或降冪排序。第二種是依序數排列：第一、第二、第三…依此類推。第三種方式是按值或總量，諸如財務金額、折扣、規模、等級、優先級和變化率之類的東西，依值從最大到最小排列，反之亦然。表格式資料大量使用此方式。

時間

按時間順序排列是編排內容的另一種有用方法。這種方法在社交媒體訊息來源中非常常見，在社交媒體訊息來源中，常見到項目依時間倒序排列（最新的項目在列表中排在第一位），而較舊的項目在列表中排在後面。訊息可以按日期、時間或持續時間以升冪或降冪排列。它們也可以按頻率排列（從低到高，或相反）。它們也可以按時間順序排列：首先發生，或者應該首先發生，如流程中的步驟。任務通常也被拆分為一系列步驟（也可以想成前面提到的數字順序）。

地點

地點排列代表依地理位置或空間位置做排列，地理位置有很多種系統，例如經度和緯度。用地理位置做分類通常會呈現巢式或階層式，例如國家中有一些州，州中有一些市（參見下一小節階層）。位置也可以是從某個參考點起算的距離，或是到某個參考點的距離，或是以這些距離為基礎的順序。在數位系統中，讓使用者學習他們在資訊空間中的位置是很重要的，不論是所有人的位置或是個人的位置。

階層

你的資料可能適合被什麼包含，或是有父子關係，也就是大的東西裡包含小的東西的概念。舉例來說，國家中有一些州、年份裡有一些月份或是交易中含有數種購買商品。

類別或分片

在資訊架構中，內容可以被標示，然後歸納到分類或主題中去。一組功能或數量相同的東西可以被當作一個分類。這是一個分類上非常實用的方法，因為它具有相當的彈性。通常，一個分類中會隱含一種頻譜或程度，可用於對集合中的項目進行排序，一個簡單的例子是依顏色分組項目。

再進階一點的組織方法會使用到分片（facet），一個分片系統會用值的範圍指定每個項目的多種品質或分類，分片分類的一個好的實際範例是 Amazon，在 Amazon 客戶可以使用多種值去縮小他們想搜尋產品的範圍，例如價錢、有沒有現貨以及買家評價。

設計任務和工作流為主的應用程式

資訊架構還包括設計工作流程和任務。與此相關的文件通常包括諸如使用者背景和流程圖之類的內容。

把常用項目做得明顯

設計任務或工作流程的第一條經驗法則是使用頻率。經常重複或頻繁使用的任務，控制元件、命令或主題應該讓使用者隨手可用，而不必進行搜尋或瀏覽。另一方面，不常使用的控制元件或資訊可以被隱藏起來，或是需要找一下才能看到。一個好的例子是，使用者設定和協助系統在日常使用時適合被隱藏起來，但在需要用到的時候還是可以使用它們。

把工作「切」成一連串的步驟

切成步驟是資訊架構對付任務或工作流程的第二個組織原則，它的意思是將一個大的任務或流程拆解成一連串的步驟，讓使用者輕鬆做完各個步驟。這個原則常見於帶領使用者完成一項複雜工作的精靈或是多步流程中。請你規劃告訴使用者他們現在做流程中的哪一步了。

設計時兼顧新手和有經驗的使用者

當在切一項工作時，請思考一下不同使用者可能會有怎樣不同的學習、技術、掌握度。像在電腦遊戲中，思考初入遊戲的使用者可能會需要一個簡化版的介面或特別的幫助來協助他們。這些可能包括額外的說明、畫面疊圖或為一個複雜流程設計一個引導精靈等。許多應用程式和網站都為設計新手體驗（*new user experience*）或是初來乍到（*onboarding*）的使用者投入資源，以提升學習和留住客戶。那些不熟悉你的應用程式或是網站的人，會特別感謝你做了這些設計。

對於在技術頻譜另外一端有經驗的人或高手們，他們能夠快又有效率地使用裝載了一堆資訊和選項的介面。請提供他們一些「加速器」，例如捷徑或客製介面，讓他們能發揮效率。設計只用鍵盤就可以瀏覽和輸入在此情境也有價值。

多種頻道和畫面尺寸

客戶和企業使用者在存取資訊、網站和應用程式時，都是多種頻道進行的，例如桌面、手機、訊息等，而且橫跨多種畫面尺寸和裝置，語音服務介面甚至連畫面都沒有。在你設計資訊架構時，請一併思考您的網站或應用程式必須要在哪些頻道、模式和裝置上執行，這一點能幫助您組織、分段和切分你的資訊。

用卡片的方式顯示您的資訊

在以下幾個範例中，都有卡片（*Card*）模式在其中。由於大多數數位互動體驗都是透過移動設備進行的，因此將體驗的基本組成部分做成可放在較小螢幕上的卡片是很有意義的。卡片是能容納資訊、照片或其他資料的小容器，它也可以在較大螢幕被以一排或格狀顯示。這裡的關鍵點是規劃如何在縮小和擴大體驗時，仍可存取訊息和控制功能。

為一系列螢幕做設計

如前所述，資訊架構包含了為一系列螢幕做設計。每種螢幕種類都有不同的顯示能力，在這種情況下，使用者可以學習如何可靠地使用每種螢幕。

Theresa Neil 提出一種對付不同螢幕種類的實用的方法，她以網頁應用程式（Rich Internet Applications，RIA）為背景，想出了這套應用程式架構方法的概念。基於使用者主要目標不同，Neil 定義了三種主要的架構：資訊、處理和創造。[1]

本章和之後的章節，將會用這三種架構來稱呼它們。

現在讓我們來關注一下那些提供單一重要功能的頁面。在一個應用程式，這種頁面可能是一個主畫面，或主要互動工具；在充滿網頁互動網站上，它可能是一頁網頁，例如 Gmail 的主畫面；在其他較靜態的網站裡，它可能是用來做一個流程或功能的一組網頁。

這樣的頁面主要想要做的事如下：

概覽（*Overview*）
　　顯示一列或一組東西

主題（*Focus*）
　　顯示一樣東西，例如地圖、書本、影片或遊戲

建造（*Make*）
　　提供工具以建立某東西

執行（*Do*）
　　提供執行某一項任務

當然，大多數的應用程式和網站都會做以上數樣事情。但當我們要規劃畫面系統時，它們卻各有各的組織原則。

1　*UX Magazine* 中的 "Rich Internet Screen Design"（*https://oreil.ly/wQzGF*）。

概覽：以列或網格式顯示一堆東西或選項

這世上的主頁、起始畫面和內容網站用最多的就是概覽。數位世界有許多用於顯示一列東西的慣用語，其中大多數是您熟悉的：

- 簡單文字列表（Simple text list）
- 選單（Menu）
- 卡片或圖片網格（Grid of Card or images）
- 以列或網格式呈現搜尋結果（Search results in list or grid form）
- 列示電子郵件或其他溝通訊息（List of email messages or other communications）
- 資料表格（Table of data）
- 樹形、面板式或手風琴摺頁（Tree, panel, and accordion）

這類的概覽畫面需要克服資料組織的挑戰，以下是一些你在設計概覽畫面時需要思考的問題：

- 資料集合有多大或列表有多長？
- 有多少空間供顯示？
- 要不要分階層，如果要分層，要怎麼分？
- 要怎麼排列，還有使用者能不能動態地改變排列？
- 使用者要怎麼做搜尋、過濾與排序？
- 列表中的每一項東西有些什麼相關資訊或操作？何時顯示？如何顯示？

由於列表與網格實在是太常見了，因此任何設計師若能紮實掌握呈現它們的不同方法都大有好處。本章介紹了以列表為主要目標的介面設計模式（其他方法在第 7 章中）。

你可以用以下這些模式之一設出完整的應用程式或網站，或者整個作品中的一小塊元件。它們建立了一個結構，在該結構中可以放入其他顯示技術（文字列表、縮圖列表等）。另外還有一些其他未在此處列出的組織方法，包括日曆、全頁選單和搜尋結果：

- **突顯、搜尋與瀏覽**（*Feature, Search, and Browse*）。有無數的產品與內容報導網站都採用這個模式。為了讓使用者找得到他們感興趣的項目，搜尋與瀏覽提供使用者兩種搜尋方法；同時，首頁則突出顯示某個項目，以吸引使用者的興趣。

- **串流與訊息來源**（*Streams and Feeds*）。部落格、新聞網站、郵件閱讀程式，與社群網站（如 Twitter），都使用新聞串流（News Stream）模式來列出它們的內容，把最近的更新列在最頂端。

- **網格**（*Grids*）是一種呈現報導、行動、卡片和選項的良好介面格式。它也可以用來處理圖片與其他帶圖文件。它可以容納階層、平面列表，以及用於排列和重新排序文件的工具，可以直接在圖片上進行操作、啟動應用程式或向下取得更多詳細訊息的工具等。

一旦你選擇好了介面的整體設計，你或許會想研究其他呈現清單的模式與技巧，完整討論請見第七章。

主題：只顯示一種東西

這種畫面只有一個重點，顯示或播放單一內容或功能，例如文章、地圖或影片。顯示的內容旁可能會有一些小的調整工具，例如捲軸或滑桿、登入框、全域導航列、頁首頁尾等等，但是都些小東西。你的設計有可能是呈現以下的形狀：

- 長串、垂直捲動的頁面，用於顯示連續文字（文章、書籍或類似的內容）。

- 一個可縮放的介面，用於處理尺寸非常大的解析度高的工件，例如地圖，圖片或資訊圖形。地圖網站（例如 Google Maps）提供了一些大家都看過的範例。

- 「媒體播放器」，包括影片與聲音播放器。

當您在設計這種介面時，請思考要不要在設計中加入以下的模式和技術：

- **移動裝置直接存取**（*Mobile Direct Access*），為了要將使用者直接帶到你 app 的主要功能，不需要使用者做任何輸入，就可以從地點和時間資料產生有價值的資訊。

- **切換檢視**（*Alternative Views*），用一種以上的方法顯示內容。

- **多工作空間**（*Many Workspaces*），支援使用者同時想要看多個位置、狀態或文件的需求。

- **深連結狀態**（*Deep-Linked State*）（第三章）。加入了這個以後，使用者可以在內容中儲存特定位置或狀態，以便之後能再度取用，或將現況以 URL 傳送給其他人。

- 如果你的設計目標是透過移動裝置傳送內容的話，第六章還有一些適用移動裝置的其他模式。

建造：提供工具以建立東西

這種顯示型態是用於創造或修改數位物件用的，多數人會從以下的工具中看到它：文字編輯器、程式碼編輯器、影像編輯器、用於建立向量圖形的編輯器以及試算表。

在應用程式結構層或是資訊架構層，我們通常會看到以下的模式：

- 大部分這類應用程式都有**畫布加工具盤**（*Canvas Plus Palette*），使用者都期望看到這種辨識度很高、公認的可視化編輯器模式。

- 此型態的大部分應用程式都提供了**多工作空間**（通常有多個視窗容納多個文件，讓使用者可以平行的工作）。

執行：提供執行某一項任務

或許你的介面的任務不是顯示一列東西或建立什麼，只是簡單地想做某一項工作（比如說登入、註冊、張貼、列印、上傳、購買、改變一項設定等），以上這些都屬於這種型態。

在這種型態中，表單（form）占了重要的地位。第十章將會討論表單的長度、列示許多控制項以及如何讓表單有效率。第八章定義另外一個實用的樣式集合，該種樣式集合著重於「動作」，而不是「東西」。

如果使用者可以在一個小型封閉區域（例如，登入框）中就可以完成必要的動作的話，這裡就沒有太多的資訊架構相關工作可做。但是，當任務比較複雜（若它很長、有條件分支或太多種可能性時），你的工作之一就是確定任務的結構。

- 在大多時時間中，你將會試圖將一個任務拆解成更小的步驟或分組步驟。此時，**精靈**（*Wizard*）對使用者來說可能很實用。

- 一個**設定編輯器**是一個很常見的介面，它能讓使用者改變應用程式、文件、產品等的設定或偏好值。它不是一步接一步的工作流程，而是你要讓使用者可以自由地存取多種不同的選擇和開關，並讓他們在需要時只改變他們想改的設定，跳過其他的項目。

在您的軟體系統的畫面中，這四種顯示型態（概覽、主題、建造、執行）很有可能會以某種型式出現。

模式

在前面小節中，我們看過了數種資訊結構的大概分類。現在，讓我們查看在你的軟體體驗中，與資訊結構相關的特定設計模式。

- 突顯、搜尋與瀏覽（*Feature, Search, and Browse*）
- 移動裝置直接存取（*Mobile Direct Access*）
- 串流與訊息來源（*Stream and Feed*）
- 媒體瀏覽器（*Media Browser*）
- 儀表板（*Dashboard*）
- 畫布加工具盤（*Canvas Plus Palette*）
- 精靈（*Wizard*）
- 設定編輯器（*Settings Editor*）
- 切換檢視（*Alternative View*）
- 多工作空間（*Many Workspaces*）
- 協助系統（*Help System*）
- 標記（*Tag*）

突顯、搜尋與瀏覽（Feature, Search, and Browse）

這是什麼

在網站或應用程式的主頁上放入三種元素的組合：突顯商品、文章或產品、一個搜尋框（可以預設打開或隱藏）、一份可供瀏覽的項目或型錄清單。

何時使用

如果你的網站為使用者提供很長、而且可供瀏覽與搜尋的項目清單時（例如列出文章、產品、影片……等等），而你想給進來參觀的使用者讀到或看到一些有趣東西，以便立即吸引住使用者。

或者，你的網站是主要讓人家做搜尋或是交易。在這種情況下，搜尋就要是畫面上主要的元素，突顯內容和瀏覽就變成次要的。

這裡所說的三元素，我們能在許多成功的網站上發現它們一起出現。搜尋（searching）與瀏覽（browsing）合起來用於找到目標物件的途徑：有些人已經知道自己要找的東西是什麼，使用時會直接瞄準搜尋框；但其他人會做比較開放式的瀏覽，這就要透過我們在畫面上提供的清單與型錄了。

突顯項目則是我們用來「釣」使用者的方式。有了突顯項目的存在，比起只有型錄清單和搜尋框的畫面要有趣的多，尤其是在我們以引人入勝的圖片和標題呈現突顯項目時。現在，凡是造訪你的網站的使用者，不需額外先做什麼就有某個東西可供閱覽或體驗，而且他們也可能會覺得突顯項目比他們原本想要的東西更有趣。

在一個醒目而突出的位置安放搜尋框，例如放在上方角落，或放在橫跨網站中上部的橫幅（banner）中。請讓搜尋框與網站的其餘部分有清楚的區隔，例如使用留白空間突顯搜尋框，如果有需要，還可以使用不同的背景色。

另外，搜尋框還可以用摺疊或壓縮狀態顯示，它需要易於查看和存取，但它可以是一個代表「搜尋」圖示或標籤，選擇圖示或標籤後，可以打開完整的搜尋框，這種模式可以節省小畫面上的空間。

請把**中央舞台**（*Center Stage*）（參見第四章）保留給突顯的文章、產品或影片，在頁頂區域裡非常靠近中央舞台的地方，安排一個瀏覽網站其餘內容的區域。大多數網站會列出報導文章、卡片或產品型錄；其中列出的項目則可連結到該項目分類的專屬頁面。

如果分類標籤可原地開展以呈現其中的子分類，這種列示行為則與樹狀目錄選單很像。有些網站就把分類標籤轉變成選單：當滑鼠游標移過標籤時，即出現標籤下的子分類選單（如 Amazon）。

要好好地選擇突顯內容。突顯很適合用來推銷項目、廣告特惠組合，還有吸引大家對重要消息（breaking news）的注意力。然而，突顯除了是門面之外，也定義了你的網站調性。所以也要考慮使用者想知道什麼內容？使用者會被什麼內容吸引注意力，並停留在你的網站上呢？

在使用者瀏覽頁面分類與子分類時，請利用**麵包屑記號**（*Breadcrumbs*）（第三章）協助他們「不要迷路」。

內容網站。以下的三個範例展示了典型的**突顯、搜尋**與**瀏覽**的顯示型式，它們都是新聞和內容數位出版者，分別是 WebMD（圖 2-3）、Yahoo!（圖 2-3）與 Sheknows（圖 2-4）。WebMD 和 Yahoo! 把搜尋放在上方，作成一個單一大功能。而 Sheknows 則提供了一種變體：在明顯的搜尋框上方有兩個突顯內容。

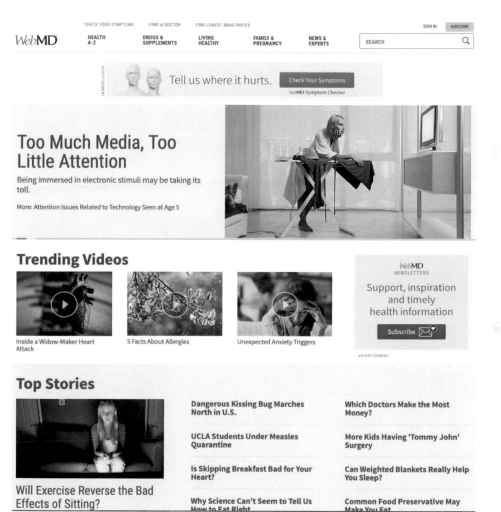

圖 2-2　WebMD

圖 2-3　Yahoo!

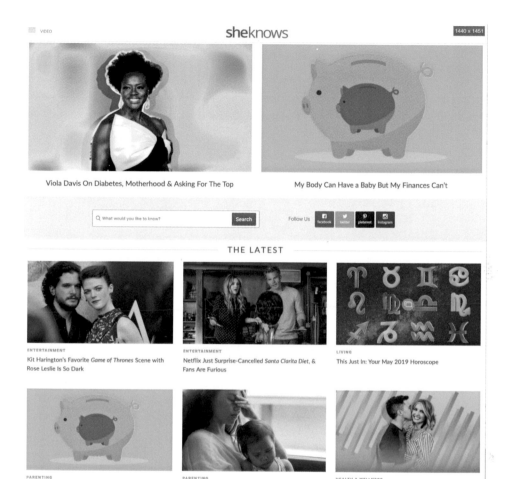

圖 2-4　Sheknows

商業網站。像 Target（圖 2-5）和 Ace Hardware（圖 2-6）這種大型零售商都遵循著同樣的模式。把搜尋放在上方，其下方是大的突顯內容（行銷推銷活動），這兩個網站都支援卡片網格式瀏覽。

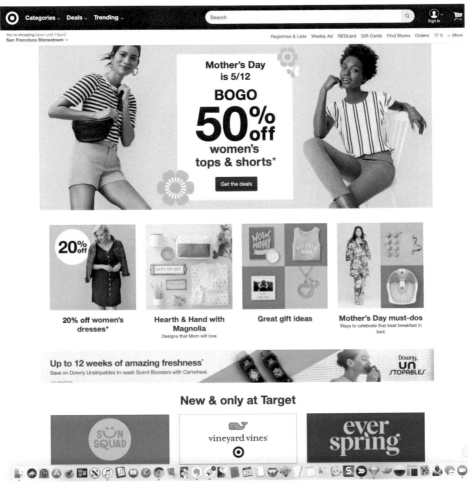

圖 2-5　Target

圖 2-6　Ace Hardware

任務導向網頁。以下的二個範例，展示了把**突顯、搜尋**與**瀏覽**顯示模式套用在一項重點工作（搜尋）的使用者情境。像 British Airways（圖 2-7），就把一個巨大的旅遊搜尋模組占滿頁面上方的整個畫面，在分頁底下只放了少許的內容：一篇特色文章，以及三個瀏覽方塊。

Epicurious（圖 2-8）也把搜尋設定成主導地位，搜尋部分占滿頁面上方橫跨頁面的區塊。不過，緊接在下面的是內容以及瀏覽方塊。大尺寸又誘人的照片和標題幾乎能和搜尋功能抗衡。根據您的需要，您可以依需求決定重點要放在哪，或是配置怎麼分配，並依此設計您的介面。

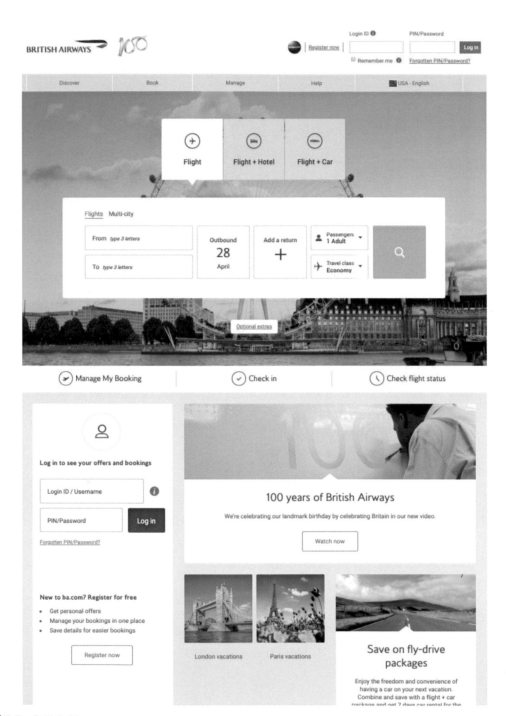

圖 2-7　British Airways

SMALL PLATES

Family Dinner Wins: 5 Easy, Back-Pocket Meals That Save Us From Takeout

BY ANYA HOFFMAN

RECIPE ROUNDUP

63 Side Dishes That Scream Spring

BY THE EPICURIOUS EDITORS

TIPS AND TRICKS

How to Cut a Chicken in Half and Win the Crispy-Skin Game Every Time

BY JOE SEVIER

THE BIG GUIDE

圖 2-8　Epicurious

帶有分片或過濾器的搜尋。以下兩個範例展示兩個使用多種分類（或稱分片（*facet*））的網站，幫助使用者在大型資料庫中進行主題式搜尋。每一個分類都代表一個值的範圍。藉由合併類別搜尋或使用過濾器，達到在大型資料庫做複雜搜尋的能力。

Crunchbase（圖 2-9）的特別之處在於，它的分片過濾器也可以做搜尋，代表使用那些分片可以讓搜尋者得到更好、更符合需求的搜尋結果。特色內容則是放在下方。

Epicurious（圖 2-10）和 Airbnb（圖 2-11）在它們的搜尋結果畫面（兩者都把搜尋結果做成比較適合移動裝置瀏覽的格式）中，都使用比較傳統的分片過濾器。這些分片主要用來將搜尋結果縮小到特定範圍。

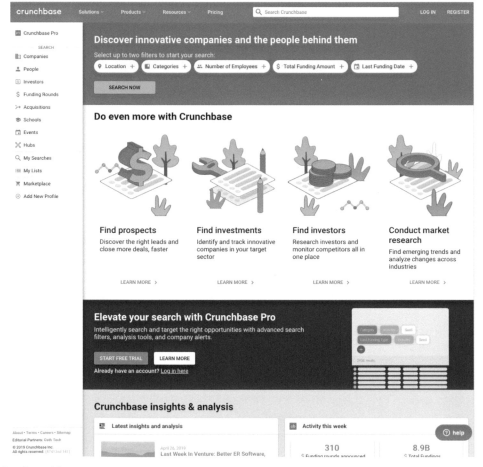

圖 2-9　Crunchbase

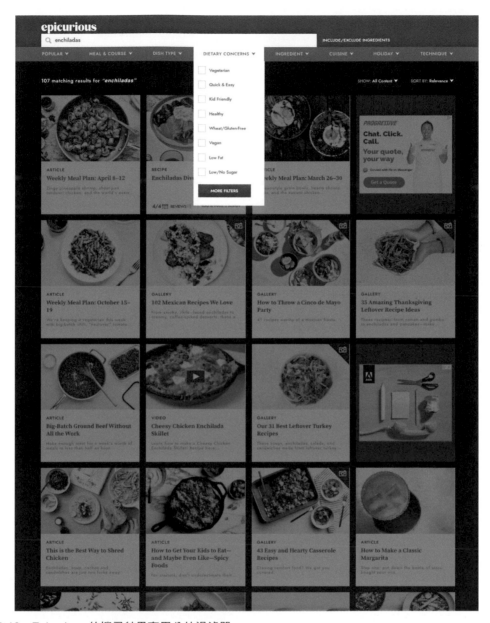

圖 2-10　Epicurious 的搜尋結果套用分片過濾器

圖 2-11　Airbnb 的搜尋結果套用分片過濾器

移動裝置直接存取

這是什麼

不需使用者進行任何輸入或動作，就在第一個畫面顯示可操作的訊息。App 直接假設主要功能會需要的設定或查詢資訊（例如位置或時間），並提供輸出以立即回應，也傾向啟動後馬上出現使用者最有可能做的事情。

何時使用

您的移動裝置 app 能藉由做好一件事或是被專門拿來做一件事而產生價值。

為何使用

利用能立即動作、選擇或畫面上提供即時資訊給使用者，來讓他們立即上手。雖然使用者能做的搜尋或選擇或設定有限，但從移動裝置或是使用情況可以得到有用的資訊，使得 app 做出有價值的假設，甚至是符合使用者預期的假設。

原理作法

從使用者的移動裝置取得當下的資料（假設使用者在設定中給予存取授權的話），例如先查看所在地及時間，再產生對該使用者有意義的畫面。假設使用者想拿您的 app 做什麼，然後盡可能地帶領他們完成動作，過程中的輸入要盡可能的少。

範例說明

這些範例適用於移動裝置，但是對於桌面應用程式也可能有價值。第一個範例是 Snap（圖 2-12 左），Snap 的名氣是來自於它本身是一個以照片為主軸的社交媒體公司，而且也是一個相機公司。當這個 app 執行起來時，朝向使用者的攝影機會自動地啟動，準備好要拍自拍照。後面三個範例展示了在沒有使用者任何輸入的情況下，app 如何使用地點和時間資料，並回傳有用的結果。INRIX ParkMe（2-12 右）、Eventbrite 和 Weatherbug（圖 2-13）就是這樣回傳有用結果。ParkMe 就做了一些聰明的預先假設（預計停車一小時），所以直接回傳所有收集到的停車費結果。

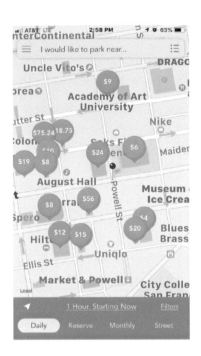

圖 2-12　Snap 和 INRIX ParkMe 的啟動畫面

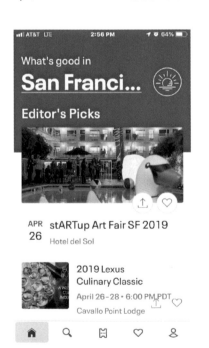

圖 2-13　Eventbrite 和 Weatherbug 的啟動畫面

串流與訊息來源

是一種會持續更新的照片、新聞、網站文章、評論或其他可以在垂直（或水平）捲動或橫幅（ribbon）顯示的內容。在訊息來源中的項目通常會以「卡片」式呈現，這種卡片顯示內容是文章中的一張圖片、一個標頭、摘要文字還有附帶連結的來源名稱。

新聞／內容串流。這種內容可以是第一人稱（您自己發布的內容）或匯集第三方發布內容。這種新聞串流是受社交媒體啟發，由發布者建立，而且適合移動裝置。它通常由帶有時間戳記的一串項目組成，這些項目會依時間新到舊排列，可以動態更新。

社交串流。內容的來源是從使用者追蹤的其他使用者而來（以及編輯者特別指定顯示的貼文或插入贊助內容）。同樣地，這通常是依時間新到舊排列的項目列表，而且會動態更新。

商務協作。現今，當我們透過網路工作時，社交媒體技術已融入我們的工作之中，不管哪種類型的公司都常使用網路工具進行協作。這讓身處任何地理位置的員工和團隊仍然可以線上聚集在一起進行討論和意見回饋。社交媒體風格的評論訊息來源（feed）是最常見的模式之一。商務協作通常在顯示方式上有一個重要的差別：以「協作軟體」和訊息傳遞的app 的標準來說，其最新項目或貼文會在當前訊息來源的最下面。當有最新的貼文評論出現在底部時，最舊的評論會向上移動。Slack 中的討論頻道就是該模型的典型示範。

如果你的網站或 app 經常要更新內容，而且使用者經常會查看這些內容（例如一天查看幾十次）時。還有，當您的專案有多位協作者時，而且你需要看到所有人最新的評論和意見回饋時。這些意見回饋通常是非同步出現的，非同步的意思是會有許多不同的人在不同的時間給出意見回饋。對於分散或遠端團隊來說，這種工作模式是很常見的。對於新聞發布者和內容整合者，請利用一個或多個來源頻道，例如自己的原始內容、部落格、主要新聞網站、其他社交網站更新以及內容合作夥伴，以向使用者提供有時效性的內容。

在純粹的社交媒體中這種管道的性質是私人的 —— 由某個使用者「擁有」這個串流，例如發布到像是 Twitter 或 Facebook 這類社群媒體的朋友清單。

對於商務協作軟體來說，使用這個模式讓使用者可以檢視、寫出評論以及撰寫文件，讓文件和討論可以一起呈現。員工們可以捲到之前的評論訊息來源上，看看過去這個討論的歷程是什麼。

要確保新的內容一定要出現在使用者訊息來源項目的最前面，當作每一次造訪的獎勵，讓使用者每次都可以看見新的內容，並逐一瀏覽。利用新聞串流，人們可以很輕鬆地跟上最新狀態，因為他們不用花費很大的力氣就可以在列表的最前面看見最新內容。可促進使用者建立經常來查看的習慣，而且會花很多時間閱讀、追蹤以及和他們的串流進行互動。

為了要知道朋友做了什麼事、與朋友交流或追蹤有興趣的主題或部落格，人們每天都會造訪很多網站或 app。如果多個「新聞」來源可以整合到一個地方的話，一次掌握就會變得更容易。

從發布者（例如新聞網站）的角度來看，透過訊息來源或串流發布內容，可促進關係、再次訪問以及互動。

從企業的角度來看，社群協作軟體讓員工更有效率節省時間。遠端工作者和在不同地理位置不同時區的員工，仍然可以非同步地接力把工作完成。

這個模式支援第一章提到的 *零碎空檔*（*Microbreaks*）模式。使用者只要花一點點的時間和力氣，瞄一眼串流與訊息來源應用程式，就可以得到相當多的有用資訊（或娛樂）。

從社交媒體發明這個模式開始，持續發布或整合大量內容的公司與網站也使用了這個模式，社交媒體和商務協作軟體的公司也使用了這個模式，這個模式已經變成相當常見。後面的討論會假設串流與訊息來源是按時間舊到新順序排列，但這只是其中一種方式。實際上，現今的串流序列是由演算法決定的，這種演算法可能會針對參與度、點擊次數、使用者的興趣或其他參數進行優化。因此，請更依情境做不同考量，可以做到情境回應式體驗。

用時間序新到舊的方法排列項目，不等使用者要求或更新，立即將最新的項目放在列表的開頭。較舊的那些項目會被較新的評論或項目一直往後推。這是一種讓使用者馬上更新最新消息的方法，而且使用者也需要能捲回去看較舊、未看過的項目。

除了使用者自己的社交串流之外，另外再加上發布者策劃的串流。使進階使用者能夠基於主題或其他成員的精選列表建立自行定義的串流。另外像是 TweetDeck 則是使用 *多工作空間*（*Many Workspaces*）用多個並排面板來顯示傳入的內容。

每個項目會顯示的資訊，可能包括以下：

何事？（*What*）

如果是非常簡短的更新，顯示完整內容。如果不是的話，請顯示標題、幾個字或幾句話的摘要；如果有圖的話，請顯示一張縮圖。

何人？（*Who*）

可能是指負責更新內容的人、可能是發布該篇文章的部落格、可能是那篇文章的作者，或是傳送電子郵件的人，又或許是張貼一篇評論或文件的協作者。雖然使用真實姓名使介面更有人情味，但要在人情味與知名度和權威性之間取得平衡，所以新聞發布單位、部落格、公司等的名稱也是很重要的，如果同時使用兩者更好的話，也可以兩個都用。

何時？（*When*）

提供日期或時間戳記（timestamp）；可以考慮使用相對時間，例如：「昨天」或「11分鐘前」。等到貼文變舊以後，再切換到傳統的日期時間戳記。

何處？（*Where*）

如果項目的來源是網站，那就連結到該網站。如果來源是你公司所擁有的某個部落格，就連結到該部落格。

如果在列表顯示時，項目塞不進去的話，就在底下顯示一個「更多內容」的連結按鈕，這對於很長的評論來說是一個好的模式。若是顯示的是新聞或是報導卡片，請讓讀者可以點擊該卡片，然後在新畫面載入整個報導。您也可以考慮設計一種可以在新串流視窗顯示項目完整內容的方法。新聞串流一份清單，所以我們可以選擇採用**雙面板選擇器**（*Two-Panel Selector*）、**單視窗深入**（*One-Window Drilldown*）或**清單嵌板**（*List Inlay*）。這些清單模型都有很多範例可參考。

請給使用者多種立即回應項目的方式，某些系統使用評定星級、按讚、按喜歡以及標為最愛，使用者很輕易就可以回饋，可供沒有時間撰寫較長回應的人們使用。但請您也要保留能做長篇回應的空間！藉由在項目的正下方放控制項和文字欄位，代表您鼓勵多做回應和交流，這對社交系統來說，通常都是好事。

在撰寫本文時，在移動設備上**串流與訊息來源**的設計非常簡單，幾乎所有的設計都是用全螢幕顯示一個列表（通常是帶有格式豐富的文本的**無限清單**（*Infinite List*，第 6 章）），使用者只需在列表中點擊項目，就能取得一個項目的更多詳細內容。

串流與訊息來源的服務有很多，包括 Twitter 與 Facebook，不管是移動裝置或是全畫面設計，它們都採用**無限清單**模式。這個模式讓使用者載入一或兩頁的最新內容，而且使用者可以有選擇地載入更多過去的內容。

活動歷史

有些人將術語「活動串流」用來代表一個非常緊密相關的概念：將單個實體（例如個人、系統或組織）執行的動作（通常是社交動作）按時間順序排序，這是他們動作的歷史記錄。這是一個實用的概念，並且不會與**串流與訊息來源**衝突。**串流與訊息來源**指的是個人或使用者群組感興趣的一堆活動，且不是由使用者或使用者群組產生的，而新聞串流通常具有多種來源。

新聞 / 內容串流。Techcrunch(圖 2-14 及圖 2-15) 是一個**串流與訊息來源**發布者的好範例。其主要的移動裝置 app 與網站都使用可捲動的串流新聞報導，最近發生的新聞報導會排在列表的最前面。在顯示層級上，使用者只會看到足以瞭解大概的資訊：一張照片、一個標題與一些介紹。如果讀者選擇該報導，他們就會看到有更大圖片與完整文字的整個報導。在這個詳細內容的頁面上，也會放上社交分享的功能，促進讀者向他們的社交網路發送報導。

TC

Login

Startups
Apps
Gadgets
Videos
Podcasts
Extra Crunch NEW

—

Events
Advertise
Crunchbase
More

Tesla
Fundings & Exits
Google
tc sessions robotics 2019

Search

Week-in-Review: Tesla's losses and Elon Musk's new promises

10 hours ago **Lucas Matney**

What a complicated week for Tesla. The electric car-maker announced this week that it had lost more than $700 million in the first quarter of 2019, an unpleasant surprise for investors that came du...

Sponsored Content

Results Are In: Best Travel Credit Cards Of 2019

Sponsored by CompareCards.com

Take advantage of no annual fees + travel rewards. Get up to 10x miles, 20,000 bonus points, all with no annual fee.

Meet the tech boss, same as the old boss

11 hours ago **Jon Evans**

"Power corrupts, and absolute power corrupts absolutely." It seems darkly funny, now, that anyone ever dared to dream that tech would be different. But we did, once. We would build new ...

€ Extra Crunch

Bad PR ideas, esports, and the Valley's talent poaching war

1 day ago **Danny Crichton**

Sending severed heads, and even more PR DON'Ts I wrote a "master list" of PR DON'Ts earlier this week, and now that list has nearly doubled as my fellow TechCrunch writers continued to experience e...

€ Extra Crunch

Sending severed heads, and even more PR DON'Ts

1 day ago **Danny Crichton**

This week, I published a piece called the "The master list of PR DON'Ts (or how not to piss off the writer covering your startup)." The problem, of course, with writing a "master list" is that as s...

Sponsored Content

Results Are In: Best Travel Credit Cards Of 2019

Sponsored by CompareCards.com

Take advantage of no annual fees + travel rewards. Get up to 10x miles, 20,000 bonus points, all with no annual fee.

Original Content podcast: 'Game of Thrones'

We're barely more than 24 hours away from what's widely expected to be the most spectacular and

圖 2-14　Techcrunch

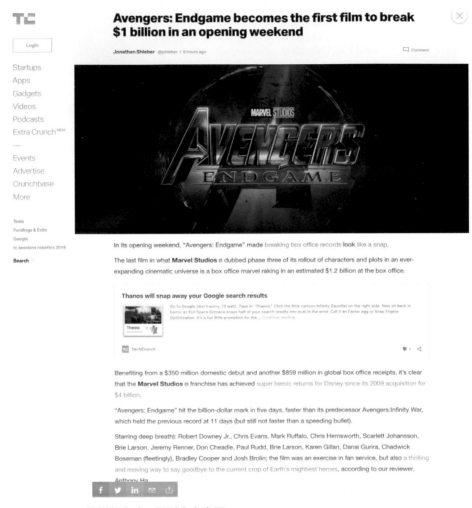

圖 2-15 Techcrunch 的詳細內容 / 個別文章畫面

BuzzFeed News（圖 2-16 和圖 2-17）也依循完全相同的模式，請注意這家公司的名稱中有「Feed」（訊息來源）這個字，這充份展示出訊息來源模式對該公司的身分和宗旨有多麼重要。同樣地，他們也用了可捲動的報導串流，最新發生的報導在報導列表的最前面。BuzzFeed News 引人入勝的頭條新聞和挑戰讀者的問題中，可以強烈聽見編輯的聲音。選取一則報導會詳細在內容頁面中載入完整的故事、測驗或圖片集，並且突出顯示那些社交共享小元件。

ABOUT US   GOT A TIP?   SUPPORT US   BUZZFEED.COM   SECTIONS ▾

TRENDING   Synagogue Shooting   Avengers: Endgame   Taylor Swift   Climate Change   Game Of Thrones   2020 Election   Measles

Science

Reckoning With Personal Responsibility In The Age Of Climate Change

As someone who loves traveling and going outdoors, I struggle with balancing my hopefulness and my despair — and my culpability — regarding an imperiled earth.

Shannon Keating · 1 day ago

Can You Work Out How To Spend Your Money To Slow Global Warming?

It's easy to feel helpless in the face of climate change, but how you spend your money can make a difference.

Peter Aldhous · 1 day ago

How Much Do You Know About Climate Change?

When Yale University quizzed US adults on the facts, most of them got a failing grade. How do you compare?

Peter Aldhous · 2 days ago

17 Books That Will Change The Way You Think About The World

From Naomi Klein to Barbara Kingsolver, these authors explain the consequences of our warming planet — and imagine its future.

Arianna Rebolini · 2 days ago

These Haunting Pictures Show How Chernobyl Has Aged Over The Years

Since 1994, photographer David McMillan has made 21 trips to Chernobyl to witness nature reclaiming civilization.

Gabriel H. Sanchez · 2 days ago

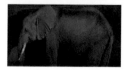

These Haunting Photos Capture The Vanishing Wildlife Of Africa

"The destruction of the natural world is far more complex than we think."

Gabriel H. Sanchez · 3 days ago

SCIENCE MASTHEAD

Virginia Hughes
Science Editor

Peter Aldhous
Science Reporter

Zahra Hirji
Science Reporter

Stephanie M. Lee
Science Reporter

Nidhi Subbaraman
Science Reporter

Dan Vergano
Science Reporter

TOP POSTS ON BUZZFEED

Only Read This If You Want To Know Who Died In

圖 2-16　BuzzFeed News

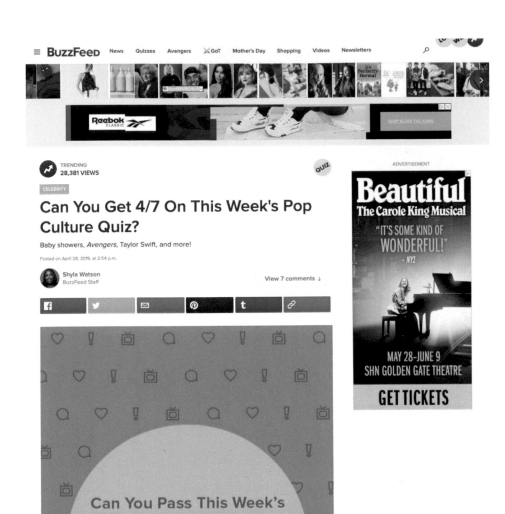

圖 2-17　BuzzFeed News 的詳細內容 / 個別文章畫面

RealClear 系列網站做的是收集網路上其他發布者的報導連結，其中最大的網站是 RealClearPolitics（圖 2-18）。雖然看起來很像是您可以在維基百科或百科全書中找到的簡單而乏味的列表，但它其實是訊息來源。那些連結都會被每天發布多次。這些更新借用了早期印刷報紙的慣例，標有「早報」和「午報」的標示。請注意 RealClearPolitics 是如何

模仿過去的報紙的，它的「早報」包含精選連結，接著後面是更新連結的「晚報」。讀者可以捲動或使用選單選擇器查看前幾天的連結。它是一個無止盡、基於時間排列的報導列表。

圖 2-18　RealClearPolitics

Flipboard（圖 2-19）看起來像本雜誌或照片瀏覽器，但實際上是訊息來源閱讀器。它用訊息來源連接並聚合您的社交媒體帳戶或熱門的發布者。您還可以使用主題標籤（#hashtag）關鍵字從所有訊息來源中建立符合關鍵字的文章訊息來源。

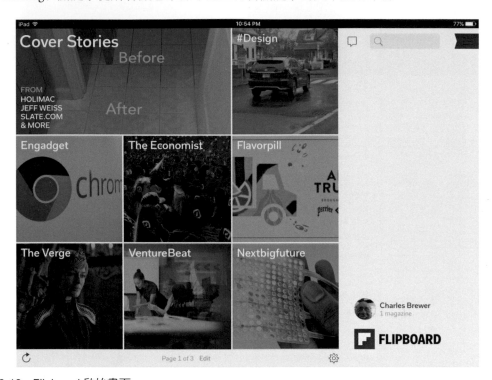

圖 2-19　Flipboard 啟始畫面

Flipboard 一樣是個訊息來源，它會顯示大大小小不同尺寸的內容卡片，類似書本編排成一頁（圖 2-20）。使用者手指向左或向右掃就可以做到像看雜誌一樣的效果。

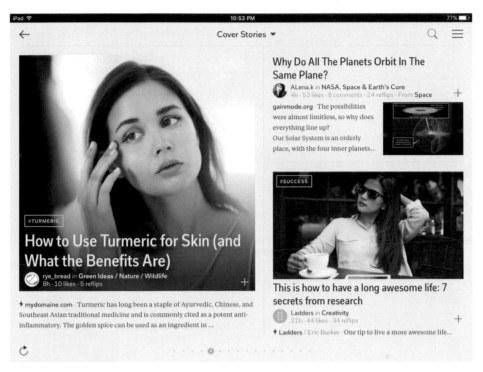

圖 2-20　Flipboard 的新聞串流

社交串流（Social stream）　社交串流主導著消費者的網路體驗，這個主導地位尚未出現任何很快就會結束的跡象，這是因為串流驅動參與度。Twitter（圖 2-21）和 Instagram（圖 2-22）告訴我們，目前社交串流充滿活力發展良好。訊息來源可以是混合商業活動或個人人脈中的內容或貼文或卡片的組合，例如 Twitter。或者，它可以（幾乎）完全是個人社交訊息來源，例如 Instagram。在訊息來源上可以做以下的動作：查看圖片、評論，然後使用社交回饋功能點讚、分享或評論。

社交網路服務、新聞整合以及私人通訊（例如電子郵件）充斥著個人**串流與訊息來源**的範例。

Facebook 會自動地（無預警）在最熱門報導或最新動態間切換。不過，Facebook 擅長立即做出反應。在 Facebook 上發表簡短評論非常容易，幾乎只要在您想完評論內容的同時就發表完了。

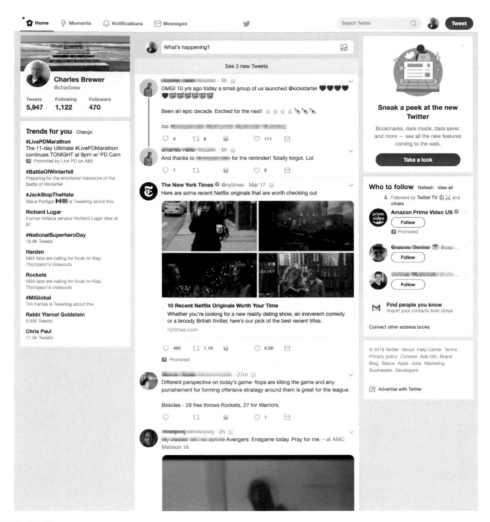

圖 2-21　Twitter

圖 2-22　Instagram

商務協作（Business collaboration） 跳脫消費者之外，社交訊息來源和串流也可以作為商務使用。它們是線上、分散式以及遠端工作的核心元件。有了它們之後員工就可以有多種一起工作的方法，員工們可以啟動或加入一串串不同主題的討論，或者，他們可以聚集在一起以協作方式生成數位文件。工作可以即時進行或異步進行，員工可以在同一地理位置，也可以分佈在各個時區。在 Slack（圖 2-23）中，整個平台都是圍繞討論主題建構的。在公司「空間」內，員工可以啟動或參與小組討論，或者與一個或多個同事開始私人聊天會話，也可以直接在訊息來源中共享文件。在 Quip（圖 2-24）中，數位文件是大家的聚焦點。該文件有多個合作者，文件旁邊的社交和評論訊息來源提供了有關文件討論的歷史記錄。這兩種方法現在都被許多商務應用程式採用。

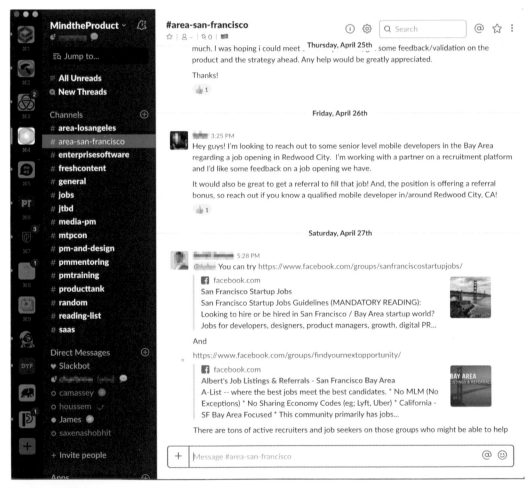

圖 2-23　Slack

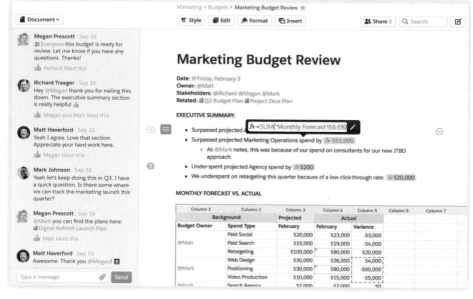

圖 2-24　Quip

媒體瀏覽器

媒體瀏覽器是一種很實用的模式，用於查看一堆項目（例如影片、圖片和文件），以及從其中選取項目。使用「格狀排列的物件」架構，來讓使用者瀏覽或從一群物件中選取物件，物件以列和欄排列，使用縮圖、項目檢視和瀏覽介面（例如捲動列表）。對於以內容為中心的網站和應用程式來說，它讓人可以一眼看到有哪些可讀取的檔案、報導或文件。媒體瀏覽器也常用於管理多媒體、編輯照片、影片和其他圖片類項目。

這是一種獨特的應用程式樣式，通常用於移動裝置與桌上電腦。人們一旦在媒體瀏覽器中看到以網格呈現的圖片和影片物件，他們就會知道可以做些什麼：瀏覽、點擊以查看、播放投影片或播放列表……等等。

本書中還有其他樣式或元件，也常使用媒體瀏覽器架構，這些包括：

- 同質性網格（*Grid of Equals*）

- 單視窗深入（*One-Window Drilldown*）
- 雙面板選擇器（*Two-Panel Selector*）
- 縮圖網路（*Thumbnail Grid*）
- 金字塔（*Pyramid*）
- 模組分頁（*Module Tab*）與可摺疊面板（*Collapsible Panel*）
- 按鈕群組（*Button Group*）
- 樹（Trees）或大綱（outlines）
- 只用鍵盤（*Keyboard Only*）
- 搜尋框（Search box）
- 社交評論與討論（Social comments and discussion）

原理作法

會建立兩個主要檢視（view）：用矩陣或網格佈局顯示清單中的項目（瀏覽介面），以及用一個大的檢視顯示單一項目（單一項目檢視）。使用者將在這兩個檢視之間來回移動。設計瀏覽介面時若加入**媒體瀏覽器**的話，可讓使用者輕鬆瀏覽大量項目集合。

媒體瀏覽器　請使用此模式顯示一系列項目。許多應用程式會為每個項目顯示少量的描述資料，例如標題或作者。但請謹慎操作，因為它會使介面混亂。您可以提供一個控制元件來調整縮圖的大小。另外還有一種方法，可以用不同的條件（例如日期、標籤或等級）對項目進行排序，或者對其進行過濾只留下加了星號（這只是舉例）的項目。

當使用者點擊一個項目後，在單一項目檢視中打開該項目。應用程式通常會支援讓使用者用鍵盤來在網格上游走；舉例來說，只用鍵盤上少數幾個鍵加上空白鍵（請參見第 1 章的**只用鍵盤**模式）。

如果使用者有操作那些項目的自由，請在這一層次的介面上提供使用者移動、排列或刪除項目的方法。這也代表要加入多選介面，例如按 Shift 選取、多選核取方塊，或用滑鼠游標框選多個項目。應用程式也應支援剪下、複製與貼上。

在**媒體瀏覽器**這個層級中，您可以提供投影片播放或播放清單的功能。

瀏覽介面　具體取決於應用程式的性質，**媒體瀏覽器**的內容可能會由複雜、簡單或幾乎不存在的瀏覽介面來驅動。如果需要，介面應提供一個「搜尋」框，以搜尋單個使用者的項目或搜尋所有公共項目（或兩者）。或者，僅顯示一個可捲動的網格。

收藏公開內容的網站（例如 YouTube 和 Vimeo），將它們整個主頁做成瀏覽介面。這種網站的檢視，通常會把使用者擁有的內容以及公開內容或促銷內容平衡呈現。

私人用的照片和影片管理介面（尤其是 Apple Photos 或 iMovie 之類的桌面應用程式）應要能讓使用者瀏覽儲存在文件系統中不同目錄中的圖片。如果使用者可以將項目分組為相冊、集合、專案或其他類型分類的話，這些在瀏覽介面中也要可用。大多數應用程式還支援收藏或加註星號。

Adobe Bridge 將過濾器放入其瀏覽介面。它能使用 10 個以上的屬性來分割大量項目，包括關鍵字、修改日期、相機類型和 ISO。

單一項目檢視 這個檢視會在整個文件上顯示完整的報導、文件或圖片，讓使用者可以閱讀、編輯或評論 / 分享。會用整個螢幕來顯示項目的內容，或是用較大的檢視顯示所選圖片（對影片來說就是播放器）。如果視窗很大，此檢視可以位於媒體瀏覽器網格的旁邊，不然的話也可以替換掉網格使用的區域。在項目旁邊顯示描述資料（有關項目的訊息）。實際上，這意味著要在*雙面板選擇器*和*單視窗深入*之間進行選擇。有關這些與列表相關的模式，請參見第 7 章。

如果介面是網站或連接到網站，則您也可以選擇在此層級提供社交功能。您可以在此處發表評論、喜歡、按讚以及分享。同樣地，使用者也可以在此處私下或公開標記或放上標籤。在網路的公開收藏處中有時會看到「您可能也會喜歡的其他物品」功能。

這裡也可以放置編輯單個項目的功能（例如，照片管理器或許可以提供簡單的裁切、顏色和亮度調整以及減輕紅眼…等編輯功能），您也可以在此處進行編輯描述資料。如果完整的編輯器太複雜而無法在此處顯示，請為使用者提供啟動「真正」編輯器的方法（例如，在使用 Adobe Bridge 時，使用者可以點選照片以啟動 Photoshop）。使用「按鈕群組」可以對所有這些功能進行簡單、可理解的視覺分組。

透過提供「上一個」和「下一個」按鈕，可從目前項目轉跳到列表中的上一個和下一個項目，尤其是如果您使用「單視窗深入」顯示單一項目檢視（它也需要「回上層」按鈕）的話，「上一個」和「下一個」按鈕將提供連結到列表中的上一個和下一個項目。請參閱第 3 章的金字塔。

瀏覽物件集合　圖片的強大之處在於它們可以攜帶大量訊息並可以快速識別。這就是為什麼經常在瀏覽和選擇物件時，會用圖片來表示物件集合的原因。不管是帶有或不帶有文字說明的圖片網格，都是簡潔而實用的模式，用於從大量集合中選擇單個項目。這種模式在移動裝置、桌面和大螢幕使用者（例如 Apple TV）介面上都通用。從媒體瀏覽器網格中選擇單個項目或卡片，將直接載入該物件以供使用者使用，或者載入帶有說明的詳細訊息畫面。在適用於 iOS 的 Kindle 閱讀 app 中（圖 2-25），瀏覽器上只會顯示書籍封面的圖片。Instagram（圖 2-26）中的個人資料描述資料很少，傾向於使用以前發布的圖片的捲動網格。圖片的排版代表您在 Instagram 上的身分和個性。在 YouTube（圖 2-27）、Apple TV（圖 2-28）和 LinkedIn Learning（圖 2-29）中，全螢幕瀏覽器讓使用者可以快速瀏覽大量影片資產。在此還有一種方形網格佈局的一個常見變體：捲動橫幅（單行捲動）。也就是碰到要瀏覽的項目數量太多時，就將圖片以易於理解和檢視的方法分類。Apple TV 在此採用了極簡主義的方法。YouTube 提供了最多的訊息，每個項目都變成了一張包含圖片、標題、作者和受歡迎程度指標的「卡片」（不意外，因為 YouTube 建立在社交媒體動態基礎上）。

查看某人的 YouTube 頻道時，您可以選擇查看媒體瀏覽器，或者在單個影片檢視中查看影片播放器旁邊的列表（預設設定）。點擊縮圖將帶您到該影片的頁面，其中顯示了詳細訊息和討論。訪客可以透過查看播放列表，看到最新加入的影片、觀看次數最多的影片和收視率最高的影片；隨處都可見的搜尋框，這裡也會有。

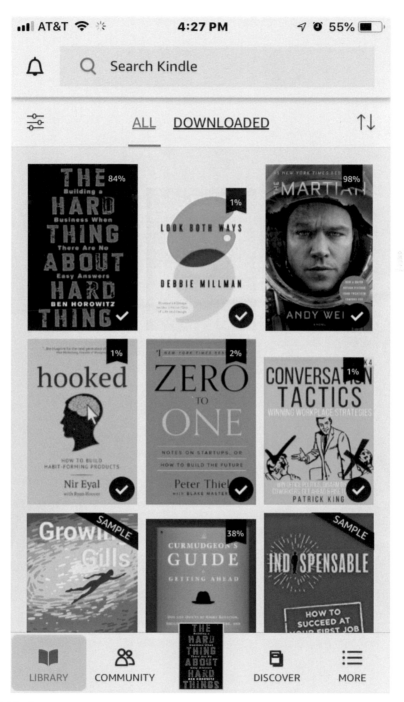

圖 2-25　iOS Kindle app

圖 2-26　Instagram 上的個人介紹畫面

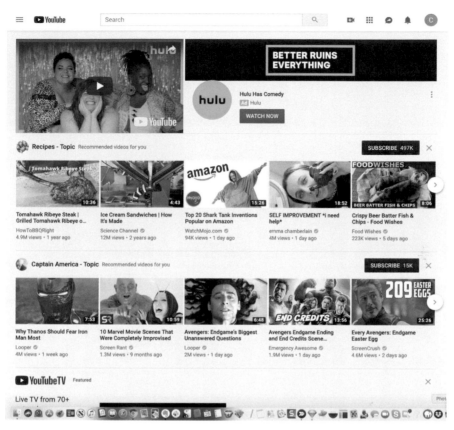

圖 2-27　YouTube

圖 2-28　Apple TV

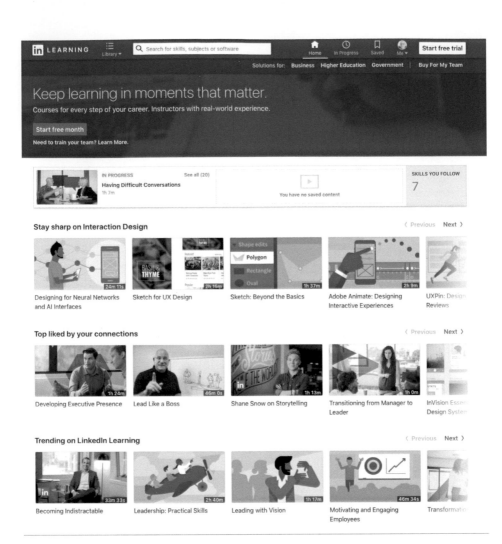

圖 2-29　LinkedIn Learning

管理和編輯媒體資產　媒體和文件的建立者也使用此媒體瀏覽器的排版來管理正在製作或處理中的資產。Apple Photos（如圖 2-30 所示），Adobe Bridge（圖 2-31）和 Apple iMovie（圖 2-32）是用於管理個人圖片集合的移動桌面應用程式。其瀏覽介面（全部為**雙面板選擇器**）的複雜程度從擁有非常簡單的設計的 Apple Photos，到非常複雜、充滿眾多面板和濾鏡的 Adobe Bridge。Apple Photos 使用「單視窗深入」進入單一項目檢視，而 Adobe Bridge 和 Apple iMovie 將所有三個檢視放到一頁上。方格佈局的一個常見變體是捲動的單行：橫幅區。在 iMovie 中它是一個中央工作面板中的時間軸，用於建立基於時間的媒體（例如影片）。

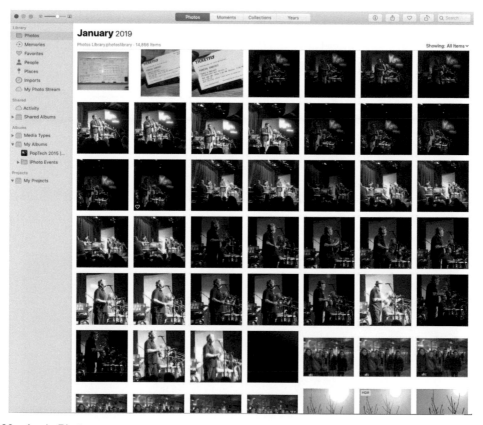

圖 2-30　Apple Photos

圖 2-31　Adobe Bridge

圖 2-32　Apple iMovie

Adobe Acrobat（圖 2-33）是熱門的 PDF 文件的閱讀器 / 編輯器，提供了文件頁面的網格檢視。若是在編輯模式下使用，可以讓使用者快速重排頁面，或選擇要刪除的頁面，或選擇要在哪插入新的頁面。

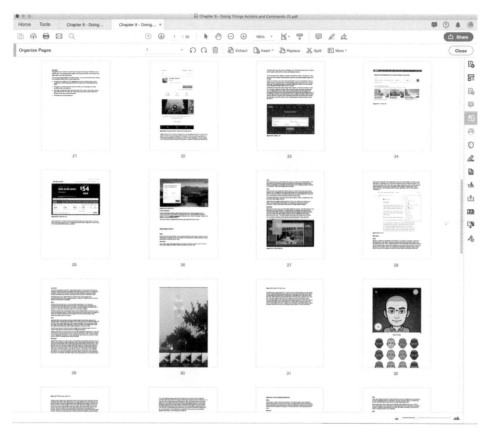

圖 2-33　Adobe Acrobat

儀表板

儀表板通常是客戶登錄到消費或商務平台時會看到的第一個畫面,它是商務資訊軟體非常常見的模式。在單一訊息密集的頁面中,儀表板用來顯示關鍵資料,並定期更新。向使用者顯示相關的,有利於行動的訊息、圖表和圖形,以及重要的消息、連結或按鈕,顯示的內容通常是商務上重要的關鍵指標或工作流程相關。

儀表板非常受歡迎的原因,是因為它們解決了需要快速更新狀態、關鍵訊息和要完成的任務的需求。適用於您的網站或應用程式需要處理來自某物的傳入訊息來源,例如 web 伺服器資料、社交聊天、新聞、航空公司航班、商業情報資訊或財務資訊。您的使用者將從持續監視該資訊中得到好處。

為何使用

這是一種常見而且容易辨認的頁面型態。儀表板在網路世界與現實生活中都有一段很長的發展史,因此人們對於儀表板的運作方式已經有了共通的期待:會呈現有用的資訊、會自行更新、通常利用圖表來顯示資料……諸如此類。

儀表板同時也是一連串環環相扣的模式與元件的綜合體。許多目前使用中的儀表板會運用到本書中其他地方寫到的模式:

- 標題分區(*Titled Section*)
- 分頁與可摺疊面板(*Collapsible Panel*)
- 可移動面板(*Movable Panel*)
- 單視窗深入(*One-Window Drilldown*)
- 各式各樣的清單與表格(參見第七章)
- 資訊圖表(參見第九章)
- 資料提示(*Datatip*)

請決定好使用者需要或想要看到的資訊是什麼。這件事可不像它聽起來那麼簡單,因為你需要有學者或編輯的洞見,移除令人困擾或不重要的資料,否則人們無法取得真正重要的部分。請移除對使用者來說沒有幫助的資訊,至少也得不去強調這類資訊,只提供最重要的資訊,或是下一步要做什麼。

請做好視覺階層(參見第四章),用視覺上的不同層級來安排頁面上的清單、表格與資訊圖表。試著把主要資訊放在一個頁面中,盡量不需要捲動頁面就能一眼望盡;如此,人們即可保持視窗開啟,瞄一眼就看到所有資訊。把相關的資料分組成**標題分區**,並且只在百分百確定使用者不會需要同時看到各分頁中的資料時,才使用分頁。

請使用**單視窗深入**,讓使用者檢視資料的細節,使用者應該能夠點擊連結或圖表,以進一步瞭解更多資訊。當游標移過資訊圖表時,**資料提示**很適合呈現圖表上某一點的資料。

請為你呈現的資料,選擇一個合適、設計良好的資訊圖表。量測計圖、刻度圖、圓餅圖、與立體條狀圖看上去都還不錯,但它們多半無法把具有比較性的資訊表現得一目瞭然,簡單的線性圖與柱狀圖更適合表達資料,尤其是基於時間的資料。當數字與文字比圖表重要時,則改用清單與表格。要呈現多欄資料表時的常見模式是條列式顯示。

人們不會想仔細地查看頁面上所有的元素,會想只看儀表板一眼就取得足以決定行動的資訊。所以,當你要顯示文字時,請考慮特別標出關鍵字與數字,讓它們看起來比其他文字更醒目。

你的使用者可以自訂儀表板的呈現方式嗎?許多儀表板都提供了客製功能,你的使用者可能也期待有此功能。有一種自訂儀表板頁面的方式,是允許使用者重新整理頁面上的分區,Salesforce 提供了**可移動面板**,還可以自由選擇要顯示在頁面上的小工具。

Salesforce(圖 2-34)是專為滿足大型企業監控和管理所有形式的商務流程的需求而建立的龐大的軟體業務。客製化和可定制的儀表板是該軟體的策略核心。此處顯示了一些為特定目的客製化的儀表板範例。使用者可以根據需要建構或配置模塊,然後將標準尺寸的模塊排列到最適合它們的網格中。而這些面板的設定都可以儲存下來或分享出去。

圖 2-34　Salesforce 儀表板

SpaceIQ（圖 2-35）在登錄後馬上會看到一個儀表板。這間新創公司遵循經典的設計模式，提供關鍵性能指標、當前正在發生或需要注意的概述，以及能快速移動到該平台的其他重要功能。

圖 2-35　SpaceIQ

最後，如果您有興趣的話，建議您看看 Stephen Few 撰寫的有關資訊儀表板的書《*Information Dashboard Design: Displaying Data for At-a-Glance Monitoring*》（Analytics Press, 2013）。

畫布加工具盤（Canvas Plus Palette）

這是什麼

它是一種應用程式結構，結構中有中央工作區，周圍有工具容器。中央工作區是一個大的空白區域（或稱畫布），使用者可以在其中建立或編輯數位物件。在此中央工作區的兩側、頂部或底部排列著稱為工具盤的工具網格。工具以圖示表示，使用者點擊工具盤按鈕即可在畫布上建立物件或修改物件。整個結構設計的目的是要像數位工作桌或藝術家的虛擬畫架。使用者一個接一個地選擇工具，將工具的效果套用在目標物件上。

何時使用

設計任何形式的圖形編輯器時使用。典型的使用案例會包括建立新的物件，並將物件放在一個虛擬空間中。

為何使用

這兩個面板（一個用來建立物件的工具盤，一個用來擺設物件的畫布）實在是太常見了，幾乎每一個桌面軟體的使用者都看過這樣的介面，也可以很自然地從熟悉的實體物件對應到虛擬的螢幕世界。工具盤利用了視覺辨識（visual recognition）的優勢：在不同的程式中一再使用最常見的圖示（筆刷、手形、放大鏡…等），且每次圖示的意義都一樣。

原理作法

呈現一個大而空白的區域，讓使用者當成畫布使用。這塊畫布可以有自己的視窗，如Photoshop 的做法（圖 2-18），或是與其他工具一起嵌入單一頁面中。使用者需要看到畫布和工具盤在畫面同時顯示。請把額外工具（如屬性面板、色彩切換等功能）做成較小的類工具盤視窗或面板，放在畫布的右側或底端。

工具盤本身應該是由許多小圖示按鈕依格狀排列組成。如果圖示本身意義不明，可以加上文字輔助；例如，某些 GUI 建構器的工具盤會同時列出 GUI 元件的圖示和名稱。

請將工具盤放在畫布的上方或左側。工具盤可以被分成許多子分組（subgroup），建議您使用**模組分頁**（*Module Tab*）與**可摺疊面板**（*Collapsible Panel*）來表現這些子分組。

多數工具盤上的按鈕都會在畫布上建立圖示代表的物件。但是很多建立工具盤的人還是成功整合了其他功能，像是縮放（zoom）與套索選取（lasso）。

各家應用程式用工具盤在畫布上建立東西所用的手勢（gestures）都不太一樣。有的只使用拖放（drag-and-drop）的方式；有的要點一下工具盤，再點一下畫布；有的使用壓力偵測工具（pressure-sensitive tool），例如繪圖筆，或是在觸控螢幕上測量您的手指壓力；以及其他種仔細設計過的手勢。在這個模式中可用性測試（usability testing）特別重要，因為這些工具的行為可能並不明顯，也可能很難學習。

範例說明

以下範例顯示了各種畫布和工具盤模式，Adobe Photoshop（圖 2-36）是其中經典之作。本書作者在處理圖像時，會用到該應用程式畫面四邊的工具盤、面板和命令。在 Axure RP Pro（圖 2-37）中，中央繪圖窗格的左側和右側有工具盤，使用者可以在其中為軟體原型建立線框稿。接下來是 OmniGraffle（圖 2-38），它是 MacOS 上的向量繪圖應用程式，其工具盤在左側。在處理大量工具或選擇時需要這種模式，甚至移動應用程式也需要這種模式。在 iOS Photos 中（圖 2-39），使用者正在編輯的圖像會顯示在中央畫布中，下方有三個可選擇打開的工具盤，每個面板內都有多個編輯工具。

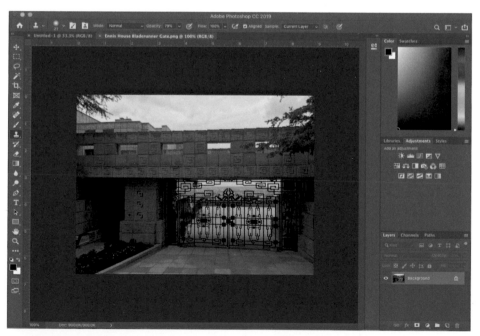

圖 2-36　Adobe Photoshop

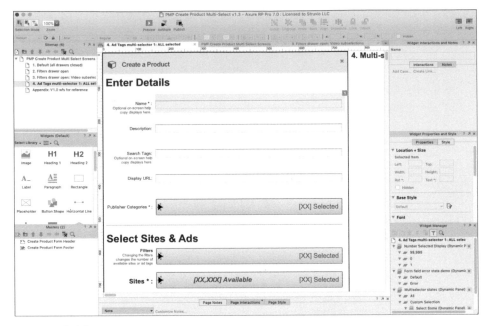

圖 2-37　Axure RP Pro

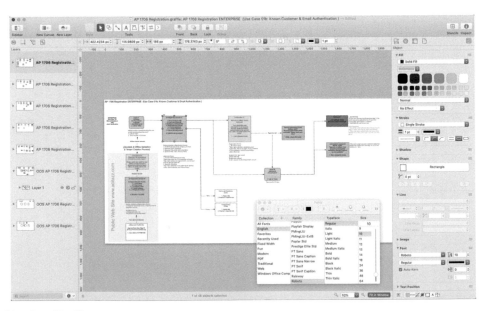

圖 2-38　OmniGraffle

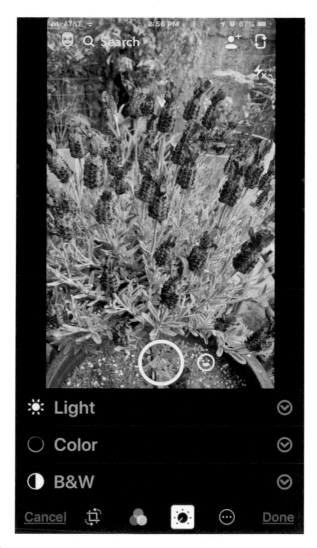

圖 2-39　iOS Photos

精靈（Wizard）

依據事先定義的任務順序，帶領使用者一步一步地走完整個流程的功能或元件。

你正在為某件又長又複雜的任務設計介面，這項任務（例如安裝軟體套件）對使用者來說是很新的任務，他們不會常常做這件任務，也不太想握有細微的設定和調整的權力。身為介面設計師，你當然比使用者更清楚要怎麼用最佳方式完成這項任務。

適用精靈的任務，多半在流程上有分支，或是冗長又無聊，例如任務中包含一系列由使用者決定的事項，每個決定都會影響到後續選項的安排。

要訣就在於，使用者必須願意放棄控制什麼時候發生什麼事。在許多狀況下，這個模式的運作恰如其分，因為對某些特定任務來說，要求人們做決定反而是件增加大家負擔的苦差事：「不要讓我動腦筋，只要直接告訴我接下來要做什麼就好。」想像你到了一個陌生的機場，若有告示牌清楚告知移動方向，是不是比搞懂機場的整體結構容易多了呢？雖然跟著告示牌走會無法從中學到機場設計方式的理念，但反正我們根本也不在乎。

但精靈在其他狀況卻可能事與願違。專家級使用者經常發現**精靈**很死板、有限制。對於支援某些創意發想過程（寫作、寫程式、藝術創作）的軟體來說特別明顯。對於真的想要學習此軟體的人來說也是種困擾；**精靈**不讓使用者知道他們動作將如何影響軟體，也不會讓使用者知道所做的選擇將如何改變應用程式的狀態。對某些人來說，這是一項困擾。

利用各個擊破法將任務分割成一連串較小的區段，可讓使用者在不相連續的「心智空間」（mental space）中處理各個區段，如此即有效地簡化了任務。你就可以預先規劃完成任務所需的路徑圖，為使用者省下瞭解任務結構的精力；只要使用者一步一步地依序完成每個步驟，跟隨這些指令，最後一切就會順利完成。

但是迫切需要使用精靈的情況，也可能表示你的任務太複雜了。如果您能把任務簡化成一份簡短的表單，或是簡化成幾次按鍵就能完成的話，請務必節省大家的時間，這樣才是較好的解決方案（也請大家記得，精靈會讓人有一種居高臨下、施恩於人的態度）。

「分解」任務　將構成任務的操作行為拆解成一系列的小片段，或者一組操作。您可能需要讓這些動作看起來有嚴格的次序，也可能不需要；有時為了方便起見，而將一件工作分成步驟 1、2、3、4 是有幫助的。

例如將線上購買的行動拆解時，有可能包含產品的選擇畫面、付款資訊畫面、帳單地址畫面、出貨地址畫面……等等。此處的先後次序沒有太大的關係，因為後面的選項並不會受到前面選擇的影響。請將相關的選擇放在一起，可以簡化大家在填寫表單時的精力。

你或許會有一個任務切割的決策點，在決策點時使用者的選擇可動態地改變接下去的步驟。以軟體安裝精靈來說，使用者有可能選擇要安裝「選用套件」，做了這個選擇後會帶出後面更多的選擇；如果使用者選擇不做自訂安裝，這些步驟就會被略過。這類的分支工作十分適合使用動態使用者介面表現，因為使用者不需要看到和他的選擇不相關的事物。

在上述的兩個例子中，設計這種使用者介面的難處在於達到「體積」和「數量」間的平衡。設計出只有兩個步驟的精靈是很愚蠢的，弄成十五個步驟的精靈又很繁瑣。但另一方面，每個步驟也不能太複雜，否則就會失去這個模式的某些優點。

實體結構　這類精靈將每個步驟在不同頁面呈現，可以利用「上一步」（Back）、「下一步」（Next）按鈕來翻頁，這是本模式最典型、最常見的實作方式。但這類精靈並非總是正確的選擇，因為每個步驟現在都是獨立的使用者介面，使用者無法看到之前做了什麼，或者未來將出現什麼。但是這類精靈的優點，在於可讓整個頁面聚焦在當下的步驟，還可以包含圖示和文字的解釋。

如果你選用這類精靈，記得允許使用者自由地在任務步驟間前後移動。提供使用者回上一步的途徑，或是其他可以改變稍早決定的方式。另外，許多使用者介面會顯示一個可以點選步驟的地圖或是任務概觀，借用了**雙面板選擇器**（*Two-Panel Selector*）的某些優點（和雙面板選擇器比較起來，精靈約束使用者依照預先訂好的次序走（或只是建議），而雙面板選擇器是讓使用者自由跳到任何步驟）。

如果你改變心意想在一頁做完所有的步驟，則可從第四章的模式中擇一取用：

- **標題分區**（*Titled Section*）　在標題上有醒目的數字。這個模式在任務沒有太多分支時最有用，因為所有的步驟都可以一目瞭然。

- **回應式生效**（*Responsive Enabling*）　所有的步驟都展示在頁面上，但是每一個都預定為失效（disabling）的狀態。前面的步驟完成之後，下一個步驟才設定為生效（enabling）。

- **回應式內容揭露**（*Responsive Disclosure*）　直到使用者完成前一個步驟，否則使用者介面不會顯示出下一個步驟。這種方法動態、簡潔、且容易使用。

不管你如何安排這些步驟，**良好的預設值與智慧預填**（第十章）都會有幫助。如果使用者願意交出控制權，他多半也願意讓我們代為挑選合理的預設值，特別是那些他不見得在乎的選項，例如軟體的安裝位置。

範例說明

Microsoft Office 的設計師已經廢止大多數**精靈**，不過還是有少數殘留下來，能留下來自然有其原因。例如，匯入資料到 Excel 就很可能成為一項讓人困惑的任務。匯入精靈（Import Wizard，參見圖 2-40）就是個很傳統的應用程式**精靈**，它擁有「上一步 / 下一步」按鈕、分支流程，但沒有流程地圖，但它很適任。每個畫面都讓使用者專注於手邊的步驟，而不需擔心接下來的事項。

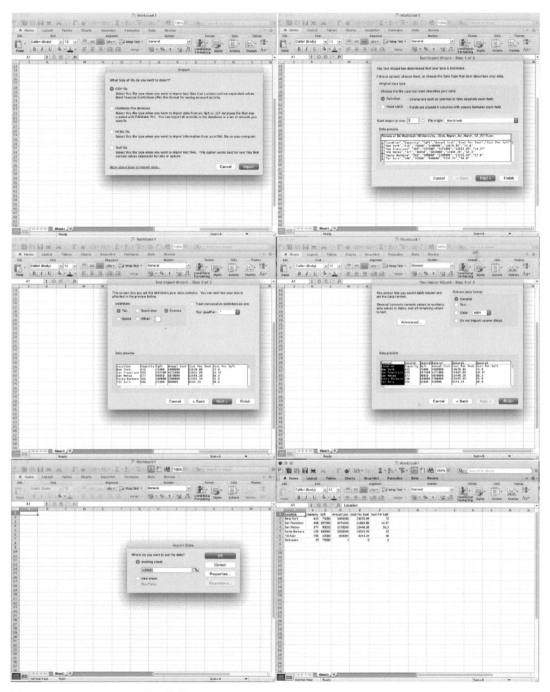

圖 2-40　Microsoft Excel 匯入精靈

設定編輯器（Settings Editor）

這是什麼

提供一個容易尋找、自我說明的頁面或視窗，使用者可在其中改變（系統、軟體……等）的設定、偏好或屬性。如果需要管理的設定選項有很多，請把內容劃分成不同的分頁（tab）或頁面。

何時使用

當你在設計下列任何一種應用程式或工具程式，或任何類似事物時使用：

- 用來設定整個應用程式偏好設定的應用。
- 用來設定整個系統偏好設定的作業系統、行動裝置或平台。
- 使用者必須登入才能使用的網站或應用程式（使用者將需要編輯自己的帳號和帳號資訊）。
- 用來建立文件或其他複雜的工作產物的可擴充（open-ended）工具。使用者可能需要改變文件的屬性、改變文件中的某個物件或是其他項目。
- 產品設定程式，這種程式讓使用者連線設定產品。

為何使用

雖然都會用到表單，但設定編輯器與精靈並不相同，而且適用於非常特定的需求。使用者必須能夠自行找到他想編輯的屬性，而不用先經過一連串事先寫好的步驟，隨意存取是這個模式的重要特色。

為了有助於可尋性（findability），應該把屬性分組，每一組都有清楚良好、一目瞭然的標籤。

除了改變設定之外，設定編輯器的另一個重要功能是人們會用它檢視目前的設定。我們需要把這些值設計成一眼就能看出它的意義。

有經驗的使用者對於偏好設定編輯器、帳號設定畫面和使用者檔案編輯畫面的認定非常強烈，認為這類工具會出現在熟悉的地方，會以熟悉的方式來行動。若您打破這些認定，風險自負囉！

第一重點放在可尋性。在大多數平台上，包括行動和桌面平台，都有放置整個應用程式的偏好設定的標準位置，請遵守既有慣例，別試著賣弄小聰明。類似地，需要登入的網站多半會將帳號與帳號資訊的設定連結，放在顯示使用者名稱的地方，位置通常會位在畫面右上角或左上角。

其次，把屬性分組成不同頁面，並為這些頁面命名，讓人容易猜出頁面中含有哪些選項（有時會發生所有的屬性或設定可以放入一個頁面中的情況，但並不常見）。與代表性使用者做一次卡片分類法（Card-sorting exercises）活動，有助於想出該有哪些分類及其名稱。數量太過龐大的屬性有可能需要用到三層或四層的分組，但注意別讓使用者需要按個53 次之後才能看到經常需要的屬性。

其三，決定如何呈現這些頁面。像是分頁（tab）、**雙面板選擇器**，或是在最頂端頁面有一份頁面「選單」的**單視窗深入模式**（參見第七章），似乎是**設定編輯器**最常見的編排方式。

關於此處會用到的表單，其設計值得另外再寫一章討論，所以請到第十章參考表單所用的模式與技巧。

最後，想想是否需要立即套用使用者所做的改變，或者需要提供「儲存」（Save）與「取消」（Cancel）按鈕呢？這一點依據你處理的設定類型而定。對整個系統的設定似乎在改變時立即套用；對網站的設定多半會用到「儲存」鈕；至於應用程式的設定與偏好設定則是兩種方式都可以選用。如果已有既有的慣例就遵循它，或是視選用的底層技術做不做得到；如果還有您得不到答案的問題，就找使用者來進行測試。

Google（圖 2-41）和 Facebook（圖 2-42）都使用分頁（tab）來顯示其個人資料編輯器的頁面。Amazon 為所有與帳戶有關的訊息提供了一個連結：Your Account（參見圖 2-43）。這個**選單頁面**（第 3 章）列出了帳戶設定以及訂單訊息、信用卡管理、數位內容，甚至社群和願望清單活動，是一個組織非常好又整潔簡潔的頁面。如果我對我的 Amazon 帳戶有任何疑問，我知道可以在此頁面的某處找到它。

Google、Facebook 和 Amazon 所提供的服務，具有大量相關設定、偏好選項和設定管理問題。客戶必須不時訪問這些設定才能進行查看或更改。這些公司都選擇了有力的組織系統來對其設定和偏好進行分類。Google 和 Facebook 使用分頁將設定分為數個主要類別，每個畫面中依次按標題和一群控制項切分畫面，讓它變得易於理解和存取。Amazon 將其最

常用的設定放置在設定畫面的最上方，用特別的巨型按鈕顯示。選擇任一個巨型按鈕可讓使用者向下探取對應的分類設定。在此下方是由卡片組成的網格，每張卡片都標有其設定分類名稱，並顯示通往每個子分類的連結列表。這三家公司均使用強大的資訊結構和導航功能，用一些易於理解的結構導入其平台的複雜部分。儘管效果並非一帆風順，使用者最終還是很有機會能找到並更改他們想要的設定。

Amazon（圖 2-43）提供了數量龐大的屬性，雖然這麼多的屬性需要許多層的頁面結構，但設計人員運用巧思緩解了問題的程度。例如，他們在頂層頁面放置了一排捷徑，這些可能是使用者最常想找的項目，他們還在頁面上方放置了一個搜尋框。透過使用項目列表向使用者展示哪些項目屬於哪些類別。

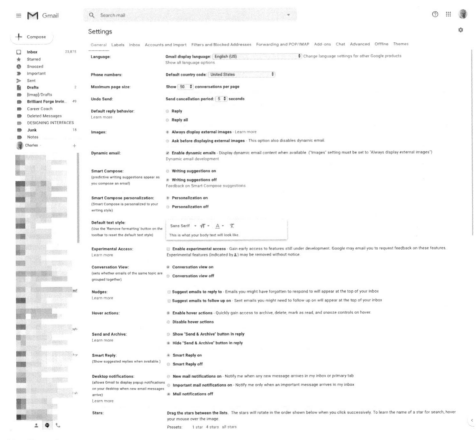

圖 2-41　Google

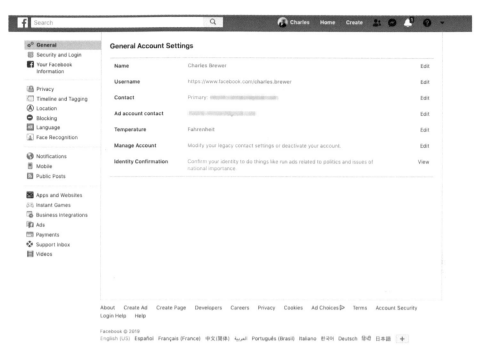

圖 2-42 Facebook

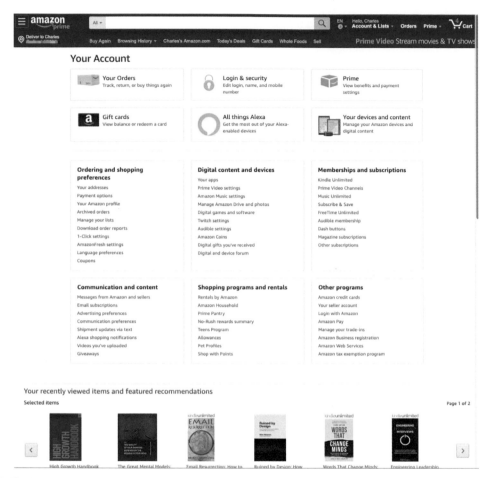

圖 2-43　Amazon

在 Apple 的移動裝置作業系統 iOS 中有著許多的設定（圖 2-44），其中有些是用來設定整個裝置，有些用來設定 iPhone 上的個別 app。Apple 採用單一的捲動列表，常把最重要與最常用的設定排在最上面。一長串的捲動列表也會做分組，以方便瀏覽與選擇。

而 Apple 的桌上作業系統 macOS，Apple 則是把各種系統設計設定分類放在不同面板上（圖 2-45）。利用分區、圖示與標籤來幫助人們瞭解分類與找到他們想要的設定。

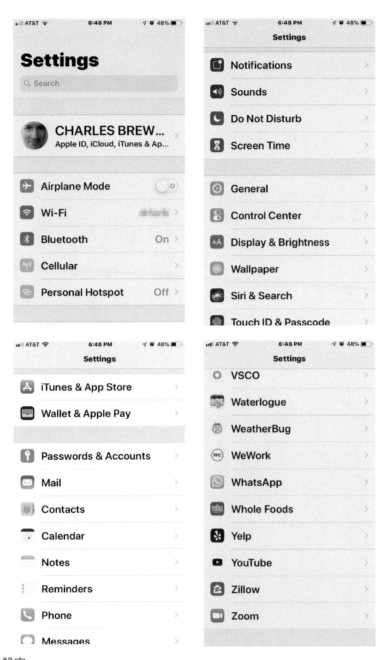

圖 2-44　iOS 設定

圖 2-45　macOS 系統偏好設定

切換檢視（**Alternative View**）

這是什麼

一種視覺化您的軟體或 app 的資訊的檢視或方法，這些檢視或方法看起來差異很大，但其實存取的資訊相同。

何時使用

當你在建立用於檢視或編輯一份複合文件、清單、網站、地圖或其他內容的工具時，可能會面臨了互相矛盾的設計需求，找不到能同時呈現 A 功能組與 B 功能組的方法，所以您分開設計這兩類功能，讓使用者擇一選用。

為何使用

儘管你已經很努力嘗試了，仍然無法用單一設計滿足所有使用情境。比方說，「列印」網站通常會遇到困難，因為列印與螢幕所需呈現的資訊是不同的，對於列印來說，應該要去除導覽和互動用的小玩意，其餘內容則應該要配合列印紙張而調整格式。

其他會用到**切換檢視**的理由還包括：

- 使用者有自己的喜好的速度、視覺風格、以及其他因素。

- 使用者或許會依不同的使用情境，暫時從不同的眼光或角度來審視資料。以使用地圖為例，以一個駕駛來說，會比較想看見各種交通狀況的資訊，街景只要簡單顯示就好。然而，騎自行車的人或行人，可從自行車道或地形資訊檢視獲得更多有用資訊。

- 如果使用者正在編輯投影片或網站，或許多半時間他們都會採用文件「架構」（structural）檢視模式，在此模式中可以使用編輯處理工具、標記隱藏內容、版面指引、私人註記等功能。但有時候他們也會想檢視一下從觀眾的角度看最後成品的樣子。

原理作法

請挑選幾個應用程式或網站正常操作下無法處理的使用情節，為它們設計專用的檢視方式，並讓使用者可以在相同的視窗和螢幕裡切換成其他檢視。

在專用的檢視中，可能會新增某些資訊，也可能拿走某些資訊，但是核心內容應該差不多是一致的。有種常見的檢視切換方式，是改變清單的編排方式；像 Windows 與 macOS 中

的檔案管理程式，使用者都可讓檔案的呈現從清單（list）的方式，切換成使用**縮圖分格**（*Thumbnail Grid*）、**樹狀目錄選單**（*Tree Table*）、**轉盤**（*Carousel*）……等等。

如果你需要簡化介面（比方說，變成適合印表機或螢幕閱讀器使用的情況），請各位考慮移除次要內容、縮減或刪除影像，並只留下最基本的導航，其他導航一律刪除。

將「切換開關」放在主要介面的某處。不需要特別突出切換開關；如 PowerPoint 和 Word 都習慣將檢視模式放在左下角，在任何介面上，這個角落都是很容易被忽略的地方。大多數的應用程式以圖示鈕代表其他檢視模式。務必要讓使用者可以輕鬆切回預設檢視。當使用者在不同檢視間切換時，請儲存應用程式的當下狀態，包括已選擇的物件、在文件中標記的使用者位置、編輯到一半的改變、復原（undo）與重做（redo）操作……等等，如果這些被漏掉了，使用者會覺得嚇一跳。

有些應用程式會「記住」使用者是誰，儲存使用者所選的檢視模式，下一次同一個使用者再度操作時，再拿回來用。換句話說，如果使用者決定切換檢視，下次應用啟動時也會採用這個檢視當作預設值。網站可以利用 cookie 做到這一點；桌面應用程式則可持續追蹤每個使用者的喜好；在行動裝置上的 app 可在啟動時載入使用者上次使用的檢視。網頁還可以用 CSS 設定切換到不同的檢視。舉例來說，這就是某些網站用在一般網頁與列印專用網頁間切換的方式。

範例說明

一起來看看在兩個不同的應用程式中，如何有效使用不同的「模式」（即切換檢視）查看資料。這個範例是在地圖上呈現搜尋結果，以提供空間或地理表示，然後將相同的資訊放在可捲動列表顯示，從而可以更輕鬆地進行排序和過濾。其中一種模式用來概述地理環境（離我較近或較遠），而另一種模式用於讀取每個項目的詳細訊息。

Yelp（本地商家平台）是第一個範例。在 iOS 上，Yelp 移動裝置 app（圖 2-46）提供了上述兩個檢視。搜尋者必須在小螢幕格式的檢視之間切換。Yelp 桌面應用程式（圖 2-47）顯示空間比較大，足夠並排提供地圖和列表檢視。這提供了更強大的探索和學習互動，例如突出顯示列表中和地圖上的同一地點。

房地產平台 Zillow 遵循類似的設計。在 iOS 上，Zillow 提供了地圖檢視和查詢結果的列表檢視（圖 2-48）。使用者必須在檢視之間切換。在 Zillow 桌面應用程式（圖 2-49）上，想要買房子或租房子的人可以並排查看這些模式。請注意在列表檢視中使用了不動產的照片，這讓人們可以快速掃描大量選擇，以便搜尋者瞄準他們認為最有吸引力的不動產。

 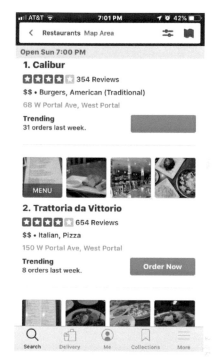

圖 2-46　iOS 上 Yelp 的地圖與列表畫面

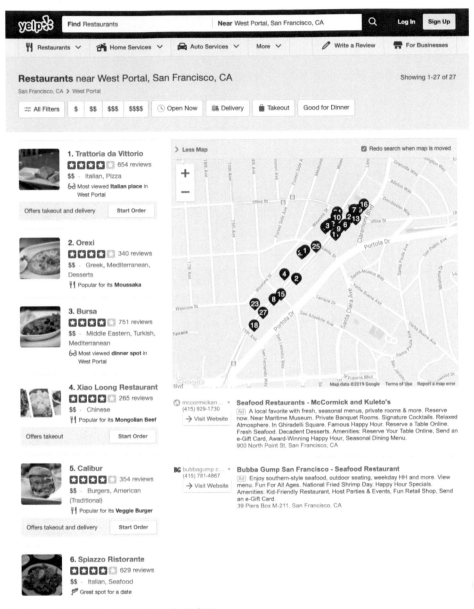

圖 2-47　Yelp 桌面程式合併地圖與列表的畫面

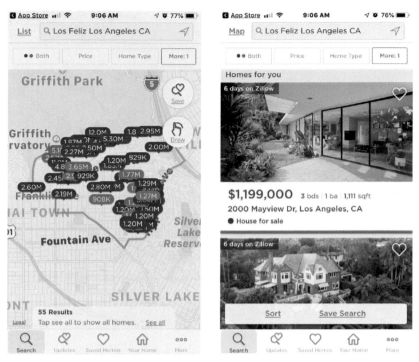

圖 2-48　iOS 上 Zillow 的地圖與列表畫面

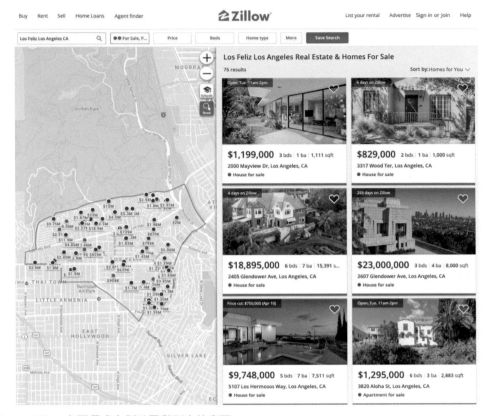

圖 2-49　Zillow 桌面程式合併地圖與列表的畫面

Apple Keynote（圖 2-50）和 Adobe Illustrator（圖 2-51）這兩個圖形編輯器均為半成品提供不同檢視。在編輯投影片時，使用者通常一次編輯一張投影片及其註釋，但有時使用者需要在虛擬桌面上查看所有投影片（範例圖未顯示第三種檢視，在該種檢視中，Keynote 會接管螢幕並實際播放投影片）。

Adobe Illustrator 能顯示檔案中圖形物件的「輪廓（outline）」檢視（如果您有很多複雜且分層的物件，這個檢視常有用），以及正常、完全渲染的圖稿檢視。輪廓檢視大大提昇性能，這種檢視對計算機處理器的需求大大減少，因此大大加快了工作速度。

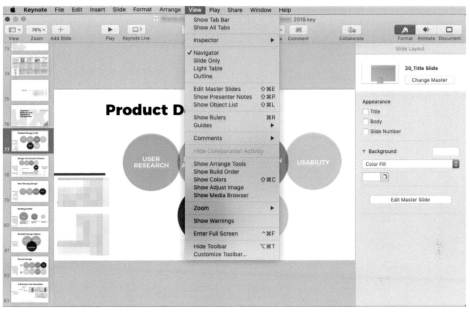

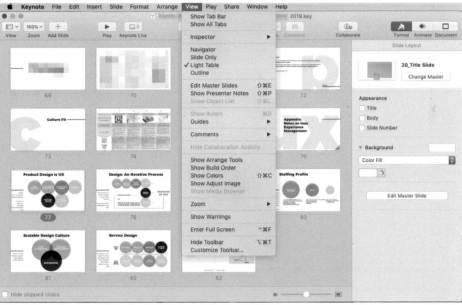

圖 2-50　Apple Keynote

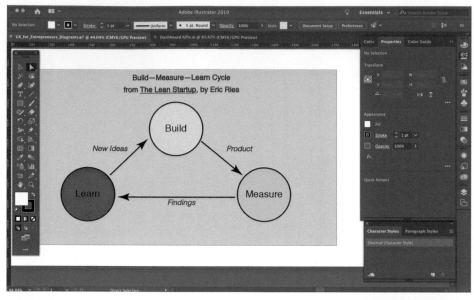

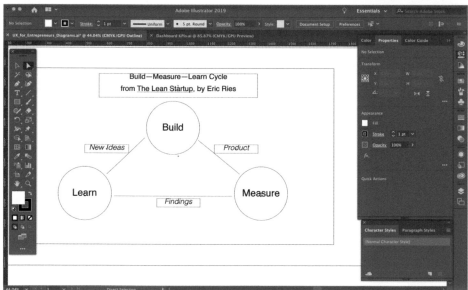

圖 2-51　Adobe Illustrator

多工作空間（Many Workspaces）

使用者可以一次同時檢視多個頁面、專案、檔案或內容的介面，它由多個頂層的分頁、分頁群組、串流 / 訊息來源、面板和視窗組成。使用者也可以選擇把多個工作空間並排在畫面上。

當你想要建立的應用程式會檢視或編輯任何形式的內容，不管是網站、文件、圖片或內含許多檔案的專案。選擇此模式的主要原因，是需要同時具有不同的檢視或任務「模式」。例如，人們經常同時打開許多瀏覽器分頁，以便他們可以在各個網站之間切換或進行比較。應用程式開發人員和媒體建立者通常需要在編輯器視窗中查看和調整程式碼或控制元件，同時查看其工作結果來確定是否得到預期的結果（無論是程式碼的編譯還是執行，還是媒體物件的渲染）。

設計一般網站的設計師多半不需思考這個問題，現今的所有瀏覽器不論是使用分頁或是視窗，都已為此設計模式提供了完美良好的實作。像 Microsoft 或是 Google 的試算表應用程式，都提供了分頁式的工作空間，讓整個複雜的活頁簿可以拆分成獨立的試算表。

如果你的應用程式的中心組織架構是個人的新聞串流（News Stream），或許也不需要用到**多工作空間**。郵件使用者端程式、個人的 Facebook 頁面等等，都只顯示對使用者有意義的單一新聞串流；多視窗並不會為這類程式增添多少使用上的價值。話雖如此，但郵件使用者端程式通常可讓使用者在不同視窗中開啟不同的郵件訊息。有些 Twitter 應用程式可以並列顯示多條經過過濾的串流，例如一條是根據搜尋而來、一條是使用者自訂的訊息來源、還有一條是目前最熱門的轉推訊息（retweets）等等（參見圖 2-52 的 TweetDeck 範例）。

人們在進行一個專案，或是編輯檔案內容時，有時候需要在多個不同工作空間之間來回切換，或是監控一大堆即時訊息來源的動態。

人類是多工的。人們會想到別的東西、暫停目前的思緒、停止處理任務 A 而改為處理任務 B，最後又回到稍早被閒置的任務上。所以您最好也用設計良好的介面來支援大家這麼做。

兩個以上的物件並排做比較，能幫助人類學習並進一步洞悉其中奧妙。請讓使用者能把網頁或文件拉到另一份的旁邊，別讓他們辛苦地往復切換。

這個模式直接支援一些第一章提到的模式，例如**預期記憶**（*Prospective Memory*）（使用者讓某個視窗開著，以便自我提醒待辦事項）和**安全探索**（*Safe Exploration*）（因為另外去打開一個額外的工作空間，同時保持原來的空間開著，並不會造成什麼負擔）。

原理作法

請選擇一或多種顯示多個工作空間的方式，許多知名的應用程式選用了下列方式中的一種：

- 分頁
- 分開出現的作業系統視窗
- 在視窗中的欄或面板
- 分割視窗，並可調整分割方式

如果您在每個工作空間中處理的內容相對簡單，例如文件檔案、清單或**串流與訊息來源**的話，用分割視窗或面板就夠用了。如果是較為複雜的內容，則可能要占用整個分頁或視窗，才能讓使用者一口氣看到較大的範圍。

最複雜的使用案例，包括整個程式碼專案的開發環境。當這樣的專案開啟時，使用者或許會同時需要看許多個程式碼檔案、樣式表、命令視窗（用於執行編譯器和其他工具）、輸出結果或日誌檔，或視覺化編輯器。也就是說，同一時間會開啟很多、很多個視窗或面板。

當使用者關閉某些瀏覽器時，例如關閉 Chrome，這裡面開啟的所有工作空間（所有已開啟的網頁，包括用分頁或視窗開啟）都會被自動儲存起來供日後使用。然後在使用者下次啟動瀏覽器時，稍早開啟過的所有網頁都會自動恢復，幾乎就跟他上次關閉前的狀態一模一樣。這個設計在瀏覽器或機器當機時特別有用。請考慮設計這項功能，對你的使用者會是件好事。

TweetDeck（圖 2-52）和 Hootsuite（圖 2-53）都採用多面板或多串流方法來管理社交媒體訊息來源。

TweetDeck 是一種**串流與訊息來源**類型的應用程式，可以一次顯示許多串流：過濾過的 Twitter 訊息來源、非 Twitter 來源等。圖 2-52 中的示例顯示了幾個典型的 TweetDeck 欄，讓所有更新一次可見，從而保持了新聞串流的精神。如果這些欄於不同的分頁或視窗中，則使用者將無法一眼看到所有更新。

預設情況下，TweetDeck 允許使用者在自己的帳戶中並排查看多個串流。在圖 2-52 的範例中，使用者可以同時查看其主要訊息來源、通知和消息，它們通常被隱藏在各種導航分頁後面，而且一次只能查看一個。請注意，第四個面板顯示了 Twitter 編撰的趨勢標籤列表。TweetDeck 支援同時打開許多訊息來源面板，這對於同時監看其他 Twitter 帳戶來說很有用。

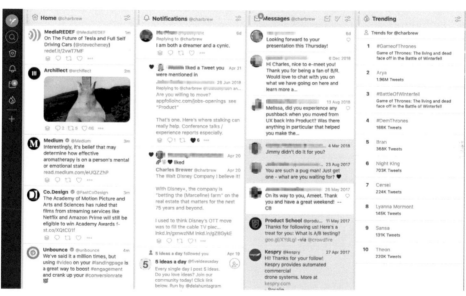

圖 2-52　Twitter TweetDeck

Hootsuite 是一個社交媒體貼文管理平台，對於想要統一在一個地方管理和調度其社交媒體帳戶的個人、企業和發布者而言，這是很有價值的平台。這對於在其整個社交媒體生態系統中推出新內容或增加粉絲與讀者的互動很有用。在此範例中（圖 2-53），Hootsuite 使用者已經把 Twitter 和 LinkedIn 帳戶設定好了，並使用此並排的訊息來源檢視，使用者可以持續追蹤兩個帳戶（或更多）中的活動。只要用多面板式的 Hootsuite 檢視，就可以貼文或是回應個別帳戶。

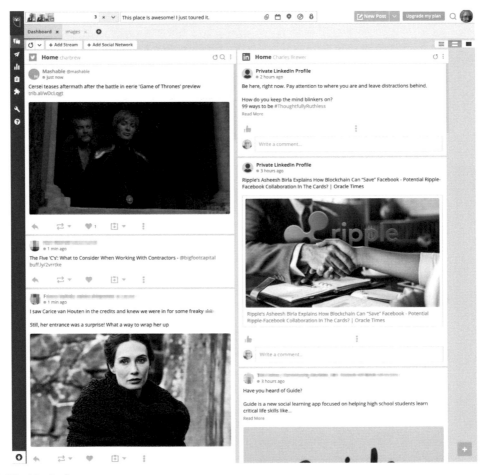

圖 2-53　Hootsuite

Cinema 4D（圖 2-54）是用於建立、渲染和製作三維物件動畫的工具。這個桌面應用程式使用多面板方法為使用者提供多個訊息和工具空間的同步檢視。有一些面板顯示來源檔案和當前工作檔案的版本，其中的中央面板負責顯示當前 3D 物件、調色板、工具欄和面板，面板中包含用於處理 3D 物件的所有控制項；以及控制 3D 物件動畫的時間軸工具。

圖 2-54　Cinema 4D

協助系統（Help Systems）

一個軟體要能被使用者使用，您必須提供要如何使用軟體介面的標籤、說明和描述。目標是在使用者需要時以多種形式向使用者提供幫助、答案或訓練，以便在不同使用情況下都能存取功能。

嵌入 / 顯示 在螢幕上預設顯示畫面的副本能為使用者提供立即的幫助。嵌入副本的目的是想告訴使用者，他正在查看的東西以及指定部分或元件是用來做什麼的。另外，提供使用者輸入範例也有助於防止格式錯誤。請考慮混合使用以下項目：

- 有意義的標題和副標題
- 說明：直接在螢幕上顯示的短語或句子，以幫助使用者使用特別棘手的介面
- 表單元素的標籤
- 表單元素中或表單元素旁邊的提示或範例輸入

工具提示 工具提示是螢幕上每個元件的簡短說明或解釋。在桌面 Web 應用程式中，使用者將游標懸停在介面元件上時就會顯示這些工具提示。另一種方法是在特定元件旁邊顯示問號或其他圖示（或連結），點擊圖示時將顯示簡短說明。

完整的協助系統 這是一份完整的使用者指南，涵蓋了應用程式的所有主要功能，這常在桌面應用程式上見到。協助系統包括說明、詞彙表、常見問題解答、操作方法、影片和其他訊息。協助系統通常會加強或複製使用者訓練資料，尤其是對於複雜的應用程式來說更是如此。協助系統可以嵌入在應用程式本身中，也可以託管在單獨的網站上。

導覽 現在很常見的是在您的應用程式中置入分步導覽或演練，許多現今的公司都提供此功能。它通常採用燈箱或加一層說明在應用程式的上面，以一系列彈出視窗或指引顯示，它們會帶使用者進行導覽或幫助他們逐步完成流程。這些引導性導覽可能由各種事件觸發。例如，在第一次使用應用程式，使用者選擇「展示功能」協助選項時，或者由更高階的使用者行為分析觸發。

知識庫　許多現代的成功軟體平台都包含 Quora 風格的知識庫，這個知識庫由系統使用者長久以來建立的問題和答案資料庫組成，過去這種知識庫有可能只有由客服團隊建立以及使用，但現在也常開放給使用者，一般來說，這種知識庫可讓人提交問題討論主題，也可以查看之前使用者建立的最相關問題和答案的列表的功能。知識庫通常是現代應用程式幫助系統的核心，並且是客戶自助支援的首選形式。

線上社群　足夠熱門或足夠專業擁有大量使用者群的軟體，也可以擁有一個線上使用者社群的支援。這是一項先進的技術，其目標是建立一個長期的使用者社群，這些社群中的使用者將互相幫助，擴大使用範圍並建立促進平台增長的文化。有時，這些社群是在社交媒體平台上自己形成的，例如 LinkedIn、Facebook 或 Reddit。許多公司建立、託管和管理自己的線上使用者社群，以確保能一直保持高品質的討論。這些公司也會在社交媒體網站上建立和管理官方團體和社群。

請合併使用輕量級和重量級協助技術，以支援具有不同需求的使用者。

何時使用

每個設計良好的網站或應用程式都應提供某種形式的協助。螢幕上顯示的副本、表單元素的提示和工具提示是必須的。您將如何幫助初學者成為專家？有些使用者可能需要完整的協助系統，但您知道大多數使用者不會花時間使用它。對於複雜的應用程式，必須有完整的訓練和說明文件。

為何使用

幾乎所有軟體的使用者，在嘗試完成他們的任務時，都需要不同程度的協助。第一次（或一段時間內第一次）接觸某個軟體的人需要多種來自經常使用它的人的協助。即使是初次使用的使用者，其水準和學習方式也存在巨大差異。有些人想觀看影片教學，有些則不想。他們大多數會覺得工具提示很有幫助，但少數人會覺得工具提示令他們不悅。

若同時提供很多種級別的協助文件，即使它們看起來不像傳統的「協助系統」，也足以覆蓋需要的每個人需求。許多好的協助技術可以輕鬆地將協助文字傳遞給使用者，並非只是直接出現在使用者的面前，因此使用者不會感到煩躁。但是，您的使用者需要熟悉怎麼使用這些協助技術。例如，如果他們沒有注意到或去打開**可摺疊面板**，他們將永遠看不到裡面的東西。

輕量級或簡單的協助方法包括在螢幕上顯示有意義的副本，例如描述性標題和畫面說明。控制元件的滑鼠游標提示（滑鼠移過時顯示提示）是另一種輕量級方法，但滑鼠游標提示只能在桌面應用程式上用，因為瀏覽器可以追蹤使用者滑鼠游標的位置，從而根據位置觸發工具提示。在移動裝置上也可以提供工具提示，但是必須透過點擊才能得到這些提示（因為在移動裝置互動設計世界中，沒有滑鼠游標提示懸停的概念）。這也意味著必須透過移動設備上的點擊操作、圖示或選單來取存您在 Web 應用程式中實現的任何懸停工具。

當使用者想更詳細地學習、或進行一項學習任務時，可以使用使用者指南或線上手冊。有時，它們會在您的應用程式本身中；在其他時候，它是一個單獨的網站或系統。這是一項重量級的技術，因為它涉及到要建立更多的內容。這樣做的好處是，該協助系統訊息的生命週期很長，所以它可以長期提供價值，並且不需要連續更新。使用者可以一次又一次地引用它，且更新需要只會定期出現。

您可以依詳盡度把協助系統分成多個級別，其中一些與特定使用者及其任務非常接近，並且把重點專注於完成任務上。在使用者想要專注於學習的時候，可以隔絕其他的東西，建立出一個獨立的學習環境。

請建立多個級別的協助，包括以下列表中的某些（但不一定是全部）協助類型。可以將其視為一個連續結構：下一個級別的文件需要比上一個文件的使用者付出更多的努力，但可以獲得更詳細的訊息：

- 直接在頁面上有意義的標題、說明、範例和協助文字，包括諸如**輸入線索**和**輸入提示**（均為第 10 章內容）之類的模式。同時，請嘗試儘量使頁面上的文字總數保持在較少的數量。

- 在表單欄位中提示文字。

- 工具提示。使用工具提示為不明顯的介面功能顯示非常簡短的一兩行描述。對於只用圖示顯示的那些功能，工具提示至關重要。如果滑鼠游標提示該圖示的功能，即使圖示本身毫無意義使用者還是可以接受！（當然，我並不是建議您使用較差的圖示設計）。工具提示的缺點是它們會蓋住下面的內容，而且某些使用者不希望它們一直彈出。但滑鼠懸停的時間很短（例如一秒或兩秒），大多數人不會產生反感。

- **游標懸停工具**（第八章）。這個工具可以顯示稍長的描述，隨著使用者選定或滾動到某些介面元素而動態顯示。由於顯示的資訊較多，請在頁面上預留一些區域。

- **可摺疊面板**中包含的較長的協助文字（請參見第四章）。

- 介紹性文件。例如靜態介紹性畫面、導覽和影片。當新使用者首次啟動應用程式或服務時，這些資料可以立即幫他們找到他們的第一步（請參見第一章中的「立即喜悅」模式）。使用者可能還對其他協助資源的連結感興趣。請提供一個開關以關閉介紹（使用者最終將發現它不再實用），並在使用者介面中的其他位置提供一種可以再打開或關閉的方式，以防使用者想稍後再閱讀文件。

- 將協助資訊顯示在單獨的視窗。通常透過瀏覽器以 HTML 格式顯示，但有時也會在 WinHelp 或 Mac Help（功能為取得協助的桌面應用程式）中顯示。協助資源通常是線上手冊，即一本完整的書，可透過「協助」選單上的選項，或對話框和 HTML 頁面上的「協助」按鈕來存取協助資源。

- 即時技術支援。通常透過電子郵件、Web、Twitter 或電話取得協助。

- 線上社群支援。這僅適用於最常用和最貴的軟體（例如 Photoshop、Linux、Mac OS X 或 MATLAB），但使用者可能認為它是非常有價值的資源。請自行管理您的社群，或利用社交網路，或傳統的線上論壇來建立線上社群。

範例說明

螢幕內協助：標籤和工具提示　可以在您的軟體中設計的第一層幫助是在使用過程中顯示協助：標籤、滑鼠懸停突出顯示和工具提示。在 Adobe Photoshop 的桌面應用程式（圖 2-55）中，將滑鼠懸停在工具圖示（沒有標籤）上會讓圖示的背景顏色改變，同時顯示工具提示，以解釋目前突出顯示工具的功能，以達到探索學習的目的。

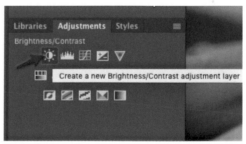

圖 2-55　Adobe Photoshop：動態顯示懸停工具與工具提示

Microsoft Excel（圖 2-56）的檢視元件是個一直會存在的標籤。選定的工具有代表被選中的外觀和相應的標籤，但如果使用者將滑鼠游標懸停在未選中的視圖按鈕上，則標籤將更改為臨時顯示突出顯示（未選中）工具的名稱。Excel 也廣泛使用一般的滑鼠游標工具提示，如圖 2-57 所示，尤其是對於那些沒有預設標籤的圖示。

圖 2-56　Microsoft Excel：動態顯示懸停工具

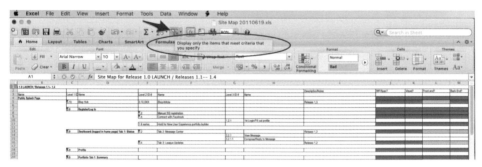

圖 2-57　Microsoft Excel：工具提示

協助系統 　在實用性和幫助客戶成功方面上來說，隨軟體平台或應用程式本身發布的指南和參考內容，長期以來都是一項最佳實踐。從本質上講，這意味著為客戶提供所需數位版本的使用者手冊，這一點為使用者提供了令人難以置信的價值，因為他們有一個地方可以自己找到自己問題的答案，而不必發起客戶服務請求，同時他們也無需中斷手頭上的任務，被迫之後再回來。而且，新使用者也會使用此類文件進行自我培訓。從增加客戶的信心和滿意度，以及省下服務客戶請求這兩件事情來說，在您的應用程式（或軟體可以連結到的獨立網站）中放置協助系統是一件好處多多的事。

Adobe Photoshop（圖 2-58）顯示了設計師如何直接在應用程式中存取協助和教學文件。在 Photoshop 中，使用者可以連結 Adoble Photoshop 協助網站（圖 2-59）。Microsoft Excel（圖 2-60）在獨立的視窗中提供了完整的協助系統，可以在使用應用程式時打開該視窗。

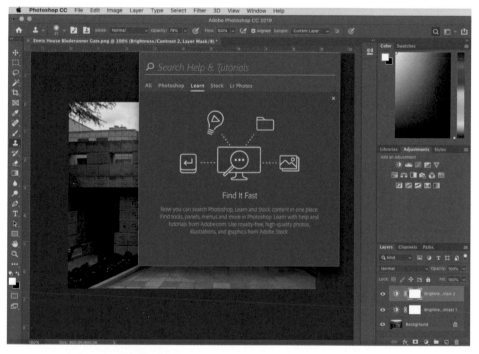

圖 2-58　Adobe Photoshop 搜尋與協助

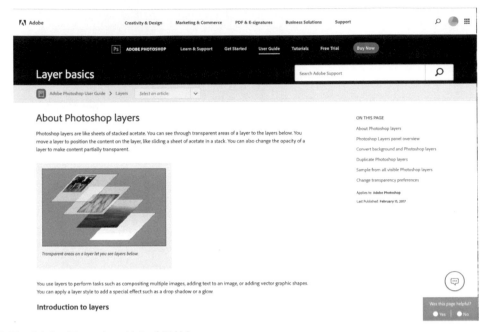

圖 2-59　Adobe Photoshop Help（網站）

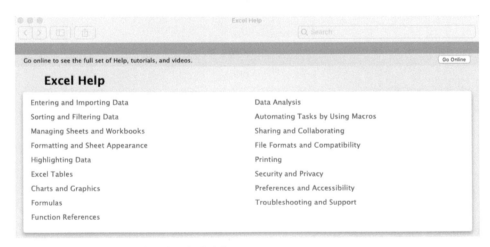

圖 2-60　Microsoft Excel Help（在應用程式中）

新使用者體驗：導覽性教學　若有訪客、新居民或新員工想知道事物的位置、空間或校園的配置或一樣東西的操作方式，最自然的方式是什麼？或者，對於現有使用者而言，取得提示、重複訓練或「複習」這類協助的最佳方式是什麼？是請經驗豐富的人作為引導者做

一次導覽。多軟體平台都採用這種方法來對待新使用者，例如可以為軟體建立和準備分步指南，為新客戶或新員工準備軟體導覽，或獲得有關如何執行特定任務的指南。這些導覽通常以覆蓋標準介面的形式出現，或者是一系列指向關鍵畫面元件的彈出視窗。這樣，新的使用者經驗（UX）只需要被編寫及開發一次，就可以提供給許多人使用。

Userlane（圖 2-61）是一家提供使用者指南平台的公司，讓其他公司可以在自己的軟體中放置使用者指南。在此處的範例中，以 Wikipedia 為例，在一般 Wikipedia 介面的上層以燈箱模式顯示說明面板，讓學習者一次專注於一個步驟或介面元件，從而促進更好的學習。他們還可以按照自己的步調前進，最終瀏覽完該軟體中所有最重要部分。

同樣地，Pendo（圖 2-62）為剛加入其平台的客戶，提供彈出式使用者指南。Pendo 的客戶（通常是軟體公司）會在這個平台上建立使用者指南，用來說明如何在其應用程式中執行操作。在此處範例圖中，學習者正處於某個任務演練的中間。下一步，是要轉跳到「Settings（設定）」去，也就是頂部以疊加圖層突出顯示的地方。

圖 2-61　燈箱模式：高亮度顯示說明面板（Userlane）

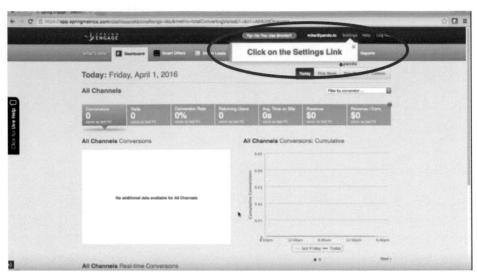

圖 2-62 疊加模式：一步接一步地以彈出顯示指向使用者介面元素（Pendo）

線上社群 最後，如果其他所有協助資源都用盡了，使用者可以向更廣大的使用者社群尋求建議。現在，我們已經超越了軟體設計的範疇，但這仍然是產品設計的一環，使用者經驗不止是和使用者電腦上安裝的功能有關，還包括他們與組織、其僱員或其他代表以及其網站的互動。

由於使用者介面設計 app Sketch 受到大眾的歡迎，所以它的發行公司自然也會想讓相關社群隨之成長茁壯。Sketch User 社群（圖 2-63）顯示了該社群如何成為新消息和學習的一個來源。

同樣地，Adobe 使用者論壇（圖 2-64）為設計師和其他人提供了一條討論問題的途徑。這個論壇是由 Adobe 所建立，論壇中的討論、問題和解答以及建議，則由他們的客戶建立。透過這個論壇，社群成員之間可以更輕鬆地傳播知識。

只有擁有許多重度使用者的產品，才能建立起這樣的社群，也許是因為這些使用者每天不論工作或在家都在使用這個產品。但是，擁有某種形式的使用者線上社群是很常見的，這也是該產品的巨大優勢。因此，值得考慮建立這樣一個社群。

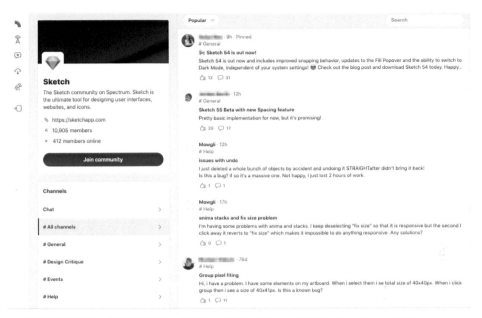

圖 2-63 使用者社群是一個學習資源；由第三方管理（Sketch 社群由 Spectrum 管理）

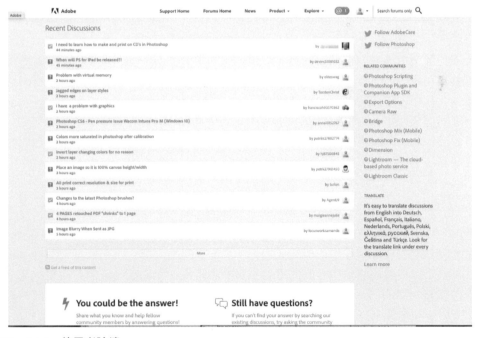

圖 2-64 Adobe 使用者論壇

標記

標記是一種透過為訊息加入標籤來進行分類的方法。換句話說，它會建立或附加描述性資料到文章、社交媒體貼文或任何其他訊息上。它們為您的應用程式或網站構成一種附加的分類和導航系統：一種主題式的系統。如果您提供或附加這些標記，則客戶可以透過這些標記或類別描述搜尋和瀏覽內容。

標記的使用還有另外一個面向，就是它們是由讀者或消費者設定的，所以可以當作使用者管理自己的資料的一種方式（例如拿來做內容分組、搜尋、瀏覽、共享或備忘），可以將多個標記添加到同一貼文或文章中。有了足夠的帶標記內容，線上消費者可以使用共同使用者建立的標記來查看或瀏覽內容或線上活動。這是各種討論區、部落格和具社交功能的應用程式和網站的常見功能。

由社交媒體建立並普及的一種標記的通用標準，就是將符號「#」添加到單詞開頭，代表將其標記（或「hashtag」）為該單詞。標記為使用者提供了一種搜尋方法，可以從一篇社交貼文連結到包含的所有其他人的貼文。這是一種讓訊息快速傳播的強大方法。

何時使用

當您希望利用使用者想對他們感興趣的主題相關的內容進行分類、瀏覽、共享和推廣時，就可以使用標記。標記是使用者生成的一種分類系統。當標記是由您的讀者或消費者產生、並可供其他人訪問時，它便成為他們探索與導航感興趣的內容的一種方式。具有大量訊息的應用程式或平台（例如新聞發布者或社交媒體網站）會在其內容中添加標記，或允許使用者為自己的貼文添加標記。這樣，自行產生的主題導航和探索系統會隨內容一起增長，這是產品中設計的正式導航系統和資訊架構（IA）方案的補充方案。

為何使用

從設計角度來看，標記有雙重目的。首先，它可以提高應用程式或網站的使用率，因為您的使用者現在能找到與感興趣的標記或關鍵字高度相關的內容、媒體和其他訊息。更重要的是，如果您擁有積極標記內容的使用者，那麼他們會在您的產品或平台上投入更多，因為他們正在使用您的內容建立自己的內容（通常用於社交媒體共享）。這兩種情境都能幫助增加使用率和保留率。

第二個標記您的內容或讓使用者進行標記的目的，是想把您的應用程式或社群的某部分利用群眾外包完成，否則想要完成相同的部分將太昂貴太耗時，或是無法自行完成。可以圍繞當下的主題，也可以是長期存在的主題，隨著時間流逝，自然會出現以使用者為中心的結構和順序。如果您想激發或擴大客戶對尋找、閱讀、共享、評論以及與他們本來就感興趣的主題的話，這將特別有用。

原理作法

需要建立或併入能將單詞作成標記添加到內容或貼文的軟體。此外，您的搜尋功能必須能夠搜尋標記的內容，並建立索引或結果畫面，以顯示所有用特定關鍵字標記的內容。標記或主題標記也應自動設置為連結格式。選擇標記會產生基於該標記的搜尋結果，並建立一個搜尋結果頁面，其中包含最相關或最新的內容（也都被標記了該單詞）。

範例說明

Stack Overflow（圖 2-65 和圖 2-66）是一個非常受歡迎的問答平台和線上社群，為軟體開發人員社群提供服務。該網站幾乎全部的內容都由使用者生成，這些內容都是討論串或是加了標記的形式。換句話說，它提供了一個以人群為基礎的深入強大的標記／主題系統，用於查找訊息。讀者可以瀏覽最新和最受歡迎的問題列表，他們也可以使用附加到每個貼文的標記。參與者可以自由標記自己的貼文，讓閱讀者可以找到相同標記的主題與高度相關的主題。追蹤和顯示相關標記會建立一個豐富的訊息和導航瀏覽生態系統，使讀者極有可能找到感興趣主題的相關內容。

圖 2-65　Stack Overflow 網站顯示每個問題的標記（在主題底下以高亮度圓角方框顯示所有標記）

圖 2-66　Stack Overflow 網站用標記過濾主題

Texas Monthly（圖 2-67）使用流行的 Wordpress 內容管理系統和網路發布平台來建立其線上雜誌。Wordpress 的其中一項主要功能是能夠在發布時，在文章和貼文中添加標記。這些標記會和主要文章一起顯示，並連結到 Wordpress 系統中的其他貼文，該系統根據點擊的標記為讀者生成其他頁面。在「Texas Monthly」圖片範例中，文章底部顯示了幾個標記。作者選擇了許多關鍵字來描述此文章和其他文章。以此圖片為例，當使用者點擊標記「Travel（旅行）」時，他們可以看到之前已發布在 Texas Monthly 的其他旅行文章的列表。這將增加在網站的停留時間、網站循環和讀者參與度。

圖 2-67　Texas Monthly 文章標記（由 Wordpress 製作）

Evernote 是用於移動裝置、Web 和桌面的個人筆記和 Web 歸檔應用程式。它的使用者將文章、文件、投影片和網頁保存到中央儲存位置：Evernote 平台。當使用者將網頁「剪輯」到 Evernote 時，它讓使用者添加自己的標記（圖 2-68）。這有助於以後分類和查找類似的已儲存文章。還有一個標記索引螢幕，使用者可以在其中查看存在哪些標記，以及每個標記有多少相關文章或剪輯（圖 2-69）。選擇給定標記會建立帶有該標記的剪報的搜尋結果列表。除了自由文本搜尋外，Evernote 的使用者標記系統可以用來分類和管理大量不同的媒體資訊。在 Evernote app 中，使用者可以按標記進行搜尋（圖 2-70）。

圖 2-68　Evernote Screen Clipper 提供了加入標記的能力

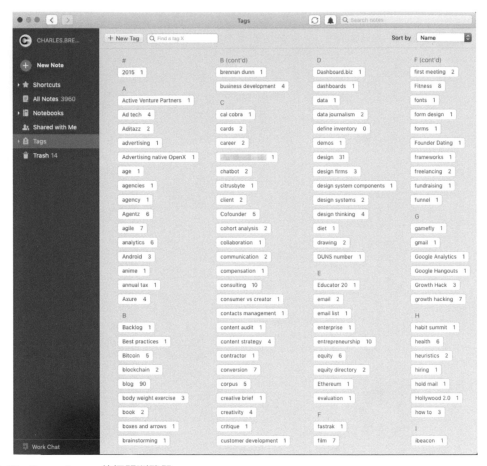

圖 2-69　Evernote app 的標記瀏覽器

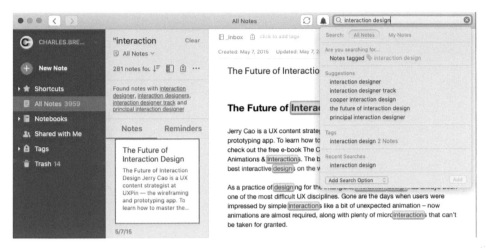

圖 2-70　Evernote app 內搜尋標記的能力

本章總結

設計軟體時資訊架構（IA）是一個具有挑戰性的面向，因為它既是抽象的（組織和標籤方案）又是具體的（例如，導航和標記）。請務必記住，資訊架構應該要基於使用者的業務或任務領域的詞彙和思維模型。資訊架構應該被設計成可以隨著時間的推移接受新的內容和資料，並且仍然可以組織和保存所有內容而不會引起混亂。因此，請設計一個「常青」的資訊架構。本章概述的流程將幫助您做到：分類不重複（互斥），完全分類所有內容（互補）；使用一般人均能理解的組織方法，對內容進行分類，根據使用情況開發不同螢幕類型的系統，然後根據本章中的模式進行開發。將軟體的資訊架構視為不可見的組織方案是個實用的想法，並以各種互動設計模式和小工具視為探索此訊息空間的方式。搜尋、瀏覽、導航系統、標記、交叉連結、多種媒體類型以及其他，對於全面學習和導航資訊體系都是必要的。

第 11 章將會介紹現代使用者介面框架和原子設計原則（atomic design principles）如何幫助我們快速大規模地建構這些資訊架構小工具。

第三章

「到處走走」：
導航、路標、找路

本章所談論的模式目的在處理導航的問題。如何讓使用者知道自己在哪裡、接下來該往哪裡去、又要如何走向目標？

要回答上面的幾個問題，我們要先看看導航的幾個重要面向：

- 在使用者體驗（UX）中，導航的目的為何
- 在你的軟體中提供找路的方法
- 幾種不同的導航類型
- 如何設計導航
- 實用的導航樣式

導航設計的困難之處在於，在網站或程式裡遊走就像是每日通勤上下班。你必須通勤才能到達需要到的地方，但這是件很笨的事，有時候更讓人不爽，而且花在上面的時間和力氣似乎都是種浪費。難道不能把時間用在更好的地方嗎？像是玩遊戲，或者做些什麼有價值的事？

最好的通勤方式是不需通勤。將你需要的一切都放在觸指可及之處，不需要跑到別的地方，這樣才方便。同樣地，將大多數的工具放在介面上某個「觸指可及之處」也很方便，特別是對中高階使用者而言（也就是已經學到各項工具在何處的使用者）。有時候，你的確需要將較少使用的工具放在別的畫面中，介面才不會雜亂；有時候你需要將東西分成群組，放在不同的頁面，讓這個介面變得有意義。只要是能讓使用者必須走的「距離」越短越好的方法都是好方法。

認識資訊與任務空間

導航的目的在於幫助使用者認識其所在的資訊空間，這也包括了讓使用者知道他們能做哪些工作。最終，使用者需要知道如何完成想做的事。導航幫助使用者認知以下事情：

- 關於想做的主題和領域方面可用的資訊和工具
- 內容與功能的架構為何
- 自己現在身在何處
- 可以去到哪兒
- 自己從何處來，以及如何回到上一步，或如何回頭

假設您已建立了一個大型的網站或應用程式，而您不得不將它拆分成不同區塊、子區塊、特定工具、頁面、視窗、精靈……等等。此時您要如何幫助使用者做導航？

路標（Signpost）

路標可以用來幫助使用者搞清楚他們目前處於怎樣的環境中。常見的路標包括頁面標題和視窗標題、網頁商標及其他品牌標示、分頁標籤（tab）、以及選擇指標等等。您可以在本章看到像是良好的全域導航與區域導航連結、**進度指示器**（*Progress Indicator*）、**麵包屑記號**（*Breadcrumbs*）以及**註解式捲軸**（*Annotated Scroll Bar*）……，這些模式與技巧都可以告知使用者目前的所在位置，通常也指出他們做一次空間跳躍可以到達的地點。它們幫助使用者不迷路，並計畫他的下一步。

找路（Wayfinding）

找路就是人們試著找出如何朝著目標前進的方法。雖然這個詞彙不需要太多解釋，但是人們實際上要「如何找路」，則是相當複雜的研究主題（認知科學的專家、環境設計的專家、網站設計的專家都在研究這個主題）。下列常識能幫助使用者找到路：

好的標示

應該要先預估人們要尋找什麼，才能設計清楚、不模稜兩可的路標，而且路標還要具備告訴我們往哪裡走的功能；路標應出現在我們需要它出現的地方，凡是需要做決策的地方，都要有路標提供指引。若要檢查路標是否都已妥善地被放置好了，就要實際在您設計的產品中移動，模擬所有主要使用情境會走的路徑，你就可以知道路標設計得好不好。在使用者必須決定接下來要怎麼走的地方，請確認路標的標示恰如其分。在使用者所會看到的第一個頁面上，請使用明顯的「建議採取行動」。

環境線索

環境線索就好比人們都會在餐廳後方尋找洗手間，或是在步道穿越籬笆的地方找門。類似地，你會在強制回應對話盒（modal dialog）的右上角尋找「X」（關閉）按鈕，在網頁的左上角尋找組織商標。請注意，這些狀況多半會因文化而異，而對該文化不熟悉的人（比方說，沒用過某套作業系統的人）就可能會錯過這些線索。

地圖

有時候，人們從一個路標走到另一個路標，從一個連結走到另一個連結，但並不清楚自己在（某個大型的架構中）的什麼地方（曾在陌生的機場中找路嗎？過程差不多就是這樣）。但是另一種人（特別是常來這裡的人）可能會比較喜歡在心中先對整體空間有概念。在標示不良或結構很密集的空間中（像是城市中心區），或許只有地圖才是人們的導航協助工具。

在本章中，**清楚的進入點**（*Clear Entry Points*）模式示範了精心設計的路標並搭配環境線索的方式（例如：連結應該設計成頁面上的顯著元素）。**進度指示器**（*Progress Indicator*）很明顯就是個地圖；**強制回應面板**（*Modal Panel*）也能勝任環境線索的任務，因為退出強制回應面板就會帶你到先前所在的地方。

在這裡，我會拿虛擬空間和物理空間相對比。然而虛擬空間具有獨特的能力，這個能力是一張導航時的王牌，而且是實體空間目前還做不到的：**逃生門**（*Escape Hatch*）。不管你在哪裡，按下一個連結，就可以回到熟悉的頁面。就像是隨身攜帶著一個蟲洞，或是一雙紅寶石鞋[譯註]。

導航

我們簡要回顧一下設計人員通常使用、且使用者可能熟悉的幾種不同類型的導航。此處描述的類型大致由功能決定。這裡的清單並不是完整列舉所有的類型，命名也可能有所不同，但是我們使用一些最常見的術語：全域、工具集、相關性與行內導航、相關內容、標記和社交。

全域導航（Global Navigation）

全域導航是每個主要畫面必備的事物。它通常採取選單、分頁或側欄（或是前兩種加上側欄）的形式，是使用者在正式導航結構裡移動的方式（在本書的早期版本中，全域導航被定為一種模式，但現在它已經非常常見，而且也深受大家的理解，所以真的不需再稱它為模式了）。

譯註：1939 年米高梅電影「綠野仙蹤」裡，女主角茱蒂迦倫飾演的 Dorothy 穿了一雙可以帶她回家的紅寶石鞋。

全域導航幾乎總是顯示在網頁的頂部或左側，有時同時在頂部或左側顯示（稱為**顛倒 L**（*inverted L*）導航排版）。很少會出現在右側，因為此放置位置可能會因為頁面大小和水平捲動而導致問題。

在移動裝置環境中，有兩種主要的全域導航方法。第一個是位於螢幕底部的導航欄，當使用者從一個螢幕切換到另一個螢幕時，它將持續出現在該位置。如果還有更多導航項目的話，它也可能在內部做左右滾動。第二種方法是「漢堡」選單，它是將三條水平線疊在一起，或有時是由三個點組成的細長條，點擊此按鈕將換出全域導航選項的面板。

工具集導航（Utility Navigation）

工具集導航也會出現在每個主要畫面上，它包含連結與工具，以連結到網站或應用程式內容無關的部分，例如：登入、協助、列印、**設定編輯器**（*Settings Editors*，參見第二章）、語言工具……等等。

當網站的訪問者通常會登入網站時，該網站可能會在其右上角提供一組工具集導航連結。常會是上面有人形的圖示或代表該成員的小照片。這是代表成員的符號，也是他們的化身，明確暗示您的個人資訊位於此處。使用者傾向於在此找尋與其在網站上的狀態相關的工具：例如帳戶設定、使用者個人資料、登出、協助等。更多詳情，請參見**登錄工具**（*Sign-in Tools*）模式。雖然有時所有工具集導航項目會全部顯示出來，但通常它們會被摺疊在頭像圖示的後面，使用者必須點擊以將其打開。

相關性與行內導航（Associative and Inline Navigation）

相關性與行內導航是把連結放在實際內容附近。當使用者閱覽網站或與網站互動時，這些連結能呈現一些當時對使用者或許很重要的選項；它們和內容綁在一起。

相關內容（Related Content）

相關性導航的一種常見形式是**相關文章**（*Related Articles*）分區或面板。新聞網站和部落格經常使用此功能。當使用者閱讀文章時，會在側欄或頁尾顯示其他相似主題、或由同一作者撰寫的文章。

標記（Tag）

標記（不管是使用者定義或系統定義的）有助於相關性導航和相關文章或連結。在某些網站上，標記雲（tag cloud）有助於探索更多主題，尤其是在文章數量非常多且主題分很

細的地方（對於較小的網站和部落格，標記就沒這麼有用了）。一種更為常見的導航技術是在文章末尾列出文章的標記；每個標記都是一個連結，指向共享該標記的所有文章的連結。

社交（Social）

若是一個整合了社交媒體的網站，就能有更多的導航選項可用。這些選項有很多種形式，可能是新聞或貼文模組，能顯示您的朋友共享的活動和內容。可能是排行榜或「現在趨勢」元件。這些元件提供了在社交媒體網絡上所有使用者之間共享最多的報導和貼文的連結。要詳細了解如何在設計中使用社交網路，請參閱 Christian Crumlish 和 Erin Malone 的《*Designing Social Interfaces: Principles, Patterns, and Practices for Improving the User Experience*》（O'Reilly, 2015）。

設計注意事項

導航一定要經過設計才行。要顯示哪些導航選項、標籤為何，以及在 UI 中顯示導航的位置和時間……都是設計時要考慮的因素。本節將會簡單討論導航的設計注意事項。

分開導航設計與視覺設計

將導航模型的設計與視覺設計分開是一種好的處理方式。計算所需的導航選項的數量和順序，以及預設情況下顯示的內容。使用者是否必須展開導航分類才能瀏覽結構，要連結到第二層甚至第三層？還是沒有必要？以這種方式進行推理可以幫助您更靈活、更仔細地思考如何設計頁面。確定您都想好了以後，您可以開始考慮外觀與感受。在視覺上，導航功能要放在哪裡有一些既有慣例。儘管您可能很想做些創舉，但遵循常見的排版模式仍具有巨大優勢。

認知負擔

當你走進一個不熟悉的房間，您會環顧四周。不到一秒，你就能看出這個房間的形狀、陳設、燈光、出口及其他線索。很快地，你判斷出這個房間的作用，以及它與您走進來的目的有何相關性。然後你會做進來房間時原本要做的事，但是要在哪裡做？如何做？你或許可以很快地回答，也或許不能。也或許你被房間內其他有趣的事物弄得分心了，忽略了原本要做的事。

同樣地，進入一個網頁或者開啟一個視窗，都需要耗費認知上的成本。你需要從頭認識這個新的空間：它的形狀、它的配置、它的內容、它裡面有什麼、以及你原本來這裡要做的事；這些都需要耗費時間和精力。這種「環境的轉換」（context switch）強迫你重新凝聚注意力，適應所處的新環境。

即使您走進的是已經熟悉的網頁（或會議室），它仍然會花費一定的時間來感知、思考這個資訊空間，以及在這個空間中重新找到方向。雖然這時耗費的成本不算高，但是次數多了加起來也很可觀，特別是當您把顯示視窗或加載頁面的實際時間也算進去的時候。

無論您設計的是網頁、程式視窗、對話框或某個裝置的畫面，狀況都是一樣的。使用者決定要去哪裡的方法都是類似的，使用者仍然需要閱讀標籤上的文字、辨認圖示的意義，而且使用者會傾向嘗試按他們不熟悉的連結或按鈕。

此外，載入的時間也會影響人們的決定。如果使用者點擊後的頁面花了太久時間還沒載入（或尚未完整載入），他們可能會覺得氣餒，或許乾脆放棄原本的目的直接關閉網頁（想想看，在側邊欄擺個影音播放器趕跑了多少訪客？）還有，如果載入網站頁面是如此曠日廢時，使用者多半也不太想繼續探索這個網站了。

這就是 Google 這類的公司盡全力保持網頁以最快速載入的原因：**反應遲鈍就會流失訪客。**

保持最短距離

各位已經知道在頁面和頁面之間轉跳，是需要成本的，現在你可以理解為何要盡量減少跳躍的次數。可以歸納成一個簡單的規則，就是去思考怎麼用最少的點擊就能從 A 點到 B 點，以下是幾種您在做設計時可以採用的方法：

廣泛的全域導航

設計您的導航和應用程式時，請在第一層（最高層）放入更多選擇。使網站結構盡可能平坦；也就是說，最小化網站分層的數量。在全域導航中放入更多能直接存取的畫面，換句話說，如果頂層導航項目較少，意味著使用者必須走過很多類別和子類別選單的話，那就多放幾個項目在頂層導航中。

將最常用的東西直接放在全域導航中

使用頻率也會影響導航的設計。將常用的操作的地位提升，使其位於導航結構的頂層，讓它可以被直接訪問。不管這種操作位於您的網站或應用程式結構中的哪裡。

您可以將不常用的工具或內容深埋在網站結構中，使用對應的子選單才能找到它們。在單一工具或畫面中也是如此，可以將很少使用的設定或可有可無的步驟隱藏在額外的「門」後面，此處的門指的是未打開的手風琴摺頁面板或分頁式面板後面。與往常一樣，請嘗試不同的設計，如果有任何疑問，請對它們進行可用性測試。

合併步驟

改變應用程式的結構可以真正的提高效率，讓常見任務在一個螢幕中就可以完成。使用者覺得最煩人的情況之一是，其實只是要執行一個簡單或常做的任務，但被迫進入多層的子頁面、對話框等，然後在每個位置只執行一個步驟。如果步驟之間存在依賴關係，那就更糟了。如果缺少一個前置條件而必須退回重來，是一種時間和精力的浪費。

您是否可以把工作流設計成讓最常見的 80% 使用情境可以在一頁內完成，而無需做任何環境切換呢？

對於某些類型的應用程式來說這一點很難做到。若某種工具或表單很複雜，請先試著做簡化和最小化，將螢幕進行分組和分段，然後縮短標籤，將單詞變成圖片，使用其他節省空間的表單控制元件，並將說明性的副本移至工具提示和彈出面板裡。然後，請看看是否能使用漸進式提示（progressive disclosure），以便僅顯示第一步或最常用的控制元件。在預設情況下，考慮使用「模組化分頁（Module Tab）」或「手風琴摺頁（Accordion）」隱藏其他步驟或內容。隱藏的東西可以在使用者使用工具的過程中自動顯示，也可以讓使用者點擊後才能查看資訊。

第二種方法是將多個步驟、工具或畫面合併到一個包含多個步驟的精靈中（我們稍後對此進行簡要介紹）。

導航模型

您的網站或應用程式的導航模型是什麼？換句話說，不同的畫面（或頁面或空間）如何彼此連結，使用者如何在它們之間移動？

現在，我們來看看典型網站和應用中的幾種模型。

軸心與輻散（Hub and Spoke）

最常見於行動裝置上，這種架構（圖 3-1）把網站或應用程式裡所有主要部分都列在主畫面（home screen）上，或稱之為「軸心頁」（hub）。使用者直接點選主要功能，完成想做的事，然後先回到軸心頁再去其他地方。「輻散頁」（spoke）畫面則全心專注於所負責的工作上，請小心地利用空間，因為空間可能擠不下所有其他重要畫面。iPhone 的主畫面就是很好的例子；某些網站採用的選單頁面（*Menu Page*）模式則是另一種好例子。

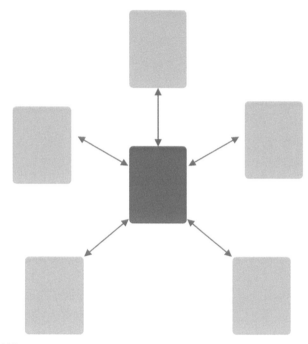

圖 3-1 軸心與輻散結構

完全連通

許多網站都遵循這個模式。首先也有個主頁或主畫面，但它和其他頁面能互相連結，每個畫面都有全域導航功能，例如位在頂端的主選單。全域導航或許只有一層（如圖 3-2 所示，其中只有五個頁面）；或許又深又複雜，分成許多層連結，還有埋藏在深處的功能。只要使用者一次跳轉就可以訪問其他任何頁面，則就是完全連通結構。

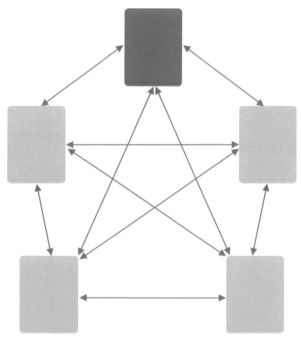

圖 3-2　完全連通模型

多層或樹狀

這也是網站上常見的導航模型（參見圖 3-3）。主要的頁面間採完全連通的構造，但次要頁面則只與相關的次要頁面有連結（通常也能透過全域導航而通向其他主要頁面）。如果你曾在某些網站的側邊欄（sidebar）或副分頁（subtab）中，看到在其中才列出的子網頁，表示你已經見過這個模型了；這些次要頁面只有在使用者點擊主要頁面或分類的連結後，才會出現在選單上。我們需要用兩次以上的頁間跳躍，才能從任一個次要頁面跳到另一個。如果在多層網站上同時使用下拉式選單、寬選單（*Fat Menus*）模式，或網站地圖頁尾（*Sitemap Footer*）模式，將網站轉換為完全連通是更好的選擇。

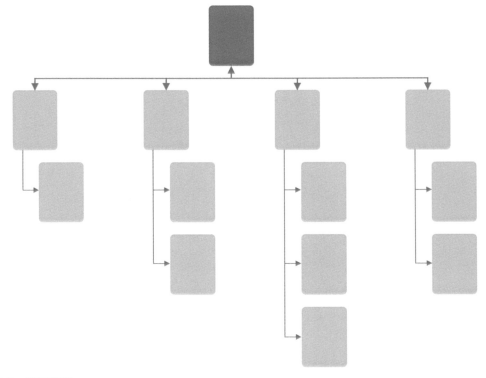

圖 3-3　多層導覽

在企業網頁軟體中也會出現這種模式。提供一系列網頁應用程式的公司通常會將這些應用程式分開。這可能是因為不希望將那些應用程式完全整合到統一平台中，或也有可能只是尚未整合，或者是因為這些應用是最近或正在進行的收購結果。另一個原因是該套件中的組件可能會單獨出售，組件最終可以成為一個產品集，其中每個應用程式的體驗都獨立於其他應用程式。但軟體提供者和客戶通常希望單點登錄和在單點即可取存所有內容，因此在登錄後可以看見它們的頂部綁在一起，使用者可以在那裡存取每個應用程式並管理其帳戶設定。

逐步

投影片、處理流程與**精靈**（第二章）都是引導使用者依循預定順序、逐步走過每個畫面的方式（參見圖 3-4）。在這類頁面上，上一步（Back）/ 下一步（Next）的連結相當重要。逐步導航可以是像搜索介面一樣簡單，先搜索然後接著顯示一個搜索結果頁面。電子商務購買流程也是一個常見的例子，在電子商務購買流程中都有一條設計好的路徑，從產品頁面到購物車，再到結帳過程（可能有多個畫面），最後是確認交易完成。第三個範例是訂閱零售公司（尤其是服裝、化妝品和其他個人物品）對首次登入的客戶進行問卷調查或線上調查，讓客戶逐步回答一系列問題，以建立他們對樣式、預算、尺寸、品牌、交付頻率等偏好。

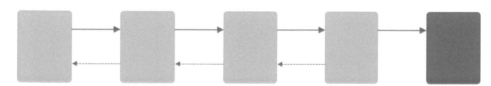

圖 3-4　逐步流程

金字塔（Pyramid）

金字塔模型是逐步模型的變化版，金字塔模型使用一個軸心頁或選單頁，在單一位置列出整串項目或次要頁面（參見圖 3-5）。使用者可以選擇跳躍到任一項目去，然後選擇按下「上 / 下一步」連結，依序探訪其他項目，使用者隨時可以回到軸心頁。請參考本章的**金字塔**（*Pyramid*）模式以獲取更多資訊。會發布一堆圖片報導的內容網站經常使用這個模型。

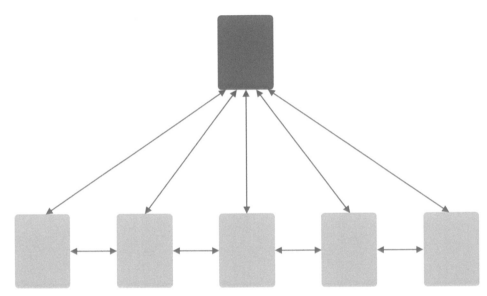

圖 3-5　金字塔

某些項目適合放在單一的大型空間中呈現，而不是拆分成很多小空間。地圖、大圖像、龐大文字文件、資訊圖表和時間性媒體（例如聲音和影片）的呈現，都落在這個範疇。平移和縮放也屬於導航的一環，所以請提供用來平移（水平或垂直移動）、放大和縮小以及重置為已知大小和狀態的控制元件。

圖 3-6 顯示了一個平移和縮放的範例，地圖介面是此類導航的最常見用例。

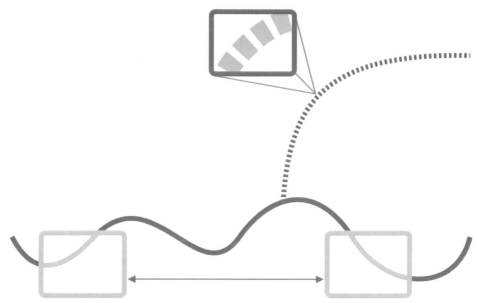

圖 3-6　平移和縮放

扁平導航（Flat Navigation）

有些類型的應用程式只需要一點點導航功能，或幾乎不需要導航。試想採用**畫布加工具盤**（*Canvas Plus Palette*）模式的應用程式如 Photoshop，或是其他複雜的應用程式如 Excel，這些程式提供的眾多工具與功能都能輕易透過選單、工具列和工具盤取用；不像**強制回應面板**或逐步流程無法立即取用工具。這類應用程式的本質，似乎與我列出的其他導航型式相當不同：使用者總是知道自己的位置在哪裡，但可能不容易找到所需工具，因為這類程式能同時提供的功能數量實在太多了。

這些導航模型有三個值得注意的地方，第一個是它們可以混搭，一個應用或網站可能將其中的幾個結合在一起。

第二個值得注意的地方是，大部分時候，全區全域導航與較少的跳躍都是好事，但有時候，使用導航選項越少的模式會更好。例如，當使用者處於全螢幕投影片播放過程中時，他們不想看到複雜的全域導航選項，他們此時寧願只專注於投影片本身，所以只需要「上 / 下一步」控制元件和逃生門即可。全面使用全域導航並非沒有代價：它會佔用空間、使畫面混亂、產生認知負擔以及還會暗示使用者「沒關係，你愛離開這頁就離開吧～」。

第三，所有這些機制和模式都可以以不同的方式呈現在畫面上。複雜的網站或應用程式可能會使用分頁、選單或側邊欄放置樹狀檢視清單，以便於每個頁面呈現全域導航機制。要用哪種呈現方式，可以等到你開始設計頁面排版時再決定。同樣地，強制回應面板可以透過燈箱或實際的情境對話框來完成，但您可以推遲這方面的決定，等你知道自己是否需要放入強制回應面板的事物再說。

視覺設計可以晚一點再進入設計流程中，等到資訊架構與導航模型都決定後再加入。

模式

本章會討論導航的多個面向：整體結構或模型、如何知道身處何處、如何知道要去哪裡，並且用有效的方法到達目的地。

第一組模式是導航模型，所以與畫面排版不太相關。

- 清楚的進入點（*Clear Entry Points*）
- 選單頁面（*Menu Page*）
- 金字塔（*Pyramid*）
- 強制回應面板（*Modal Panel*）
- 深連結（*Deep Link*）
- 逃生門（*Escape Hatch*）
- 寬選單（*Fat Menus*）
- 網站地圖頁尾（*Sitemap Footer*）
- 登入工具（*Sign-In Tools*）

接下來的幾種模式可當成「您現在位置」路標使用（也能做為設計良好的全域導航）：

- 進度指示器（*Progress Indicator*）
- 麵包屑記號（*Breadcrumbs*）
- 註解式捲軸（*Annotated Scroll Bar*）

進度指示器、麵包屑記號與註解式捲軸都能做成互動性的內容地圖。註解式捲軸常用在「平移和縮放」模型中，較少用於多個互相相連的頁面。最後，**動畫轉場效果**（*Animated Transition*）能幫助使用者在移動到另一個地方時保持方向感。這只是一種視覺上的小技巧而已，但在維持使用者對於所在地的感知、以及維持使用者對於所發生事件的認知上，有著非常好的效果。

清楚的進入點（Clear Entry Points）

只呈現少數進入介面的入口，以讓使用者知道要從何處上手。對於首次使用，或很少使用的使用者來說，它減少了認識網站的時間。請將這些進入點做成以任務為導向，並指明合適的適用者為何人，請清楚地呼籲使用者採取行動。在圖 3-7 中的**清楚的進入點**示意圖，呈現了它的概念。

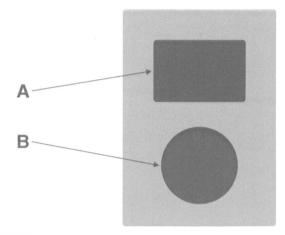

圖 3-7　清楚的進入點示意圖

當你設計的網站或應用程式會有許多初次使用或不常用的使用者到訪時，最好提供這類使用者一段介紹文字，並請他們執行一件初始任務，或是從非常少的常用選項選擇其一。

但如果每個開始使用你的產品的人都很清楚使用產品的目的，而且假設大部分的使用者都不喜歡被不必要的導航步驟所干擾（像是設計給中高階專家使用的應用程式那樣），這個模式恐怕不會是你的最佳設計選擇。

有些應用程式和網站，當我們打開它的時候，會看到一塊由資訊和結構組成的蠻荒之地：畫面上滿溢著一塊一塊的面板、不熟悉的名詞和片語、不相關的廣告、或是明明擺在畫面

上卻未啟用的（disabled）的工具列。沒有任何給躊躇不前的使用者關於首先該怎麼辦才好的指導。使用者會覺得：「好吧，我來了。接下來呢？」

為了這些使用者著想，請列出一些選項當作開始上手的地方，如果那些選項吻合使用者的期待，他就會有自信從中擇並開始工作，達到第一章說的立即喜悅。您把最重要的任務或分類列出來後，如果列出的選項不符合使用者期待，至少他現在會知道這個網站或程式的實際用途，也就達到讓這個應用程式自我解釋的目的了。

原理作法

當有人造訪網站，或者開啟一個應用程式，請將進入點表現成進入主要內容的「大門」。從這些地方開始，溫和且清楚地帶領使用者進入程式，直到使用者已經瞭解足夠的環境背景，可以不需要幫助、自行繼續探索。

這些進入點集合起來，應該能涵蓋大多數使用者來此的大部分目的。進入點可能只有一兩個，也可能有很多個；依你的設計決定。但我們應該用初次使用者能理解的語言來說明進入點，請不要在這裡賣弄應用程式專用的工具名稱。

視覺上，我們應該依據進入點的重要性，而賦予不同程度的強調設計。

在首頁或起始頁面上，大多數網站會額外列出其他導航連結，例如全域導航、工具集導航等等。這些部分應該要比那些**清楚的進入點**來得小、而且更不顯眼。其他的導航工具目的更明確，而且不見得會把使用者直接帶到網站的核心位置，就像車庫門不見得會把你直接帶到一棟房屋的客廳中一樣。**清楚的進入點**的角色如同房子的「前門」一般。

範例說明

Apple 為 iPad 所做的首頁（圖 3-8）只需要做到幾件事：自我表明、讓 iPad 看起來吸引人，並引導使用者前往購買一台 iPad 或進一步瞭解這個產品。若與此處強烈、定義良好的進入點相比，這一頁的全域導航在視覺上顯得遙遠而渺小。第二個會吸引關注的是一排小示意圖，這些是不同 iPad 型號以及其周邊的連結。但是，在最明顯的地方使用者顯然被直接引導到 iPad Pro。在頁面的其餘部分，還有其他前門，像是其他 iPad 型號的大型促銷圖片。

圖 3-8　在 Apple 網站中的 iPad 頁面

Spotify（圖 3-9）用網站的首頁來款待新客戶，畫面中央有一個簡單明瞭的號召性用語。

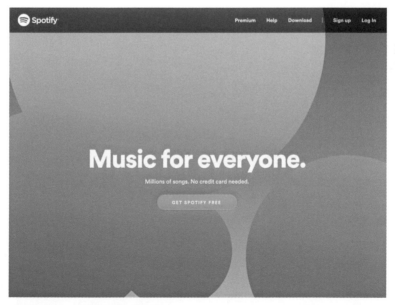

圖 3-9　Spotify 網站首頁——非常清楚的大門

Adobe Illustrator 和其他應用程式在啟動時會顯示一個啟動對話框（參見圖 3-10）。這讓新使用者或不常使用的使用者有機會選擇要採取什麼動作。主要動作分為建立新內容或打開現有文件。這兩個動作都重複出現兩次。左側用粗框呈現「Create New（新建）」和「Open（打開）」按鈕，這兩個按鈕是設計給經驗豐富或自信的使用者，讓他們直接開始工作。儘管體積很小，但它們的視覺處理卻使它們成為開始工作的切入點。右邊有兩個相同的選項，只是改為更大、更直觀，也更能讓人理解的呈現方式。「Start a New File Fast（快速建立新文件）」有幾種選擇，分別代表最有可能符合需求的設備和畫面尺寸，每個圖的示意圖使它們更易於理解。下面的「Recent」中是最近打開過的文件，每個文件都帶有縮圖以幫助使用者識別和使用。這是設計不同入口點以吸引不同使用者的一個很好的例子。

圖 3-10　Adobe Illustrator CC 啟動對話框

和 Spotify 一樣，Prezi（圖 3-11）使用網站上的入口點來使潛在客戶更容易購買。就 Prezi 而言，它想要展示它創新的簡報軟體。Prezi 想要呈現產品的差異化，而在購買者的心中，也是購買時最大的疑問。所以大門傳達的訊息是「進來看一下吧！」。

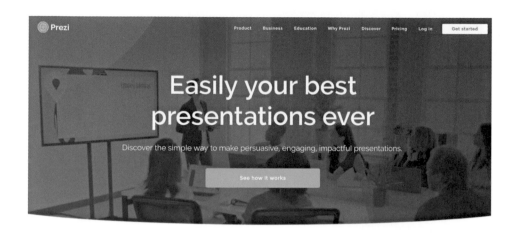

圖 3-11　Prezi 的首頁

Tesla 網站（圖 3-12）提供了三個入口點，用照片中的三個 Tesla 車款代表。主要焦點放在
Model 3（使用者介面把重點放在 Model 3，這是明智之舉）。Model 3 有兩個切入點：客製
化您的 Tesla 汽車，或瀏覽現在可購買的 Tesla 汽車。

圖 3-12　Tesla 的首頁

選單頁面（Menu Page）

這是什麼

在頁面上擺滿連結列表，通向網站或程式中其他充滿內容的部分。請為每個連結提供充足的資訊，好讓使用者做出良好的選擇。請不要在頁面上顯示其他值得注意的內容。古老的網站 Craigslist 的首頁（圖 3-13）是個非常好的選單頁面範例。

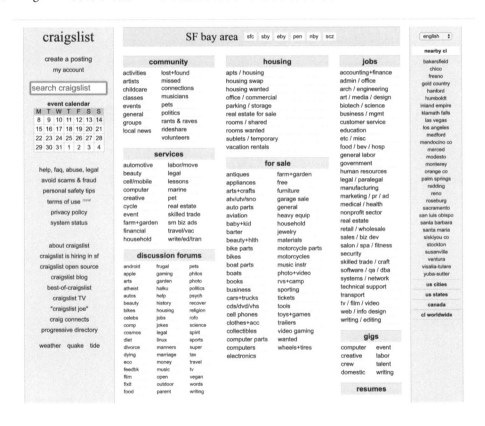

圖 3-13　Craigslist

當你在設計一個首頁、起始畫面，或其他任何當成「目錄」的畫面時使用（用來告訴使用者他們能從該頁面前往哪裡）。您或許因為空間太小而無法放置內容（如一篇文章、影片或促銷資訊），也可能只是想讓使用者心無旁騖地選擇一個連結。

行動裝置應用和行動裝置網站顯示許多導航選擇時，要使用一欄式的**選單頁面**，如此才能充分利用它們的小螢幕。

如果你的（全尺寸）網站需要吸引訪客停留在頁面上，或許能使用一些頁面空間顯示促銷商品資訊，或放置其他有趣的內容會比較好；此時，**選單頁面**就不是正確的設計選擇。同樣地，如果網站需要解釋網站設立的價值與目的，就應該用頁面空間好好地說明，而不是塞進一堆連結。

需要一點膽量才敢設計**選單頁面**，敢設計**選單頁面**是因為您對於下列事項非常有自信：

- 訪客知道網站與程式是做什麼用的
- 他們知道自己過來的目的，以及如何找到所需的事物
- 他們想搜尋特定的主題或目的地，而且想要儘速的找到
- 他們對於新聞、更新或專題內容不會感興趣
- 他們不會覺得選單頁面設計的密度很混淆或會排斥它們

因為心無旁騖，使用者可以把注意力全部放在所有導航選項上。我們則有整個畫面（至少是大部分畫面）要用來組織、說明並展示這些連結，並可因此指引使用者到最適合他們需求的目標頁（圖 3-13）。

如果你的設計是在一個行動裝置上，那麼**選單頁面**是在設計具有多層功能的網站或程式時的首要工具。請讓清單上的標籤（label）保持簡短、讓目標物夠大便於觸控操作（用於觸控式螢幕），並試著讓階層數量不要太深。

關於選單頁面的警告：這些選單頁面很容易讓人不知所措。請考慮將很少使用的頁面做成選單頁面，例如參考或索引頁面。不管是做成哪種頁面，都應該要對齊、分組和標記內容，以便於理解。

以下說明也適合用在全尺寸的網站與程式上。

第一點，做出連結設定良好的標籤，並提供剛好能讓使用者決定要去何方的背景資訊。這可不是什麼手到擒來的易事。如果能有一點說明或提供每個連結內容的預覽，或許能讓訪客覺得很有幫助，但這麼做可能會佔用許多頁面空間，以縮圖呈現也有一樣的困擾，使用預覽或縮圖看起來是很不錯，但是有為網站增添價值嗎？

查看圖 3-14 中的舊金山市政府部門指引畫面，以及圖 3-15 中的加州大學伯克萊分校頁面。舊金山市政府的部門指引畫面只給出以下資訊：一個依字母順序排列的部門列表。加州大學伯克萊分校網站的訪問者一看就知道這些連結的含義（它們是系所的名稱），所以，額外的資訊是關於學位課程的，而不是學校系所的定義說明。因此，設計人員可以將更多連結添加到畫面上方，組織出一個訊息密集的有用頁面。

另一方面，AIGA 的資源頁面（圖 3-16）則因加上敘述文字與圖像而得到好處。只有小標題本身尚無法說服訪問都點擊連結、查看內容（也請大家記得，點擊了連結的使用者如果發現目的頁的內容不如他的想像，多半會十分不爽。請確保你寫的敘述文字既準確又能公平傳達內容）。

第二點，請仔細考量連結清單的視覺組織。想想這些連結適合分成幾個分類嗎？亦或是具有兩、三層階層呢？是否需依日期排序？在清單中，要能傳達出組織方式的概要。

第三點，別忘了加上搜尋框。

最後一點，再想想你還有沒有要在頁面上傳達的內容。首頁的空間特別珍貴，是要用來吸引使用者用的。你覺得有趣的文章適合放在首頁嗎？適合放視覺藝術品嗎？如果這些元素造成使用者不耐煩更甚於帶來樂趣，考慮維持單純的**選單頁面**設計就好了。

舊金山市政府的網站 SF.gov（在撰寫本文時仍在開發中）採用傳送門方法（圖 3-14）。它匯集了所有服務和部門的連結。這裡隱含的意義是大多數使用者使用這個首頁時，目的都是要在這個大型政府組織內尋找特定的部門或服務。

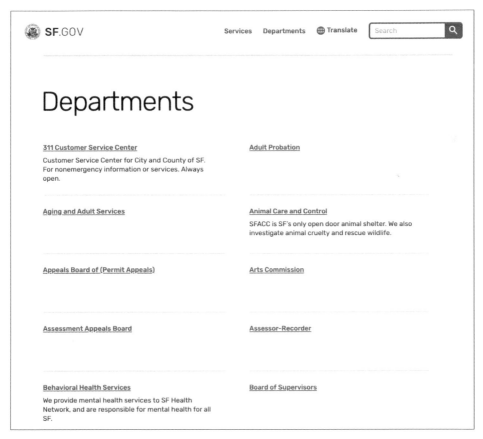

圖 3-14　SF.gov

在加州大學伯克萊分校的網站（圖 3-15）中，「Academics（學院）」頁面顯示連結列表。當使用者到達網站上的這一頁時，代表他們可能正在尋找特定的學院或資源，而不是為了瞭解這所學校。該頁面的重點是讓訪問者可以移動到他們想去的地方。

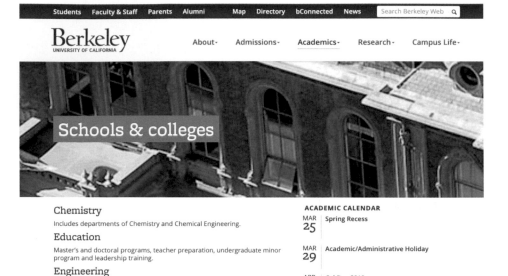

Berkeley
UNIVERSITY OF CALIFORNIA

About ▾   Admissions ▾   Academics ▾   Research ▾   Campus Life ▾

Schools & colleges

Chemistry
Includes departments of Chemistry and Chemical Engineering.

Education
Master's and doctoral programs, teacher preparation, undergraduate minor program and leadership training.

Engineering
Includes departments of Bioengineering; Civil & Environmental Engineering; Electrical Engineering & Computer Sciences; Industrial Engineering & Operations Research; Materials Science & Engineering; Mechanical Engineering; and Nuclear Engineering.

Environmental Design
Includes departments of Architecture; Landscape Architecture; and City and Regional Planning.

Haas School of Business
Undergraduate degrees, MBA programs and executive education.

Information
Graduate programs in information, data science, and cybersecurity.

Journalism
Two-year immersive Master of Journalism program.

Law
Offers J.D. and J.S.D. programs, and the first U.S. law school to offer M.A. and Ph.D. degrees in jurisprudence and social policy.

Letters & Science
Berkeley's largest college includes more than 60 departments in the biological sciences, arts and humanities, physical sciences, and social sciences.

Natural Resources
Includes departments of Agricultural and Resource Economics; Environmental Science, Policy, and Management; Nutritional Science; and Plant and Microbial Biology.

Optometry
Professional program for optometry.

Public Health
Master's and doctoral programs in a wide range of public health disciplines.

Richard and Rhoda Goldman School of Public Policy
Master's, doctoral and an undergraduate minor program in public policy.

Social Welfare
Offering master's, concurrent master's, doctoral and credential programs.

ACADEMIC CALENDAR

MAR 25   Spring Recess

MAR 29   Academic/Administrative Holiday

APR 13   Cal Day 2019

MORE DATES

184   17.8 to 1

Academic Departments and Programs   Student-to-faculty ratio

8   23%

Nobel Prizes held by current faculty   Freshmen who are first generation college students

More numbers

圖 3-15　加州大學伯克萊分校的學院選單頁面

AIGA 網站包含許多設計專業資源。這個網站用數個頂層分類呈現資源，如圖中的全域導航中所示，但進入各分類後則會看到**選單頁面**（圖 3-16）。各篇文章標題均附有一個小縮圖及一段摘要；豐富的格式為網站觀眾提供足夠的背景資訊，以便決定是否要花時間點進去閱讀文章。

不管內容放了什麼東西，這個頁面本身就非常吸引使用者的注意。

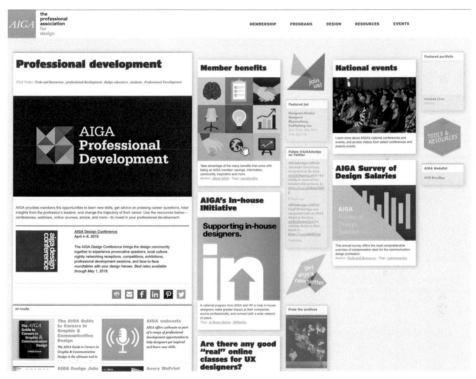

圖 3-16　AIGA 網站的選單頁面

最後，紐約現代美術博物館（Museum of Modern Art，MoMA）網站的選單頁面上，使用了大幅圖片與較少的文字（參見圖 3-17）。

MoMA

Plan your visit   Exhibitions and events   Art and artists   Store   🔍

Young Architects Program 2019:
Hórama Rama by Pedro & Juana
Through September 2
MoMA PS1

**Julie Becker: I must create a
Master Piece to pay the Rent**
Through September 2
MoMA PS1

Devin Kenny: rootkits rootwork
Through September 2
MoMA PS1

**Hock E Aye Vi Edgar Heap of Birds:
Surviving Active Shooter Custer**
Through September 8
MoMA PS1

**MOOD: Studio Museum
Artists in Residence 2018–19**
Through September 8
MoMA PS1

圖 3-17　紐約現代美術博物館 PS1 當代藝術中心的展覽選單頁面

金字塔

透過「上一頁／下一頁」連結,將一連串的頁面串接起來成為一個序列。再建立一個父頁面,這個父頁面可以通往序列中的任何一個頁面,使用者可依序或隨機檢視這些頁面。圖 3-18 展示了這種模式的概念。

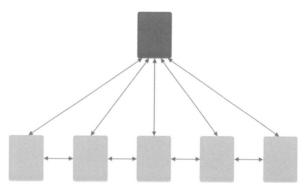

圖 3-18　金字塔概念圖

這種網站或應用程式擁有一串有次序的項目,使用者通常會一項接著一項觀看,例如投影片、精靈、書籍章節,或者一組產品。然而,有些使用者比較想要不照順序檢視其中一項,他們需要能從完整的序列中自由選擇要檢視的項目。

這個模式能減少點選的次數。改進導航效率,同時表現出頁面之間的序列關係。

使用「上一頁／下一頁」(Back/Next 或 Previous/Next)連結或按鈕都很不錯,人們已相當習慣這樣的用法。但是使用者不一定想要把自己鎖死在序列中,無法輕易脫身:當他已經走過七個頁面了,就必須按下七次「上一頁」才能回到原點嗎?這不僅令人感到挫敗且實用性又低(缺乏使用者控制力)。

在序列的每一頁面中,放進一個返回父頁面(parent page)的連結,即可讓使用者有更多的選擇,讓主要的導航項目變成三個:上一頁、下一頁、回父頁。您並沒有增加太多導航

的複雜度，但是對於想要輕鬆瀏覽的使用者（或者在瀏覽中途改變心意的使用者）來說，少按了很多次連結就能到他們想到達的地方，讓使用者更方便了。

同樣地，將不相關的一群頁面連接起來，對於真的想看盡所有頁面的使用者來說相當方便。若缺少「上一頁 / 下一頁」的連結，就變成要不斷地跳回父頁面；使用者可能會因此而決定放棄離開。

原理作法

請在父頁面依序列出所有項目或頁面。採用適合你所處理的項目類型的方式來製作序列（參見第七章），例如相片選用**縮圖網格**（*Thumbnail Grid*）呈現，文章序列選用豐富的文字格式呈現。點擊項目或連結可以把使用者帶到該項目的頁面。

至於各項目的頁面上，請放置「上一頁 / 下一頁」連結。許多網站會顯示下一個項目的預覽訊息，例如顯示標題或縮圖。此外，請再加上一個「回上層」（Up）連結，好把使用者帶回父頁面。

還有一種**金字塔**的變體，是做出一個迴圈：把靜態的線性序列的最後一頁連結到第一頁，而不是回到父頁面。這也是種可行的方式，但使用者是否知道自己會繞回第一頁呢？使用者是否能辨識出那是序列中的第一頁？很難說哦。如果順序是很重要的事，就應該把最後一頁連結到父頁面，這樣才能讓使用者知道已經看完了所有內容。

範例說明

Facebook 的相簿頁面是一個典型的**金字塔**範例。透過滾動頁面可以完全查看相冊（參見圖 3-19）。圖像以縮圖呈現，選擇一張照片會打開投影片，圖像的瀏覽就是按金字塔模式組織的（圖 3-20）。導航選項是向右捲動、向左捲動或再次退出回到縮圖網格。

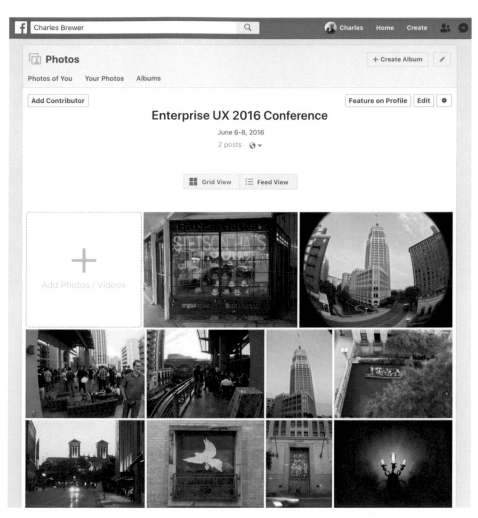

圖 3-19　Facebook 的相簿

圖 3-20　在 Facebook 的相簿中的一個子頁，在照片的附近有上一張、下一張與關閉按鈕

強制回應面板（Modal Panel）

是一個除了確認訊息、填寫表單或點擊關閉面板之外，沒有導航選項的畫面。強制回應面板會顯示在當前畫面的最上層。通常是由某種使用者操作觸發顯示強制回應面板，例如選擇某些內容或執行某些觸發操作。強制回應面板通常顯示在畫面或頁面最上層的「燈箱」中：其後方的畫面仍然是可見的，但強制回應面板以外的所有內容都疊加了一層灰色，而且無法使用，強制回應面板適用於需要使用者全神貫注的小型重點任務。強制回應面板通常由一頁組成，沒有其他導航選項，直到使用者完成當時的任務為止。圖 3-21 是「強制回應面板」模式的示意圖。

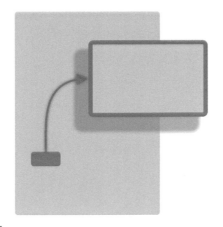

圖 3-21　強制回應面板示意圖

要讓人專注在單一項行動或流程時，最適合使用強制回應面板了。它們還非常適合用來執行快速子任務，或在主畫面或操作中途岔開進行其他任務時，仍不丟失上下文，在這種情況下，您希望使用者先完成另一個小任務，然後再回到較大的任務。當應用或網站進行到缺乏使用者輸入就不該或無法處理的狀態時，就可以使用強制回應面板來取得輸入。例如，在以文件為中心的應用程式中，「儲存」操作必須要使用者提供文件名稱才能繼續。或像是使用者可能需要先登入或確認過重要消息，才能繼續下去的操作。

如果使用者只是想做一個小動作，但這個小動作又需要使用者輸入資訊時，請試著想出不使用強制回應面板來要求輸入的其他方式。例如說，可以在使用者點擊的按鈕旁顯示一個文字欄位，然後讓文字欄位「掛」在那裡，直到使用者回頭完成輸入。我們不需要停住整個網站或程式的活動，只為了等待輸入。請讓使用者可以先做其他事情，稍後回頭解決問題。

強制回應面板將使用者與其他所有導航功能全部隔絕。使用者無法略過強制回應面板而逕行前往應用程式或網站的其他部分：他必須在現在就處理完強制回應面板上的任務，完成之後，他會被送回原來所在的地方。

這個模型相當容易瞭解（程式也很容易寫），但是最近幾年在應用程式上有點氾濫。強制回應面板是會干擾人的，如果使用者尚未準備好面對強制回應面板所要問的事情，這將會

中斷使用者的工作流程，可能是逼迫使用者回答一個他一點都不在意的問題。但如果強制回應面板使用的時機適當，就可以將使用者的注意力導引到他需要做的下一個決策。強制回應面板上沒有其他可能讓使用者分心的導航選項。

原理作法

請在使用者最集中注意力的位置，放置面板、對話框或頁面以詢問必需資訊。這些面板、對話框或頁面應該要讓使用者無法切換到應用程式的其他頁面，這個面板應該顯得比較乾淨，讓使用者的注意力能夠集中在面板上的新任務，不至於分心。

別忘了這是和導航相關的模式，您應該要小心地標記並標示離開的方式，而且離開的方式不應該有太多種：一個、兩個或許三個。在大多數的情況下，離開的方式是按下上面寫著簡短文字按鈕，像是「儲存」或「放棄儲存」；通常在右上角則會有個標示為「Close」或「X」的按鈕。只要按下這個按鈕，使用者應該就能回到原來的頁面。

在呈現強制回應面板時，燈箱效果（lightbox）是種極有效的視覺呈現方式。藉由將大部分畫面的亮度調暗，設計師明亮的強制回應面板即可被突顯出來，讓人把注意力集中到面板上（強制回應面板需有足夠大小，讓使用者能輕鬆找到，這個模式才能正確運作）。

有些網站用強制回應面板做登入和註冊畫面。零售及其他網站只有在真的需要時，才會顯示登入 / 註冊畫面（以免打擾使用者），這些網站通常是這麼做的：拿掉全域和區域導航，剩下的東西只能做登入或離開頁面。

作業系統和圖形使用者介面（GUI）平台通常會提供 OS 層級的強制回應對話框。這種強制回應對話框最好用在傳統的桌面應用程式上，網站最好避免這類用法，改用較輕量的畫面覆蓋技術，使用這樣的技術時，設計師較容易控制強制回應面板，對於使用者的干擾也比較少。

範例說明

Airbnb 使用燈箱吸引人們注意其登入畫面（圖 3-22），這個登入畫面直接出現在網站公開首頁上，該畫面只有三種動作可做：登入、註冊或單擊左上角熟悉的「X」按鈕，這是網路上許多燈箱突出顯示強制回應面板的典型代表。如果 Airbnb 無法識別使用者電腦（通常是因為使用者清除了 cookie），則強制回應面板會更改為顯示雙重認證身分驗證畫面。

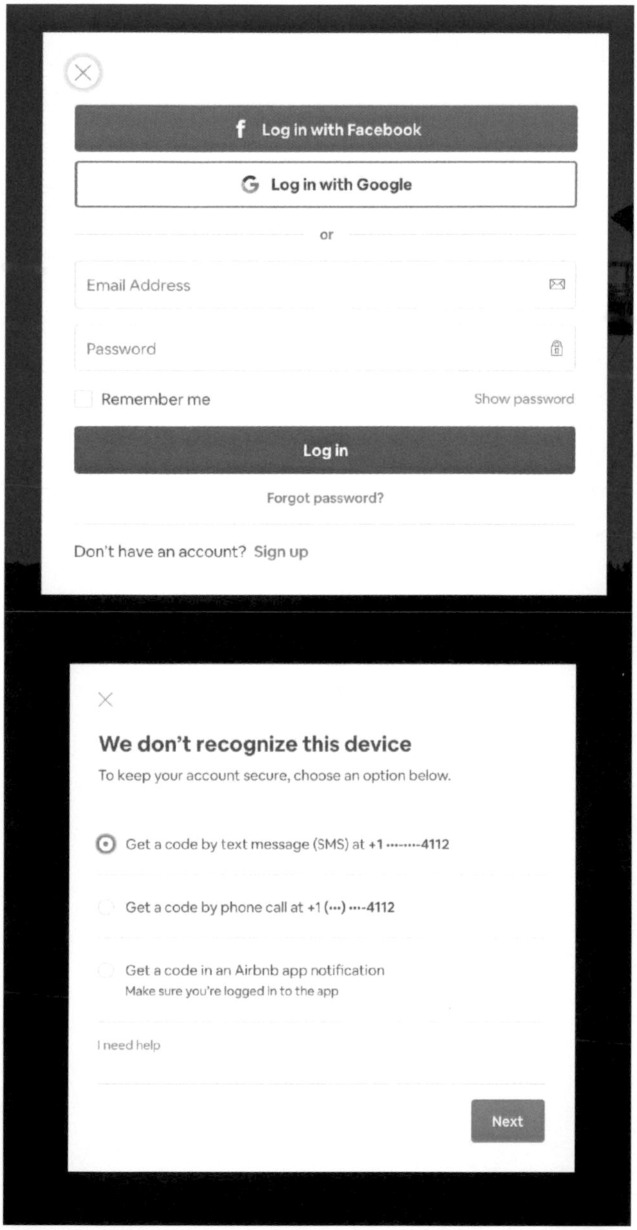

圖 3-22　Airbnb 登入強制回應面板，以及安全性檢查強制回應面板

如前所述，零售商通常將任何登入或註冊步驟延遲到購物過程中的最後一個時刻，以使購買過程盡可能不被打斷。但是，在使用者進入購物車後，要求他們登入是有意義的，已註冊的購物者需要可用的貨運和付款詳細訊息，而零售商希望邀請新客戶進行註冊，B&H Photo 是這種模式的一個很好的例子（圖 3-23）。

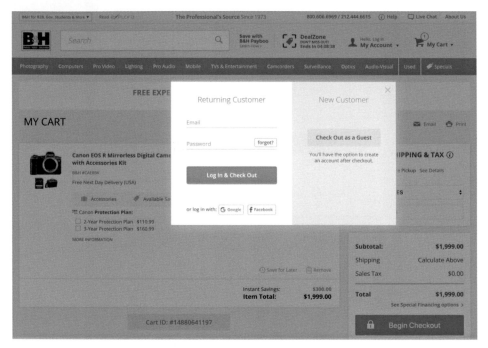

圖 3-23　B&H 結帳登入強制回應面板

梅西（Macy's）百貨在購物過程的前期就使用了情境視窗（圖 3-24）。在這個範例中，它用來向購物者確認其所選商品已添加到購物袋（車）中。梅西百貨趁機在這一刻推銷購物者可能感興趣的其他商品。

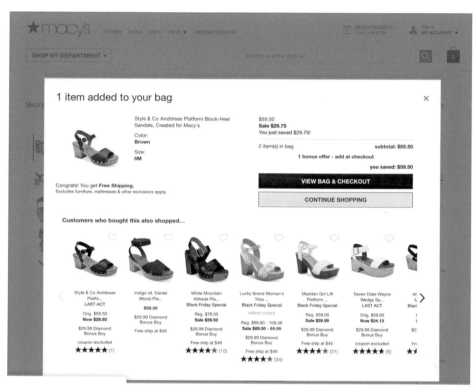

圖 3-24　梅西百貨加到購物袋的強制回應面板

Priceline 使用一種強制回應面板巧妙地回應活動量過低的旅行者（圖 3-25）。如果客戶曾搜尋過航班或飯店，但沒有在搜尋結果頁面上採取任何進一步的措施的話，可能是他們已轉換到其他任務或改用其他網站，或者已離開。Priceline 期望與客戶重新接觸，因此在短時間後，此強制回應面板就會出現，以顯示更多最新的結果。

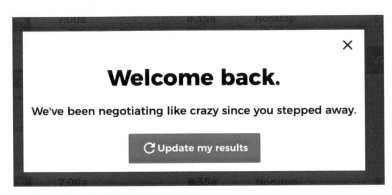

圖 3-25　Priceline 的超時與重新接觸強制回應面板

MacOS 的「陰影」式強制回應對話框，用從視窗標題列滑出來（當然有動畫效果）的效果，來吸引使用者的注意力。這種對話框，以及其他應用程式層級的強制回應對話框，實際上能防止使用者跑去和程式的其他部分互動，強迫使用者完成或解除現在的工作流程，才能去做別的事（參見圖 3-26）。

圖 3-26　Mac 應用程式的強制回應面板

深連結（Deep Link）

用 URL 或其他種連結記錄網站或應用程式的一個狀態，這種 URL 或其他種連結能被儲存起來或傳遞給其他人。載入後，可回復至使用者先前看到的程式狀態。換句話說，深連結應該是一種既連結到軟體中的位置，又連結到一種狀態的方法，例如恢復登入狀態或恢復使用者之前離開時沒做完的事，或者保留訊息以讓使用者不需要重新輸入。這類書籤、永久連結（permalink）和深連結，都是讓使用者能方便地導航到選定點或狀態的方式，即使該處位於導航結構的深處也一樣。這樣可以避免遍歷許多連結才能到達所需的頁面或狀態。移動裝置作業系統的深連結是一種特殊的方法，允許使用者在其移動設備上從一個應用程式切換到另一個應用程式而不會丟失資訊或任務環境。圖 3-27 展示了它的工作概念。

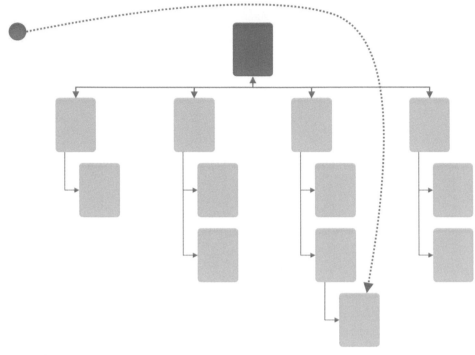

圖 3-27　深連結狀態概念

何時使用

當網站或應用程式的內容符合某種特性又具互動性時適用，例如地圖、書籍、影片或資訊圖表。深連結發送方希望發送時能包含一個特定的期望點或狀態，如果沒有的話，就很難找到該點或狀態，或者可能需要很多步驟才能從一般的起點到達。該應用程式可能具有許多使用者可設定的參數或狀態，例如檢視模式、比例、資料層等，這些參數或狀態會增加複雜性，讓人難以找到特定點並以「適當」方式查看它。

為何使用

深連結（Deep Link）為使用者提供一個方法，直接跳躍到想要的定點和應用程式狀態，從而節省時間與精力。它的行為方式就像傳統網站上的「深連結」可跳到某段內容一樣（或像部落格文章的永久連結），總之我們會拿到一個直接指向目標內容的 URL。但深連結可能比永久連結複雜得多，因為它能同時記錄應用程式的狀態與內容的位置。

這個模式在儲存使用者可能想稍後重建的狀態時很有用，尤其是可用熟知的機制把狀態「做成書籤」時（就像用瀏覽器的書籤）。如果想與其他人分享時也很方便，這也是此模式真正發光發熱的地方。

一個用於表示深連結狀態的 URL，可以透過郵件傳遞、拿來發推特（tweet）、張貼在社群網站中、放在論壇裡討論、隨著某篇部落格文章一同發表……它可被無數的東西使用。它可能被用來發聲明、成為病毒式傳播的中心，或是變成一個「社會媒介物件」（socially mediated object）。

原理作法

追蹤使用者在環境中的位置，並把這個位置記錄成一個 URL。追蹤的目標同時也應包括環境的資料，像是註解、資料層（data layers）、標記處、強調處……等等；如此，在重新載入 URL 時才會把這些狀態都帶回來。

也請考慮其他可能想讓使用者儲存的參數或介面狀態，如：縮放層級、放大程度、檢視模式、搜尋結果……諸如此類。前述各項的狀態不見得都應該記錄下來，因為在載入深連結狀態時，不應該改變使用者無意改變的事物。請仔細地研究一些使用案例，好好地想清楚要儲存哪些參數或介面狀態。

URL 是儲存深連結的最佳格式：這是一種大家普遍理解的格式、可攜性高、長度簡短，而且有各式各樣的工具支援它，像是書籤服務。

當使用者在內容上移動，並改變了各個參數時，請立即把更新後的 URL 反映到瀏覽器的 URL 欄位中，使我們容易看到 URL，也容易複製或分享它。但不是所有人都會想到要到瀏覽器的 URL 欄位中去取得 URL，所以我們可能也要設計一個「Link（連結）」功能，以其存在告訴使用者：「各位可以在這裡建立直達當前畫面的連結。」有些網站則提供 JavaScript 片段程式碼，這樣不只能記錄位置與狀態，還能讓使用者把整個內容嵌到其他網站上。

移動裝置世界中的深連結具有特殊意義。iOS 和 Android app 都可以做設定，以便將公開的 URL 映射到本地作業系統的移動應用程式中的對應「位置」（而不是只能在瀏覽器中使用公開的 URL）。這讓任何共享連結（通常）能有更好的控制和效率來啟動其關聯的移動裝置 app。本地移動應用程式還可以將深連結從一個應用程式傳遞到另一個應用程式。例如，IMDB 應用程式可能會產生指向網站上電影預告片的連結，其目的不是要打開移動裝置的瀏覽器，而是傳遞到像是使用者設備上的 YouTube 本機 app，該 app 對播放和互動提供更多控制功能。

從 YouTube 分享影片的最好的功能之一就是可以直接在分享連結中嵌入起點（圖 3-28）。
YouTube 分享功能可以指定影片的起點，收件人的影片播放將從此處開始，而不是從影片
的開頭。

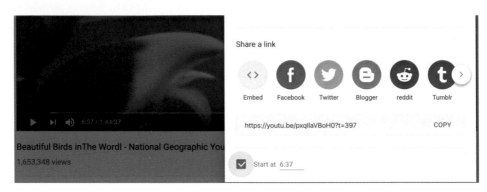

圖 3-28　分享 YouTube 影片

Google Books 在它的 URL 上記錄大量狀態（參見圖 3-29）：包括書籍中的位置、檢視模式
（單頁、雙頁、縮圖）、工具列是否出現，甚至還有搜尋結果。它不會記錄畫面放大的級
數，這蠻合理的，因為這是種非常個人化的設定。顯示在「Link」工具中的 URL 其實是多
餘的，因為瀏覽器本身顯示的 URL 也一模一樣。

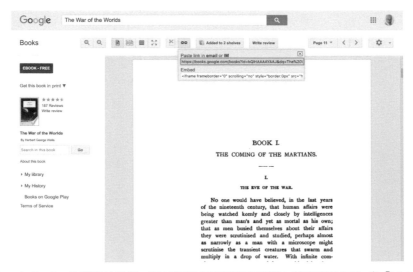

圖 3-29　Google Books 的深連結狀態，可以同時在兩個地方找到：瀏覽器的 URL 與「Link」功能

在 Apple iOS 中，作業系統本身會根據所有已安裝的原生應用程式的深連結設定，來查出公開 URL 適用哪個程式。這可讓我們跳過移動裝置瀏覽器，讓使用者在已安裝的應用程式中查看選定的頁面、歌曲、串流或影片（圖 3-30），因為移動裝置瀏覽器可能無法展現目標連結的功能。重新導向到裝置上的應用程式，讓使用者享受更多功能和更強大的觀看體驗。

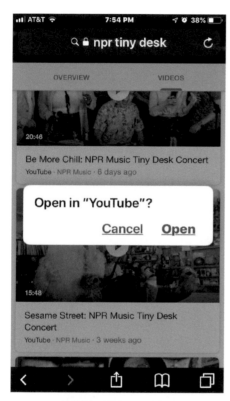
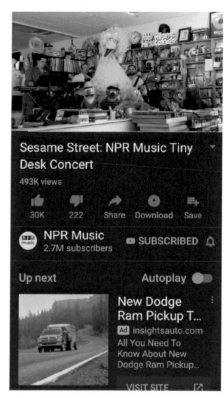

圖 3-30　iOS；移動裝置網站的深連結，在移動裝置 app 使用

職缺網站 Indeed.com 為求職者提供了強大的搜尋和篩選工具。這些工具的參數被寫入 URL，可以分享或儲存搜索以供以後使用，或更新搜尋結果（圖 3-31）。

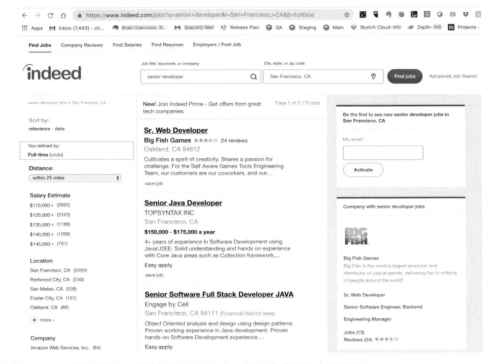

圖 3-31　Indeed 職缺搜尋；參數被寫入 URL 中，供分享或儲存本次搜尋

逃生門（Escape Hatch）

是標示清楚明確的按鈕或連結，目的是讓使用者退出當前畫面，並返回到某個已知位置。
請在畫面無法放入太多導航選項時使用這些功能。當使用者深陷應用程式、進入錯誤狀
態、或使用深連結跑到無法理解的頁面而無法自拔時，也請使用逃生門。圖 3-32 中的示
意圖說明了逃生門的概念。

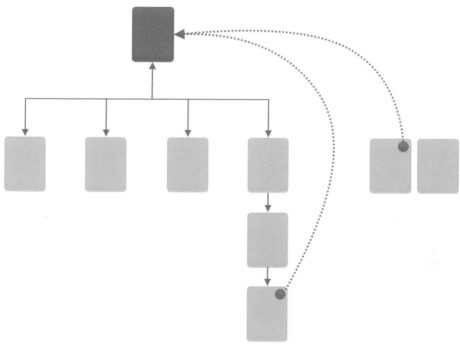

圖 3-32　逃生門的概念

你有一些依某種順序排列的頁面，例如「精靈」，或任何將使用者鎖定於有限導航狀況的
頁面（如**強制回應面板**）。還有，使用者可能不是循著原定的使用環境走到這些頁面，
例如是透過搜尋結果而來。

還有死路畫面，舉例來說，HTTP 伺服器錯誤畫面，例如 404 找不到（404 Page Not
Found）（還有很多諸如此類的錯誤畫面），都是擺放逃生門的好地方。

導航功能有限是一回事，但是沒有離開的路則是另一回事！如果能夠提供使用者一個簡單而明顯的方式來脫離某個頁面，脫離時沒有任何束縛，他才比較不會覺得被困住了。逃生門也可以避免人們放棄，直接關閉應用程式。

逃生門這功能有助於幫助使用者覺得可以安全地探索一個程式或網站。它有點類似復原（undo）功能，鼓勵人們沿著路徑一路前進，但不覺得自己把命運交付在未知的路徑上。請參見第一章的**安全探索**（*Safe Exploration*）模式。

還有，如果使用者可以經由搜尋結果到達某些頁面，在頁面放置逃生門就變成加倍重要的工作了。訪客可以點按逃生門、回到「正常的頁面」，訪客在正常頁面上更能知道自己目前身處何處。

原理作法

請在頁面放置一個按鈕或連結，這個按鈕或連結可以將使用者帶到一個「安全的地方」。安全的地方可以是首頁、（軸心與輻散頁設計中的）軸心頁、或是任何擁有完整導航功能及清楚說明的頁面。究竟該連到什麼樣的頁面，則依據應用程式的設計而定。

範例說明

網頁常常會利用網站商標當作回到首頁的連結，通常放在頁面左上方。這既在使用者熟悉的地方提供了**逃生門**，同時又能宣傳品牌。

在某些對話框中，「Cancel（刪除）」或其同義按鈕可以做到這個功能。這等於是讓使用者可以表達「我放棄了，忘了我之前所做的一切吧」。

你曾有過打電話給某間公司，例如某間銀行，然後必須一路聽取語音指示的經驗嗎？這些語音指示的選項可能很長、不清楚又耗費時間。如果你發現自己進入錯誤的選單，多半會掛掉電話，從頭再來一次。然而，許多電話選單系統具有隱藏的**逃生門**，只是沒告訴你罷了：如果按下 0，或許就能直接由專人為您服務。許多客戶會直接按下這個隱藏的捷徑。

許多網站都有一些只擁有部分導航選項的頁面，例如沒有全域導航的**強制回應面板**（*Modal Panel*）和頁面。LinkedIn 設定畫面就是一個範例。LinkedIn 的設定畫面與主要的 Web 應用程式是分開的，設定畫面沒有全域導航可用。如果使用者發現自己在設定畫面中，則有兩種方法可以透過兩個逃生門返回。第一個是點擊 LinkedIn 的商標，可返回主

頁。第二個是點擊「返回 LinkedIn.com」連結（參見圖 3-33），這個連結上放的是會員的個人資料照片。

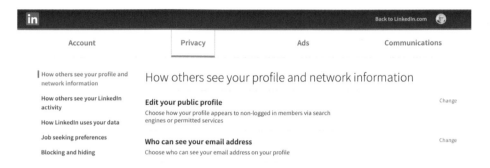

圖 3-33　LinkedIn 設定畫面，右上角有充當逃生門的連結和照片

逃生門的另一個妙用是幫助瀏覽器從死胡同中回到正軌。Curbed.com 的網站在「404 找不到」錯誤畫面上提供了逃生門。這個版本的錯誤畫面中有一個跳轉到主頁的連結（圖 3-34）。Curbed 還提供系統狀態消息，因此，如果 Curbed 網站真的掛了，則使用者也能知道。

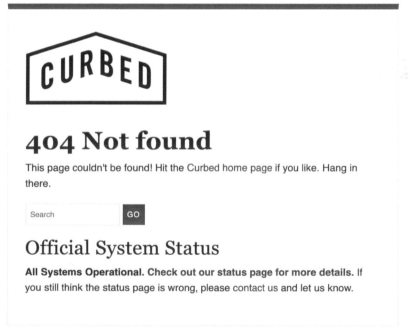

圖 3-34　Curbed.com 的 404 找不到頁面有逃生門可連結到首頁

寬選單（Fat Menus）

這是什麼

在下拉式（drow-down）或彈出式（fly-out）選單中呈現一長串導航選項，也稱為「巨型選單」。使用它們可以顯示網站中的所有子頁面。請使用精心安排的類別或自然的排序順序來仔細組織它們，然後將它們水平展開放置。例如 *Microsoft.com* 上的「All Microsoft」寬選單（圖 3-35）。

圖 3-35　Microsoft.com 上的「All Microsoft」選單

何時使用

當網站或應用程式有很多分類、各分類下又有很多頁面，可能有三層以上的結構時使用。您想呈現大部分頁面給那些前來隨意逛逛的訪客，讓他們看到有哪些東西。您的使用者也已經熟悉下拉式選單（點擊即可出現內容）或彈出式選單（游標移過時出現）。

為何使用

寬選單能使得複雜的網站較容易查找。它能呈現給訪客的導航選項數量，比訪客用其他方式能找到的選項多更多。

透過在每個頁面上顯示這麼多連結，使用者可以從任一次要頁面跳到另一個次要頁面（可以跳到一部分次要頁面）。藉此即把一個多層網站的次要頁面與其他分區的次要頁面相連，轉變成一個完全連通的網站。

寬選單是一種漸進式揭露（progressive disclosure）的形式，這是使用者介面設計中的一個重要概念。複雜性被隱藏起來，直到使用者要求才會看到。前來網站的訪客可以仔細審視

選單的標題、大致瞭解內容，等他們準備好深入探索了，一個點擊即可打開**寬選單**。但在使用者準備好面對大量資訊前，他不會看到選擇數量龐大的次要頁面。

如果你已經在全域導航中用了選單，那麼您可以考慮把選單擴展成**寬選單**（如果顯示更多連結會更吸引閒逛的瀏覽者的話）。人們不需要一層又一層地潛入網站階層中的分類與子分類，才能找到有興趣的頁面，而是在他們剛開始探索時就能看到有哪些選擇。

原理作法

在每個選單中，呈現一份組織良好的連結清單。如果適合分成子分區，則安排成**標題分區**（*Titled Section*）的模式（第四章）；如果不行，則照內容特性依順序予以排列，例如依照字母順序或時間順序。

請運用標題、分隔、適量的留白、適度的圖形元素，以及任何從視覺上組織這些連結所需的事物；並善加利用水平的空間，甚至如果您想的話，也可以把選單延展到佔滿整個頁面。許多網站都很巧妙地利用了多欄格式來呈現分類。但如果你製作出的選單太長，可能會超出瀏覽中頁面的下邊界。

在把**寬選單**使用得宜的網站中，寬選單的風格也能與網站的其餘部分相配合。請配合頁面上的配色、分格等元素來設計寬選單。

有些選單實作方式不適用於無障礙設計技術，例如螢幕閱讀器（screen reader）。請確定你的**寬選單**能在這類技術上運作。如果不行的話，請考慮改用較靜態的策略，例如**網站地圖頁尾**（*Sitemap Footer*）。

您可以根據需要調整**寬選單**以適合移動裝置畫面。在這種情況下，您的排版應該採左到右欄式排列。也就是說，選單被重新排列為一欄，各分區垂直堆疊。最好不要將如此多的導航內容插入每個手機畫面。相反地，請考慮將其作為參考導航畫面，可透過另外的移動裝置導航進行訪問。

範例說明

與大多數大型零售商一樣，梅西百貨公司商品繁多，有許多種類的待售商品。在這些情況下，想瀏覽和查找感興趣的特定類別或項目可能會很困難。精心設計的寬選單可能是一個實用的解決方案。梅西百貨使用兩種寬選單（圖 3-36）。購物者首先打開具有一級主要類別的頂級寬選單。當他們選擇其中的一個選項時，將打開第二個面板，該頁面會覆蓋網頁。第二個面板中顯示了大量的二級分類寬選單。

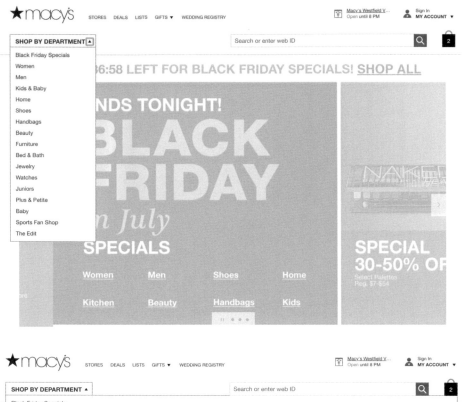

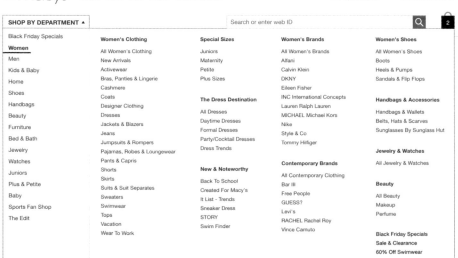

圖 3-36　梅西百貨兩層漸進式揭露寬選單

Starbucks 網站上的寬選單設計得非常好（參見圖 3-37）。每一組選單的高度雖然不一樣，但寬度相同，並遵循嚴格一致的頁面分格方式（均以相同方式排版）。選單風格與網站相融合，適量的留白則使內容易於閱讀。廣告也屬於整體設計的一部分，但不會令人厭煩。

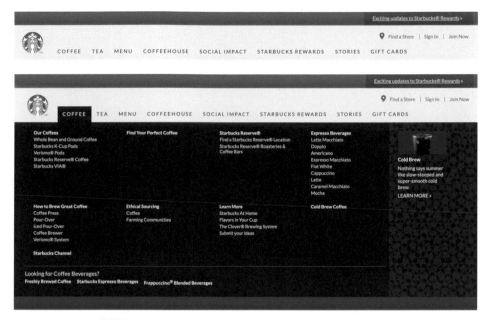

圖 3-37　Starbucks 咖啡選單

如圖 3-38 所示，Mashable 的寬選單使用混合方法。其文字選單被壓縮在左邊，而且不加上強調。它充分利用水平空間來展示專題文章。這是聰明的做法，擁有背景知識的使用者可以透過滾動選單來瀏覽大量標題。

圖 3-38　Mashable 的 Science 選單

美國紅十字會將寬選單應用自如（圖 3-39）。當使用者將游標懸停在任何最上層選單項目上時，出現的寬選單將覆蓋畫面的頂部。主題和連結的組織和呈現方式很好，這使人們易於理解大型網站的結構。每個寬選單中的各個分區均按最可能出現的問題或使用情境排列。

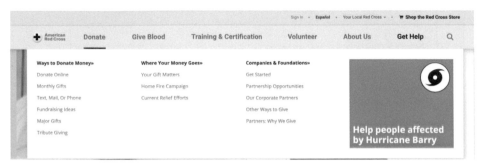

圖 3-39　美國紅十字會的選單

WebMD 依據字母排序，呈現一份保健議題清單，如圖 3-40 所示。可以直接找到最常見的保健議題資訊、一長串的其他資源以及兩個帶有圖片的推廣報導。網站訪問者可以找到他們想找的連結並繼續閱讀的可能性很高。

圖 3-40　WebMD Health A-Z 選單

網站地圖頁尾（Sitemap Footer）

它是一個按類別組織的完整連結目錄，可一眼看出網站全部範圍，並連結到所有主要部分和頁面（圖 3-41）。換句話說，網站地圖頁尾就是網站的索引，也可以是一份指到其他網站和資源的目錄。頁尾位置的獨特之處在於沒有垂直空間限制，這是和位於畫面頂部的**寬選單**不同之處。

圖 3-41　Whole Foods 頁尾

適合使用在當你設計的網站中每頁的頁尾都有著大大的空間，而且沒有嚴苛的頁面大小或下載時間限制，而且你也不想讓導航佔用太多頁首或側邊空間的時候。

適用的網站裡有很多頁面，但分類數量不算太多，「重要」頁面（使用者會來查閱的內容）的數量也還好。同時你也能把一份還算合理的網站地圖（至少在頁首找不到的頁面）編排到不高於半個瀏覽器視窗高度。

頁首可能已有全域導航，但無法呈現網站階層的所有層級（或許只顯示了最頂層的項目）。或許是因為頁尾的實作比較容易，也許是因為無障礙設計使用上的考量，和**寬選單**比起來你比較想要簡單、編排良好的頁尾。

網站地圖頁尾能使複雜的網站更易查找。比起其他設計，網站地圖頁尾能把更多導航選項呈現在訪客面前。

藉由在每個頁面都顯示許多連結，我們讓使用者能直接從某個次要頁面跳到另一個次要頁面（或是主要頁面也可以）。因而把一個多層網站（次要頁面無法連結到其他網站分區的次要頁面）轉變成完全連通的網站。當使用者讀到頁面的末端時，他的注意力就會放在頁尾上。把一些有趣的連結放在頁尾的話，等於慫恿使用者留在你的網站裡，並瀏覽更多內容。

最後，對使用者呈現整體網站地圖，能讓使用者清楚知道網站如何架構，以及可在何處找到合適的網站內容。在複雜的網站上，這是很有價值的功能。

你可能會不知道到底是要選用**網站地圖頁尾**或寬選單。在一般網站中，**網站地圖頁尾**在實作與除錯上都比較容易，因為它不需要依據任何動態的事物來決定顯示的內容：**網站地圖頁尾**不需在游標移過某處或點擊某處時呈現彈出式選單，它只是一組靜態的連結。這也比較適合畫面閱讀器使用，而且不需要高超的指標控制能力，所以它在無障礙設計上也是贏家。

但從另一方面而言，頁尾則比較容易被忙碌或隨便逛逛的使用者所忽略，他們只關心頁面內容與標題的部分。總之，如果有任何疑問，就進行可用度測試，觀察點擊的狀況，看看使用者是否真的有去用**網站地圖頁尾**。

設計一個與頁面同寬的頁尾，其中包含網站的主要分區（分類）及分區下最重要的次級頁面。也請包含工具集導航、如語言選擇或其他典型的頁尾資訊，如版權聲明與隱私權保護聲明。

這部分可能是完整的網站地圖，也可能不是。重點在於試著涵蓋訪客所需找到的大部分內容，同時又避免頁首或側欄導航的負荷過重。請在網站所有頁面的頁尾放入一份網站地圖，將它當成全域瀏覽的一環，當作頁首的補充。

實際上，事情通常是這樣的：位於頁面頂端的全域導航選項多半設計的較為任務導向，目標是盡力回答一些訪客常見的問題，像是「這個網站是關於什麼的？」還有「我可以在哪裡馬上找到 X ？」同時，**網站地圖頁尾**則用以顯示網站本身的實際階層架構。像這樣分成兩個部分的導航安排，顯然可以協同運作得十分良好。

如果你的網站會處理到需要複雜導航的內容，像是龐大的產品集、新聞文章、音樂、影片、書籍……等等，則可使用頁面頂端做內容導航，另以**網站地圖頁尾**做為其他所有部分的導航。

下面列出一些常在**網站地圖頁尾**中見到的功能：

- 主要內容分類
- 關於網站或組織的資訊
- 公司資訊、聯絡我們與人才職缺
- 合作網站或友站；例如同一家公司所擁有的其他網站或品牌
- 社群連結，例如論壇連結
- 協助說明與支援
- 聯絡資訊
- 最新促銷資訊
- 捐助或志工招募訊息（非營利組織）

範例說明

REI 網站為我們示範了任務導向頁首全域導航和有效率的**網站地圖頁尾**間的差異（參見圖 3-42）。購物、學習與旅行資訊落落大方佔據了頁首，這些功能是大多數訪客進來網站的目的。頁尾則用來處理也很重要的次要任務，像是：公司的「關於我們」（about）資訊、客戶支援、會員中心……等等。

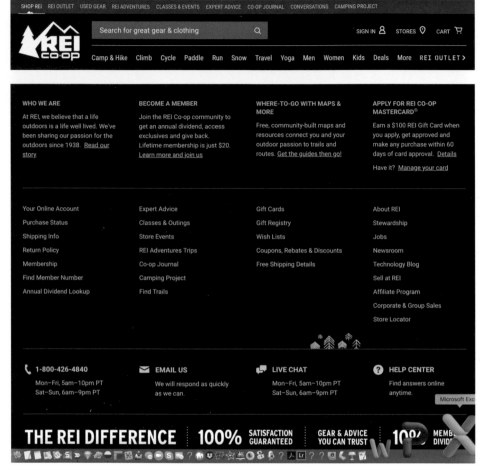

圖 3-42　REI 頁首和頁尾

Los Angeles Times（洛杉磯時報）網站的頁尾也差不多，只是改為適用於一間大型出版公司。其頁首選單所呈現的內容從新聞焦點到消費新聞，與傳統的報紙分類結構很相近。但頁尾就不太一樣了：內容是公司資訊與連結，以及提供給次要使用者（如廣告商或找工作的人）的資訊（參見圖 3-43）。

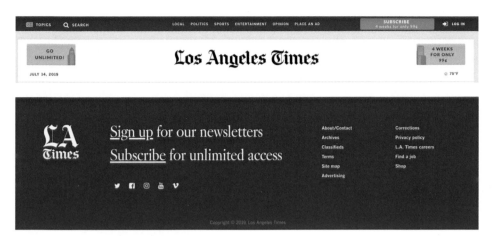

圖 3-43　Los Angeles Times 頁首和頁尾

Wall Street Journal（華爾街日報）設計的頁首和頁尾也差不多（圖 3-44），頁首中有一個強大的新聞主題結構，頁尾專門針對業務部分：會員資格、客戶服務以及 Dow Jones & Company 的其他業務。在「Tools」分區中還列了一些客戶相關功能。

圖 3-44　Wall Street Journal 頁尾

New York Times（紐約時報）在頁尾中沒有遵循同一種模式。它使用頁尾空間來擴展檢視新內容資訊層次結構。這是一個比頁首索引更大的索引（圖 3-45），雖然有指向公司組織的連結，但是卻低調地放最底下。

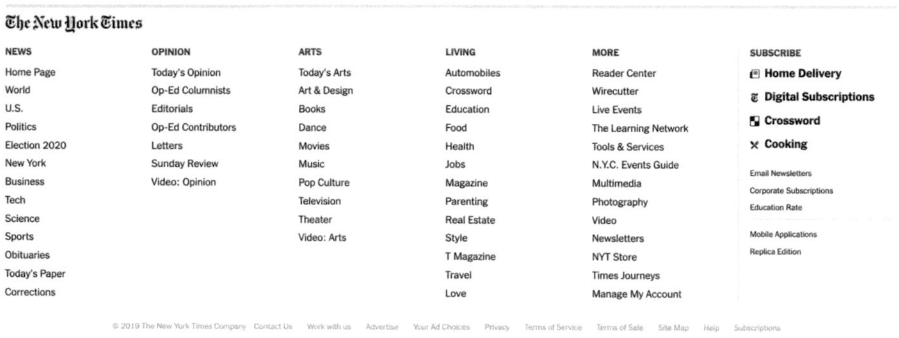

圖 3-45　紐約時報頁尾

Salesforce 使用網站地圖頁尾放了希望訪客和客戶感興趣的三個主要區域（圖 3-46）。有一組連結可以展示公司的產品以及客戶為什麼應該對它感興趣。第二組連結提供一般公司訊息、職缺和投資者資訊的連結。第三組連結是重要的相關內容，例如公司的第三方應用程式市場資訊及其年度會議。

圖 3-46　Salesforce 頁尾

登入工具（Sign-In Tools）

這是什麼

把使用者登入後會用到的工具集導航，放在網站的右上角，例如在此放置購物車、個人檔案與帳號設定、協助說明與登出功能等工具。

何時使用

對於任何需要使用者登入的網站或服務，**登入工具**都是好用的設計。

為何使用

這個模式是種純粹的慣例；右上角是大多數人期待找到這類工具的地方，所以他們會優先瞄向這個角落。請把這類工具放在使用者所期待的地方，帶給使用者一次成功找到東西的體驗。

原理作法

請保留每個網頁右上角空間，留給**登入工具**使用。除非名稱與頭像已經出現在頁面的其他地方，否則請優先把使用者的登入名稱放在這裡（可能的話，再加上縮小版的使用者頭像）。請確定每個工具在網站或應用程式中的行為都完全一致。

請把下列工具放在一起：

- 登出用的按鈕或連結（很重要，請確認有放入這項功能）
- 帳號設定
- 個人檔案設定
- 網站的協助說明
- 客戶服務
- 購物車
- 私人訊息或其他通知事項
- 通向個人收藏項目的連結（例如相片集、最愛物品或禮物清單）
- 回首頁

別讓這個空間太過龐大或太醒目，反而喧賓奪主搶了頁面內容的風采。這是工具集導航；它存在此處的目的，是等著使用者需要它時可以選用，但其他時候應該是「隱形的」（當然不是看不見那種隱形啦）。其中某些項目可以採用小圖示代替文字，例如購物車、訊息與協助說明，都有可用的標準視覺表達方式；本模式範例中有幾種可供您參考。

搜尋網站的搜尋框通常也會被放在靠近登入工具的地方；不過搜尋框其實是需要位在固定的位置，不管使用者有無登入。

使用者並未登入時，這個區域則可用於放置登入框（名稱、密碼、行動呼籲以及忘記密碼工具）。

範例說明

以下是 Airbnb（圖 3-47）、Google（圖 3-48）和 Twitter（圖 3-49）的登入工具範例。雖然視覺上並不引人注目，但還是很好找的原因就是因為它們位於頁面或視窗的正確角落。除了會員登入工具下拉選單之外，Airbnb 還顯示了一系列與會員資格和登入有關的鏈接：成為房主、即將到來的旅程、已儲存的搜索結果。Google 和 Twitter 會把登入工具完全隱藏在下拉選單中。在預設情況下，您只會看到有個使用者的照片，點擊後才會看到工具。

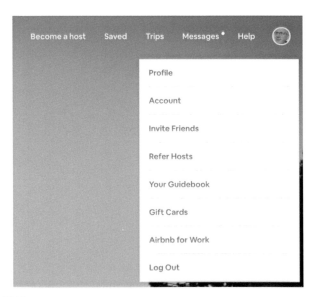

圖 3-47　Airbnb 登入工具

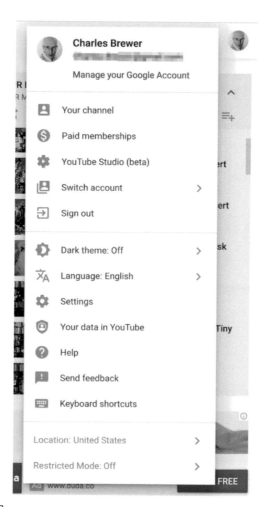

圖 3-48　Google 登入工具

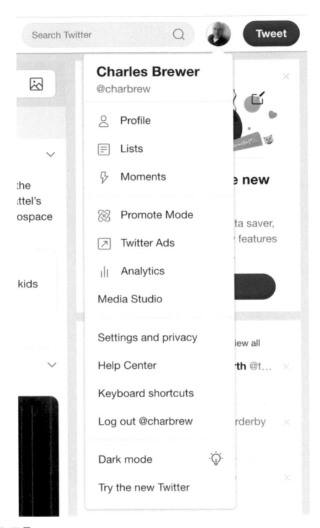

圖 3-49　Twitter 登入工具

進度指示器（**Progress Indicator**）

在一連串頁面中的每個頁面上，顯示一份頁面順序地圖，以顯示在流程中做到哪裡了，也要包括「你現在在這裡」的指示。Retailer Menlo Club（圖 3-50）在結帳處理流程中，使用進度指示器。

圖 3-50　Menlo Club 結帳進度指示器

何時使用

使用時機是當您在為固定流程、工作流程、**精靈**（*Wizard*）做設計，或任何會讓使用者依序處理頁面的東西時使用，此時使用者的路徑幾乎是線性的。

如果導航的範圍架構很大且為階層式（不是線性的），或許你會想改用**麵包屑記號**（*Breadcrumbs*）模式。如果你要處理的步驟或項目數量較多，而且順序沒那麼重要的話，或許可以變化成**雙面板選擇器**（*Two-Panel Selector*，第七章）。

為何使用

進度指示器告訴使用者，他們已經進行到步驟中的何處，更重要的是揭示了剩下多少步驟才能完成。當使用者知道這個資訊後，能協助他們決定是否要繼續完成步驟、估計還需要多少時間，並能保持注意力不迷路。

進度指示器本身也可以當作導航用。如果使用者想回頭看看已經完成的步驟，應該只要按下進度指示器上想要的那個步驟，就可以跳過去。

原理作法

請在頁面邊緣放置一份小型地圖，地圖中有步驟中的各個頁面。請您盡可能將頁面序列擺設成一橫列或一直欄，以免跟實際頁面內容爭奪注意力。請突顯地圖中目前頁面的位置，例如標示得亮一點或暗一點；對於已經看過的頁面也用類似的方式標示。

為了使用者的方便，建議您把地圖放在靠近主要導航元件的附近（通常放在靠近「上一頁」和「下一頁」按鈕的地方）。

在地圖中該如何標示每一頁呢？如果頁面或步驟有編號，當然就用編號（因為數字又短又容易理解）。但您也應該在地圖中加上頁面標題（試著縮短標題，以便容納在地圖中）。如此使用者才有足夠的資訊，能知道會退回到哪個頁面上，也可預期接下來的頁面會出現的資訊。

範例說明

圖 3-51 的投影片預覽下方就有**進度指示器**，此時它的形式只是簡單的頁面總數與目前頁面編號而已，所以使用者無法利用它在序列中移動。使用者仍需要使用兩旁的「上一頁」與「下一頁」箭頭按鈕才能前後移動。

圖 3-51　National Geographic Kids 投影片預覽中的進度指示器（中間底下）

Vanity Fair 投影片預覽也使用了靜態頁面編號進度指示器（圖 3-52），這個指示器本身沒有導航功能。

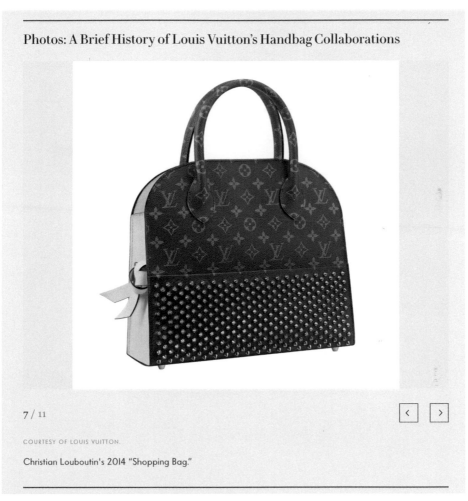

圖 3-52　Vanity Fair 投影片預覽中的頁碼進度指示器

Mini Cooper 的產品裝配工具（參見圖 3-53）是個具備完整功能的**進 度 指 示 器**，能讓使用者自由地前後移動，同時又依照編號次序來排列頁面。頂端的**進 度 指 示 器**是「把玩」這個應用程式時的重要控制元件，讓我們能悠游於眾多頁面間並可探索不同的選項。

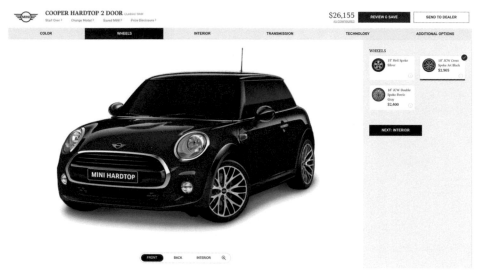

圖 3-53　Mini Cooper 的產品裝配工具，頁面進度指示器橫跨上方

電子商務結帳流程通常包含一些慣用的步驟。B&H Photo（圖 3-54）頁面的上方有典型的**進度指示器**，當使用者尚未完成必要的前置步驟前，後面的步驟將是被禁用的狀態。

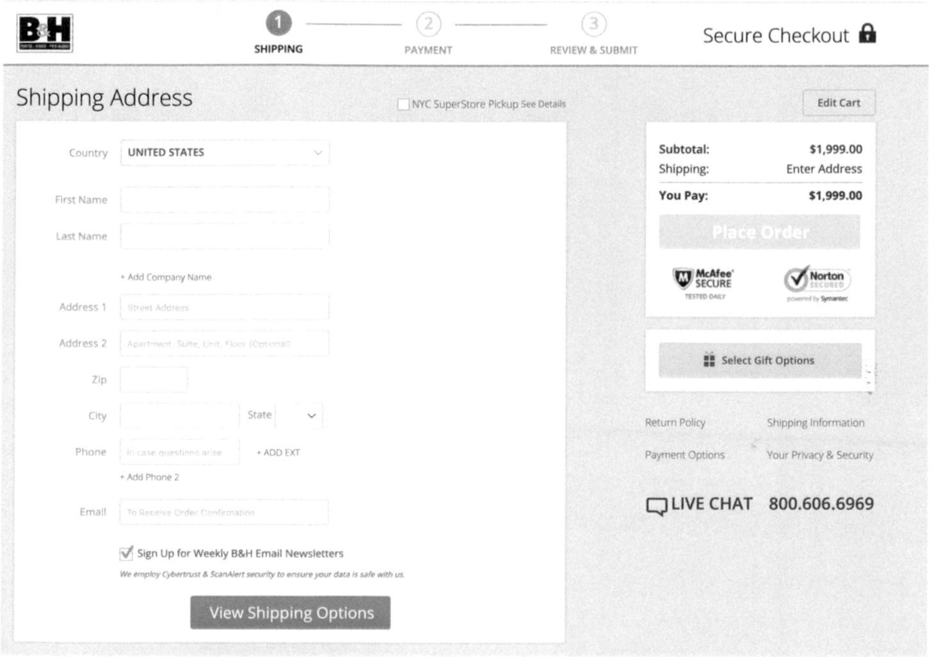

圖 3-54　B&H 結帳流程中的進度指示器

麵包屑記號（Breadcrumbs）

這是什麼

麵包屑記號是指一種特定類型的導航，它顯示了從初始畫面到選定畫面間，導航層次結構與網站的內容體系結構的路徑。**麵包屑**導航模式可以看作是一系列父子連結，這些連結顯示了我們是如何深入網站訊息體系結構的。麵包屑顯示當前畫面在內容層次結構中的位置。Target（圖 3-55）的網站顯示較大的產品目錄網站上常見的麵包屑導航用法。

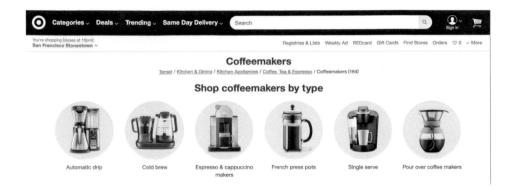

圖 3-55　Target 的麵包屑記號

何時使用

當你的應用程式或網站是個具有兩層以上的階層結構，而且使用者會從其他地方，透過直接導航元素、瀏覽、條件過濾、網站內的搜尋或深連結進來。此時若只有全域導航，將無法對使用者適當表達「你現在在這裡」的路標，因為階層太深太廣了。

或者，你的網站或程式有一組導航與條件過濾工具，以供大量資料集使用，例如線上產品網站。產品會分類成階層架構，但分類方式不見得符合使用者尋找產品時的方式。

為何使用

麵包屑記號顯示出到達目前頁面階層之前的每一層，從應用程式的最頂端一路下來。就某種意義來說，這呈現出網站或程式整體地圖中某一條路徑的「線性切片」。

所以，就像是**進度指示器**一樣，**麵包屑記號**可以幫助使用者找出自己的位置。尤其是在使用者唐突地跳進階層樹的深處時特別有用，例如使用者透過搜尋結果或分類瀏覽而來時。和**進度指示器**不一樣的是，**麵包屑記號**不會告訴使用者接下來要怎麼走。麵包屑記號只關心現在。

其他某些文章可能告訴您，**麵包屑記號**（名稱源於格林童話中的 Hansel and Gretel（台灣稱為「糖果屋」）。在故事中，Hansel 沿路丟下麵包屑，想標示出回家的路）最適合用來讓使用者知道自己是如何從網站或程式的最上層來到目前的所在地。但這種說法的前提是使用者的確是從頂端一層一層深入才行，如果使用者途中轉移目標、走向其他分支、走到死路、用了搜尋，或者直接連到此頁面……就得另當別論了。

其實，**麵包屑記號**最適合用來說明，你目前所在的位置與網站或應用程式的其他部分的相對關係（這種關係是關於內容，而不是關於瀏覽紀錄），請參見圖 3-55 的 Target 網站範例。分類瀏覽則是根據某些特性以尋找項目，然後把我帶到 Target 網站深處中的這個頁面（關鍵字搜尋也能做到同樣效果）。當我已到達某處時，我可以看到自己位在產品階層中的哪個位置，而且我也知道還能尋找哪些其他東西。我可以使用**麵包屑記號**導航，列出 Target 網站上的所有果汁機，然後貨比三家再下訂單。

最後，**麵包屑記號**通常是可點選的連結或按鈕，所以它本身也是一種導航裝置。

原理作法

在位於一定深度的頁面上，也就是說在內容、畫面或頁面結構方面處於深處的頁面上，列示出所有的父頁面，向上列到主畫面或首頁為止。目的是要看出父子頁面關係，或為了到達目前頁面所要向下探索的路徑。在頁面的靠近上方處，放一行文字或圖示來顯示目前的階層層級。由左到右排列：首先列出頂層，它的右邊放置下一個層級，一直到目前的頁面為止。在各個層級之間，放置一個圖形或文字字元，用來表示兩個層級間的上下關係。通常會用右箭號、三角形、大於（>）符號、反斜線（/）或右角括號（>>）。

應該用頁面標題當作每個頁的標籤。使用者如果到過這些頁面，應該能從標題名稱中認出來；如果沒到過，應該要看了標籤就知道那是何處，標籤要能連向該頁面。

有些**麵包屑記號**會把目前頁面做成階層鏈中的最後一個項目；有的不會。如果你打算這麼做，請讓目前頁面看起來與其他項目不同，因為目前頁面不會加上連結。

三星大量使用了**麵包屑記號**，特別是網站中內容偏向密集客戶支援的那些地方。圖 3-56 顯示了麵包屑記號的兩種用例。第一個放在中心圖像上方左上角的那個常見位置，顯示了我們在產品層次結構中的位置。第二個在主要內容區域的下面，有一個「Find your TV」小工具的分步步驟「Choose your model」，可幫助客戶縮小找尋特定電視的範圍。其在左側，我們可以看到一個較小的麵包屑記號，它顯示使用者在產品層次結構中的上一層位置。

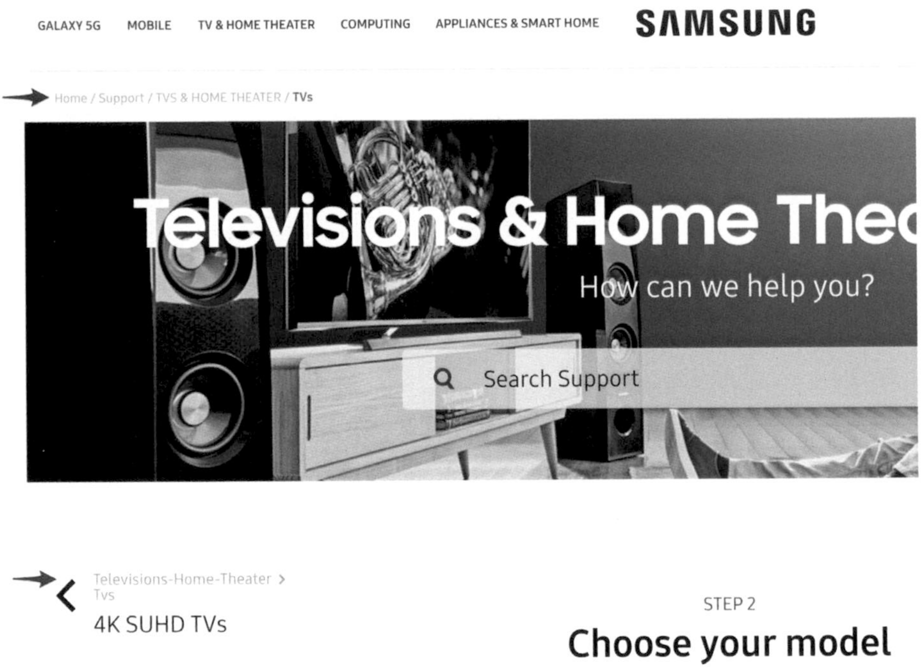

圖 3-56　三星電視；用了兩個麵包屑記號

B&H Photo 網站使用又大又顯眼的麵包屑記號元件，來幫助客戶在龐大的線上產品目錄中，查看他們現在的位置和曾經導航過的位置（圖 3-57）。

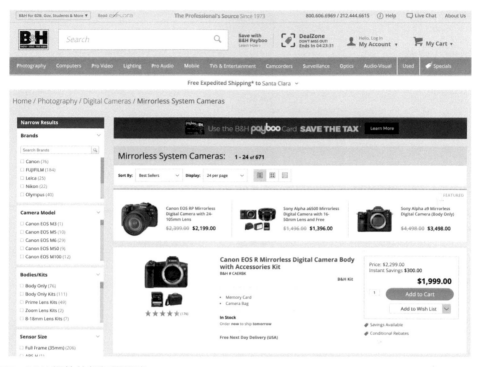

圖 3-57　B&H 網站的麵包屑記號

圖 3-58 顯示了在「頁面」之外使用的**麵包屑記號**的範例。Chrome 開發者工具以及許多其他針對軟體開發人員的工具，可讓使用者管理非常深的階層結構（例如，文件物件模型（Document Object Model）與 HTML 頁面中的巢式結構標籤）。**麵包屑記號**在這裡非常實用，可以讓您追蹤自己在該程式碼結構中的位置。

圖 3-58　Chrome 開發者工具

註解式捲軸（Annotated Scroll Bar）

註解式捲軸是一個普通捲軸上的附加功能，可以作為目前文件或畫面內容的指引地圖或通知，或用來指示「你在這裡」。在範例 Google Docs（圖 3-59）中，捲軸附了一個彈出式的面板，這個面板讓使用者看到自己目前正位於多頁文件中的哪個位置。

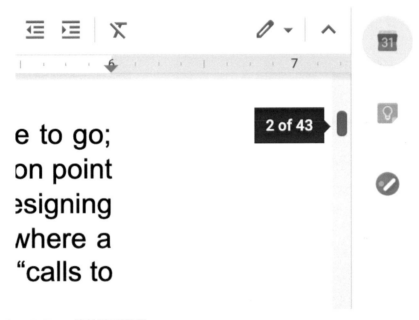

圖 3-59　Google Docs 捲軸顯示頁碼

何時使用

當你在設計一個以文件或資料為中心的應用程式時，使用者會想掃視文件或圖像，尋找像是特定頁碼、小節或章節名稱、或者提示時使用。在使用者捲動畫面不容易找到自己身處何處時，此時註解式捲軸就會很實用。

為何使用

雖然使用者在捲動內容時，還是在同一個動作空間中移動，但如果能有路標指示還是會很有幫助的。在捲動得很快速時，其實很難閱讀飛逝而過的文字（如果螢幕的更新速度不

夠快，甚至根本不可能閱讀），所以需要其他的工具來告知位置。就算使用者短暫地停下來，停下來時所看到的內容，也可能剛好沒有包含能夠讓他識別位置的資訊，像是標題。

為何附加在捲軸上呢？因為這是使用者會注意到的地方。如果路標搭配捲軸一起使用，使用者將會在捲動的時候看到路標並使用它，而不需要同時注意畫面上的兩個不同地方。你可以把路標放在捲軸附近，也能達到一樣的效果；總而言之，越靠近越好。

當捲軸在捲動的軌道上顯示「指示資訊」的時候，這就像把概觀加上細節（*Overview Plus Detail*，第九章）設計成一維的型式，此時軌道是整體概觀，被捲動的視窗是細節。

原理作法

請將位置指示器放在靠近捲軸的地方（或放在捲軸上），不管您選用的是靜態或動態的指示器都可以（動態指示器在使用者捲動捲軸時會發生變化（圖 3-59）），而靜態指示器不會持續改變，例如：捲軸上的區塊或標示的顏色（請參考圖 3-60 的 DiffMerge 螢幕截圖）。請確定它們的目的很清楚；因為對於不習慣在捲軸上看到圖形的使用者來說，可能會感到困惑。

動態指示器會隨著使用者捲動捲軸而改變，通常會實作成工具提示（tool tip）。隨著捲動位置改變，在捲動把手旁邊的工具提示也會跟著改變，呈現當前內容的相關資訊。這部分的表現方式會隨著應用程式本質的不同而有差異。以 Microsoft Word 為例，它的工具提示內容會是「頁碼」與當前頁面所屬的「標題」。

無論是靜態或動態的指示器，您都需要找出使用者最可能想尋找的資訊並放進註解中。內容的結構是個不錯的起點。如果內容是程式碼，可以顯示目前的方法或函式名稱；如果是試算表，或許可以顯示列編號……諸如此類。另外，也請考慮到使用者是否在執行搜尋，註解式捲軸應該顯示搜尋結果在文件中的位置。

範例說明

圖 3-60 中的 DiffMerge 應用程式直觀地突出顯示兩個文字文件版本之間的差異：差異用紅色標記，捲軸則用藍色突出顯示對應的位置。捲軸的功能是整體地圖，因此能更易於理解大量文件「差異」點在何處。

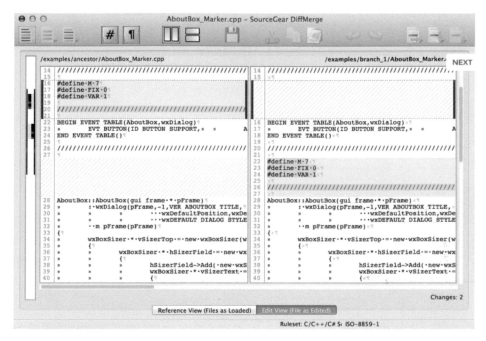

圖 3-60　DiffMerge

Chrome 會在捲軸上標示搜尋結果所在的位置（參見圖 3-61）。當我們在網頁上搜尋某個關鍵字詞時，Chrome 會以高亮度的黃色標出找到的字詞，並為捲軸加上黃色的指示器，標出找到字詞的位置。如此一來，使用者即可直接捲動到文件的這些地方。

在此範例中，文字中做了強調「搜尋」關鍵字的結果。請注意在右側的捲軸中，從頂部一直到底部散落了一些標記。和最前兩個黃色條狀標記一樣，所有的搜尋匹配都用這種方式標記了。我們可以看出還有更多搜尋結果在文章的其他地方，因為捲軸下方顯示了散落更多的黃色標記。

圖 3-61　Chrome 的「搜尋」結果

動畫轉場效果（Animated Transition）

這是什麼

讓物件的外觀有動作和轉變，以代表正在執行某項操作。透過讓人感覺自然的動畫來消除令人吃驚或混亂的過渡。此模式包括滑動、淡入 / 淡出、漸變、縮放和其他動畫技術。

何時使用

介面動畫非常流行並且在移動應用中很常見，對於移動設備上的高品質互動，介面動畫已經是一種不可或缺的東西了。移動裝置作業系統本身就內含了檔案夾、視窗和捲軸動畫，除此之外，當您在確認已收到使用者的輸入時，若想加入清楚的視覺確認，例如點擊按鈕或表示某項操作正在進行中（例如「畫面載入中」），或者只是想彰顯您的應用程式體驗時，請考慮使用動畫。

當使用者需要在很大的虛擬空間（例如影像、圖形）中移動時，若能用多種放大選項、水平垂直捲動或旋轉整個空間，這個功能對於資訊圖形（例如地圖和繪圖）特別有用。

或者，介面上可能會有一個區域，可由使用者或系統進行開啟與關閉，例如可開啟或關閉節點的樹、可選擇開啟或關閉的獨立視窗，或是可開啟或關閉的面板設計而成的介面時。當使用者從一頁跳到另一頁的時候，也建議使用**動畫轉場效果**。

動畫轉場效果還可以讓使用者感覺文件或物件在介面本身中的位置，例如，感受到 macOS 啟動器圖示位於 macOS 啟動欄中的何處。

<hr>

為何使用

這些位置或畫面的轉變，都可能打亂使用者對於自己在虛擬空間中當前位置的感知。比方說，如果把拉近拉遠（放大縮小）做得太突然，就有可能剝奪使用者原有的空間感知；如果旋轉或關閉某個區域會使畫面重新配置的話，也可能造成相同影響。甚至只是捲動一份很長的文件時，如果畫面稍有跳躍，都會削減讀者對於位置的認知。

但是，當狀態的轉換過程看起來有連續性時，就是件好事。換句話說，我們可以將轉變過程做成動畫，使狀態轉換看起來很平順，消除不連續，如此可讓使用者保有方向感。這樣做比較好的原因，是因為這樣更接近實際的物理現象，例如您不會一下從地面跳躍到 20 英尺的空中。實際一點的說法是，動畫轉場效果讓使用者的眼睛有機會在檢視改變時追蹤位置，而不是在驟然改變後重新嘗試找到位置。

它還可以當作 UI 控制元件和導航的回饋。在圖 3-62 中，我們可以看到 Apple macOS 廣泛使用的兩種動畫。首先是「dock」中圖示的翻轉放大。它可以幫助使用者在滑鼠前後掃過時了解游標正經過哪個圖示上方。第二個是頁面打開 / 關閉時的縮放效果。在 dock 中父應用程式圖示上會以動畫的形式顯示文件視窗，以幫助使用者記住其位置。

圖 3-62　macOS dock 放大和應用程式視窗變化

如果您妥善使用**動畫轉場效果**，可以讓使用者感覺應用程式的品質、速度和活潑度
更好。

作法是為您介面中的每個轉場，設計一個簡短的動畫，將第一個狀態與第二個狀態「連接」起來。對於縮放和旋轉，請顯示介於縮放或旋轉開始到結束之間的幾個狀態；對於關閉面板，顯示它正在縮小，然後把其他面板擴展以佔用其留下的空間。盡可能使它看起來像物理上會發生的樣子。

但這是一把雙面刃，請當心讓使用者不舒服的情況！動畫應該迅速確實，並且在使用者觸發的初始手勢和動畫開始之間沒有或幾乎沒有延遲時間，並將範圍限制在畫面受影響的部分；不要把整個視窗拿來做動畫，並保持動畫簡短。研究顯示，300 毫秒可能是平滑捲動的理想選擇。請對您的使用者進行測試，以了解他們可以容忍的程度。

如果使用者快速連續做出多個動作，例如多次按下向下箭頭鍵以進行捲動，此時請將它們組合為一個動畫動作。否則，使用者可能會呆坐在那裡等好幾秒鐘的動畫結束，這是他們按了 10 次向下箭頭鍵的懲罰。重申一次：請保持快速和即時回應。

可以選用的一些轉場類型包括：

- 亮暗變化
- 展開和摺疊
- 淡入、淡出和交叉淡入淡出
- 滑動
- 聚光燈

Tesla（圖 3-63）網站在一載入時，就使用了一個簡單的縮放。使用者可以在概覽中看到三個 Tesla 車型，然後再放大聚焦在 Model 3。在這種情況下，放大純粹強調關注焦點，使用者實際上無法控制放大。但是，使用者可以左右移動來選擇其他 Tesla 車型，這個左右平移動作也做了流暢的動畫效果。

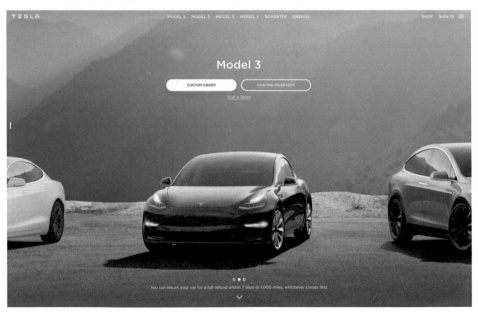

圖 3-63　Tesla.com 載入畫面的「聚焦」動畫

Prezi 簡報軟體廣泛使用縮放檢視和平移檢視來建立獨特且流暢的簡報文稿。圖 3-64 是幾個示範畫面。當使用者瀏覽畫面時，簡報文稿將放大、顯示文本、向右平移，然後在退出該部分時再次縮小。它使人們有一種在資訊空間中飛行的有趣感覺。

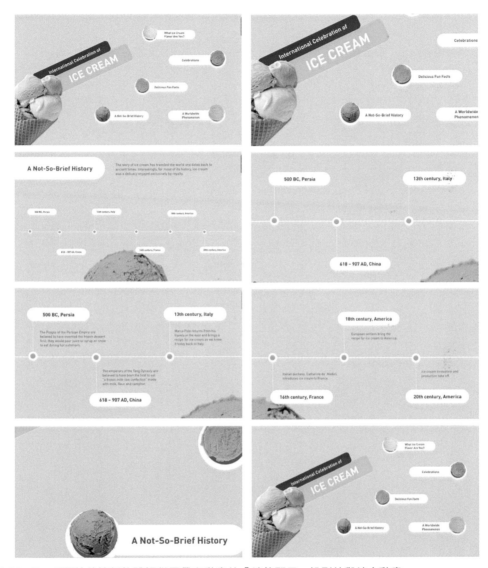

圖 3-64　Prezi 獨特的簡報軟體提供了帶有動畫的「縮放顯示」投影片與縮小動畫

若想深入探索動畫的價值，以及如何將動畫加入您的介面設計中，請參考以下書目：

- *Creating Web Animations: Bringing Your UIs to Life*，Kirupa Chinnathambi 著（O'Reilly, 2017）

- *Transitions and Animations in CSS: Adding Motion with CSS*，Estelle Weyl 著（O'Reilly, 2016）

- "*SVG Animations*" in *From Common UX Implementations to Complex Responsive Animation*，Sarah 與 Drasner 著（O'Reilly, 2017）

本章總結

在應用程式或平台中精心設計的導航和尋路功能，可以幫助您的使用者更快地學習您的應用程式，保持方向感和環境感，對使用您的內容和工具有信心，知道該做什麼和去哪裡，以及不會有太長的時間在慌亂、困惑或迷茫中。導航是您設計中的一項功能，而且可以用很久，有可能是最長壽的功能。如果設計得當（也就是說，對使用者正在使用的資訊和任務來說，是合理具符合目標的），它將具有「長青」的價值。良好的導航和尋路功能有助於使用者上手、從錯誤狀態和混亂中恢復、完成工作以及感覺到的不是阻力，而是助力。本章概述的設計方法和導航模式將幫助您在應用程式中建立使用者體驗，讓使用者在幾乎無感的情況下，享受順暢與美好的品質。

第四章

頁面元素的排版

排版的定義是把元素用特定方式排列。介面設計的世界中，這些元素是畫面上的資訊、功能、框架和裝飾。把這些元素好好地放置，有助於引導和告訴使用者特定資訊和功能的相對重要性。

無論您要設計的畫面大小是什麼（網頁、自動販賣機或移動裝置），仔細考慮內容的擺放位置都能幫助使用者了解他們需要了解的內容，以及該如何處理那些內容。

通常，您會聽到人們用「乾淨」這個詞來描述畫面的設計。一個乾淨的排版代表它遵循視覺資訊層次結構、視覺動線、網格對齊的原則，並遵循 Gestalt 原則。

在本章中，我們將會說明 Gestalt 原則是什麼，這些原則可以告訴您的使用者您想讓他們知道什麼，以及您希望他們做什麼。

頁面排版基礎

這節討論幾種頁面排版時的元素：視覺階層、視覺動線，以及如何使用動態顯示。

視覺階層

任何形式的設計都會涉及視覺階層的概念。簡而言之，最重要的概念應該要最突出，最不重要的概念應該最不突出。根據版面的配置方式，讀者應該能推論出頁面的資訊架構。

一個好的視覺階層可以讓人馬上理解以下的事：

- 畫面上元素的相對重要性
- 它們之間的相互關係
- 下一步能做些什麼事

實際視覺階層

請看一下圖 4-1 中的範例。您是否能一眼看出範例 A 中最重要的資訊是什麼？您能否說出範例 B 中最重要的資訊？即使只有矩形和正方形，大多數人也會覺得範例 B 更易於理解。這是因為畫面元素的排列，元素的相對大小和比例暗示了它們的重要性，並告訴觀看者什麼最值得注意。

圖 4-1　A）無視覺階層的範例，以及 B）具視覺階層的範例

如何看起來更重要

尺寸大小

標題和副標題的大小為觀看者提供了有關順序和重要性的線索。由於尺寸、視覺重量或顏色的對比，所以標題顯得更大更生動。相對來說，頁面底部的一小段文字平靜地顯示「我只是頁尾」，所以感覺重要性較低（圖 4-2）。

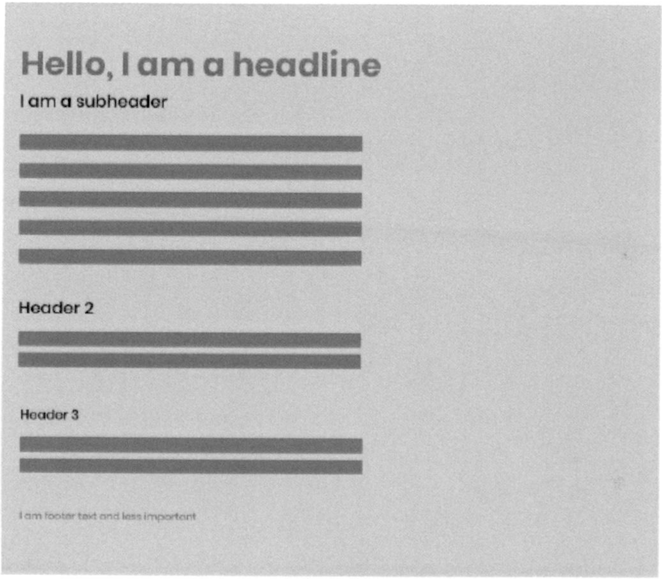

圖 4-2　尺寸大小範例

位置

只要簡單地看一下圖 4-3 排版中的大小、位置與色彩，就能猜出來每個範例中最重要的元素是什麼。

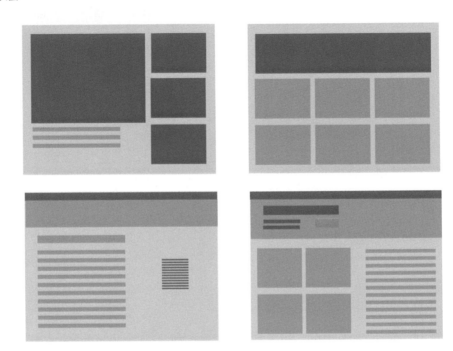

圖 4-3　幾種藉位置、大小與色彩呈現重要性差異

密度

密度是指畫面元素之間的空間量。請看一下圖 4-4 中的範例。左側是一個密集的排版,其中內容緊密地聚集在一起。右邊的範例外觀更加外張,內容均勻地分散。對觀看者來說,密度較小的範例也會稍微難閱讀一些,而且比較不容易看出哪些元素彼此相關。

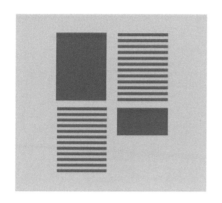 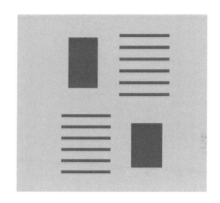

圖 4-4 較密集與較不密集的範例

背景色

加入陰影或背景色會使人們注意到一塊文字，並將其與其他文字區分開。圖 4-5 左側的範例為所有元素的背景一致，代表元素無區別，而且重要性無差異。相比之下，在該圖右側的範例中，背景與有對比度的中間元素能立即吸引目光，這意味著中間元素更重要，對比會引人注意。

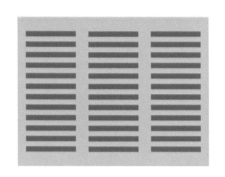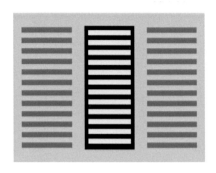

圖 4-5　無背景色與有背景色的範例

律動感

列表、格線、空白以及如標題和摘要等的可替換元素能建立出強烈的視覺律動，讓人很難將目光從上面移開。如圖 4-6 所示。

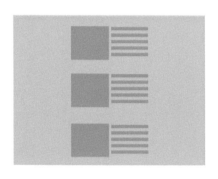

圖 4-6　列表與格線能建立視覺律動感

強調小項目

為了要讓小項目變得顯眼，請將它們放在頁面上方靠左或靠右處。把它們設定成高對比色，以增加視覺重量，並在它們周遭放一些空白。但請注意在很多文字的畫面上（多數網站畫面的情況），某些控制項原本就比較引人注目（特別是搜尋框、登入欄位與大型按鈕）。這其實與控制項的意義比較有關，而不是受原始視覺特性影響：例如，如果某人正在尋找「搜尋」框，則他們的眼睛將找尋頁面上的文字欄位（他們甚至可能不會去閱讀這些文字欄位的標籤）。

強調小項目的另一種方法是使用間距和對比度來區分它們，如圖 4-7 所示。

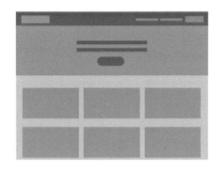

圖 4-7　聚焦在小項目的技巧

對齊與格線

在數位設計中，易讀性至關重要，因為它能幫助引導觀看者了解資訊和關鍵行動。網格的設計（圖 4-8）可使設計人員專注於內容，並確保排版具有視覺一致性和平衡（圖 4-9）。網格還可以幫助多個設計師在獨立但相關的排版上工作。

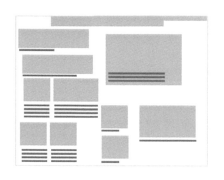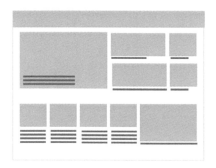

圖 4-8　無網格排版（左），與有網格排版（右）

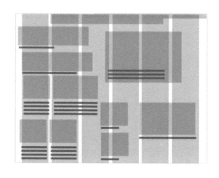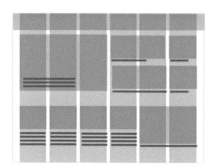

圖 4-9　將格線疊在圖 4-8 上

所有的數位設計都會使用網格，特別是要容納動態內容時，網格更是重要，我們將會在稍後討論。

網格由邊界和行距組成（圖 4-10 和圖 4-11）。邊界是內容周圍的空間，而行距是內容之間的空間。

圖 4-10　擁有邊界與行距的垂直網格

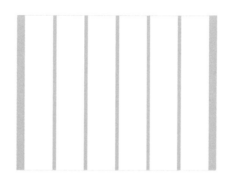

圖 4-11　擁有邊界與行距的水平網格

請將網格視為用來確保內容在視覺上和諧的好方法，並有助於減輕觀看者的認知負擔。

四個重要的 Gestalt 原則

Gestalt 這個單詞源自 1920 年代的心理學理論，它是個德語單詞，意為「形式」或「形狀」。在做設計時，我們經常引用 *Gestalt 原則*，它是一組描述人類感知視覺物件的規則。Gestalt 心理學派在 20 世紀初提出了分組和對齊背後的理論，這些理論描述了一些似乎扎根於我們視覺系統中的排版特性。我們在以下小節中逐一介紹。

鄰近性（Proximity）

如果東西緊密地放在一起，觀看者就會覺得這兩個東西有相關。這就是要在使用者介面上做內容和控制元件分組的基本原因。同一組的項目看起來會更相關，相反地，獨立代表不相關。

圖 4-12　Gestalt 原則之鄰近性

相似性（Similarity）

如果兩個東西在形狀、大小或顏色上相似的話，觀看者也會覺得它們之間有關連。如果您有幾樣「屬於同一種」的東西，而且想要觀看者對它們有一致的關注度，就請您給這幾樣東西相同（且和其他東西不同）的圖形處理。

嚴格依行或列排列的那些類似項目，會成為一組讓人覺得要依序查看的相等項目。非常精確地對齊這些項目會建立一條視覺上的線。範例包括項目符號列表、導航選單、表單中的文字欄位、帶橫線的表格以及標題和摘要的列表。

您有一個或多個項目是否比其他項目更「特殊」時怎麼辦？您對它進行稍微不同的處理，例如利用背景色造成對比（參見圖 4-13 中右側的範例）。如果沒有項目是特殊的，就請使其與其他物件保持一致。如果有特殊的項目，就使用圖形元素破壞物品對齊的線，例如把東西做成隆起、重疊或傾斜。

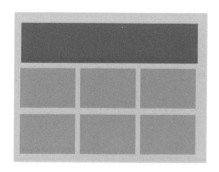 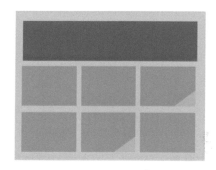

圖 4-13　將一堆相關的東西集結成組（左），以及在其中標示出兩個特殊項目（右）

連續性（Continuity）

我們的眼睛天生就會想要看到由元素構成感受上的直線和曲線，如圖 4-14 所示。

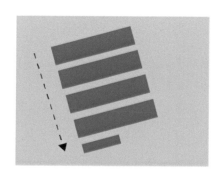 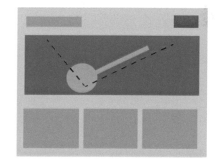

圖 4-14　視覺連續性的兩個範例

封閉性（Closure）

大腦會自然地「接合」線條以建立簡單的閉合形狀，例如矩形、一塊留白，即使它們沒有明確被繪製出來。在圖 4-15 的範例中，您可能會看到（從左上方開始依順時針方向）一個矩形、一個圓形和兩個三角形。實際上這些形狀都不在圖片裡，但是在大腦中會覺得看到接續的線。

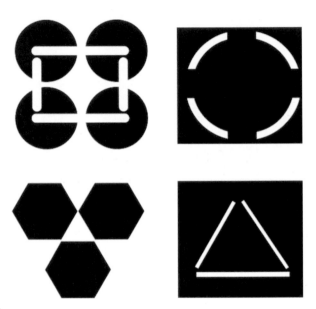

圖 4-15　封閉性範例

把這些原則合併起來的效果更好，連續性和封閉性解釋了為何要對齊。當您把東西對齊了，等於使它們的邊緣形成連續的線條，使用者將沿線的東西假定成有關係。如果對齊的項目具有相互協調的外形，就會形成一個形狀（或在其周圍留下空白或「負空間」），此時封閉性原則就會生效。

視覺動線

視覺動線（visual flow）要處理的是使用者在掃視頁面時的習慣性視線軌跡。

當然，這與視覺階層密切相關，一個設計良好的視覺階層，會在任何需要吸引注意力的最重要頁面元素的所在位置安排視覺焦點（focal point）；然後視覺動線則引導視線，從最重要的焦點漸次移向較不重要的資訊。

身為設計師的你，應該要能夠控制頁面上的視覺動線，好讓人們可以用接近正確的次序進行瀏覽。在嘗試著設計視覺動線時，可能會遭遇一些相互矛盾的力量。其中一個力量是我們習慣由上而下、由左而右的閱讀方式。遇到一個樸素單調的文字頁面時，我們會自然地依照這樣的次序閱讀；但是一旦頁面上出現強烈視覺焦點時，我們可能會因此分心，不再依循原來的次序，這可能是好事，也可能不是。

視覺焦點（focal point）指是我們無法不看的東西。人們傾向從最強的焦點開始看，並漸漸移向較弱的焦點；設計良好的介面只會有少數焦點（因為太多焦點會降低每個焦點的重要性），良好的視覺階層利用焦點來牽引視線，讓視線依正確的順序落在正確的位置。下次當各位翻閱雜誌時，可以注意一些設計良好的廣告，並注意你的視線受牽引的方向。厲害的商業圖形美術專家深諳焦點設置之道，他們懂得如何透過焦點來操控人們第一眼會鎖定的事物。

講了這麼多，到底該如何建立良好的視覺動線呢？其中一項簡單的方式，是使用隱藏的線段（無論是曲線或直線都可以），藉此連結頁面上的元素，以建立出觀看者可以遵循的視覺敘述（visual narrative）。在圖 4-16 中，建立這個較早期 Uber 首頁的設計師使用了多種技術在畫面上引導視線；例如，使用藍色的號召性按鈕、使用網格使構圖和諧還有標題與小標題的相對大小。請特別注意照片中年輕女子的目光，她的視線看向標題，該標題使用隱含的線來下意識地引導瀏覽者的視線，讓瀏覽者看見頁面中所有最重要的元素。

圖 4-16　早期 Uber 首頁中的視覺層級

在圖 4-17 的範例中，您的眼睛自然會跟隨線條移動裝置。設計出視覺動線流暢的排版並非難事，要注意不要選用那些與視覺動線背道而馳的排版。如果您希望瀏覽者閱讀網站的故事和價值觀，請將該敘事的關鍵部分連續排列，並且不要插入其他引人注目的東西，以免打斷閱讀。

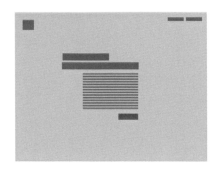

圖 4-17　視覺動線所用的隱藏線段

如果你在設計一份表單或一組互動性工具，請不要把控制元件散佈在頁面各處；這樣只會讓使用者花更多精力才能找到工具。看看在圖 4-18 範例中號召性按鈕所在的位置；由於設計者將它放在使用者讀完文字以後馬上會看到的位置，所以它非常的好找。如果您並不在乎使用者是否有閱讀那段文字，您可以將該號召性按鈕四周用空白獨立出來。

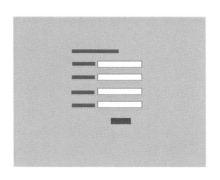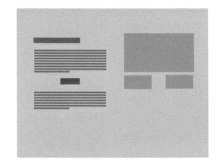

圖 4-18　號召性元件

圖 4-19 是一個視覺動線與視覺階層設計不良的範例。請看，這個範例中有多少個焦點？各個焦點又如何互相爭奪使用者的注意力？請注意你的視線首先會落在哪裡，為什麼？這個頁面上想強調的重要事項又是什麼呢？

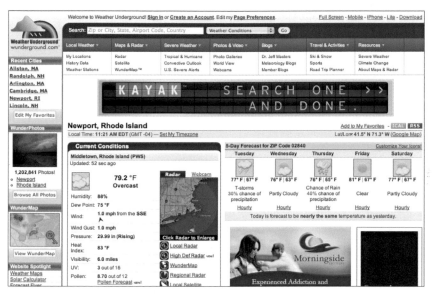

圖 4-19　Weather Underground 混亂的視覺階層

使用動態顯示

到目前為止所討論的原則，能適用於使用者介面、網站、海報、廣告看板和雜誌頁面。這些都屬於排版的靜態層面。但是，你所用的電腦裝置可是動態的──忽然間，時間成為另一種設計維度！

同樣重要的是，電腦還可以讓使用者與版面互動，這是大多數印刷品做不到的。有許多方法可以讓你運用電腦螢幕或移動裝置的動態本質，以空間的運用為例，即使是最大的消費者等級電腦螢幕，也絕對比不上海報或報紙的平面大小，但有許多動態技巧可以善用這麼一點點空間，同時展現出更多內容。

捲軸

捲軸讓使用者可以在一或兩個維度上自由移動裝置（但是請不要對文字使用水平捲軸，拜託）。捲軸的使用非常常見，用於在大型事物上呈現一個小型「觀景窗」（viewport），例如用在文章、圖片或表格上。或者，如果內容可以分割成為幾個有條理的區域，你就有更

多的方法可用了，包括模組化分頁（*Module Tab*）、手風琴摺頁模式（*Accordion*）、可摺疊面板（*Collapsible Panel*）與可移動面板（*Movable Panel*），這些都能把一部分排版能力交給使用者，這就與比較靜態的**標題分區**（*Titled Section*）有所區別了。

以下的技巧讓使用者在不同的時機看見不同的內容。

反應式生效（Responsive Enabling）

為了成功地引導使用者完成一個表單或流程，或避免讓使用者的心理感到困惑，讓使用者介面僅在使用者完成特定操作後才啟用某些功能。在圖 4-20 的範例中，Mac OS 系統偏好設定裡有個設定項目，會基於兩種選擇的結果，才啟用或禁用更多設定項目。

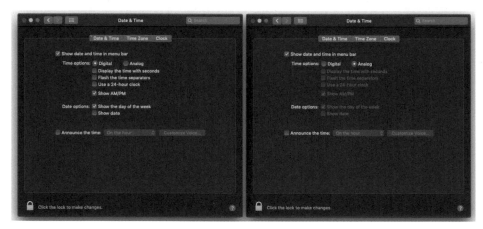

圖 4-20　Mac OS 系統偏好設定

漸進式揭露（Progressive Disclosure）

在某些情況下，僅在使用者執行特定操作後才顯示資訊。線上訂做名片和輸出印刷 Moo.com 網站（圖 4-21）在其「客製化產品」流程中使用了該技術。在範例圖片中，客戶只有點擊卡片的可編輯部分後才能看到客製化選項。

圖 4-21　Moo.com 網站漸進式揭露

使用者介面區域（UI Region）

無論您是在設計 Web、軟體還是移動裝置的排版，通常都可以用以下一個或多個使用者介面區域來工作（另請參見圖 4-22）：

標題 / 視窗標題

　　這是任何排版中最上方的區域，用來放置移動裝置和網頁設計中的全域商標和全域導航元素，您經常會看到軟體將工具欄和導航放在該區域。標題通常是排版模板中永遠都會出現的元素，因此，請仔細選擇在此寶貴的畫面空間上放置的內容，這一點很重要。

選單或導航

　　通常位於畫面頂部或左側。請注意，這些也可以是面板（請參見下方說明）。

主要內容領域

　　這應該是占用大多數畫面的地方，這是使用者體驗資訊內容、表格、任務區域和品牌商標所在的位置。

頁尾

　　這是次要和全域或其餘導航所在的位置；它也可以包含一些有用的資訊，例如業務聯絡資訊。

面板

　　面板可以在頂部、側面或底部。可根據您在該面板上設計的功能決定它們要一直存在或是消失。

圖 4-22　網頁與桌面應用程式的使用者介面區域

模式

本章的模式小節為您提供了一些特定方法，這些方法能讓您將排版概念發揚光大。前三個模式注重整個頁面、畫面、或視窗的視覺階層，無論頁面的內容是什麼型態。您應該在專案初期就思考視覺框架（*Visual Framework*）要怎麼做，因為它會影響介面中的所有主要頁面和視窗。

排版

以下幾種模式是桌面和網頁應用程式最常用的模式，如果您主要是想顯示搜尋結果的話，使用**同質性網格**（*Grid of Equals*）是個好選擇。不過，如果您的應用程式是任務、生產力或創意工具的話，那麼選用**中央舞台**（*Center Stage*）可能更好。不管您選擇哪一種模式，請確認您是依內容決定要選用哪種模式，你要顯示的東西必須讓使用者完成想要的目標。

- 視覺框架（*Visual Framework*）
- 中央舞台（*Center Stage*）
- 同質性網格（*Grid of Equals*）

圖 4-23　視覺框架（左上）、中央舞台（右上）與同質性網格（左下）

切分資訊

下一組的幾個模式是用於「切分」頁面或窗口上內容的幾種方法。當您擁有的內容無法舒適地一次全部放在畫面上時，就很實用。這些模式也涉及視覺階層，但它們也涉及互動

性，它們可以幫助您從使用者介面工具集中選出特定的機制。以下是我們在本節中將會看到的模式：

- 標題分區（*Titled Section*）
- 模組化分頁（*Module Tab*）
- 手風琴摺頁（*Accordion*）
- 可摺疊面板（*Collapsible Panel*）
- 可移動面板（*Movable Panel*）

視覺框架（Visual Framework）

這是什麼

讓整個應用程式或網站的所有畫面範本都用相同的排版與風格。設計每一頁時均使用相同的基本版面、邊界、標題和行距大小、色調與風格元素，但同時又讓設計具有足夠的彈性，可以處理不同的頁面內容。

何時使用

當你正在建立一個具有許多頁面的網站，或一個具多很多視窗的使用者介面時使用。換句話說，幾乎所有的複雜軟體都會用到。您希望應用程式看起來「團結一致」，像是一個整體，感覺經過精心的設計；您也希望程式相當容易使用與導航。

為何使用

當一個使用者介面使用一致的色調、字型與排版，而且標題和導航小助手（路標）每次都出現在相同的地方時，使用者就能馬上知道自己的位置，也知道去哪裡找東西。他們不需在每次切換頁面或視窗之後都必須先花一點時間去搞懂版面。

一個視覺框架若是堅固可靠，則您會在每一頁都看它到重複出現，如此有助於突顯每頁的內容。使用者會將固定不變的部分視為背景；進而更注意每一頁有所改變的部分。此外，在視覺框架的設計中添加特色，可以幫助建立網站或產品的形象，讓頁面也變成你的識別形象。

原理作法

請為你所建立的每個頁面或視窗制訂一套整體的外觀感受（look-and-feel）。雖然首頁和主視窗比較「特別」，通常會和其他內部頁面不太一樣，但是仍然具有某些一致的特徵。比方說：

用色

背景、文字顏色、強調用色與其他

字型

用於標題、副標題、一般內文、強調文字與較不重要的文字

寫作風格和文法

標題、名稱、內容、簡短描述、任何大段落文字區塊、其他任何使用語文的事物

像 JetBlue（圖 4-24）那樣的**視覺框架**中，所有的頁面或視窗都共享下列設計元素：

- 用於說明「你在這裡」的路標，例如：標題、商標、**麵包屑記號**（*Breadcrumbs*）路徑、含有指示目前頁面的全域導航，還有**模組化分頁**

- 導航裝置，包括：全域與工具集導航、「確定」或「取消」鈕、「上一頁」按鈕、「結束」或「離開」鈕，以及**進度指示器**和**麵包屑記號**等導航模式（參見第三章）。

- 用來定義**標題分區**（*Titled Section*）所使用的技術

- 留白與對齊，包括：頁面邊界（margin）、行距、標籤與其所屬元件間的距離，以及文字和標籤間的對齊方法。

- 整體版面或是在頁面上擺放事物的方式，請安排成直欄與（或）橫列的形式，並考慮到上一點提到的邊界和間距問題。

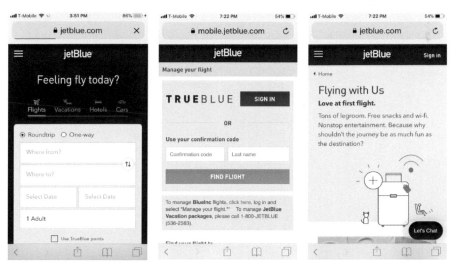

圖 4-24　JetBlue 移動裝置網站的視覺框架

實作**視覺框架**這件事，應該會逼我們把使用者介面中表現風格的部分與內容切割開來。這不是壞事。如果此框架的定義只放在一個地方，例如用 CSS 樣式表或一個 Java 類別，在改變風格框架時，就不會動到內容，這表示我們可以更容易地調整風格（這也是一個很好的軟體工程實踐）。

JetBlue 網站的**視覺框架**採取少量用色、醒目標題，並選用一致的字型與圓角設計（參見圖 4-25）。即使是登入頁面與強制回應對話框也都採用這些設計元素；看起來不會覺得有些東西好像不屬於這個網站。請注意這個網站的風格與其移動裝置版本的網站是相似的。

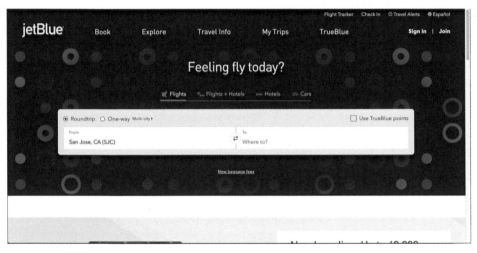

圖 4-25　JetBlue 首頁

TED 網站（參見圖 4-26）也採用相同方式，以限定的配色以及版面網格維持一致性。

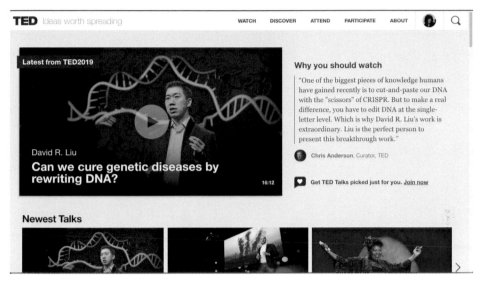

圖 4-26　TED 首頁

中央舞台（Center Stage）

這是什麼

在使用者體驗中，大多數時間把要做的任務放在前方中央的位置。這種排版方法將使用者介面中最重要的部分放在頁面或視窗中最大塊的地方，將次要工具與內容放在周邊一些較小面板上。

何時使用

當畫面的主要工作，是呈現一組清晰有條理的資訊給使用者、讓使用者編輯文件、或讓使用者可以執行某項任務時使用；其他內容與功能與之相比都是次要的。有許多種介面類型都可以使用**中央舞台**模式，例如表格和試算表、表單、圖形編輯器等等；呈現單一文章、圖片或功能的網站也可以。

設計成品應該要能馬上把使用者的視線導向最重要的資訊（或任務）的起始處，而不是讓使用者的目光在頁面上到處游移，不知所措。一個明確的中心區域可以抓住使用者的注意力，就像新聞文章中的第一句可以奠定文章的主題和目的那樣，**中央舞台**上的主體內容也可以奠定使用者介面的目的。

一旦使用者知道中央舞台是重點之後，將會根據周邊的功能與中央舞台的關係，來使用周邊功能。對於使用者來說，這種設計讓他們比較輕鬆，不必一直重複掃描頁面，試著釐清頁面結構，想著要先做什麼？再做什麼？事物間有何關聯等等。

建立一個具有主要內容或文件，並以此主宰一切的視覺階層（參見本章稍早討論視覺階層的部分）。在設計**中央舞台**的時候，請考慮下列因素（雖然沒有一項是絕對必要）：

面積（*Size*）

　　中央舞台的內容，應該至少有其左右側邊內容的兩倍寬、上下邊界內容的兩倍高（這是使用者第一次應該看到的樣子，有些使用者介面或許允許使用者改變其大小）。請考慮到「內容摺疊」的問題，例如若使用較小的螢幕時，畫面最底部的內容會在哪裡被截斷？請確定**中央舞台**仍能在未被摺疊的空間裡仍佔有大部分面積，大於其他任何事物。

標題（*Headlines*）

　　大標題是視覺上的焦點，而且可以將使用者的視線吸引到中央舞台。當然，這樣的情形對印刷媒體來說也是一樣。更多相關資訊請參考本章稍早的介紹，以及**標題分區**的討論。

環境背景（*Context*）

　　該產品的主要任務是什麼？這會決定當使用者打開一個頁面時，他期望看到什麼？一個圖形編輯器？一篇長文章？一張地圖？一個檔案系統目錄樹？

請注意，我並沒有提到一個傳統的排版變數：位置。不管你把**中央舞台**放在上面、左邊、右邊、下面、中間，都無所謂，都一樣可行。如果舞台夠大的話，基本上就是在中央了。在發展良好、廣獲接受的設計類型中，對於哪個邊界放哪些東西多半已有慣例，比方說，工具列放在圖形編輯器的上方、導航列放在網頁或移動裝置的左方。

Google Docs 文字編輯器（圖 4-27）幾乎把它的整個橫向空間都用來顯示編輯中的文件；Google 的試算表編輯器也是如此設計，即使是位在頁面頂端的工具也沒有佔用太多空間。這樣的設計呈現出清爽而平衡的外觀。

圖 4-27　Google Docs

Sketch 桌面應用程式（圖 4-28）的排版也是**中 央 舞 台**模式。啟動新的空白文件或範本後，使用者會看到一個畫布，他們可以在視覺上專注於創建內容，不受其餘內容或功能的影響。

由於 Google Suite 中的大多數產品都是任務導向的，因此**中 央 舞 台**是其大多數產品（圖 4-29）所使用的框架，例如 Google Earth、Google Slides、Google Hangout 和 Google Sheets。

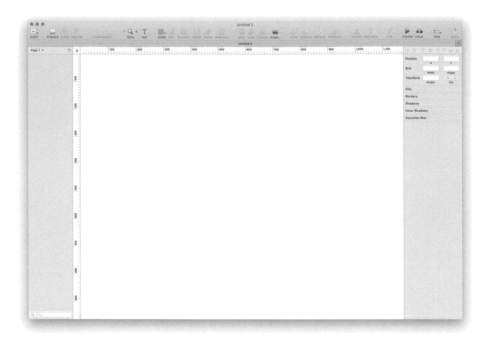

圖 4-28　Bohemian Sketch

圖 4-29　Google Maps

更多關於 Google 設計語言的資訊，請至 *https://material.io/design*。

同質性網格（Grid of Equals）

這是什麼

以網格（grid）或矩陣排列內容項目。每個項目都應依循一套共用的樣板，而且每個項目的視覺比重應該相近。如果需要的話，可以加入轉跳到項目內容頁面的連結。

何時使用

當許多格式與重要性都相近的內容項目，想放入頁面時使用，例如新聞文章、部落格文章、產品或同主題的領域。想提供檢視者呈現一大堆選擇機會，並提供項目預覽時使用。

為何使用

網格為每個項目提供相同空間，宣告它們具備相等的重要性。網格內的項目共用一樣的樣板，向使用者表示這些項目彼此間是相似的。結合這兩種技巧，建立出強而有力的視覺階層，而且符合你的內容。

原理作法

好好思考如何在網格中安排各個項目，例如要處理的項目有縮圖或代表圖片嗎？有標題、副標題、摘要內容嗎？請多實驗幾種方式，研究如何在相對較小的空間（長形、扁形或方形）中填入所有正確的資訊，並把內容項目放入網格或矩陣中。每一個項目必須使用一樣的樣板，而且每個項目的視覺重量必須相近。

接下來要安排網格中的項目，您可以只用單行，或每一列可能有兩個、三個項目或更多項目的矩陣。在設計階段，請把頁面寬度考慮進去，例如在狹窄的視窗中，你的設計會變成什麼樣子？大部分使用者都會用較大的瀏覽器視窗嗎？還是移動裝置或其他設備呢？

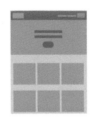

圖 4-30　相對設計範例：桌面板本（左）、移動裝置版本（中）以及平板電腦（右）

當使用者在查看這些網格項目時，你可能會選擇靜態或動態式去強調（讓某個項目特別明顯）網格中的項目。此時請採用色彩與其他樣式上的改變，但別去改變位置、面積或其他網格項目的結構元素。

範例說明

在 Hulu（圖 4-31）範例中，在網格中每個項目的體積與相對重要性都一樣，且互動行為也一致。

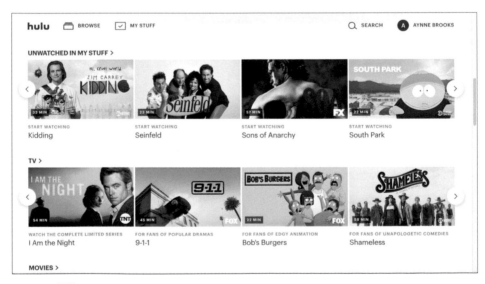

圖 4-31　Hulu 網格

CNN（圖 4-32）和 Apple TV 的排版（圖 4-33）中，一致性的視覺處理使得那些項目與其他的項目看起來是同一組的。使用網格顯示項目列表的一個優點是，該介面的使用者將只需要與其中一個網格中的項目進行互動，即可了解所有網格項目的行為。

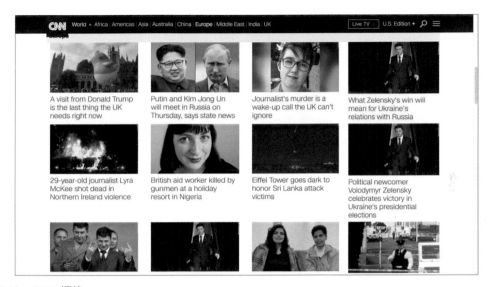

圖 4-32　CNN 網格

圖 4-33　Apple TV 網格

標題分區（Titled Section）

為內容不同的區域標上視覺印象強烈的標題，以定義不同的區域；從視覺上區分各個區域，並在頁面上排列出來。

當您有很多內容要展示，而你想讓頁面容易一眼掃過與理解，同時又顯示出所有事物時使用。可以把內容依使用者能瞭解的語意或任務來分群。

定義良好且命名良好的分區，可以將內容結構化成為容易消化的片段，每個片段都一目瞭然。這使得資訊架構清楚明顯。當使用者看到頁面上的各個區域整齊地區分成這種模樣，他們會覺得看起來更舒服。

首先，做出正確的資訊架構，要將內容分割成有條理的片段（如果你的資訊來源尚未這麼做的話），並為各個片段賦予簡短好記的名稱（圖 4-34）：

- 標題，使用比內容更突出的字型，例如更粗、更寬、更大的字體，搭配更醒目的顏色，或採用不同的字型，加上浮凸特效等等。請參見本章稍早關於視覺階層的討論。

- 試著用對比的顏色做出標題反白的效果。

- 使用留白空間來劃分區域。

- 將整個區域放在對比的背景色上。

- 桌面程式的使用者介面常見採用蝕刻、斜面或浮雕效果的方框。但這類引人注目的效果可能得到反效果（反而成為視覺上的雜訊），例如效果區域太大、區域彼此間太過靠近，或是區域中包含一層又一層的內容、巢狀層級很深時，都可能如此。

標題
項目
項目
項目
項目

標題
項目　項目　項目

標題
項目

項目

項目

圖 4-34　標題分區範例

如果頁面在分區後，還是有太多內容，可試用模組化分頁（*Module Tab*）、手風琴模式（*Accordion*）或可摺疊面板（*Collapsible Panel*）來隱藏一些內容。

如果你在為這些內容片段指定合理的標題時遇到困難，這可能是一個警訊，表示分群的方式並不恰當。請考慮使用容易命名且好記的方式重新組織分群。若存在「雜項」（Miscellaneous）這個分類，可能是目前分群不恰當的徵兆，不過有時也可能是真的需要這個分類。

在 Amazon 的帳號設定頁面上（圖 4-35），顯示了與視覺階層相呼應標題，分別是：頁面標題、分區標題以及連結清單上的副標題。請注意頁面上使用了留白空間、方框與對齊等技巧架構整個頁面。

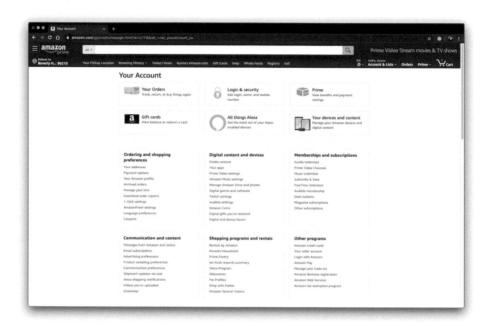

圖 4-35　Amazon 帳號設定

Google 的帳號設定頁面也做了**標題分區**（圖 4-36），有些是功能性項目；有些是連到其他設定頁面的深連結。

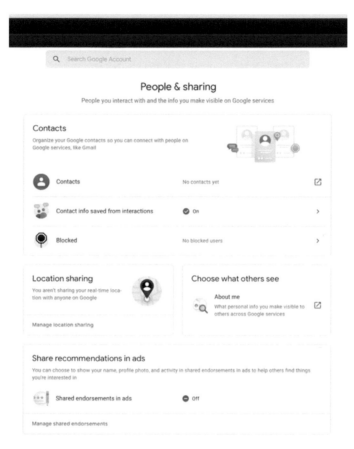

圖 4-36　Google 帳號設定

模組化分頁（Module Tab）

將內容模組（module）放入小型的分頁式區域中，一次只能看到一個模組。使用者可以點擊分頁，把隱藏中的模組帶到最上層。

圖 4-37　模組化分頁模式

當你需要在頁面上呈現許多異質性內容的時候，可能包括文字區塊、清單、按鈕、表單控制元件、圖片等等，而您卻沒有足夠的空間來一口氣塞下所有東西時使用。頁面內容可以集結成群組或模組（或是能歸納成合理的群組）。且這些模組具有下列特徵：

- 使用者一次只需看到一個模組。
- 模組間通常具有相似的長度與高度。
- 沒有太多模組——少於十個，最好只有少數幾個。
- 模組集合相當靜態；不會時常增加新頁面，也不會經常改變或移除現有的頁面。
- 模組內容可能彼此相關或彼此類似。

一般而言，分群以及隱藏內容片段，可以是非常有效的減少介面雜亂度的技巧。分頁就很適合搭配這個技巧使用，另外**手風琴模式**、**可移動面板**或**可摺疊面板**也一樣適合，也可以單純地把內容整理成網格狀的**標題分區**。

首先，要設計出正確的資訊架構，內容要分割成有條理的片段（如果你的資訊來源尚未這麼做的話），並為各個片段賦予簡短好記的名稱（如果可能的話，把長度限制在少數幾個

字以內）。請注意，如果分割內容的方式有問題，使用者為了要做比較或找資訊，將被迫在不同的分頁間不斷切換。請對你的使用者好一點，先測試你的組織方式是否可行。

請明確地指出目前選中了哪個分頁，例如讓這個分頁與面板本身連在一起（只用色彩變化通常不太夠。如果只有兩個分頁，請確定能非常清楚看出選中了哪個分頁，哪個沒被選中）。

但分頁不見得必須是真的分頁，而且也不一定要位於模組堆疊的頂端。分頁可以放在左手邊的欄或底下，在側面時甚至可以將文字旋轉九十度以供閱讀。

當使用在網頁上時，**模組化分頁**多半做得與導航用的分頁有所區隔（導航分頁用於全域導航，或用於個別的文件，或用於載入新頁面）。當然，分頁也可以用來做導航，但這個模式的重點偏重於為使用者提供一種輕便的方式，讓使用者看到頁面中的其他模組內容。

如果有太多分頁需要塞入狹窄的空間中，有幾種方式可行：分頁標籤文字改用簡短的名稱（使得每個分頁更狹窄），或是使用類似轉盤（carousel）的箭號來捲動分頁。另外也可以把分頁標籤放在左側欄位中，而不是放在上面。千萬別把分頁標籤做成多行相疊。

範例說明

Expedia 的航班搜尋模組（圖 4-38）將可用的不同類型的搜尋放到分頁中，這使 Expedia 能夠以高度可發現的方式提供潛在客戶可用的選項，而不會犧牲寶貴的畫面空間。

圖 4-38　Expedia 搜尋模組

macOS 中的系統偏好設定（圖 4-39）在使用者最有可能會找尋設定的地方，也使用了模組化分頁以突出顯示功能。分頁橫跨了上方，範例圖中的分頁標籤分別是 Battery 和 Power Adapter。

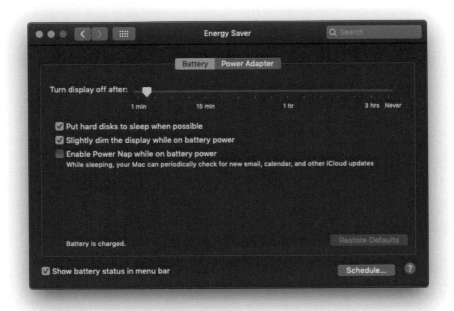

圖 4-39　macOS 系統偏好設定

手風琴模式（Accordion）

把內容模組安排成一疊縱向堆疊的面板，各個面板均可獨立開啟與關閉（如圖 4-40）。

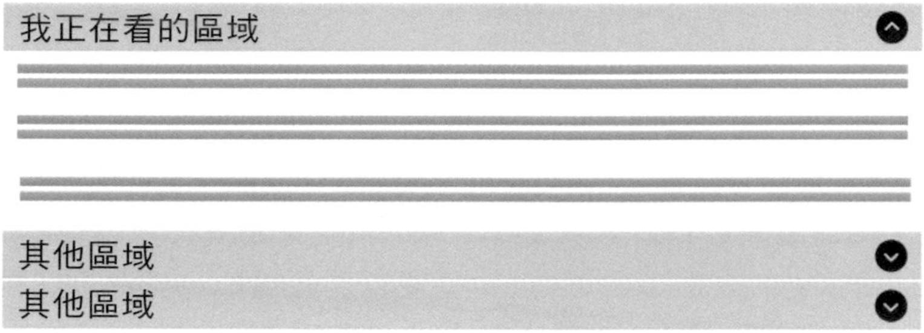

圖 4-40　手風琴模式範例

當你需要在頁面上呈現許多異質性內容的時候，可能包括文字區塊、清單、按鈕、表單控制元件、圖片等等，而您卻沒有足夠的空間來一口氣塞下所有東西時使用。頁面內容可以集結成群組或模組（或是能歸納成合理的群組）。

這些模組具有下列特徵：

- 使用者一次可能需要看到多個模組。
- 有些模組可能比其他的長一點或短一點，但都具備相似的寬度。
- 那些模組可以放入工具盤、兩階層選單，或其他具備互動元素的合理系統。
- 模組內容可能有某種關連或在某些部分相似。
- 可能想保留模組的線性排列順序。

也請注意一點，當大型模組或許多模組同時開啟時，**手風琴模式**的標籤文字可能會超出畫面或視窗之外。如果這一點會成為使用者的困擾，請考慮使用不同的解決方案。

手風琴模式已經成為網頁上常見的互動元素，幾乎與模組化分頁（Module Tab）和下拉式選單一樣讓人感到熟悉（不過這兩種模式在使用上沒有那麼直覺）。許多網站在管理非常長的頁面列表和分類清單時，會在選單系統中選用手風琴模式。

一般而言，分群以及隱藏內容片段，可以是非常有效的減少介面雜亂度的技巧。**手風琴模式**是這類技巧中的一種，其他還包括**模組化分頁**、**可移動面板**、**可摺疊面板**（*Collapsible Panel*）與**標題分區**（*Titled Section*），也有同樣的作用。

手風琴模式在網頁的導航系統中很實用，但它們真正發光的地方是在桌面應用程式。工具盤特別適合與**手風琴模式**一起運用（同理，也很適合與**可移動面板**一起運用）。因為使用者可以打開任何模組集合，並維持在打開的狀態，**手風琴模式**能協助使用者以適合自己的方式來改變他們的「工作空間」，而且，在需要時才去打開少用的模組，也是一件很簡單的事。

請為每個節區設定您想要的標題，標題應該要簡短，而且要能包含足夠的資訊，讓人知道打開以後是什麼東西。

請建立視覺上的功能可見性（一種表示方法，表示有某種東西可用），例如用箭頭或三角形圖示，代表點擊後會有資訊顯示出來。

請讓使用者同一時間可以開啟多個模組，在這一點上我們的意見或許與其他人不同，因為有些設計師比較喜歡一次只能開啟一個模組，有些實作也只允許開啟一個模組（或至少有個開發人員可以設定的開關）。但在我的經驗中，尤其是在應用程式中，最好能讓使用者同時打開多個模組；如此能比較多個模組，又不用一直開開關關。

用於應用程式或使用者需要登入網站的情況，**手風琴模式**模組的開啟或關閉狀態應保持一致。這點在用於工具盤時，比用於導航選單時重要。

三星在其「FAQ」頁面中使用手風琴模式來顯示問題,並在單擊展開箭頭時顯示答案(圖4-41)。這讓使用者可以快速掃描頁面以查找所需資訊,並在需要時快速導航到另一個主題。

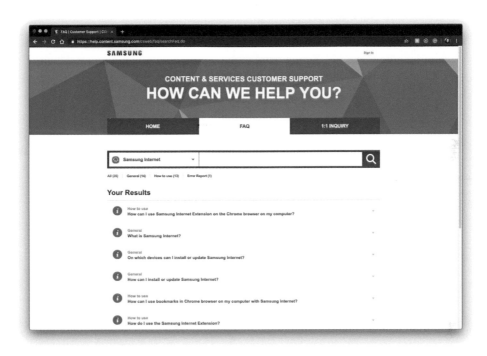

圖 4-41　三星「FAQ」頁面

Google Chrome 的設定頁面使用擴展式手風琴模式來顯示詳細的設定選項（圖 4-42）。在這種設計中，使用者可以在「摺頁上方」看到所有選項，就能知道要點開哪個摺頁。

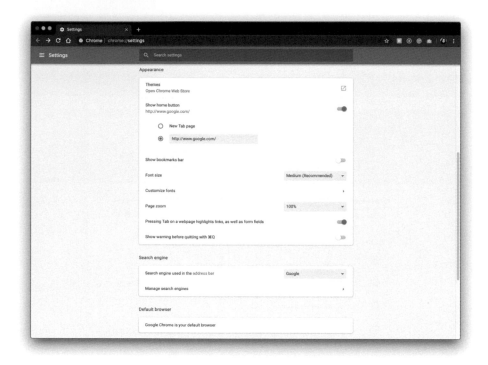

圖 4-42　Google Chrome 設定頁面

可摺疊面板（Collapsible Panel）

將次要模組或可選的內容或功能，放入使用者能開啟或關閉的面板。

當你需要在頁面上呈現許多異質性內容（可能包括文字區塊、清單、按鈕、表單控制元件、圖片）的時候，或有個**中央舞台**（*Center Stage*）的內容需要優先佔用視覺時使用。

這些模組具有下列特徵：

- 其中的內容用於註解、更改、解釋或以其他方式支援頁面主要部分的內容。

- 模組或許都不夠重要，不足以預設為開啟。

- 模組的價值對於每個使用者可能都不一樣。有些人會想看到某個特定模組，有些人則根本不在意那個模組。

- 對於同一名使用者而言，也可能有時候會用到該模組，有時不會用到。當模組未開啟時，它的空間讓給頁面的主要內容使用比較好。

- 使用者可能想在同一時間打開多個模組。

- 模組彼此間很少有關聯。但使用**模組化分頁**（*Module Tab*）或手風琴模式時，會把模組分群，指出模組有某種關聯；**可摺疊面板**則不把模組分群。

隱藏不重要的功能或內容有助於簡化介面。當使用者隱藏一個支援主要內容的模組時，模組只是單純地摺疊起來，把空間讓給主要內容（或留白）。這是漸進式揭露（progressive disclosure）原則的例子（只在使用者需要的時候和地點顯現隱藏的內容）。一般來說，分群與隱藏內容片段是減少介面雜亂度十分有效的技巧。

請把每個支援模組放入一個面板，使用者只要點擊一下即可開啟或關閉。請為按鈕或連結標上模組名稱，或著單純地寫「More」（顯示更多），並考慮使用向下的箭號、選單圖示

或旋轉的三角形，表示還有更多內容隱藏在此。當使用者關閉面板時，摺疊面板所使用的空間，並將空間轉交給其他內容使用（例如把模組下方的內容向上移）。

在面板開關時做點動畫效果，可以幫助建立使用者的視覺和空間認知，知道面板是否啟動，以及未來要在哪裡找到它。

如果你發現大多數使用者都打開一個預設為關閉的可摺疊面板的話，請把面板切換為預設開啟。

範例說明

Apple 新聞應用程式（圖 4-43）用左側面板，以可擴展的方式為使用者添加或刪除新聞和主題頻道，左側面板也是導航到這些頻道的方式。當使用者只想看到內容時，可以點擊面板圖示（位於中間標題「Today」的左側），面板會向左滑出畫面。

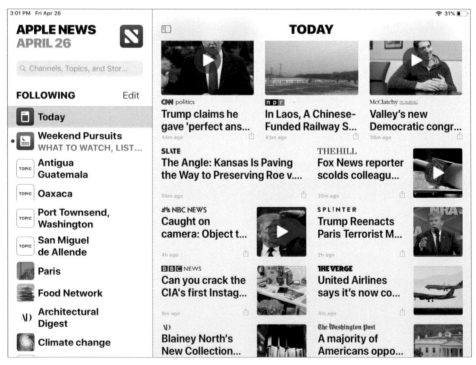

圖 4-43　導航面板展開的 Apple News（iPad 版本）

Google Maps（圖 4-44）在使用者找路時，能持續看見地圖，一旦選定了目標路徑，側邊面板就會摺疊起來，讓人可以盡情地檢視路徑。如果使用者需要編輯、改變或增加中途點時，可以輕易地打開側邊面板。

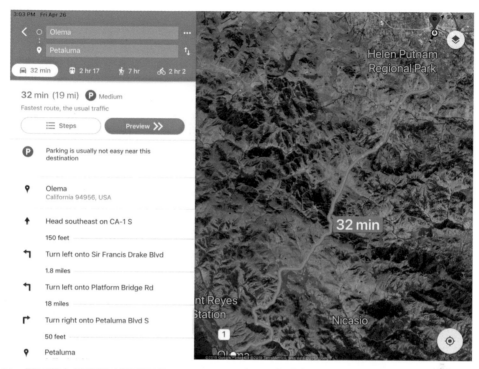

圖 4-44　顯示了左側路徑功能面板的 Google Maps（iPad 版本）

可移動面板（Movable Panel）

把內容模組放入方框裡，這些方框可以單獨開啟或關閉。使用者能在頁面上任意安放這些方框，讓頁面變成自己定義的配置。您將經常在一些工具的**中央舞台**排版上看到這些可移動面板，這些工具包括創造者工具，像是 Adobe Suite（圖 4-45），以及生產力與通訊應用程式，例如 Microsoft Excel 與 Skype。

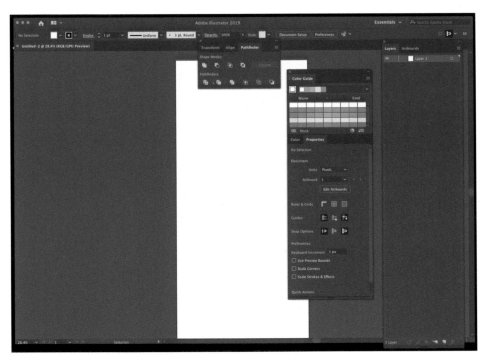

圖 4-45　Adobe Illustrator 中的可移動面板

當你在設計桌面應用程式、或大多數使用者會登入使用的網站時，例如新聞入口網站、採用儀表板（Dashboard）和**畫布加工具盤**（*Canvas Plus Palette*）的程式，通常會使用**可移動面板**。您設計的畫面，是應用程式或網站上的重點部分，是使用者常常會看到或持續使用它很長一段時間的畫面。而且你還需要在頁面上呈現許多異質性內容，可能包括文字區塊、清單、按鈕、表單控制元件、圖片等等。

這些模組具有下列特徵：

- 幾乎確定使用者在同一時間內想看到一個以上的模組。

- 各個模組的價值對每個使用者而言都不一樣。有些使用者想要 A、B 和 C 模組，有些使用者卻可能完全不想要這三個模組，而是想要 D、E 和 F。

- 模組有著各式各樣的大小。

- 模組在頁面上的位置對您來說並不是十分重要，但對使用者而言可能很重要（相反地，在安排靜態的**標題分區**（*Titled Section*）時，應該要詳細考量頁面位置的重要性，例如把重要的事物放在頂端）。

- 有很多個模組，甚至可能太多了，多到全都顯示出來的話會讓使用者眼花繚亂。設計師或使用者其中之一應該要能從中挑選想要的模組。

- 您願意讓使用者從可見區中完全隱藏一些模組（並提供顯示模組的機制）。

- 模組可能是工具盤的一部分，或其他有條理系統中的介面元素的一部分。

為何使用

不同使用者關心的東西不同，例如對那些想自由選擇觀看東西的使用者來說，配備儀表板網站與傳送門這類人們可以選擇想看見怎樣內容的網站就很實用。當人們要長期使用桌面應用程式來執行工作時，大家都喜歡把環境整理成適合自己工作方式的樣子，例如可能會把必需的工具放在靠近工作區域的地方，把不需要的事物隱藏起來；我們會使用**空間記憶**（*Spatial Memory*）來記住放置東西的位置。

合理地說，**可移動面板**能幫助使用者更有效率、而且更舒適地完成事物（這是以長期來說的，因為使用者一開始需要花時間重新整理環境，才能把環境弄成得心應手的樣子）。但這種個人化似乎也能在其他層面讓使用者感到高興。例如說，對於提供某種娛樂的網站，雖然使用者不常去，但若執行這種個人化，也可以增加使用者的參與度與認同感。

最後一點，**可移動面板**的設計能輕鬆地容納未來加入的新模組，例如第三方模組。

請為每個模組取一個名字，給它們一個標題列、設定預設大小，並以合理的預設組態排列到頁面上。讓使用者可在頁面上透過拖曳隨意移動模組，只用一個動作即可讓每個模組開啟或關閉，例如在標題按鈕上按一次滑鼠。

根據您所選擇的設計您可能想給使用者隨意擺放事物的自由，甚至重疊了也沒關係。或者想用預先定義的版面格線，版面上有些「插槽」，可以把事物拖曳到插槽中，這種插槽的設計既維持頁面內容的對齊（以及一些質感），又不至於讓使用者花太多時間在把視窗移來移去。有些設計則採用**鬼影**（*ghosting*）——例如用動態出現大大的可放置目標（例如虛線框），以顯示拖曳中的模組將可被放置的位置。

請考慮允許使用者完全移除模組的功能（通常是按下標題列的「X」按鈕），以及模組消失之後，使用者要如何把它找回來？還有請讓使用者可以新增模組，包括新增全新的模組，例如透過一份列出可取用模組的清單，讓使用者可以瀏覽和搜尋可用模組。

第五章

視覺風格與美學

「永遠不要低估美麗的力量。」

視覺設計不只是「為使用者介面加上外皮」，出色的視覺設計和外觀可以使數位產品脫穎而出。任何給定介面中使用的視覺語言都可以傳達您品牌的態度和精神，並且可以作為各種接觸點的化身。視覺設計可以成就或破壞產品的可用性，或是對您品牌的信任度。

在 2002 年，一個研究小組發現一件有趣的事。史丹佛大學啟動一個「網站可信度專案（Web Credibility Project）」（*http://credibility.stanford.edu*），想要去瞭解人們為什麼會相信（或不相信）網站的原因，而研究得到的大部分結果相當合乎直覺：公司聲譽、客戶服務、贊助廠商、廣告，全都是使用者決定網站是否可以信賴的因素。

但是最重要的因素，也就是史丹佛所列清單中的第一項：網站的外觀。使用者不相信看起來外行的網站。網站如果努力呈現出好看、專業設計的外觀，一開始就更可獲得使用者的認同，即使其他可信任因素很少也一樣。

當時的研究結果，現在也一樣適用；好不好看，真的有關係！

真正的美麗是實際構造與所需功能的完美結合，共同發揮作用。在數位設計中，僅使每個像素完美是不夠的，但還必須增加有用性、理解力或趣味性，並且通常必須將這三個要素結合起來。

在本章中，我們將會討論視覺設計的核心元素，並討論什麼使視覺設計具有美感。

視覺設計基礎

在本章中，我們會討論良好視覺設計的原則：

- 視覺層級
- 組成
- 色彩
- 排版
- 可讀性
- 喚起情感
- 圖像

請看一下圖 5-1 中的四個範例。雖然它們可能看起來像不同的設計，但它們都包含大部分相同的視覺元素。只改變顏色和文字，它們就帶給人們不同的印象。例如，畫面的配色方案會使您微笑或畏縮。儘管它們內容相同，但給人的印象卻會截然不同。

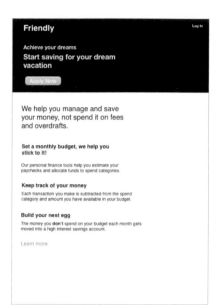

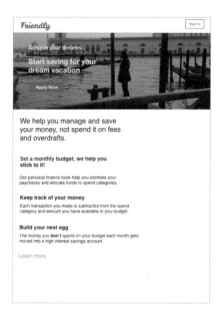

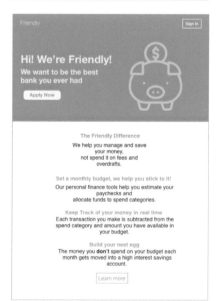

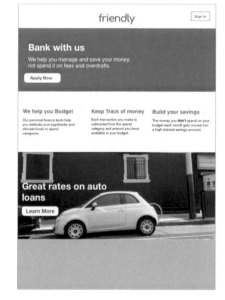

圖 5-1　視覺設計範例

視覺層級

視覺層級是指在任何給定佈局上呈現視覺元素的方法。接下來讓我們探索視覺層級的特徵。

清晰

設計如何很好地傳達設計師試圖傳達的資訊。

行動能力

使用者如何知道他們在任何給定畫面上應該做什麼。

功能可見性

功能可見性意味著它的外觀或行為與所執行的相同。例如，看起來有一點 3D 外觀的按鈕，帶給人一種可點擊的視覺提示。

組成

組成是指視覺設計的佈置和比例。

一致性

視覺元素以可預測且統一的視覺語言出現。如果您在介面設計中使用了以往總是代表一些功能的圖示，在您所設計的介面中，它代表的意思也要一樣。

對齊

使用者感受到最不舒服的事情，莫過於從一個畫面移動到另一個畫面時，畫面元素發生變化，但卻沒有明顯的理由。請確保在切換畫面時元素不會移動。文字隨機地對齊左、右或中心，也不利於數位產品設計的可理解性和易讀性。

色彩

色彩有立即的效果。關於設計，色彩及基礎形狀是我們最早感知到的層面。色彩在藝術和設計上的應用是變化無窮的，繪畫大師們在這方面已經研究好幾個世紀了，但我們在這裡只能談點皮毛。

為一個介面策劃配色的時候，首先排除讓文字難讀的一切事項：

- 總是使用深色前景搭配淺色背景，相反的搭配也可以。想測試深淺色搭配的話，請把設計放到影像工具（如 Photoshop）中，然後調成灰階看看效果如何。

- 若您想用紅色與綠色強調差異時，不要只是使用這兩種色彩，請一併將形狀或文字做出差異。因為許多色盲的人無法看出這兩種色彩的差異。統計上，百分之十的男性和百分之一的女性有某種類型的色盲。

- 請避免使用某些色彩組合，例如將亮藍色的小字放在亮紅色背景上會讓眼睛疲憊。這是因為藍色和紅色是互補色，互補色是在色輪上正對面的色彩（圖 5-2）。

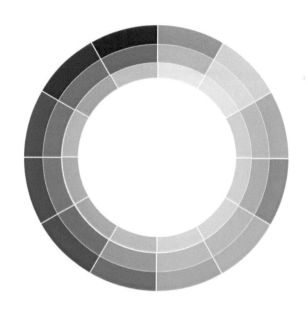

圖 5-2　色輪

- 在白色背景上閱讀黑色文字時，雖然可以減輕眼部的緊張，但白色背景往往發出比較強的光，這可能會使眼睛疲勞。因此，如果您正在設計的東西是要在平板電腦上使用，並且內容或使用者介面元素周圍有很多空白的話，請嘗試使用深色的背景以減少背光。

有了上述概念，再來是使用色彩時的大原則：

暖色系 vs. 冷色系

紅、橙、黃、棕、米，是所謂的「暖色系」。藍、綠、紫、（大部分的）灰與白，則是所謂的「冷色系」。請見圖 5-3。

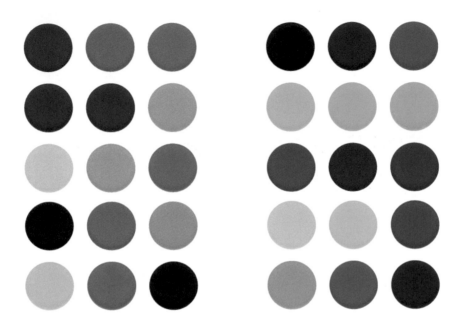

圖 5-3　暖色系 vs. 冷色系

深色背景 vs. 淺色背景

採用淺色背景（如白、米、亮灰色）頁面所帶來的感受，與暗色背景的感受全然不同。淺色背景通常用在電腦介面（和列印畫面）；深色背景可能讓人覺得更尖銳、更陰沈、或更有力，至於是哪種感覺，則看其他設計面向而定。請見圖 5-4。

圖 5-4　深色背景 vs. 淺色背景

高對比 vs. 低對比

不管背景是深色或淺色，上面的元素有可能與背景呈現高對比或低對比。高對比引出張力、強度和大膽的感覺；低對比能夠撫慰情緒並讓人放鬆。請見圖 5-5。

圖 5-5　對比

飽和色 vs. 不飽和色

高度飽和（高純度）的色彩（比方說亮黃、紅、綠）帶來能量、鮮活、光輝、溫暖等感覺。這類色彩是具有果敢、具有個性的。但如果過度使用，可能會讓人的眼睛疲勞，所以大部分的使用者介面設計者都會謹慎地使用這類色彩；通常只選用一兩種，選色盤中大部分色彩都是深或淺的柔和色（muted color）。畢竟您不會想要整天使用一個主色為桃紅色的桌面應用程式吧！請見圖 5-6。

圖 5-6　飽和色 vs. 不飽和色

色調的結合

開始結合色彩後，有趣的事就會發生。兩個飽和色加在一起，比起一個飽和色更能引出能量、動態、豐富的感覺。由一個飽和色與一組柔和色組成的畫面，可以將注意力導向飽和色，而設定出色彩的「層次」，明亮而強烈的色彩感覺離瀏覽者較近，灰濛濛和較蒼白的色彩則感覺比較遠。強烈的立體性可以讓設計引人注意，而平坦的設計（使用較多柔和色與淺色）則顯得比較沈靜。

不要只依賴色彩

色彩是很棒的東西，但不要僅靠顏色來表示重要資訊。現實世界中的一個很好的例子是美國的停車牌（見圖 5-7）。無論您到哪裡，停車標誌都將始終看起來相同。它們是紅色的，上面寫著「STOP」，它們的形狀是明顯的八邊形。這些會建立三個認知線索，讓觀看的人知道標誌的要求為何。

圖 5-7　美國停車牌範例

在數位世界使用視覺元素也是一樣，請混和使用色彩和形狀，以幫助使用者理解您試圖要傳達的資訊。

色彩參考資料與資源

- *https://www.colorbox.io*

- *https://color.adobe.com/create*

- *http://khroma.co*

排版

大多數網頁的內容都是文字（除了充滿貓的影片和電影的網站之外）。在數位媒體上設計清晰、不疲勞的體驗，本身就是一門藝術。排版是一個值得專門寫書討論的主題。實際上，這個主題的書籍有專門的一個分類，所以您當然應該研究一下印刷格式，如圖 5-8 所示。在本節中，我們介紹一些最重要的要點，以了解數位設計的印刷格式。

圖 5-8　數位設計的排版字體剖析

字體的種類

有幾個術語可以幫助您理解有關使用字體的一些要點。**字體**（*Typeface*）是指特定設計型態的名稱，例如 Helvetica、Arial 或 Times New Roman 都是字體。**字型**（*Font*）是特定的字體大小、粗細和樣式。例如，Helvetica 粗體 12 點，或 Arial 斜體 8 點，或 Times New Roman 18 點。您經常會看到「字型」一詞被錯誤地用來描述數位設計中的字體，此誤用的起源已不可考，但是了解它們之間的差異會有所幫助。

字體的分類有數個層面，以下是與數位設計最相關的分類。

襯線（Serif）

襯線（Serif）類的字體的字母末尾有細線和曲線（圖 5-9），在大量閱讀文字時，它們是最經常被使用的字體。襯線巧妙地引導讀者從一個字母看到另一個字母，讓眼睛在閱讀體驗中減少負擔。

Times New Roman	Rockwell
Baskerville	**Alfa Slab**
Courier	PT Serif
Georgia	Palatino
Abril	Iowan
Hoefler	Big Casalon
New York	Fredericka
Didot	Times

圖 5-9　襯線類字體範例

無襯線（Sans serif）

無襯線（San serif）類字體（圖 5-10）的字母末尾沒有線條，外觀比較時尚，並且在尺寸較小時，字母仍保留可讀性，這是您在使用者介面中經常使用無襯線字體的主要原因之一。

Helvetica	Open sans
Acumin	Din Alternate
Futura	Comforta
Fredoka	Acumin Extra Condensed
San Francisco	Lato
Impact	Arial
Tahoma	Gill Sans
Raleway	Verdana

圖 5-10　無襯線類字體範例

顯示（Display）

顯示（Display）類字體（圖 5-11）是即使尺寸放大很多，也能正常工作的字體，它們可以有襯線或無襯線。顯示字體非常適合建立品牌外觀（例如標題或商標），但不適用於使用者介面、使用者介面控制元件、表單或正文。切勿把顯示字體用在大量文字上，因為過度使用顯示字體可能有害，而且在較小尺寸的情況下會失去可讀性。

Super Clarendon   Raleway Dots

PHOSPHATE   AMATIC

Bevan   Shrikhand

Alfa Slab   MONOTON

Abril   Lobster

Henny Penny   BUNGEE

BARRIO   Fredericka

Erica   Leckerli One

圖 5-11　顯示類字體範例

定寬（Monospace）

定寬（Monospace）類字體（圖 5-12）的字母，不管字母的實際寬度是多寬，它們在水平向都佔據一樣大的空間。您會在早期電腦、LED 畫面的介面、數字為主要內容的介面，以及沒有辦法顯示複雜文字的畫面中看到它們，例如非電腦類電子設備的介面、儀表板車載顯示器和設備介面。

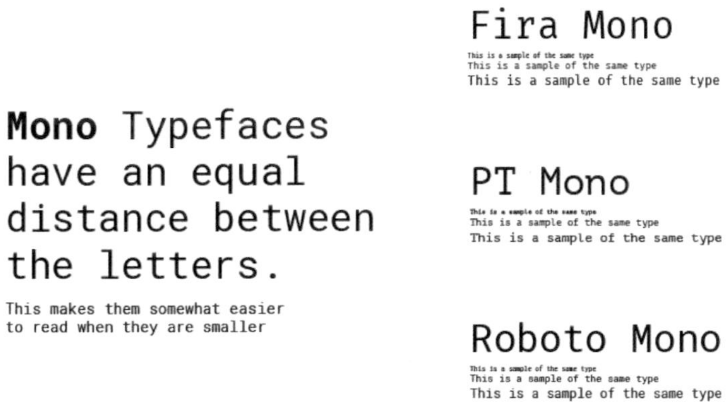

Mono Typefaces have an equal distance between the letters.

This makes them somewhat easier to read when they are smaller

Fira Mono

This is a sample of the same type
This is a sample of the same type
This is a sample of the same type

PT Mono

This is a sample of the same type
This is a sample of the same type
This is a sample of the same type

Roboto Mono

This is a sample of the same type
This is a sample of the same type
This is a sample of the same type

圖 5-12　定寬類字體範例

大小

字體大小是用「點」（通常縮寫為「pt」）來衡量，點越小字體越小。通常，建議不要低於 10 點以下，以獲得最佳的畫面清晰度。12 點似乎是最常用的標準正文文字大小（請參見圖 5-13）。對於網站頁尾中的諸如版權訊息之類的小字體項目，用 9 點可得到不錯的效果。對於閱讀的體驗（例如新聞網站或數位閱讀器）來說，最好將預設大小設定為 12 點，並允許使用者根據自己的喜好調整大小。

This is Georgia at 72Pts
This is Georgia at 48Pts

This is Georgia at 18Pts

This is Georgia at 12Pts

This is Georgia at 8Pts

This is Helvetica at 72Pts
This is Helvetica at 48Pts

This is Helvetica at 18Pts

This is Helvetica at 12Pts

This is helvetica at 8Pts

圖 5-13　字型大小範例

行距（Leading）

行距是指文字行與行之間的垂直間隔，意思是從一行文字的基線（請參見前面的圖 5-8）與下一行的基線之間的距離。行距的設定應使這兩條線之間留出足夠的空間，使眼睛可以一行接一行的看，並防止上沿線和下沿線重疊。但行距也不宜過大，以免每行都感覺很遠且分開。

字距和字距調整（Tracking and kerning）

字距是一個與行距相關的東西，是所有字母之間的水平間距，設定不良會影響可讀性，尤其是在設置得太緊或太寬時（圖 5-14）。但是即使設置正確，某些字母仍然可能存在問題，此時便是字距調整派上用場的時候。字距調整是指設計師去設定和調整特定字母之間的間距（字距）（通常是減小間距）。例如，當一個佔用大量空間的字母（例如大寫字母「D」）和一個佔用較小空間的字母（例如「I」）並排且間距較大時，就需要調整它們之間

的字距。字距調整有助於使字母對看起來更加平衡和清晰，多數針對數位設計進行過優化的字體（例如 Google 字體或 Apple 或 Microsoft 使用者介面字體）都已為畫面調整了適合的比例。

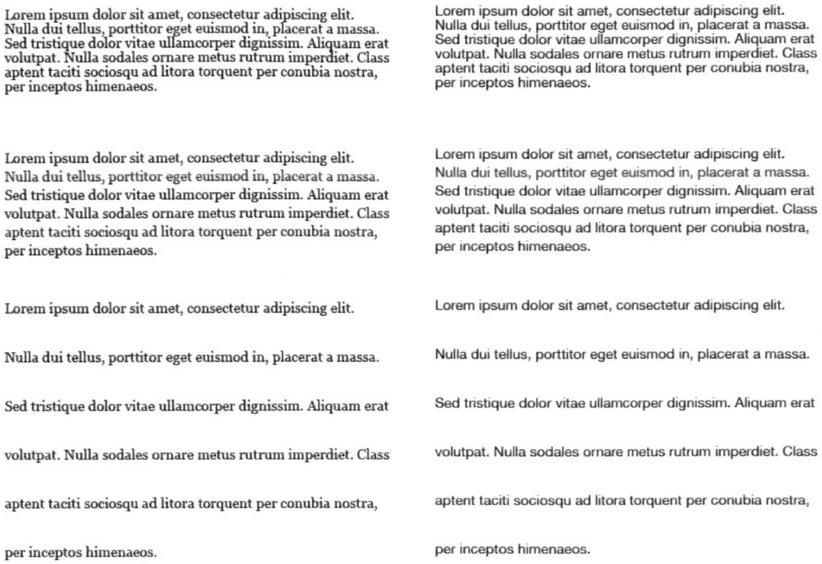

Lorem ipsum dolor sit amet, consectetur adipiscing elit. Nulla dui tellus, porttitor eget euismod in, placerat a massa. Sed tristique dolor vitae ullamcorper dignissim. Aliquam erat volutpat. Nulla sodales ornare metus rutrum imperdiet. Class aptent taciti sociosqu ad litora torquent per conubia nostra, per inceptos himenaeos.

Lorem ipsum dolor sit amet, consectetur adipiscing elit. Nulla dui tellus, porttitor eget euismod in, placerat a massa. Sed tristique dolor vitae ullamcorper dignissim. Aliquam erat volutpat. Nulla sodales ornare metus rutrum imperdiet. Class aptent taciti sociosqu ad litora torquent per conubia nostra, per inceptos himenaeos.

Lorem ipsum dolor sit amet, consectetur adipiscing elit.

Nulla dui tellus, porttitor eget euismod in, placerat a massa.

Sed tristique dolor vitae ullamcorper dignissim. Aliquam erat

volutpat. Nulla sodales ornare metus rutrum imperdiet. Class

aptent taciti sociosqu ad litora torquent per conubia nostra,

per inceptos himenaeos.

Lorem ipsum dolor sit amet, consectetur adipiscing elit. Nulla dui tellus, porttitor eget euismod in, placerat a massa. Sed tristique dolor vitae ullamcorper dignissim. Aliquam erat volutpat. Nulla sodales ornare metus rutrum imperdiet. Class aptent taciti sociosqu ad litora torquent per conubia nostra, per inceptos himenaeos.

Lorem ipsum dolor sit amet, consectetur adipiscing elit. Nulla dui tellus, porttitor eget euismod in, placerat a massa. Sed tristique dolor vitae ullamcorper dignissim. Aliquam erat volutpat. Nulla sodales ornare metus rutrum imperdiet. Class aptent taciti sociosqu ad litora torquent per conubia nostra, per inceptos himenaeos.

Lorem ipsum dolor sit amet, consectetur adipiscing elit.

Nulla dui tellus, porttitor eget euismod in, placerat a massa.

Sed tristique dolor vitae ullamcorper dignissim. Aliquam erat

volutpat. Nulla sodales ornare metus rutrum imperdiet. Class

aptent taciti sociosqu ad litora torquent per conubia nostra,

per inceptos himenaeos.

圖 5-14　緊、適中以及大字距

混搭字型（Font pairing）

混搭字型是在設計中將兩個字體組合在一起。混搭字型本身就是一門藝術，但是現在有一些網站可以幫助人們選擇搭起來不錯的字體。雖然尋找字體組合的方法有很多微妙之處，但是有兩個簡單規則：

- 混搭同一字體家族中的字型時，請使用不同的粗細或樣式（粗體、斜體）來區分文字。

- 切勿混搭兩個相似的字體。避免這種情況的一種方法是混搭襯線與無襯線類型（圖 5-15）。

圖 5-15　字體混搭範例

段落對齊（Paragraph alignment）

段落對齊是指假想有一條垂直線，將段落文字對齊。在數位設計中，有四個對齊選項可供選擇：向左對齊、置中對齊、向右對齊或兩端對齊。兩端對齊會調整單詞之間的間距，從而使行同時做向左對齊和向右對齊。

一般來說，把文字向左對齊文字就對了。如您在圖 5-16 中所看到的，這是一種在文字量大時可讀性很高的對齊方式。

- 置中對齊時，由於文字周圍留有空白，因此會吸引人的目光，但請謹慎使用，因為它也會增加閱讀上的困難。

- 使用者介面設計中通常不使用向右對齊和兩端對齊。

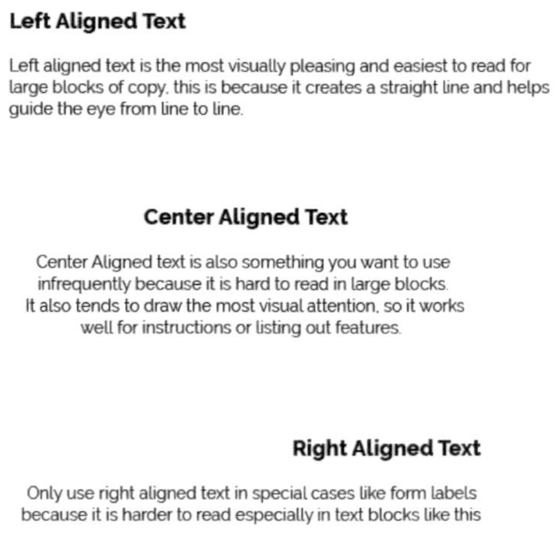

Left Aligned Text

Left aligned text is the most visually pleasing and easiest to read for
large blocks of copy, this is because it creates a straight line and helps
guide the eye from line to line.

Center Aligned Text

Center Aligned text is also something you want to use
infrequently because it is hard to read in large blocks.
It also tends to draw the most visual attention, so it works
well for instructions or listing out features.

Right Aligned Text

Only use right aligned text in special cases like form labels
because it is harder to read especially in text blocks like this

圖 5-16　段落對齊

數字

當您在選擇字體時，請一定要確定數字和字母一起出現時的情況。在使用某些字體時，不容易分辨小寫字母「l」與數字「1」，大寫字母「O」和數字「0」。

可讀性

透過為文字選擇字體，您可以讓文字在感受、心理層面傳達出不同的聲音。該聲音可能是響亮或柔和、友好或正式、口語或權威、時髦或復古的。

與顏色一樣，在選擇字體類型時，可讀性（認知部分）也是要優先考慮的部分。小文字（在印刷文字和網站上所謂的「正文」）更需要仔細考慮。正文的以下特徵也適用於圖形使用者介面（GUI）中作為文字欄位和其他控制元件標題的「標籤字體」：

- 在電腦螢幕上，無襯線字型通常在很小的字上效果更好，在印刷輸出上則不然，在印刷輸出上襯線字體能讓正文更容易閱讀。因為像素太少時，無法很好地渲染小小的襯線字型（不過，部分襯線字型看起來還是可用，例如 Georgia）。

- 請避免使用斜體、草書或其他裝飾字型；因為在字體小時無法閱讀它們。

- 由於在高度幾何風格的字型中圓形字母（*e*、*c*、*d*、*o* 等）很難區分，字體小時很難閱讀。例如 Futura、Universal 和其他一些在 20 世紀中葉的字型就是這樣。

- 儘管大寫字母用在標題和短文字時很好用，但對於正文來說，全部都是大寫字母很難閱讀。因為大寫字母看起來很相似，讀者不容易區分。

- 在顯示大量文字時，盡可能用中等寬度的欄寬，例如，將欄寬設定為平均 10 到 12 個英語單詞的寬度。請不要對窄窄的一欄文字做兩端對齊的動作；就讓它享有「不規則的特權」吧。

喚起情感

現在來討論內心和情感的層面。字型都具有特殊的聲音（它們具有不同的特徵、紋理及頁面上的色彩。比方說，有些字型看起來擁擠而黑暗，有些字型看起來卻很開放（圖 5-17）），這些聲音可以從筆畫的粗細與字距決定，如果你需要知道新鮮又客觀的字型感受，請利用「瞇眼測試（squint test）」。有些字型的字母比較狹窄，有些字體家族（font family）還提供了「壓縮版」，可以讓該類字型顯得更窄。文字與文字之間的字距可以很遠也可以很接近，這使得整個文字區塊看起來更開闊或更密實。

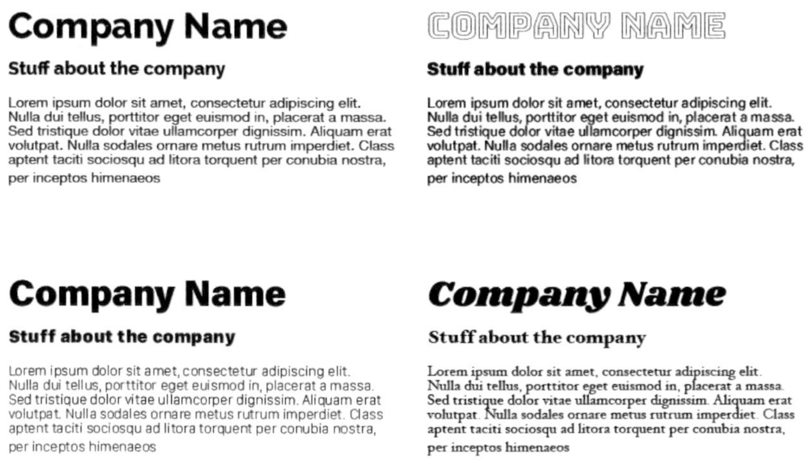

Company Name
Stuff about the company
Lorem ipsum dolor sit amet, consectetur adipiscing elit. Nulla dui tellus, porttitor eget euismod in, placerat a massa. Sed tristique dolor vitae ullamcorper dignissim. Aliquam erat volutpat. Nulla sodales ornare metus rutrum imperdiet. Class aptent taciti sociosqu ad litora torquent per conubia nostra, per inceptos himenaeos

COMPANY NAME
Stuff about the company
Lorem ipsum dolor sit amet, consectetur adipiscing elit. Nulla dui tellus, porttitor eget euismod in, placerat a massa. Sed tristique dolor vitae ullamcorper dignissim. Aliquam erat volutpat. Nulla sodales ornare metus rutrum imperdiet. Class aptent taciti sociosqu ad litora torquent per conubia nostra, per inceptos himenaeos

Company Name
Stuff about the company
Lorem ipsum dolor sit amet, consectetur adipiscing elit. Nulla dui tellus, porttitor eget euismod in, placerat a massa. Sed tristique dolor vitae ullamcorper dignissim. Aliquam erat volutpat. Nulla sodales ornare metus rutrum imperdiet. Class aptent taciti sociosqu ad litora torquent per conubia nostra, per inceptos himenaeos

Company Name
Stuff about the company
Lorem ipsum dolor sit amet, consectetur adipiscing elit. Nulla dui tellus, porttitor eget euismod in, placerat a massa. Sed tristique dolor vitae ullamcorper dignissim. Aliquam erat volutpat. Nulla sodales ornare metus rutrum imperdiet. Class aptent taciti sociosqu ad litora torquent per conubia nostra, per inceptos himenaeos

圖 5-17　字體範例

在字型色彩和紋理之外，襯線與弧線也加入另一個維度。比字型更細緻的層次中，襯線發揮了它的功能，也對字型紋理有修飾作用，粗體的無襯線字型看起來比較生硬而有力。每個字樣（letterform）所用的弧線和角度（包括襯線的部分），結合起來形成了整體紋理。為什麼有些字型讓人感覺較正式，而其他字型沒那麼正式，要說明其中原因並不簡單。Comic Sans 與其他充滿玩樂感的字型當然很不正式，但把 Georgia 與 Didot 或 Baskerville

做比較時，Georgia 也顯得比較不正式。全大寫和字首大寫的文字比起小寫的字感覺更正式；斜體字不太正式。

文化層面也會影響字型的選用。老式字型（通常有襯線）看起來⋯嗯怎麼說呢⋯有年代感；雖然任何使用 Futura（一種無襯線字型）顯示的東西，看起來都像是 1963 年的科學教科書。Verdana 也經常運用在全球資訊網上，現在已經成為網頁字型標準了。而 Chicago 一直都是 Mac 預定的字型，不管什麼情境都用這個字型。

寬敞或擁擠

有些設計使用大量的空白，有些設計則將畫面上的元素都聚集在一起。畫面上的寬敞度給人通暢、開放、安靜、平靜、自由、莊重和尊嚴的感覺，是哪一種則取決於其他設計因素。

在某些情況下，擁擠的設計會引起緊迫感或緊張感。為什麼呢？因為文字和其他圖形元素需要「呼吸」，在它們彼此碰撞或碰撞到畫面的邊緣或邊框時，它們會引起視覺張力，如圖 5-18 所示。我們的眼睛會想要去找事物周圍的邊緣在哪裡。若是有個將標題直接疊在內文文字上的設計，我們看到這個設計時會感到有些不安。同樣地，儘管沒有真的碰撞在一起，簡潔的排版在某種程度上有助於畫面傳達繁忙感與工業風。

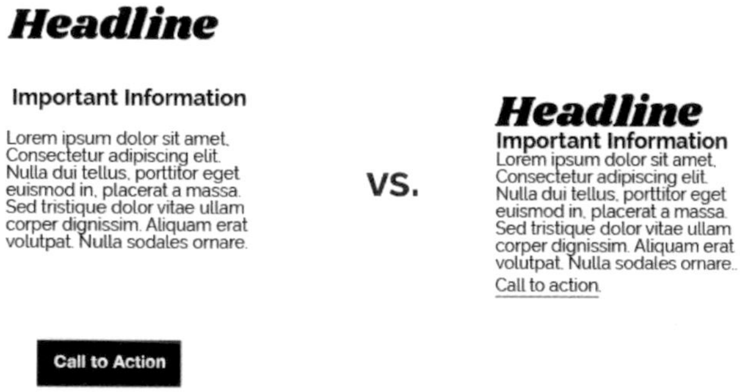

圖 5-18　寬敞或擁擠的視覺設計

但是，並非所有擁擠的設計都會引起這種緊張感，有些暗示著友善和舒適。如果為文本和其他元素留出足夠的空間，並將行與行之間的距離（行距）減小到可以舒適閱讀的最小設定，就可以讓外觀既友善又通暢。

角度和弧度

與包含對角線和非矩形形狀的畫面相比，由上下向的直線和直角組成的畫面通常看起來更安靜、更靜止。同樣地，具有許多不同角度的畫面，比上面只有重複單個角度的畫面具有更明顯的動感。

曲線也可以增加動感和活力，但並非總是如此。由很多圓和圓弧組成的設計可以使人平靜和放鬆。而橫跨畫面的一條曲線則使整個設計充滿動感，而在其他矩形設計中精心放置的一些曲線則會增加了複雜性和趣味性。

在圖 5-19 的範例中，Stripe 使用角度建立了一個動態且清晰的設計，以引導視線圍繞設計，從而讓訪問者閱讀設計師希望傳達的重要資訊。

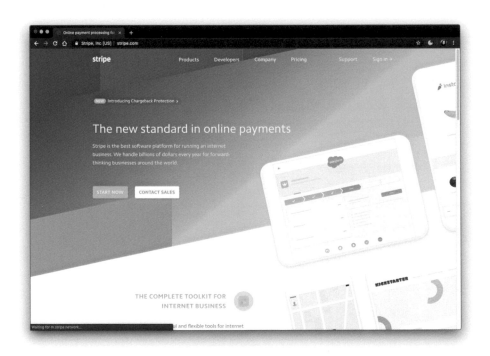

圖 5-19　Stripe 線上支付網站

無論兩條曲線在何處相交，請注意這些曲線的幾何切線在做什麼。切線是否成直角？這樣可以得到更沈靜、更穩定的效果。如果它們以尖銳的角度相交，則設計將更有緊張感和動感（同樣地，這些不是一成不變的規則，但通常是正確的）。

使用角度、曲線和非矩形形狀時，請考慮焦點的位置：例如，在銳角處、在線的交叉處以及多條線聚集之處。使用這些焦點可以吸引檢視者將目光移到您想要他們看的東西上。

紋理與韻律

紋理可以豐富視覺設計。文字有自己的紋理，您可以藉由選擇好的字型來控制紋理的外觀。對於許多頁面和介面而言，字型是最重要的紋理元素。

您還可以使用紋理圍繞強烈的視覺元素，以突顯它們。紋理增加了視覺趣味，不同的紋理可以為事物添加溫暖、豐富、刺激、張力等不同感受。

在介面設計上中，效果最好的紋理是細致的紋理，而不是耀眼得像萬花筒、看久了會眼睛痛的紋理，這樣的紋理有著溫和的色彩變化以及微小的細節。當紋理在廣大區域裡擴散後，它們的視覺衝擊比想像的更強烈。圖 5-20 中的範例可能是一個例外，Szimpla Kert 是布達佩斯的一家商店和咖啡館，該網站使用鮮豔的色彩和視覺紋理，為人們帶來歡快又動感的外觀與感受。

圖 5-20　Szimpla Kert 網站

在電腦螢幕上，試圖在文字背景使用紋理時一定要小心注意，很少有做得好的例子。幾乎所有的紋理都會妨礙小型文字的可讀性。您可以將紋理做在大型文字的背面，但是要小心文字邊緣和不同的紋理色彩之間的互動作用，看起來可能有點扭曲。

圖像

照片

攝影可以奠定設計的氛圍。在網路和移動裝置數位產品上，攝影是確定品牌表達方式的最強大工具之一。用一張對的照片來說故事，比用文字陳述更有力道。照片是激起情感回應最好的工具。

在大多數桌面應用程式和移動裝置應用程式中，內容和易用性比風格更為重要。應該盡量少用只有純裝飾功能的圖像，因為它們會讓人分心，並且把設計重點放在功能性的圖形使用者介面上。

這裡有一些提示要記住：

- 如果使用人的臉，請務必注意人眼注視的方向。人會習慣性地跟隨其他人的目光，即使這些人是畫面上的圖像也一樣。

- 盡量避免陳腔濫調。您是否看過很多個網路畫面顯示出相同的笑臉？孩子們放風箏嗎？身穿西裝革履的商務人士？蜿蜒曲折的山間風景？日落還是海灘？在晴朗的藍天下起伏的草山？請盡量不要僅依靠這些視覺慣例來為您的品牌定下基調。

- 使用市售圖片（可購買到的照片，有時免版稅）是可以的，但若是想要獲得最大的效果，最好還是請專業藝術指導和視覺設計師依需求進行攝影或設計。

圖示

圖示（圖 5-21）是用於代替文字表達想法或表示功能的一種圖形表示。

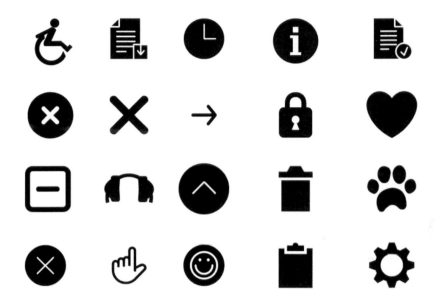

圖 5-21　圖示

一如創建字體、攝影或插圖般，創建圖示本身就是一項技能。圖示能一目了然地表達複雜的想法，讓使用者能預期在點擊項目後會什麼樣的操作。

- 請遵循網頁或其他圖示的使用者介面慣例。套用其他設計中的通用慣例，使您的使用者不太需要重新學習該圖示的含義。

- 確保您的所有圖示都具有相同的視覺樣式：相同的重量、實心或空心。

- 不要只依靠圖示。盡量少用它們，並且在可能的情況下，同時使用文字標籤，讓使用者越容易理解越好。

圖示參考資料與資源

- *https://developer.apple.com/design/human-interface-guidelines/ios/icons-and-images/custom-icons*

- *https://thenounproject.com*

- *https://material.io/tools/icons*

文化參考

使用文化參考的設計可能使您想起一些文化上的東西，例如品牌、電影、藝術風格、歷史年代、文學體裁或圈內笑話。一個眾所周知的參考可以喚起人們足夠強烈的記憶或情感，勝過所有其他設計因素，儘管最好的設計是讓文化參考與其他所有要素一起發揮效果。

顯然地，如果您蓄意地使用文化參考，請考慮您的觀看者。例如 10 歲的孩子不會懂 1970 年代的流行藝術參考，印度的年輕人也不懂的可能性很大。但是，如果您的觀看者的定義很清楚，而您知道他們會熟悉特定文化參考，那麼文化參考就能讓觀看者對您的設計情感引起共鳴。

在功能性應用程式設計中很少使用文化參考，但您可以在 QuickBooks 之類的應用程式中看到它們，其中某些畫面看起來像支票和帳單。它們實際上已經超越風格，變成了互動隱喻，但是這種隱喻仍然完全是文化上的（從未見過支票簿的人的反應，不會與曾經見過的人相同）。

重複的視覺圖案

好的設計具有一致性：它就是一個整體，每個元素在結構上和內在都支撐著另一個。這是一個具有挑戰性的目標，我無法為您提供必須遵守的規則，這需要技巧和練習。

但是，將視覺元素或圖案重複，能大大的增強視覺統一性。我們已經討論過角度和曲線；您可以將相同角度的對角線或曲率相近的線用作設計中的重複元素。

另外，在排版方面。請使用單一種主體文字字體，在邊欄或導航鏈接等較小區域也可以選用其他的字體（它們與主要字體的對比使它們脫穎而出）。如果您有多個標題或標題分區，請將它們設定成相同的標題字體。您還可以將字體中較小的圖形元素（例如，線寬和顏色），從字體中拉出到設計的其餘部分使用。

這些韻律可以成為強大的設計工具。請謹慎使用它們，並將其應用於可比較的事物組中，使用者將認為形式上看起來相似的東西，意味著功能上也會相似。

企業應用程式的視覺設計

您們之中，若是在設計消費者的數位產品的人，可能已經很熟悉到目前為止的所有討論。人們會期望網站和移動應用程式具有強大的圖形風格，而您很少會發現它們看起來完全一板一眼。

但是，如果您設計的是桌面或企業應用程式怎麼辦？如果您嘗試將這些原理套用於控制元件的外觀上（繪製控制元件），則能選用的原則不會太多。除非您願意努力開發自訂的 Windows 或 Mac 應用程式，否則它們通常使用標準的平台外觀。企業應用程式應著重於針對工作流程進行優化，並且在日常工作的大部分時間內都要易於查看。

在這種情況下，只要使用平台外觀標準，並在其他地方做您的圖形設計就可以了。

不過，即使實際的小部件確實使用了中性的外觀，您仍然能加入一些創意：

背景

> 寬大的背景區域中低調的圖像、漸變填充、細微的紋理或重複的圖案可以使介面散發光彩。請在對話框、畫面背景、樹狀結構、表格、列表的背景或邊框背景（box backgrounds）（與邊框邊界結合使用）中使用這些東西。

顏色和字型

> 您通常也可以去設定本機使用者介面中的整體配色方案和字型。例如，您可用一種特殊的字體繪製標題，將標題大小比標準對話框文字大幾個點，甚至在後面放一道對比鮮明的背景色。如果您使用**標題分區**模式（第七章）來設計畫面排版的話，請考慮這些用法。

邊框

> 邊框為創意風格提供了另一種可能性。同樣地，如果您使用**標題分區**或任何其他種類的分組，則可以更改邊框的繪製方式。

圖片

> 在某些使用者介面工具箱中，某些控制元件可讓您用自訂圖像替換其標準外觀。例如，按鈕通常支援這樣的替換，因此您的按鈕（包括其邊框）可以看起來像您想要的任何東西。有時，表格、樹狀結構和列表允許您定義其項目的繪製方式。您還可以將靜態圖像放置在使用者介面排版上，所以可以把任何尺寸的圖像放置在任何地方。

無障礙設計（Accessibility）

這裡最大的危機在於無障礙設計（accessibility）。像 Windows 這樣的作業系統，允許使用者改變桌面的色彩與字型主題，這不完全是為了有趣，因為有些視力受損的使用者需要使用「高對比」桌面佈景主題與大號字型，如此才能看清楚螢幕。請確定你的設計作品可以搭配這類高對比佈景主題，才是正確的設計原則。[1]

我們也要小心地避免使用者過勞。如果你設計的是讓使用者全螢幕長時間使用的軟體，請調低用色的飽和度、減少超大字型的文字、盡量不要用到高對比與吸引視線的紋理，請盡量讓設計平靜、不要喧鬧。更重要地，如果你的應用程式是要在高壓力狀態下使用，例如重機械的控制面板，請將任何多餘的東西一律移除，不要讓使用者在工作的時候分心。這個時候，認知上的考量比起美觀與否重要多了。

各種視覺風格

視覺設計風格變化很快。大多數情況下，是由新版本的作業系統推動了視覺使用者介面風格的變化，在新版本的作業系統發布後，這些風格就會被接受。透過這種方式，Apple、Microsoft 和現在的 Google 正在為其平台上使用的應用程式設定視覺風格的趨勢。我們將會深入探討這些平台之間的一些普遍使用的風格：例如網頁、桌面軟體和移動裝置應用程式。

擬態

擬態設計是指模仿現實生活中物件特徵的使用者介面風格。當您使用一種新型的互動方式，並且希望使用者透過使用他們已經熟悉的想法或概念來理解這個互動方式時，通常會在過渡時期使用擬態。

iPad 首次發布時，幾乎所有應用程式都採用了擬態視覺設計，成為視覺上的功能可見性設計，告訴使用者如何與觸控介面進行互動。

在圖 5-22（左）所示的 Apple Wallet 範例中，資料列表中存儲的項目列表已進行了可視化設計，模仿了卡片或票證的外觀。這種轉換現實生活中物件成為數位物件的概念，可以幫助使用者找到他們想要的東西，還可以幫助他們管理和安排內容。

1　而且，根據購買軟體的人是誰，有可能需要依法支援無障礙設計。拿美國政府為例，它要求所有聯邦探員使用的軟體，都要支援身障人士使用。更多資訊請見 *http://www.section508.gov*，而美國身心障礙者法案（Americans with Disabilities Act）中也定義了設計規格（*https://oreil.ly/mNptX*）。

圖 5-22　Apple iOS 錢包以及 Apple iOS 計算機

Apple 在其計算機應用程式圖 5-22（右）中再次成功使用了擬態。圓形數字的大小符合最佳的「觸控目標」大小（我們將在第六章的移動裝置設計中對此進行更多討論），且該計算機的功能反映了您對物理計算機的期望。透過這種方式，iOS 的設計人員已經將 iPhone 進化成可以變形和依應用程式改變預期功能的設備。

您還可以在其他設計風格中使用擬態來增加可用性。在開立 Square Invoice 的過程中（圖 5-23），設計人員在視覺上選擇使用現實生活中的支票，以便讓使用者知道要在何處寫下匯款帳號並檢查帳號。

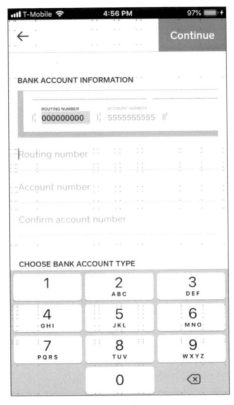

圖 5-23　Square Invoice 銀行帳號以及 Eventbrite 介面

插圖

介面設計無需做得冷酷又乏味。如果對品牌有意義，使用插圖是為應用程式或網站設置有趣且平易近人的基調的好方法。使用插圖風格還可以使您擺脫現實世界中的一切，並讓設計師表達出只存在於想像中的複雜概念。

Eventbrite（圖 5-24）是一個活動公布欄和購票服務，該服務在其移動裝置應用程式介面周圍使用了插圖風格，提供了溫暖而誘人的視覺外觀。

圖 5-24　Eventbrite 介面

Florence（圖 5-25）是護士尋找工作的網站。這可能是一個無聊的網站，但插圖和視覺設計為這個有趣而友好的品牌定下了基調。

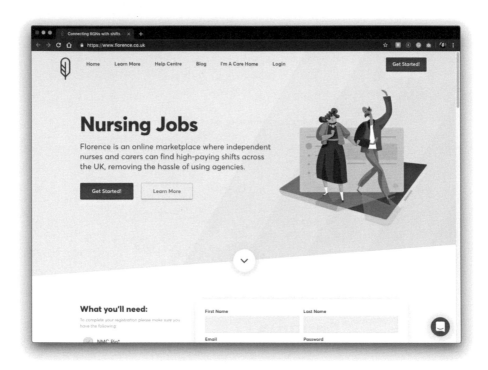

圖 5-25　Florence.co.uk

Happy Cow（圖 5-26）是一個移動裝置應用程式，可幫助素食主義者和全素主義者在世界各地找到餐館和食物。該網站的整個使用者介面使用 Happy Cow 吉祥物和輕鬆的圖示語言。

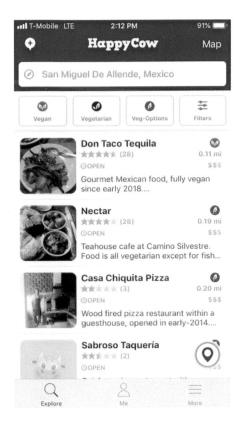

圖 5-26　Happy Cow

當您的產品是您的應用程式或網站時（本節中的範例就是），使用自訂插圖是建立令人難忘的品牌印象的有效方法。

扁平化設計

扁平化設計的特徵是純色背景色、簡單易懂的圖示和無襯線字體，是您在網路和移動裝置應用程式中看到的最廣泛使用的視覺設計風格之一。想想在機場和交通中使用的標示牌風格，您會明白為什麼這種扁平而風格極簡的設計具有如此普遍的吸引力。它沒有文化背景、易於本地化，並且可以輕鬆縮放到不同的視界（畫面尺寸）。

扁平化設計被認為是真正的數位樣式，因為它的使用者介面的視覺語言（圖示除外）不再假裝類似於現實生活中的某些事物。取而代之的是，這種使用者介面的目標在融入背景並讓使用者專注於內容。

圖 5-27 是移動裝置應用程式中的扁平化設計的範例。您看到的共同點是什麼？您是否看到純色、不同大小的單一字體以及平面圖示？當您注意到這種視覺樣式時，您會注意到所有地方都使用了它。

 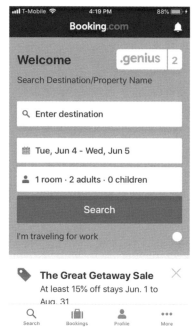

圖 5-27　Cash 和 Booking.com app

AirVisual（圖 5-28）是一個可顯示世界各地城市的空氣品質的移動裝置應用程式，它結合了扁平化設計和自訂插圖，提供清晰實用的視覺效果。

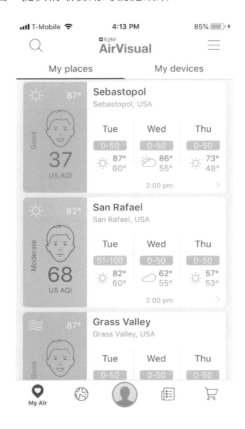

圖 5-28　AirVisual app

有關扁平化設計的更多詳細資訊

- *https://www.microsoft.com/design/fluent*
- *https://material.io/design*

極簡

極簡設計是在畫面上放最少的元素。當使用者可以做的事情很簡單，或者介面主要用於查看資料、而不是輸入或處理資料時使用。

Clear Todos（圖 5-29）是一個極端的範例，它僅顯示色彩深淺、文字以及非常有限的視覺使用者介面如何操作的提示。

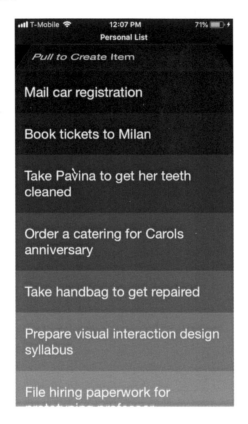

圖 5-29　Clear Todos app

Calm 應用程式（圖 5-30，左）畫面上只會顯示使用者絕對必須看到的內容。在此範例中，只有一個按鈕用於控制功能，用巧妙的動畫指引使用者該做什麼。

Apple Health（圖 5-30，右）使用大膽的彩色資訊圖形作為其視覺使用者介面的核心。

圖 5-30　Calm 和 Apple Health app

Glitché（圖 5-31）是用於創建「故障」風格的照片和影片的應用程式。其簡約的使用者介面讓使用者可以專注於任務，而不會將寶貴的畫面資源從照片和影片編輯的主要任務中奪走。

Brian Eno 出品的 Bloom 音樂應用程式（圖 5-31）僅使用音頻提示來告知使用者如何互動。依靠著細微、柔和的顏色變化和環境聲音，鼓勵使用者探索和創造。

圖 5-31　Glitché 和 Bloom

自適應性 / 參數性

在極簡主義的極致表現是自適應性或參數性，意思是其形式不是靜態的也不是事先定義好的，而是靠演算法，依接近的物件（靜態或動態）而生成的。您將在影片或照片應用程式中看到這種類型的介面，並且在越來越多的其他類型的介面中看到它。文字的說明無法好好地描述這種設計，您可以想像有一個介面，上面大部分的東西幾乎都看不見，直到它與能夠進行互動的事物進行接觸為止，然後使用者介面會自我展示並環繞突顯使用者可以與之互動的物件。在為此類介面做視覺設計時，關鍵是要建立高對比和流暢的視覺風格。

Apple Measure（圖 5-32）是 iOS 隨附的一種測量工具。為了進行測量，使用者將手機或平板電腦對準目標，然後測量工具和功能會將自己組裝到介面上。

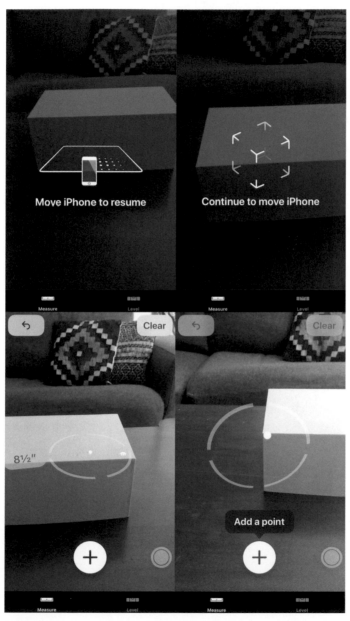

圖 5-32　Apple iOS Measure

Simple（圖 5-33）是一個移動裝置銀行應用程式。為了要存入支票，系統會提示使用者拍攝支票的照片，並且會出現一個使用者介面，用來指示照片已放在正確的位置以及何時可以拍攝照片。

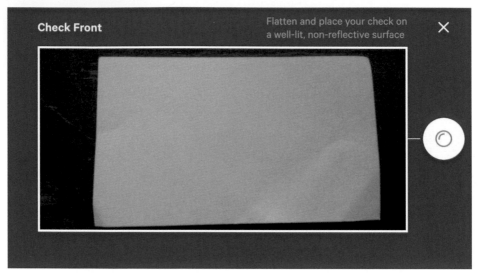

圖 5-33　Simple 支票拍攝

本章總結

出色的視覺設計是一項需要時間才能達到完美的技能。圖形設計本身就是一門學科，要深入了解網格、色彩理論、排版和 Gestalt 原則上的細微差別。要真正理解如何創建完美的視覺設計，遠遠超過一章的內容可以涵蓋的。幸運的是，有了新的網站創建和編輯工具，只要是有信用卡和有內容可分享的人，都可以獲得掌握完美的設計核心精神和詳細的設計外觀的許多技巧。

諸如 Squarespace、Wix 和 WordPress 之類的 Web 建立平台上，準備了一些由視覺設計師創建的預製模板。這些預製模板除去了設計排版時的不確定，並消除了間距、邊界和易讀性的困擾。

我們只觸及了使用者介面環境中需要瞭解的視覺設計的一些皮毛，重點是美學至關重要，正確地把握細節，使用您產品或服務的人就能在感受上產生巨大的差異。

第六章

移動裝置介面

不管在哪一個城市的街道上，你都會看到人們低著頭看著他們的移動裝置。我們的世界是一個充斥著 iPhone 手機、Android 手機、其他智慧型手機和平板電腦的世界，全世界的人主要都是透過手機訪問網際網路。到 2025 年，預計全球將有 50 億人成為移動網際網路使用者[1]，您的產品的使用者很可能將主要透過移動裝置與您的產品進行互動。為移動裝置做設計不僅是好的設計習慣，還是實際的商業問題，這已是常識。

理所當然地，移動裝置已成為日常生活中不可或缺的一部分。手機不僅僅是電話，也不是連接到網際網路的手段，它已成為通訊、商業、娛樂、運輸和瀏覽的主要途徑。特別是智慧型手機和平板電腦還具有直接操作（能夠觸摸您要選擇或編輯的物件）的優點，這使移動介面易於學習。

只是把網站做成比較緊密版本已不再是設計移動裝置介面的方法，那些想要讓自己的數位產品在未來適應多種畫面大小的公司，都選用了**移動優先**（*mobile-first*）（要先設計移動體驗，然後再設計功能更全面的網站體驗）或**回應式設計**（*responsive-design*）（設計適合不同的畫面尺寸的網站體驗）做為它們的開發方法。

移動裝置體驗的世界非常廣闊，涉及範圍從移動網站到原生移動應用程式（app）。某些產品希望其移動網站提供其所有功能，但所有這些功能都要能滿足小畫面和其他移動的限制。許多人只透過移動裝置查看網際網路，而且他們會想要存取您網站的所有功能。您可能會選擇進行兩種獨立並行的設計，一種用於移動裝置，另一種用於桌上型電腦。

---

1   *The Mobile Economy Report*, GSM Association, 2018

如果您是為大螢幕創建工具和應用程式（不是網站），則本章可能根本不適用於您。您和您的組織可能希望評估您的工具（或這個工具的某些子集）是否可以重新做成適用於移動裝置。此時請去了解您的使用者，了解他們的需求、任務和使用背景。

您可能會為桌上型電腦（一般網頁）、移動裝置網路（移動裝置網頁）和移動裝置本機應用程式（移動裝置原生應用程式（app））進行設計，每種方法都有其優點和缺點，取決於您需要提供的經驗豐富度。創建移動應用程式是一筆不小的投資，但這可能是值得的。

其中一些使用者將透過小型、慢速、古怪且難以互動的瀏覽器查看您的網站。他們將在不同的環境（和思維）下使用您的網站，這與他們安靜地坐在舒適的辦公桌前用大螢幕時所經歷的環境完全不同。

本章雖然不會討論平台檢測技術細節，以及如何根據使用者的情況呈現正確的設計（例如，不同的 CSS 樣式表），但是這些相關知識很容易找到。投資相對較少的知識、設計工作和時間，就可以大大改善您設計的網站的移動體驗。

移動裝置設計的挑戰與機會

為移動裝置平台做設計時面對的挑戰，絕對不像假定使用者安安靜靜地坐在大螢幕與鍵盤前會遇到的情況一樣。

嬌小的螢幕尺寸

移動裝置所提供的資訊或選項呈現空間實在不多。很可惜，您沒有工具列、容納長標題的選單、擺放無用的大型影像，或使用一長串連結清單的奢華條件。我們需要剝離設計直到露出本質才行（也就是盡可能拿掉所有額外的東西），在畫面上只留下最重要的功能，其他東西則直接捨棄或埋到網站的較深處。

多變的螢幕寬度

若是想要做一個能在 360 個像素寬與 640 個像素寬的螢幕上都看起來還不錯的設計，是件很難的事。向下捲動行動網頁不算很繁重的動作（因此我把寬度拿出來討論，而不是高度），但設計需要聰明地利用能用的螢幕寬度。有些設計最後會為不同螢幕寬度（例如最小的按鍵裝置，或 iPhone 大小的觸控裝置）建立多個版本的網站，包括採用不同的商標圖形、不同的導航選擇等等。

觸控螢幕

大多數移動裝置都是用觸控螢幕來訪問移動裝置網站和 app。雖然帶鍵盤的裝置顯然也能使用，畢竟這類裝置是現有移動裝置的大宗，但各位也可能想在設計時稍微偏向觸控螢幕的體驗。只要您遵循良好的設計原則（有節制的內容、排版線性化…等等），就可以使用鍵盤裝置上的按鍵輕鬆導航連結。

用手指精確觸摸小目標非常困難。請您將連結和按鈕做得夠大，以便輕鬆觸控；至少要使重要目標在 Android 裝置 [2] 上達到 48×48dp（9 公釐）大小，在蘋果 iOS [3] 上至少達到 44pt×44pt，並在它們之間留出空間。當然，這會減少其他內容的可用空間。

輸入文字的困難度

大家都不喜歡用觸控螢幕或手機鍵盤上輸入文字。您應該在設計網站或工具的互動途徑時，設計成不需要打字或只要鍵入一點點文字。例如，盡可能在文字欄位中使用「自動完成（Auto Completion）」，還有在你覺得十拿九穩時預先輸入表單欄位的內容。不過，請記得有些環境中輸入數字比輸入文字簡單。

充滿挑戰的實際環境

人們在各種地方使用手機與其他裝置，例如在戶外明亮的陽光下、在黑暗的戲院中、在會議室裡、在汽車上、公車上、火車上、飛機上、商店中、浴室裡，甚至在床上都會用手機。首先就從周圍環境的明暗度差異開始考慮吧！在陽光直接照射的情況下，優雅的灰階文字搭配優雅灰階背景可能效果不是很好。也考慮一下周圍環境的吵雜度差異：請假設有些使用者會完全聽不到裝置傳出來的聲音，同時又有些使用者覺得突然發出的噪音很刺耳又不合時宜。

最後，想想動作。當裝置（或使用者）不停移動時，小小的文字比較不容易閱讀。在最佳環境下，觸控螢幕上的微小點擊目標都已經很難使用了，如果是在搖搖晃晃的公車，我們將幾乎無法操作！再提醒一下，設計時請小心「胖手指」，並設計若出錯了也要容易修正的機制。

2　Material.IO Accessibility Guidelines（*https://oreil.ly/S5tSG*）

3　Apple Developer Human Interface Guidelines（*https://oreil.ly/wnZOS*）

位置感知

移動裝置會與使用者一起移動，這也意味著這些裝置能夠準確定位其使用位置，這代表可以將場景設計成能提供特定位置的資訊並與本地資料搭配使用。系統甚至可以推斷使用者可能處於何種情況，以更好地預測其需求。

社群影響與有限關注

在大多數情況下，移動裝置使用者不會非常專注地使用您的網站或應用程式。他們會在做其他事情的同時使用您設計的介面，例如散步、騎車、與其他人交談、會議上或者（但最好不要）開車時。有時候，移動裝置使用者會全神貫注於裝置上，例如玩遊戲時，但是全神貫注的時間仍不會像坐在鍵盤前的人那樣多。因此，設計時請考慮使用者會不專心：所以請使任務序列變得容易、快速和隨時接續使用，並一看就知道要做什麼。

您可以做出的另一個假設是，許多移動裝置使用者會參與對話或其他社交場合，他們可能會傳遞裝置，向人們顯示某些在畫面上的內容，也有可能有其他人在背後看著他的畫面。如果在某個環境下不能容許嘈雜的裝置，他們可能需要突然關閉聲音，或者他們可能會打開聲音讓其他人聽到一些聲音。您的設計在這些情況下表現良好嗎？它可以很好地支持社交互動嗎？

如何做移動裝置設計

如果你只是在把網站的一般內容縮小放到 360×640 的視窗裡，停！別這麼做。請暫時停下來想想重新思考。

1. 在移動裝置環境中的使用者，他們真正需要的是⋯⋯？

出門在外而且使用移動裝置的人，或許只想用特定方式使用我們的網站（或應用程式）；他們的需求範圍與能夠使用整個網站的使用者不同。請為下列可能狀況做設計：

- 「我現在就要知道事實，要快。」
- 「我有幾分鐘空檔，來點好玩的吧！」
- 「我要接觸社群。」
- 「如果有什麼我該立刻知道的事，立刻通知。」
- 「我現在的所在地附近與哪些事物有關？」

2. 去除網站或應用程式的外表直到剩下本質

別害怕拿掉其他的一切東西,包括額外的內容、吸引視線的特色、側邊欄、重要引述(pull quotes)、廣告、圖像、網站地圖、社群連結……等眾多事物。專注於移動裝置使用者需要從你的網站進行的少數任務,使用最小限度的商標標幟,拋棄其餘部分。

確認在(網站的)首頁上或程式的第一個運作頁面上,出現在螢幕上的是重要內容。這表示要拿掉那些重重疊疊堆在螢幕上的商標、廣告、分頁以及標題。圖 6-1 是一個不良的移動裝置設計示範;使用者想看的唯一內容就是螢幕底端的賽事比數!(如果使用者把手機轉個方向,比數甚至不會出現在第一眼看到的畫面上)。

圖 6-1　不良的移動裝置設計示範,使用者唯一關心的資訊被擠到最底下

把網站減少到最精簡的形式後,接下來您要確定那些想要使用完整網站的使用者也能使用,所以請把連結到完整網站的鏈結放在明顯的位置。請記得,全世界有很多人只能透過手機上網,我們不能假設所有人都會在較大的螢幕上看到完整的網站,他們可能甚至沒有這種裝置,只能用移動裝置上網。

另一種做法可以是建立兩個獨立且平行的設計（稍早提過此種方式），所有的網站功能與資訊都會出現在行動版網站上（也就是說使用者不需前往完整的非行動版網站）。您或許仍需要去除首頁或主畫面上的元素，因為不能使用平坦而寬扁的導航階層（在首頁上有數不清的連結通向其他頁面的方式），所以我們或許需要重新組織網站，使得階層能窄一點、深一點。這樣一來，能在首頁放下的選項會比較少，這意味著在小螢幕能顯得較不雜亂（當然，需要階層的深度必須與使用者轉跳時間取得平衡！）。

3. 如果可以，請使用裝置本身的硬體

移動裝置提供了桌上型電腦沒有的絕佳特色。位置、相機、聲音的整合、用手勢輸入、觸控回饋（例如長短震動），以及其他我們可以取用的功能。有些裝置能負擔多工操作，在使用者做其他事時，我們的程式同時可在背景執行；你的設計能適用這種狀況嗎？

4. 內容採線性排列

這一點要回到寬度的問題。許多裝置的寬度像素不夠呈現並欄式排版。與其挑戰先天的限制，不如接受這一點，最終您的內容將排成直式的。請好好排列行動版網站的內容，讓內容在這種排版方式下同樣「看起來還不錯」。請參考本章的**垂直堆疊**（*Vertical Stack*）模式。

5. 最佳化最常用的互動順序

決定好你的典型行動使用者將執行的任務，並縮小網站到只留下最重要的內容後，請試著遵守下列經驗法則，讓執行任務盡可能地簡單容易：

- **消除打字的必要**，至少也要盡量減少到只需輸入幾個字元。
- 盡可能使用**最少量**的頁面，也別在頁面上放不必要的東西。因為下載速度可能非常緩慢，大部分地區都還沒有高速寬頻無線網路設施。
- **減少捲動**與向旁邊拖曳的動作，除非它能減少載入頁面或打字。換句話說，如果要呈現許多內容時，請採用一個長長的垂直頁面，會比許多小頁面更好。
- 減少使用者取得想要的資訊或完成任務所需的**點擊次數**。雖然點擊大型目標（或使用硬體按鈕）比打字好得多，但也請試著減少點擊次數。

傑出範例

本節列出一些行動版網頁首頁，它們剛好符合前一小節提過的大多數設計條件，同時又維持自身網站的品牌識別度與個性。在此處的一些範例中，我同時列出了移動裝置網站與移動裝置應用程式兩種以供對照。

Lugg（圖 6-2）提供隨選搬運服務，它的移動裝置網站和移動應用程式均遵循良好的移動設計規範。Lugg 的重點放在它所提供的主要服務，並為文字輸入和按鈕提供了大的觸控目標，以及清晰的號召性用語，一目了然所有最重要的資訊。

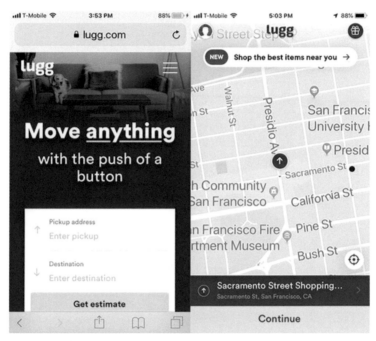

圖 6-2　Lugg 的移動裝置網站，以及原生 iOS 應用程式

Booking.com 是一個旅遊預訂網站，可預訂飯店、航班和租車，因此我們可以肯定地說，其移動網站和原生移動應用程式的主畫面的重點 100% 放在吸引訪問者進行目的地搜索，這也是預設體驗（圖 6-3）。Booking.com 還利用了智慧型手機上可取得的地理位置資料，並將其整合到體驗中。

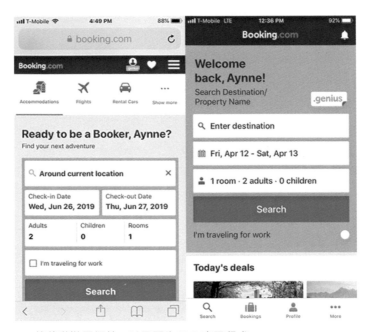

圖 6-3　Booking.com 的移動裝置網站，以及原生 iOS 應用程式

紐約時報填字遊戲（圖 6-4，左）針對其移動版本帶來的限制和機遇進行的優化，獲得了很高的評價。當使用者點擊第一個空格以輸入字母時，整行將突出顯示，並且提示將顯示在鍵盤上方的藍色突出顯示區域中。這是出色的視覺表現，可以節省點擊次數，並簡化了本來非常複雜的互動行為。

NPR 的 One App（圖 6-4，右）精簡化過的手機使用者介面，是簡化功能的絕佳範例。它使用位置的資料顯示最近的電台，並只顯示一個大的「播放」按鈕。

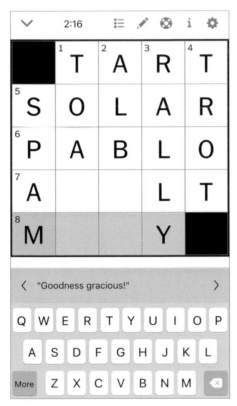 

圖 6-4　紐約時報原生 iOS 填字遊戲移動應用程式，以及 NPR 的 One App 應用程式

Gratuity（圖 6-5，左）是一種小費計算機，它將所有功能優雅地放置在一個畫面上，按鈕也設計成夠大的觸控目標。

Music Memos（圖 6-5，右）允許使用者創建快速錄音。該應用程式經過精簡設計以突出主要功能，並提供了優美的動畫來表示錄製正在進行中。

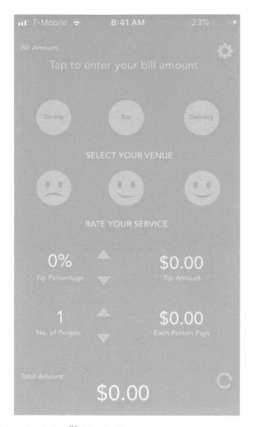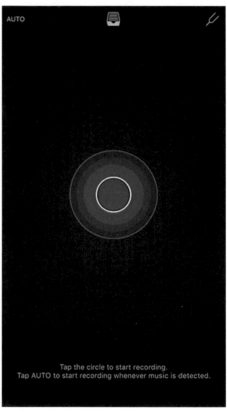

圖 6-5　Gratuity 與 Music Memos

模式

在前面的介紹中，我們提到將內容的結構設計成直欄形式，可以得到最大的彈性。請見**垂直堆疊**模式，該模式會再將詳細地說明。

移動應用程式需要一種方法來顯示其最上層的導航結構。每個應用程式畫面頂部或底部的固定工具欄是移動介面的一種標準方法，分頁和全螢幕選單是另外兩種常見的方式，而不太明顯但值得一提的還有**幻燈片**（*Filmstrip*）和**觸控式工具**（*Touch Tool*）模式。

移動網站畫面通常將**底部導航**模式當成全域選單用，寶貴的畫面頂部空間傾向用來顯示更直接相關的內容。

列表在移動世界中無處不在，應用程式、圖片、消息、聯絡人、操作、設置等等，所有內容都可以用列表呈現！網站畫面和應用程式都應顯示設計良好的列表，這些列表看起來不錯且實用。普通的文字列表通常就足夠了，不過**轉盤**（*Garousel*）和**縮圖網格**（*Thumbnail Grid*）在移動裝置設計中亦表現不俗（有關這些模式和列表設計的更多討論，請參見第七章）。有些移動設計的需求適合**無限清單**（*Infinite List*）模式。我們在本章中將會介紹的模式如下：

- 集合與卡片（Collection and Card）
- 無限清單（Infinite List）
- 寬廣的邊緣（Generous Border）
- 載入或進度指示器（Loading or Progress Indicator）
- 高度連通的應用程式（Richly Connected App）

垂直堆疊（Vertical Stack）

把移動裝置畫面內容排成直欄形式，如圖 6-6 所示，只用少許或完全不使用水平並排的元素。文字元素要換行，畫面捲動範圍超過大多數裝置畫面長度。

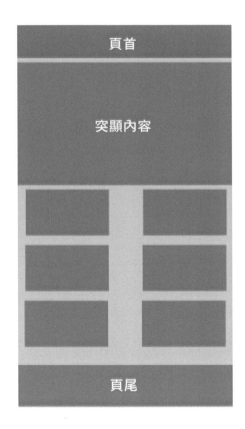

圖 6-6　垂直堆疊

當行動版網站大多數的頁面需呈現在不同尺寸的裝置上時，就應該使用這個模式，尤其是包含文字為主的內容與表單時（但對於讓人沉迷的內容，例如全螢幕影片或遊戲，通常不會使用這個模式，因為這類內容一般不會採用與文字頁面一樣的捲動方式）。

當前往另一個頁面要付出昂貴代價時（就像要花一點時間下載的網頁一樣），適合使用這個模式。但在另一方面，在裝置上的應用程式幾乎能瞬間就換到下一個頁面，原因在於它們的內容不需下載。在這種情況下，只用單一螢幕畫面顯示內容就較為合理了，這樣子使用者永遠不會需要垂直捲動，只要手指點擊或掃過畫面就夠了。但比起等待冗長的下載時間，垂直捲動一個長頁面要好一點。

各種裝置有各種不同的寬度，您無法預測各個裝置的準確寬度（以像素計算），除非在執行期偵測螢幕寬度，或為特定裝置建立應用程式（當然您可以針對每一種裝置的寬度分別做最適合的設計，但不是每個人都有資源這樣做）。

固定寬度的設計如果大於實際裝置的畫面寬度，還可以向旁邊捲動或配合畫面縮小，但這類設計永遠不如單純讓使用者向下捲動畫面的設計來得好用。

字型也可能在設計師的意料之外發生變化，**垂直堆疊**模式加上能換行的文字元素，在字型發生變化時將能優雅地克服變化。

把頁面內容排版到一個可捲動的直欄中。請把最重要的項目放於頁面頂端，較不重要的項目則依序向下擺放，讓大多數使用者都能先看到重要的事物。

實用的內容（以使用者的角度來看）應該顯示在**垂直堆疊**的前 100 個像素中（亦可少於此數）。這裡是螢幕的最頂端，是珍貴的資產，別將它塞滿太高的商標、廣告或無止盡的工具列，把畫面搞得跟結婚蛋糕一樣，反而把全部有用的內容推到頁面底端！使用者最討厭遇到這種情形了。

表單的標籤請放在相應的控制元件上方，而不是與元件並排，這樣可以節省水平空間。我們將需要所有能用的空間來顯示文字欄位，還要為控制元件選擇適當的寬度。

想要並排放置按鈕？請在非常確定總寬度不會超出可見的螢幕寬度時才這麼做。如果按鈕中包含較長的文字，有可能受到位置或字型變大的影響時，請忘了並排放置按鈕這個想法吧。

縮圖可輕易置於文字旁邊，這也是列出文章清單、聯絡人、書籍……時的常見做法，請參考集合與卡片（*Collection and Card*）模式。請確認設計成品能適用只有 128 個像素的螢幕寬度（或是設計能容許的最小螢幕寬度）。

範例說明

ESPN、*Washington Post*、REI 的網站（圖 6-7）示範了三種**垂直堆疊**的使用範例。ESPN 只把最新的重要內容放在首頁上，寧願把其他內容藏在頁面頂端的選單項目之下。*Washington Post* 則把內容全部展開在頁面上；圖中所示的所有堆疊項目，只是整個頁面的一小部分而已！REI 的首頁只簡單顯示一份選單，列出所有店面的位置和前往的方式，以及一個提示。

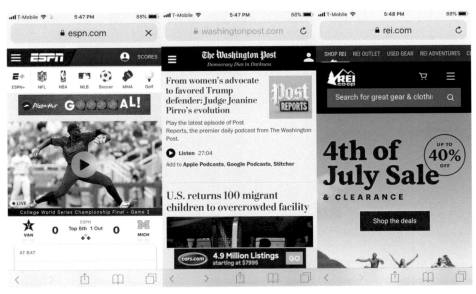

圖 6-7　ESPN、Washington Post、REI 的移動裝置網站上的垂直堆疊

Salon.com（圖 6-8）為其移動裝置網站和移動應用程式提供垂直堆疊排版。這讓它能靈活地顯示不同的內容量，並且設計讓使用者可以輕鬆地用拇指捲動新文章，僅用一隻手即可瀏覽內容。

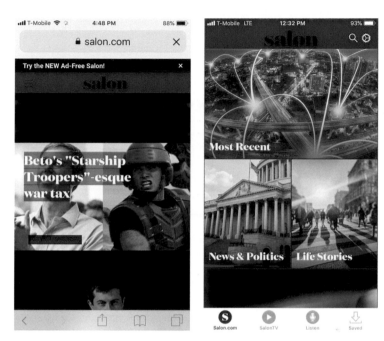

圖 6-8　Salon.com

幻燈片（Filmstrip）

讓使用者可以來回切換，一次檢視一個頁面上的內容。

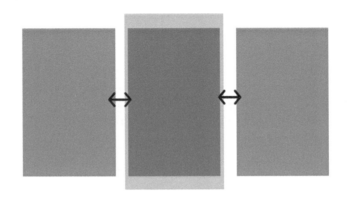

圖 6-9　幻燈片模式概念

何時使用

當你的頁面內容在概念上是平行時，例如不同城市的天氣或不同賽事的比數，而且使用者也不介意用手指掃過（swiping），逐一掃過他們也可能感興趣的頁面，最後找到想看的東西時使用。

對移動應用程式而言，這個模式有時可能是其他導航機制的替代方案，例如替代工具列、分頁、全頁選單等等。

為何使用

每個要呈現的項目都可用到整個螢幕空間；不需留空間給分頁或其他導航機制使用。

既然使用者不能直接跳到想看的畫面（而是必須快速透過其他畫面），所以這個模式能鼓勵使用者瀏覽內容並得到意外收獲。

有些使用者很滿意手指掃過畫面這種控制操作。

這個模式有個缺點，在於很難調整其規模；我們不能放太多頂層頁面，否則使用者可能會因為一直要用手指掃過而覺得很煩。另一個缺點則是缺乏可見性。如果使用者是第一次看到這個程式，不容易看出切換到下一頁的方式就是用手指掃過。

原理作法

本質上，幻燈片就像在移動應用程式首頁上做了轉盤（Carousel），只差在轉盤通常會顯示解釋性資料（metadata，關於項目或頁面的資訊）與環境背景，例如前一頁或後一頁的部分內容。但使用幻燈片做為頂層頁面組織的移動裝置應用程式，則通常不會顯示這些內容。

如果你想提供線索，讓使用者知道頂層頁面不只一頁，只要用手指掃過就能換頁的話，請使用點狀指示元件，就像 iPhone Weather 應用程式在螢幕底端採用的元件。

範例說明

iPhone 應用程式 BBC 新聞（圖 6-10）將其主畫面構造為幻燈片模式。使用者可以在重點新聞、我的新聞、熱門新聞、影片和直播之間來回滑動或點擊。

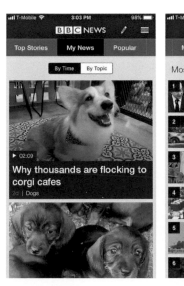

圖 6-10　BBC 新聞

iPhone 內建的 Weather（圖 6-11）使用了幻燈片模式，以顯示使用者所選的幾個地點的天氣。

圖 6-11　iPhone Weather 應用程式

觸控式工具（Touch Tool）

觸控或壓下按鍵才顯示的工具，並把工具放在內容上層、位於一個小而動態的圖層裡。

Netflix（圖 6-12）是一種提供影片給觀眾觀看的數位產品。目的在讓使用者主要關注影片內容之外，希望能時不時地暫停、打開和關閉字幕、倒轉或快轉影片。使用者可以透過點擊畫面來叫出功能，不使用大約五秒鐘後，這些選項將再次消失。

圖 6-12　Netflix 移動裝置應用程式上的觸控式工具

當你設計一種能讓人沉迷其中的全螢幕體驗時，例如影片、相片、遊戲、地圖或書籍等等。為了要讓使用者能管理體驗，有時需要一些控制元件，例如導航工具、媒體播放工具、內容資訊……等等。雖然工具需要擺在顯眼的位置，但又只是偶爾依需要出現而已。

在大多數時間裡，內容主宰著使用者體驗，使用者不會因為元件佔用內容的空間與專注性就分心。請記得在移動裝置的環境中，空間與專注性甚至比其他環境更顯得珍貴。

使用者可藉由選擇工具呈現的時機來掌控體驗。

原理作法

用全螢幕顯示整個內容本體。當使用者觸碰裝置的螢幕，或按下某個特定按鍵或軟體鍵時，才會顯示相關工具。

許多應用程式只在使用者觸碰螢幕的某個特殊區域時，才會顯示**觸控式工具**。如此一來，使用者才不會在平常操作裝置時意外叫出工具。

請將工具顯示於浮在內容上的小型半透明的區域，半透明使得這些工具看起來只會短暫存在（它們也的確是）。

請在未使用工具的數秒後除去工具，或在使用者點擊工具之外的其他畫面部分時馬上消失，因為等待工具自行消失可能是很惹人厭的事。

範例說明

iPhone 的影片播放器在使用者觸碰螢幕上提示的區域時，就會顯示出**觸控式工具**（參見圖 6-13）。如果不再使用工具，則約在五秒後消失。

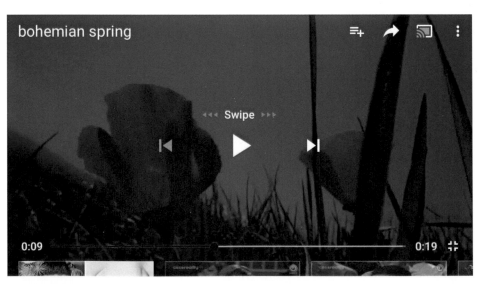

圖 6-13　iPhone 版 YouTube 的觸控式工具

Apple Notes 應用程式（圖 6-14，左）讓使用者可以專注於閱讀筆記，在觸碰畫面時，就會顯示編輯工具。

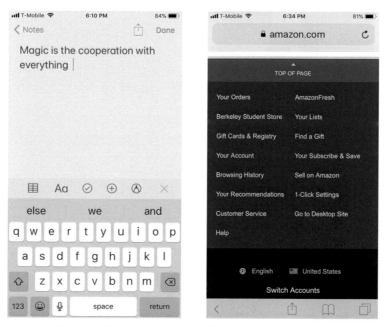

圖 6-14　Apple Notes 的觸控式工具與 Amazon's 底部導航

底部導航（Bottom Navigation）

這是什麼

把全域導航機制放在畫面的底端，Amazon 在它的移動裝置網站上的全域頁尾使用了一個簡單的「底部導航」系統（圖 6-14，右）。

何時使用

行動版網站有顯示部分全域導航連結的需求，但對大多數使用者而言，這些連結又只是優先度不高的介面探索路徑。

您的網站畫面中重要的位置應該用來顯示最新、最有趣的內容。

為何使用

行動版首頁的頂部是珍貴無比的資產，您應該只把兩三種最重要的導航連結放在這裡（如果有的話），並把首頁的其他空間都奉獻給大多數使用者會感興趣的內容。

想尋找導航連結的使用者捲動到頁面底端並不困難，即使連結不在第一眼能看到的頁面上也沒關係。

原理作法

請在頁面底端建立一套垂直排列的選單項目，把它們做成輕易手指點擊觸控螢幕即可使用，請把項目拉長到佔滿行動版頁面的全部寬度，並使文字大而易讀。

對於移動裝置應用程式而言，建議您不要把整個網站地圖塞到頁尾（footer）去，因為您只有安置少量精選連結的空間而已。但與完整網站的概念很相似：與其佔用太多頁面頂部的空間呈現導航元件，我們可以把導航下推到頁面底端，盡情使用沒那麼珍貴的空間。

範例說明

NPR 的每個畫面底端都放了大型的頁尾（如圖 6-15，左），其中包括標準導航連結，以及純文字版本。

REI 使用了一種更類似網頁的簡單頁尾連結，以及一個寫著服務電話的大型按鈕（圖 6-15，右），這個按鈕的大小很適合移動裝置使用。

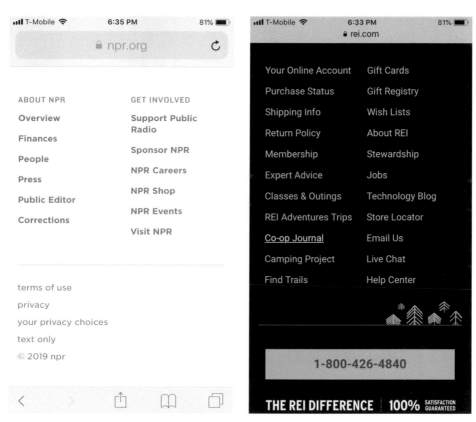

圖 6-15　NPR 的底部導航以及 REI 的頁尾

集合與卡片（Collection and Card）

集合是一系列的縮圖，用於顯示使用者可以選擇的項目列表，如圖 6-16 所示。卡片也是類似的東西，但是卡片還包含內容和功能。您將經常在電子商務網站、具有影片內容的網站和新聞網站上看到集合與卡片模式。

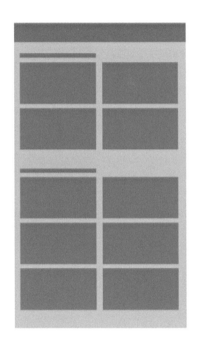

圖 6-16　集合與卡片模式

當你需要顯示文章清單、部落格記事、影片清單、應用程式清單或其他複雜內容，而且這些內容中的大部分（或全部）都有相關的影像，而您想邀請使用者點擊並檢視這些項目時使用。

只有文字的清單可以用縮圖加以改良，因為縮圖能使清單看起來更有吸引力、有助於辨識項目，並為各個項目設定足夠的高度。

移動裝置上的閱讀環境很少有令人滿意的時候。藉由增加豐富多彩的圖像，可以增進項目間的視覺差異，有助於快速地掃讀和解析清單。

許多新聞與部落格網站不約而同地使用這個設計模式，做為呈現文章連結的方式。這樣看起來更吸引人，也比只有文章標題或文章段落的清單更「完整」。

請在項目文字旁加上縮圖，大多數網站與應用程式都把縮圖放在左側。

除了縮圖，也可以加入其他視覺記號，例如五星制的評分元件，或代表個人社群身分的圖示等等。

別怕使用明亮或飽和的色彩。在桌上型環境中，各位大概不會設計這麼多視覺刺激物，但在移動裝置的環境中，視覺刺激物是有用的。即使色彩看起來有點刺眼也沒關係，小螢幕處理強烈的色彩時比大螢幕更好！

許多新聞網站都用這個模式顯示文章、影片與其他多媒體資料。這個模式可以幫助使用者向下查看清單，並選擇出想要的項目。*Jacobin*、NPR 與 *The Atlantic* 用這個模式來有效地顯示它們的專題文章，如圖 6-17。

這種模式適用於大多數內容。在圖 6-18 的範例中，您將看到各種應用程式顯示了縮圖和文字或卡片清單。

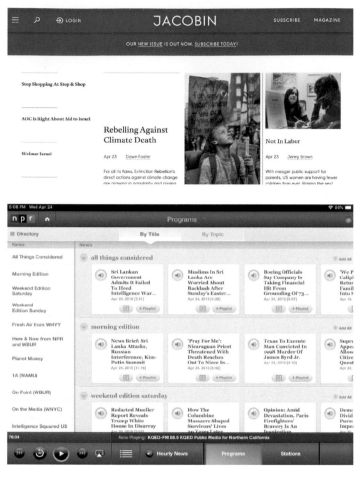

圖 6-17　　iPad 版本的 Jacobin、NPR 以及 The Atlantic 移動裝置應用程式

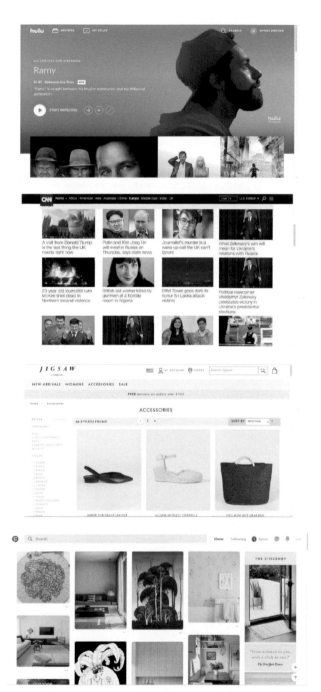

圖 6-18　iPad 版本的 Hulu、CNN、Jigsaw 以及 Pinterest 移動裝置應用程式

無限清單（Infinite List）

無限清單模式是當使用者捲動到長清單的底端時，會載入更多項目的模式，如圖 6-19 所示。

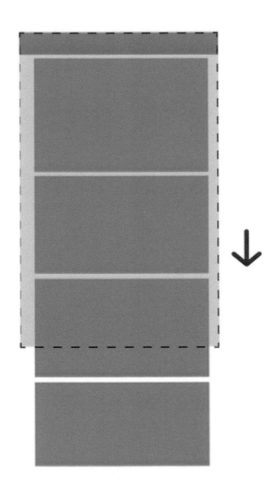

圖 6-19　無限捲動

當你需要顯示長清單時，例如郵件訊息、搜尋結果、文章或部落格貼文，或其他「無窮無盡」的東西時使用。

使用者通常會在清單頂部就找到所需的東西，只是有時也想搜尋更多內容。

因為載入最初的一個畫面或兩個項目的速度很快，使用者不會受困於等待下載一長串清單的時間，而一直看不到有用的東西。

其後下載新的一組項目時也很快速，而且由使用者掌控，使用者決定何時（以及要不要）需要載入更多項目。

因為新項目就出現在目前的頁面中，使用者不需跳到新畫面才能看到新的搜尋結果，所以他們不會像分頁顯示那樣有情境轉換的問題。

當開始傳送頁面或清單給移動裝置時，請把清單縮短成合理的長度。合理的長度是依項目大小、下載時間與使用者目標而定；使用者的目標指的是：使用者是否會閱讀每個項目，或只是掃視大量項目以尋找想要的東西（如檢視搜尋結果）？

在可捲動頁面的底端，放置一個讓使用者載入並呈現更多項目的按鈕。讓使用者知道還有多少項目可以載入。

另一種做法，我們也可以完全不用按鈕。在使用者已經載入內容、而且能看到第一組項目後，就默默地開始載入下一組項目。當使用者已經捲動到原本的清單底端時，把準備好的下一組項目附加在可見清單後（捲動到清單底端就是使用者還想看看更多內容的線索。如果使用者不往下捲動，就不用忙著載入更多項目了）。

在軟體工程中，這種拿來對付未知長度清單的方式，通常稱為**延遲載入**（*lazy loading*）。

好幾個 iPhone 應用程式都使用**無限清單**模式，包括 Mail 和第三方程式 Facebook（圖6-20，左）。Facebook 移動裝置網站，就像完整版的 Facebook 頁面一樣，會先載入最前面數頁的更新，後續再讓使用者繼續下載更多項目。

Apple 的郵件應用程式（圖 6-20，右）提供了一種無盡捲動，不論使用者在收件夾中有多少郵件都沒問題。

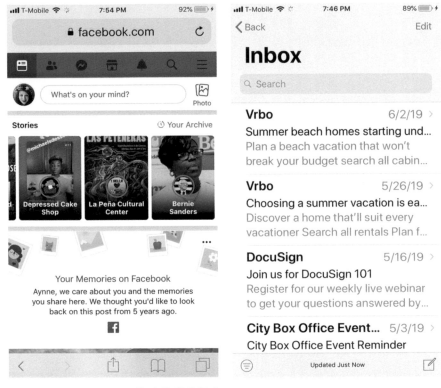

圖 6-20　Facebook 和 Apple iOS 版本的郵件程式

寬廣的邊緣（Generous Borders）

這是什麼

在可點擊的使用者介面元素周圍留下很多的空間。在配備觸控螢幕的裝置上，於按鈕、連結、和任何可點擊的元件周圍放置較大的邊緣與留白。

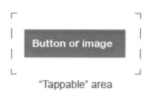

圖 6-21　寬廣的邊緣

何時使用

當您需要使用加上文字標籤的按鈕、列出一份項目清單或文字連結時使用。簡而言之，只要觸控目標物相對於畫面而言不夠大時即可使用。

為何使用

觸控目標必須夠大，我們的手指才能成功地點擊。尤其是目標物的高度要夠高，這高度對於只由文字組成的按鈕和連結會是個問題。

原理作法

每個觸控目標都加上內邊界、邊界與外圍的留白空間，可使目標變成足夠大的點擊目標。

有一項技巧，是直接用留白圍繞住可點擊的目標，該按鈕的尺寸看起來還是一樣，因此能符合視覺設計的要求，但您將可感應的範圍放大到包含按鈕周圍的幾個像素。至於目標要多大，這是個非常好的問題。理想中，我們想要的尺寸，在實體裝置中要大到能讓多數使用者操作，很多人的手指都是胖手指，有些人無法很好的控制手指，而有些人在充滿挑戰的環境下使用移動裝置，例如在昏暗的光線下、交通工具上、不能專心操控裝置的時候。

講了這麼多，究竟要做多大才合適呢？問題的答案取決於你是為哪種裝置做設計。不過此處仍列出兩個參考用維度：

- 在 Android 裝置上建議 48×48 dp（9 公釐）
- 在 iPhone 裝置上建議 44 pt×44 pt

iPhone 版本 Autodesk 出品的 Sketchbook 應用程式（圖 6-22，左），在觸摸目標周圍留有足夠的空白空間。整個應用程式有著輕鬆、通暢的感覺。

Zoom 移動應用程式（圖 6-22，右）擁有較大的按鈕，使手指可以輕鬆擊中觸摸目標。

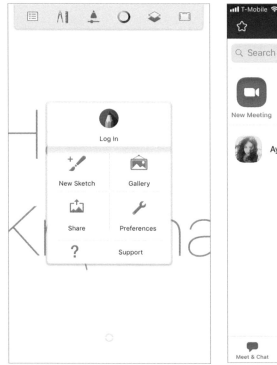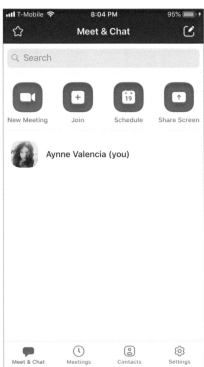

圖 6-22　Autodesk 出品的 Sketchbook 以及 Zoom 移動應用程式

儘管 Instacart 應用程式（圖 6-23）的視覺風格完全不同，但它也做了差不多的事。負責關鍵操作的按鈕（「加入購物車」導航元素）與其他的東西有著明顯區隔。

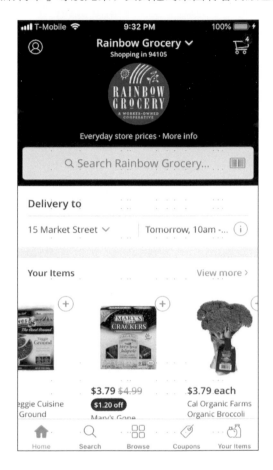

圖 6-23　Instacart

載入或進度指示器（Loading or Progress Indicator）

使用微互動（*Microinteraction*，設備的任務導向事件）動畫來通知使用者即將發生某些事情，但它尚未出現在畫面上。您可以用它們來指示畫面載入或任務完成所需時間，並將所需的估計時間顯示在畫面上。如果應用這個模式得宜，使用者會覺得緩慢的下載變得可以忍受，甚至可以當作為品牌建立的一種方式。

何時使用

當使用者必須等待內容載入時，尤其是在會因使用者的互動而會動態改變的畫面中。

為何使用

透過行動網路載入新內容可能很慢而又不穩定。您應該盡可能顯示已經部分載入的內容，讓使用者看到一些真正有用的東西。

一般來說，進度指示器讓使用者覺得下載時間變短了，使用看見自己做出的手勢獲得回應也讓他們覺得安心，特別是把指示器放在手勢下達的地方時。

原理作法

當可以快速載入時，盡可能顯示下載畫面，但如果有個部分要花費比較長的下載時間（例如圖像或影片），就在該處顯示一個簡單的動畫進度指示器（移動裝置平台可能有提供預設的指示器）。

當使用者觸發一個會造成部分畫面要被重新載入的動作時（或載入一個全新畫面），請於畫面上就地顯示出進度指示器。

Trulia（圖 6-24，左）是一個房地產應用程式，它在畫面頂部使用**無限循環**標示來指示畫面正在加載，並使用佔位圖示讓使用者知道即將會有些內容被載入。

SoundHound（圖 6-24，右）是一個應用程式，讓使用者用它去「聽」音樂，以搜索歌曲的名稱和演唱者（或音樂家）。在使用者點擊按鈕收聽歌曲後，會有一個優美而簡單的動畫指示系統正在收聽並蒐索匹配歌曲。

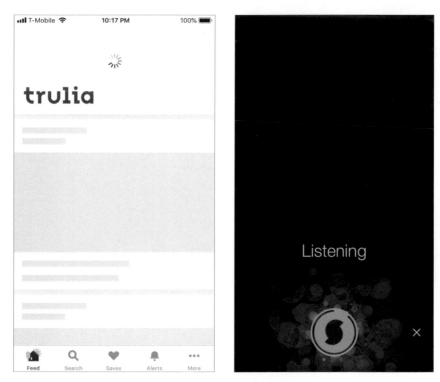

圖 6-24　Trulia 的載入畫面，以及 SoundHound 的動畫進度指示器

當 iPhone 安裝新應用程式時，在程式圖示要出現的地方會有一個小小的圓形進度指示器，顯示下載的進度（參見圖 6-25）。這很可愛，而且意義也不會讓人誤解。

圖 6-25　iPhone 應用程式的安裝進度指示器

高度連通的應用程式（Richly Connected Apps）

這是什麼

使用從你的移動裝置裡「無償」取得的功能，一些指向其他程式的直接連結，範例有：相機、電話撥號程式、地圖或瀏覽器等；以及使用者「預先填寫」的信用卡密碼以及帳單地址。

何時使用

當移動應用程式顯示的是明顯「可連結」的資料（例如電話號碼與超連結）時使用。

或是較不明顯的可連結資料，例如：程式或許有提供捕捉影像（透過裝置上的相機）、聲音、影片的功能；甚至程式也許能支援社群網路協定，例如 Facebook 或 Twitter 的帳戶等。無論是哪種，您的程式引導使用者到另一個應用程式，以執行裝置支援的功能。

為何使用

即讓使用者同時開啟多個程式，他同一時間只能看到一個移動應用程式，動手切換到不同程式還蠻麻煩的。

移動裝置通常具有足夠的背景資訊與可用功能，可作為程式間聰明的聯絡路徑。

本書寫作時，移動裝置還沒有一個在不同程式間任意移動少量資訊的好方法。若是在桌上型程式中，直接打字很容易，不然利用「複製貼上」大法，甚至使用檔案系統也可以。但在移動裝置中沒有這些選擇，所以您必須支援自動移動資料的方法。

原理作法

在應用程式中，保持追蹤一些可能與其他程式或服務相關的資料。當使用者點擊或選擇那些資料，或使用您提供的某個特殊動作，則在另一個程式中開啟資料並加以處理。

在此舉出一些例子，這些例子是在你的程式中，所有可以直接連接到其他行動功能的方式。

- 電話號碼連接到撥號程式。
- 地址連接到地圖，或連接到聯絡人程式。
- 日期連接到日曆。

- 郵件位址連接到郵件程式。

- 超連結連接到瀏覽器。

- 音樂與影片連接到媒體播放器。

除此之外，或許在您的程式運作的環境中還能拍照或使用地圖呢。

其中一些動作也能在桌上型電腦做到，但許多移動裝置天生就具有防火牆防禦（walled-garden）特性，使得針對特定資料啟動「正確」程式較為容易。您不需決定要去使用哪一家郵件閱讀程式，也不用決定要用哪個地址或聯絡資訊管理系統……等等。再說，許多移動裝置內建撥號程式、相機和地理定位服務。

範例說明

Citizen（圖 6-26）是一個報告即時資訊的應用程式，它使用地理位置資料來讓使用者隨時了解周圍發生的犯罪活動和其他活動。當使用者想要貢獻資訊時，該應用程式就會取用使用者的地理位置資料，並叫出手機的相機或影片錄製功能，以便讓使用者直接從應用程式中發布該訊息。

圖 6-26　Citizen

Simple（圖 6-27）是一個銀行應用程式。若想要存入支票，就會叫出相機功能，應用程式就能讀取支票資訊。

圖 6-27　整合了相機的 Simple

Google 的 Calendar 應用程式（圖 6-28），整合了電話、地圖、聯絡人名單與電子郵件。

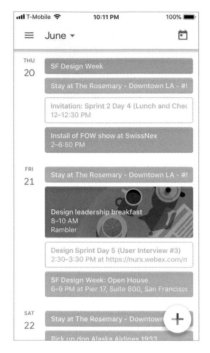

圖 6-28　Google 的 Calendar 應用程式

支援移動裝置

不難看出，一個數位產品是否能成功，智慧型手機和平板電腦的介面非常重要，應該是必須先規劃的重點。您創建的移動網站或應用程式可能是使用者體驗您品牌的主要方式，因此應特別注意小細節、微互動、可用性和移動使用環境。

第七章

清單

本章只包含一個主題：如何在互動的環境中顯示清單項目，只談清單。

您可能會想，為什麼清單值得專門寫成一章呢？

因為，在做畫面設計時有很多種東西都會以清單呈現，例如：文章、頁面、相片、影片、地圖、書籍、遊戲、電影、電視節目、歌曲、產品、郵件訊息、部落格文章、狀態更新、論壇訊息、意見評論、搜尋結果、人物、事件、檔案、文件、應用程式、連結、URL、工具、模式（mode）和行動，而且還可以無窮盡地一直列下去。

實際上，現存的每個介面或網站的設計都包含清單。本章將以有條理而清晰的方式，協助大家思考關於清單的設計、瞭解不同的設計面向，並在設計使用清單的介面時達成良好的平衡。

清單的使用案例

在我們一頭栽入設計前，先分析一下清單的使用案例會比較好。讓我們思考一下，人們拿清單來做什麼？是用來在以下哪一種情節？

取得整體概念

當人們看到清單時，他對整體會得到什麼樣的印象？在某些情況下，使用者只需瀏覽清單就能瞭解整體大概是怎樣。通常，這不僅僅需要文字，可能還需要圖像或精心設計的視覺組織來傳達這種印象。

逐一瀏覽項目

使用者會隨機掃視項目，或是循序閱讀呢？使用者需要點擊項目來開啟項目嗎？如果答案為「是」，則應該要很容易回到清單再尋找其他項目，或可直接移向下個項目。

搜尋特殊項目

使用者在尋找某些特殊的事物嗎？我們應該讓使用者能快速找到所需事物，只需最少次點擊、捲動與來回查看。

分組與過濾

如果使用者在尋找具有某種特徵的一個項目或一組項目（例如，在 X 日期到 Y 日期間的任何事物），或想從一組資料中尋找共通的現象，此時分組或過濾的功能可能會有幫助。

項目的整理、新增、刪除或重新分組

使用者是否需要能整理項目？他是否擁有該清單與清單內的項目？大多數顯示個人收藏的應用程式和網站，都允許使用者直接對清單做動作，可以把項目移動到想要的順序或做想要的分組。使用者能同時選擇多個項目，以進行移動、編輯或刪除，您的設計應該使用平台的標準多選操作方式（例如按 Shift 鍵選擇），或在每個項目旁提供勾選方塊（check box），可讓使用者任意選出一組子集合。

再論資訊架構

我們稍早曾在第二章討論過資訊架構（如何組織資訊），當時的討論與視覺呈現無關。現在，讓我們再度討論一下這個主題。如果你有一份清單要顯示在網頁上，請問這份清單最顯著的非視覺特徵是什麼？

- 長度

  — 清單有多長？可以放入你為清單設計的空間嗎？

  — 清單有可能是「無止境」的嗎？例如搜尋網站的搜尋結果通常是一份相當長的清單，使用者永遠不太可能到達清單的最末端；若是從很大、很深的檔案庫中取出項目，多半也是一樣的情境。

- 順序

  — 清單本身有順序嗎？例如原本就該依字母排序或依時間排序（更深入討論組織資料和內容的各種方法，請見第二章）。

  — 讓使用者改變清單的排序順序，合理嗎？如果合理，使用者會依何種順序做排序？

  — 如果選擇以某種順序排序清單，這種排序對於分組方案來說合理嗎？反之亦然嗎？以部落格文章目錄為例：文章原本即以時間排序，大多數部落格會根據月份與年份再把文章分成不同目錄，而不只是提供一份沒有層級的有序清單。當人們在尋找某篇文章時，可能會記得「啊，那篇文章在 X 文章之前，不過在 Y 文章之

後」，但不記得確切的發表月份。此時，依月份分組可能增加找到文章的難度，在這種情況下依時間列出標題的無層級清單或許更好。

- 分組

  — 項目已有既定分組方式了嗎？這種分組方式是使用者能立即理解的嗎？如果不是，該如何透過言詞或視覺表現來解釋分組呢？

  — 這些分組是否會被納入更大的分組？更廣泛地說，這個問題是項目是否能適用多重階層？（例如檔案系統中的檔案）。

  — 是否有數種可能的分組方式？不同的分組方式是否適用不同的使用案例或使用者特性？使用者可否依個人需求而自行建立分組？

- 項目類型

  — 項目是什麼樣子？簡單嗎？或是豐富而複雜呢？還是只是代表背後另一個更大的東西呢？例如文章的標題，或代表短片的縮圖等等。

  — 清單內的項目彼此間是否存在很大的差異（例如有些項目簡單，有些項目複雜）？或項目的同質性很高呢？

  — 每個項目都有各自關聯的圖像或相片嗎？

  — 每個項目都具有類似欄位的結構嗎？這樣的欄位結構能幫助使用者瞭解結構嗎？甚至能根據不同的欄位重新排序清單嗎？（以郵件為例，通常具有嚴格而可排序的結構，例如時間、寄件者、主題……等等，這種結構通常會一併顯示在郵件訊息的清單上）。

- 互動

  — 我們應該一口氣在清單上顯示完整的項目嗎？或是只顯示它的代表物就好（例如只顯示名稱與開頭的幾句話）而隱藏其餘部分呢？

  — 使用者可以對這些項目做哪些事呢？純欣賞嗎？或能選擇項目並進一步檢視，又或是對選擇的項目執行某些任務呢？或者項目本身就是可供點擊的連結或按鈕呢？

  — 讓使用者同時選取多個項目是合理的嗎？

- 動態行為（Dynamic behavior）

  — 載入整份清單需要多久時間？載入的方式感覺會像是立即載入嗎？或是因為清單要先在某處整合完之後，然後再顯示到使用者的面前，所以產生明顯的延遲？

  — 清單隨時有可能動態改變嗎？當動態改變發生時，是否應該顯示更新的狀況？所謂動態改變，就是把新項目自動插入到清單頂端嗎？

上述問題的答案，將引導您做出各式各樣的設計方案。當然，解決方案應該也要考量內容類型（例如部落格用的清單應該會和聯絡人清單不同）、外圍的畫面排版，以及實作上的限制。

您想怎麼呈現？

前一節所列的問題與您的答案，將決定幾乎所有其他選擇的基調。例如說，一份完全互動性的清單（可複選、可拖曳、可編輯項目……等等）多半會主宰介面。像是建立一個相簿式管理工具（photo management）、使用者端郵件程式、或其他能讓使用者管理並欣賞自有內容的應用程式。

前述與其他類型的介面中，常常需要只顯示清單中的項目名稱或縮圖（都是用來代表項目），使用者從清單中選擇其中之一時，再呈現完整的項目內容。至少有三種方式，可以達成這項需求。

「當使用者從清單中選取了某個項目後，我該在何處顯示該項目的詳細資訊？」

雙面板選擇器（*Two-Panel Selector*）或分割檢視（*Split View*）可在清單旁顯示項目的詳細資訊。這個模式對概觀與瀏覽案例的支援度相當良好，能一次看到所有東西；外圍畫面大致不變，所以不會有麻煩的環境切換或頁面重新載入的問題。

單視窗深入（*One-Window Drilldown*）以項目的詳細資訊取代清單原有的空間。這個模式通常用在容不下雙面板選擇器的小空間，例如行動裝置或較小的模組面板上。不過，使用這個模式時，常需在清單畫面與項目畫面間來回切換，增加瀏覽和搜尋的困難度。

清單嵌板（*List Inlay*）在清單本身以內嵌的方式顯示項目詳細資訊，但只有在使用者以滑鼠點擊項目時才會出現詳細資訊。這個模式也支援概觀與瀏覽案例（但如果打開太多項目的話，就不容易看到整體概觀了）。

現在，我們把注意力移往清單中顯示的項目。假設使用者會逐一點擊項目檢視一切，那麼各個項目應該顯示多少詳細資訊呢？這部分也有三個主要使用案例需要考慮：快速取得概觀、瀏覽清單、找出有興趣的項目。對於集中性任務，例如在一份很長的聯絡人清單中找出某個人的電話號碼，我們需要的一切只有項目而已。但對於範圍較廣、較為瀏覽導向的體驗（例如瀏覽網頁上的新聞文章），提供愈多資訊愈能讓一個項目顯得有趣（至少比較能引人注意）。如果項目具有相關聯的視覺元素，請顯示縮圖！

「該如何呈現一份元素以視覺為重的清單？」

卡片（*Card*）能整合影像、文字和功能，在使用者介面中成為一個元素，請見同質性網格（*Grid of Equals*）（第四章），以取得卡片模式的基本概念。

縮圖網格（*Thumbnail Grid*）是圖像物件常用的模式。一個由小圖像構成的二維網格能帶來視覺上的印象強烈；足以主宰頁面並吸取注意力。文字資料通常隨著縮圖一同顯示，但與圖片相比，文字多半小而較不重要。同樣地，請參考同質性網格模式以瞭解基本概念。

轉盤（*Carousel*）是縮圖網格（Thumbnail Grid）的變化版，所用的頁面空間較少。它限制為線性，而非以二維呈現，使用者必須捲動轉盤才能看到更多物件。根據其設計，轉盤的實作有可能能擠出比縮圖網格更多空間，以呈現所選物件或中央物件。

非常長的清單有可能不好設計，要控制清單載入的時間與頁面的長度，這的確是技術上的一大挑戰，但互動設計的層面可能更困難（使用者將如何瀏覽一份長清單並在清單中移動？使用者如何從長清單中找出特定事物，特別是在文字搜尋的結果不如人意時？）。接下來所提的技巧與模式，都能適用於前面所列的各種清單與項目呈現方式（轉盤除外，它的限制較嚴格）。

「如何管理一份長清單？」

頁碼標註（*Pagination*）可讓我們分段載入清單，交由使用者負責在需要時載入其他分區。這一個技巧常被用於網站（很容易設計，也很容易實作）。頁碼標註最適合用在使用者有很大機會會在第一頁找到所需項目時，因為大多數人根本不會進入後續頁面。若是載入整份清單將形成太長的頁面或需要太多時間時，也可以使用頁碼標註。一個良好的頁碼標註元件會顯示項目占了多少畫面，也應該能讓使用者任意跳到想去的頁面。

無限清單（*Infinite List*）（第六章）是頁碼標註的變化版，只用到一個頁面。長清單的第一段會先被載入，在這一段的底端，使用者可以找到一個按鈕，用以載入下一段內容、附加在現有內容之後。使用者永遠只看到一個畫面。這個模式在我們無法預知清單長度或清單「無窮無盡」時很有用。

有一種無限清單的變化版，是在使用者下捲頁面時自動載入。請參考連續捲動（*Continuous Scrolling*）模式。

當有一個非常長且依字母排序清單、或一個日期範圍放在可捲動對話框（scrolled box）中時，可考慮使用字母／數字標記捲軸（*Alpha/Numeric Scroller*）。這個裝置能在捲軸上直接顯示字母陣列，使用者可直接跳到想去的字母位置。

透過**搜尋**欄位直接搜尋的動作，對於協助使用者找到特定項目來說非常重要。而且，過濾清單（排除不符合特定準則的所有項目類型）也有助於把清單縮小成可利用的尺寸。

到目前為止，本節主要是在討論扁平式清單（flat list）：沒有分組、沒有包含其他內容、沒有階層的清單。不過清單也可以改變顯示方式，各位或許會想把清單拆成更小的分組，讓瀏覽時更為清楚明瞭。

「如何呈現一份整理成各種分組或具有階層構造的清單？」

標題分區（*Titled Section*）適用於下轄一層內容的清單。只要把清單分成具有標題的小分區，或允許使用者於單一分區內排列項目順序，以免破壞整體分組。如果處理的分區不多，可以嘗試**手風琴模式**（*Accordion*），這個模式能讓使用者關閉不需要的清單分區。

對於兩層以上的清單，基本的**樹狀結構**是常備的解決方案。樹狀清單通常以內縮格式表達階層，並附有加號與減號圖示（常見於 Windows 系統）或可旋轉的三角箭號圖示。可讓使用者手動開關階層，或於介面需要時自動開關。許多使用者介面工具集都提供了樹狀清單的實作。

模式

現在您已經知道自己要顯示的清單的目的是什麼，那麼就讓我們看一下何時、以及如何使用模式：

- 雙面板選擇器（*Two-Panel Selector*）或分割檢視（*Split View*）
- 單視窗深入（*One-Window Drilldown*）
- 清單嵌板（*List Inlay*）
- 卡片（*Card*）
- 縮圖網格（*Thumbnail Grid*）
- 轉盤（*Carousel*）
- 頁碼標註（*Pagination*）
- 跳至項目（*Jump to Item*）
- 字母 / 數字標記捲軸（*Alpha/Numeric Scroller*）
- 新項目預備列（*New-Item Row*）

雙面板選擇器（Two-Panel Selector）或分割檢視（Split View）

這是什麼

也稱為**分割檢視**，在介面上並排列出兩個面板。第一個面板顯示使用者可以自由選擇的項目清單，第二個面板則顯示出第一個面板所選取項目的內容，如圖 7-1 中 Spotify 網站那樣。

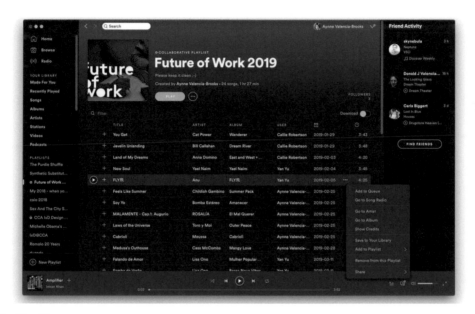

圖 7-1　Spotify

何時使用

當您需要呈現一份項目清單，清單中每個項目都有令人感興趣的內容時使用，例如電子郵件訊息中的文字、一篇長文章、一個完整尺寸的圖像、內含的項目（如果清單是分組集合或檔案夾），或是關於檔案大小或日期的詳細資訊。

您希望使用者看到清單的整體架構，並保持隨時能看到清單的狀態，但也希望使用者能夠輕易而快速地瀏覽項目。此時使用者一次只需要看到一個項目的詳細資訊或內容就夠了。

實際上，我們所用的顯示器要足夠大才能同時顯示兩個不同的面板。非常小的手機顯示器不太適合這種模式，但有許多較大的行動裝置（如平板電腦）也適用。

雙面板選擇器是一個經由學習才養成的慣例（learned convention），但是很常見，威力也很強大。人們很快地會學到，必須從一個面板中選擇項目，才能在另一個面板中看到內容。大家學到這項慣例的地方，可能是電子郵件的客戶端軟體或是網站；不管從哪裡學習，使用者會將這樣的概念套用到其他看起來相似的應用中。

當兩個面板並排出現時，使用者可以很快地在兩個面板間來回移轉注意力，一下子看向清單的整體結構（我還有多少郵件沒讀？），一下子又把注意力放在物件的詳細資訊（這封郵件講了什麼？）。這種緊密的整合有些優點，使它勝過其他實體結構，例如兩個獨立的視窗或者單視窗深入（*One-Window Drilldown*）：

- 可以減少耗費的力氣。使用者的眼睛不必在兩個面板間長距離地移動，而且使用者可以只靠單次滑鼠點擊或單次鍵盤按壓，就改變選擇的物件，而不需要先在兩個視窗或畫面之間切換（這會需要額外的滑鼠動作）。

- 可以減少視覺認知的負擔。當視窗躍上頂層或網頁內容完全改變時（像是**單視窗深入**的狀況），使用者忽然間必須對正在觀看的東西付出更多注意力；如果視窗幾乎維持穩定（如**雙面板選擇器**的狀況），使用者即可把注意力放在產生變化的較小區域上；畫面上並不會發生重大的「情境轉換」（context switch）。

- 可以減少使用者的記憶負擔。再想一想電子郵件的例子：當使用者只看著一封電子郵件的文字內容時，螢幕上沒有資訊可以提示訊息在收件夾中的位置。如果使用者想知道這點，就必須靠記憶或回到清單中查看。但若清單已經在畫面上，他就可以直接看，也不需要記憶了。清單因此具有「你在這裡」的路標功能。

- 這樣做比起載入全新的項目專屬畫面（這是**單視窗深入**（*One-Window Drilldown*）會做的事）快多了。

請將可選擇清單放在上方或左側面板，顯示項目詳細資訊的面板則放在清單面板的下方或右側，如圖 7-2。這種由左到右的擺放方式，利用了大多數使用者使用的語言習慣（對於由右到左的語言使用者，可以試著顛倒左右次序）。

當使用者選取一個項目，請立即在第二個面板顯示內容或詳細資訊。選取的動作應該可用一次滑鼠點擊完成。但是在設計時，請為使用者提供可用鍵盤改變選取項目的方式，特別是用上下左右鍵，這讓使用者在瀏覽時少費一些功夫並節省一點時間，而且在只有鍵盤時也能使用。

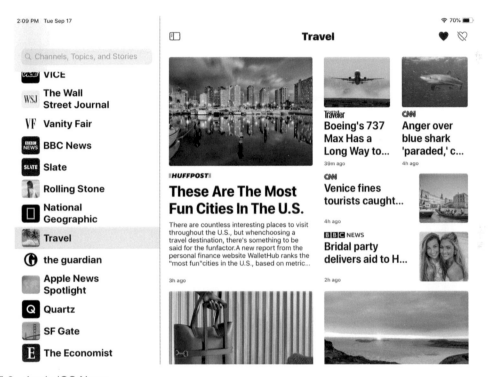

圖 7-2　Apple iOS News

請讓被選中的項目看起來較為顯眼。大多數工具集都有其強調被選項目的方式（例如調換被選項目的背景色與前景色）。如果這樣看起來不好看，或者你的工具集沒有這樣的功能，可以考慮用不同且較明亮的顏色顯示被選取的項目，這有助於突顯項目。

可選取的清單應該看起來是什麼樣子的？答案是視情況而定，根據內容的階層結構，或者根據即將執行的任務而定。比方說，大多數的檔案系統瀏覽器會顯示目錄階層，因為這正

是檔案系統的結構方式。動畫以及影像編輯軟體則會使用互動式的時間軸。圖形使用者介面建構器或許直接使用排版畫布；選擇使用者介面中的物件，然後在畫布旁邊的屬性編輯器（property editor）中顯示出該物件的屬性。

雙面板選擇器與分頁（tab）具有一模一樣的語意：一個區域是選擇器，旁邊的區域則是所選項目的內容。同樣地，**清單嵌板**與手風琴模式的語意也是相似的；**單視窗深入**則與選單頁面相似。

範例說明

許多客戶端郵件程式都使用本模式，在郵件分類附近顯示郵件清單（參見圖7-3）。這種清單幾乎占去整個視窗的寬度，所以把清單放在第二個面板的上方（而不是放在左側）就很合理了。

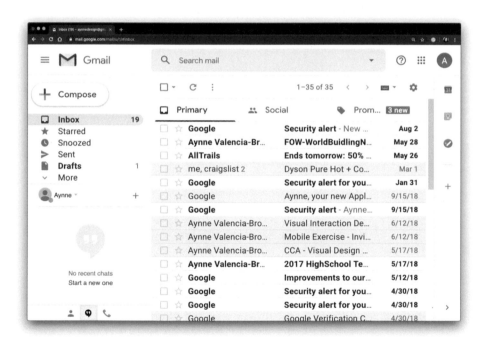

圖 7-3　Google Mail

Apple Photos（圖 7-4）在它的**雙面板選擇器**中列出了各種圖像目錄和分類，選取後將出現第二個清單。當使用者選取圖像時，整個視窗將被替換；請參閱**單視窗深入**。

圖 7-4 Apple Photos

單視窗深入（One-Window Drilldown）

在單一畫面或視窗中顯示項目清單。當使用者從清單中選取某個項目時，則在原本顯示清單的地方改為顯示該項目的詳細資訊或內容，如圖 7-5 中的範例。

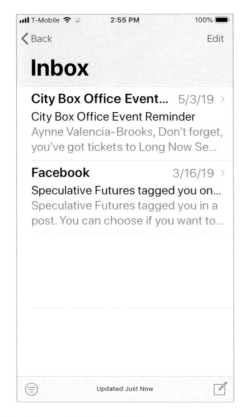 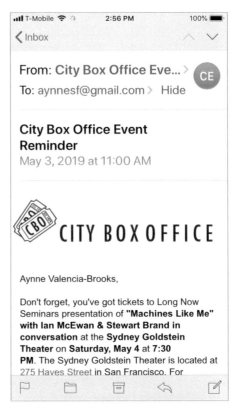

圖 7-5　iPhone 上的 Mac Mail

您正在設計的是移動裝置應用程式或網站，需要顯示一份項目清單。每個項目都有附帶一些使用者感興趣的相關資訊，例如郵件訊息中的文字、一篇長文章、完整尺寸的影像，或關於檔案的大小、日期等詳細資訊。

或者，清單項目和內容可能太過龐大。您或許需要整個畫面或視窗來顯示那個清單，也需要整個空間來顯示項目內容。線上論壇多半採用這個操作，使用整頁寬度來列出對話標題，再用另一個可捲動頁面來顯示對話本身。

為何使用

在非常有限的空間裡，這個模式可能是唯一合理的清單與項目詳細資訊表達方案。每個受檢視的事物都能使用整個可用空間，讓事物能在畫面上舒展開來。

在單視窗深入模式中，若把階層做得淺淺的，可讓使用者不致於在介面中走太深，並且容易回到最初的清單。

原理作法

請使用你覺得最適合的排版或格式來建立清單，不管是單純的文字名稱、卡片、列示、樹狀或概要，都適合以 **縮圖網格**（*Thumbnail Grid*），以及其他格式呈現。如果需要把內容塞進合適的空間中，可以做垂直捲動的捲軸。

當使用者滑鼠點擊、手指點擊、或以其他方式選取了某個清單項目，則以項目詳細資訊或內容取代清單畫面。在項目的詳細資訊畫面中，請放置 Back（回到前一頁）或 Cancel（取消）按鈕，以便把使用者帶回清單畫面（除非裝置平台已為此功能提供了硬體按鈕）。

項目詳細資訊畫面中可提供額外的導航功能，例如再向下深入項目詳細資訊、查看現有項目包含的項目（就像階層）、或是「走向旁邊」前往清單中的上一個或下一個項目（請見下一段的討論）。不論是哪種情況，都是以新畫面取代稍早的畫面，並請確認使用者可以輕易回到前一個畫面。

這個模式有個缺點：要從項目到另一個項目時，使用者必須在清單頁面與項目頁面間來回跳躍。想多看幾個項目時，要多點擊很多次，而且無法快速移往別的項目（與 **雙面板選擇器** 模式相比），或是輕鬆地比較各個項目（與 **清單嵌板** 模式相比）。我們可以使用 Back（上一個）與 Next（下一個）連結，讓使用者直接連結到前後的項目，稍微化解這些問題。

請將圖 7-5 中的移動裝置版本使用者端郵件程式與其桌面板本應用程式進行比較，會看到**單視窗深入**需要在清單上顯示更多文字，幫助使用者取得足夠的資訊來識別郵件，以決定怎麼對待該郵件。

在 Reddit 的範例中（圖 7-6），閱讀者可以捲動觀看一篇貼文上的所有評論，然後點擊在頂部的箭頭回到上一頁，很容易就能夠回到主題列表，以觀看其他的討論主題。

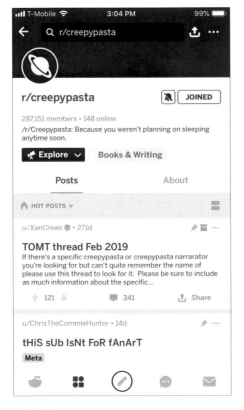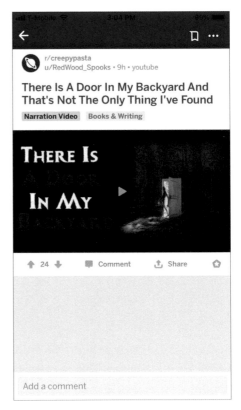

圖 7-6　Reddit

清單嵌板（List Inlay）

這是什麼

以直欄中的橫列顯示項目清單。當使用者選取一個項目時，即在清單中項目原來出現的地方展開該項目的詳細資訊（圖 7-7）。請使各個項目資訊能單獨打開或關閉。

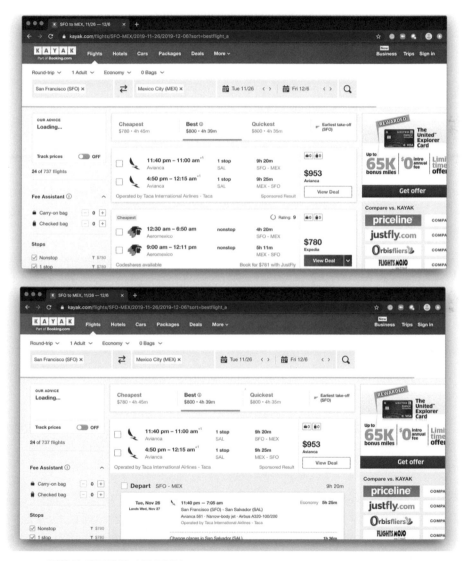

圖 7-7　Kayak 網站的項目清單（已展開）

在需要呈現一份項目清單，而且清單中每個項目附帶有引起使用者興趣的相關內容，例如郵件訊息中的文字、長文章、全尺寸的圖像、關於檔案大小或日期的詳細資訊等。項目的詳細資訊不會占用太多空間，但也沒有小到能塞進清單本體中。

你希望使用者能看到清單的整體結構，同時保持清單一直在畫面上，但又想讓使用者能輕鬆快速地瀏覽項目。使用者可能會想同時看到多個項目的內容，以便比較。

比起網格來說，此處的項目清單更適合垂直向、直欄式的結構。

清單嵌板能在清單本體中顯示項目的詳細資訊，同時使用者仍可以看到周圍的項目，如此有助於瞭解並使用項目內容。

還有，使用可以同時看到數個項目的詳細資訊。在**雙面板選擇器**（*Two-Panel Selector*）、**單視窗深入**（*One-Window Drilldown*）、滑鼠游標提示視窗（rollover windows），或大多數呈現項目詳細資訊的其他方式中，都無法做到這一點。如果你面對的使用情境經常需要比較多個項目，這個模式或許是最好的選擇。

因為**清單嵌板**被放在一個直欄內，所以它能與**雙面板選擇器**結合，呈現三段式階層。請想想郵件使用者端程式或 RSS 閱讀器，可在**清單嵌板**中檢視郵件訊息或文章；而項目的容器（例如收件匣、群組、過濾器等），則以**雙面板選擇器**結構顯示在旁邊。

在直欄中呈現清單項目。當使用者點擊其中一個項目，即於原處開啟項目，顯示詳細資訊。類似的操作（點擊）能關閉項目。

當項目在開啟狀態時，會將項目空間向下擴展，把後續的項目往下推，開啟其他項目時也會有同樣的行為。應該要使用一個可捲動的區域來裝載這個不時變動的垂直結構，因為清單可能會變得非常長！

若要關閉詳細資訊面板，則要使用帶有清楚指示「關閉」的控制元件（例如 Close（關閉）或「X」）。有些**清單嵌板**的實作只會把控制元件放在詳細資訊面板的底部，但使用者可能需要這種元件位於面板頂端（以免面板太長），再說他們也懶得移動到面板的最下方。請把關閉元件放在原本用來「開啟」元件的附近（或取代開啟元件的位置）。如此一

來，在使用者只想打開項目、瞄一眼就關閉的時候，至少能保證使用者的游標不需移動太遠。

在項目開關時使用**動畫轉場效果**（*Animated Transition*），保持使用者不會迷失，並集中注意力在新開啟的項目上。如果你的應用程式允許使用者編輯項目，可以使用**清單嵌板**來顯示編輯器，而不是顯示項目詳細資訊（或將編輯器放在詳細資訊下方）。

使用**清單嵌板**的清單，它的運作方式很像手風琴模式：把所有東西都放在單一直欄內，面板就在直欄內開啟與關閉。正如同**雙面板選擇器**運作方式很像分頁，**單視窗深入**則像選單畫面一樣。

範例說明

Apple iOS Voice Memos（圖 7-8）使用清單嵌板將功能隱藏起來，只有當使用者手指點擊在清單中的錄音項目時，才顯示播放和錄音控制元件。

圖 7-8　Apple iOS Voice Memos

Transit 應用程式（圖 7-9）示範了**清單嵌板**與強制回應視窗的獨特混合用法。當使用者看到最近接他們的路線時，他們可以點擊路線，清單會向下擴展，除了可以查看下一輛巴士或火車的到達時間，還可以顯示沿著該路線可到達的站點。

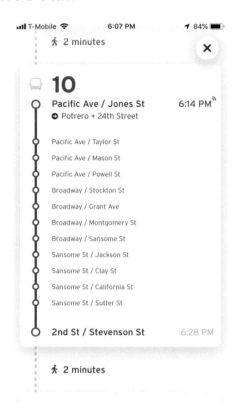

圖 7-9　Transit

延伸閱讀

在 Bill Scott 與 Theresa Neil 所著的《*Designing Web Interfaces*》（O'Reilly, 2009）一書中也說明了此項技巧（繁體中文版為《網頁介面設計模式》（碁峰資訊，2011））。**清單嵌板**是嵌板技巧中的一項，嵌板技巧還包括對話嵌板（Dialog Inlays）與詳細資訊嵌板（Detail Inlays）。

卡片（Card）

卡片是最受歡迎和靈活的使用者介面組件之一，是一種包含很多東西的組件，它可以包含圖像、文字，也可能包括一些操作，它們因為長得有點像撲克牌而得其名。您可以在較新的網站和移動應用程式中找到使用這些漂亮組件的範例，這些網站和移動應用程式的設計目的是要讓它們可以進行回應（調整大小），而且使用了熱門的使用者介面元件庫。圖7-10 是 Pinterest 使用卡片的情況。

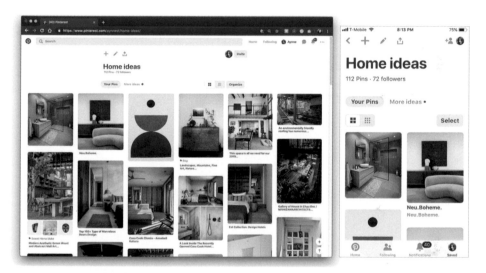

圖 7-10　Pinterest 網站和移動應用程式

何時使用

當您顯示的是一個異構項目的清單，而且它們都將具有相同的關聯行為時使用。例如，所有項目都包含圖像、一些文字、「收藏」或共享項目的方法，以及指到詳細資訊畫面的連結。

當您需要顯示項目的集合，但是每個項目的大小和 / 或縱橫比可能不同時使用。

為何使用

卡片在移動和網站設計中經常使用，因此使用者以前可能已經看過此使用者介面。對於多種檢視（畫面類型）的佈局或大小，卡片提供了極大的靈活性。

考慮一下您希望使用者對顯示的項目清單做哪些事情，這些事情有什麼共同點？項目都有照片、標題和簡短說明嗎？也許顯示一個評分？您希望使用者做什麼？您是否希望他們連結到詳細資訊畫面？將該商品加入到購物車？將項目分享到社交媒體？請問所有項目都會做同樣的事嗎？如果是這樣，一張卡片很可能是顯示您的清單的最佳方法。

設計時的一個好習慣是拿內容最多或最長的項目來進行模擬，然後再對內容量最少或最短的物件執行相同的操作。請調整排版，直到您的設計看起來不錯，並且在所有畫面尺寸下的資訊都清晰易讀。

思考一下哪些動作將是圖示，哪些將是文字連結。請使用您將要使用的真實照片，來確定最適合您要顯示的內容類型的擺放方向（直式或橫式）。

Airbnb（圖 7-11）在其網站和移動應用程式上都使用卡片來顯示房屋和體驗清單。將清單做成這種風格可確保一致的外觀和感覺，並且還提供了一種視覺上令人愉悅的方式來查看資訊，而不會有一個清單的視覺重量比另一個重的情況。

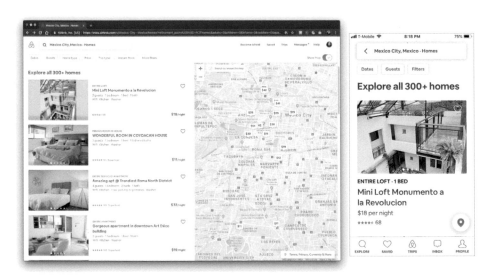

圖 7-11　Airbnb 網站和移動應用程式

Uber Eats（圖 7-12）使用無邊框的卡片顯示照片、餐廳名稱和使用者評分。

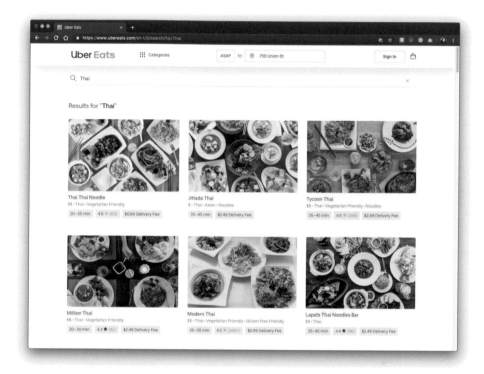

圖 7-12　Uber Eats 的搜尋結果

延伸閱讀

關於卡片的更多資訊，請查看以下資源：

- *https://material.io/design/components/Card.html*
- *https://getbootstrap.com/docs/4.0/components/card*

縮圖網格（Thumbnail Grid）

將一堆視覺項目做成由「又小又多」相片組成的網路，如圖 7-13 所示。

圖 7-13　Google Photos app

當清單項目可以用小型的視覺表達，以分辨出各個項目的獨特之處時使用，例如用圖像、商標、螢幕截圖、相片縮圖……等等，而且這些視覺表達在尺寸與風格上差不多。這個清單可能有點長，也可以劃分成**標題分區**（*Titled Section*）。

各位或許想加入一些項目的某些描述性資料（metadata），例如項目名稱與日期，但這些資訊又不是太多，應該讓圖像佔據項目所用的大部分空間。

使用者會想看到整份清單的大致外觀，而且又需要快速掃視清單，以便尋找特別感興趣的項目。使用者或許也需要同時選擇一或多個項目，以便移動、刪除或檢視項目。

縮圖網格是種簡潔又有吸引力、用來呈現大量項目的表達方式。**同質性網格**（*Grid of Equals*）是它的一種特定實作，這種模式能建立視覺面層級，把同級項目顯示成清單，而明顯的網格多半能吸引閱覽者的視線。

以文字形式呈現清單項目或許比較容易，但圖像有時比起文字更容易辨識，也更容易區分。

縮圖通常會是方形的，方形是指尖（在觸控式螢幕上）操作的好目標，也很適用於間接點擊的裝置。這種模式在行動裝置和平板電腦上運作良好。

請把縮圖調整成相同大小，讓網格看起來整齊美觀。解釋文字（text metadata）要靠近縮圖，但請用小號字體，以維持縮圖的顯眼度。

有相似的寬度及高度的**縮圖網格**看起來非常舒服，如果要處理尺寸不同或（寬度與高度）比例不同的圖案，或是圖案較大時，可能需要先做些影像處理再排入網格中。請試著找出適用於每張圖像的合理尺寸與比例，即使可能要裁切某幾張圖像也值得（縮小影像尺寸比較容易，適當地裁切則不是那麼回事。可以的話，請選擇呈現出影像最重要的部分，小心保持影像的完整性）。

有個例外情況：當圖像的尺寸與比例本身，就是對閱覽者有用的資訊時。例如說，一組個人相片，其中將包含橫式與直式相片兩種。此時我們不需要把所有相片都裁切成一樣的縮圖大小，因為使用者會想要看到相片原本的樣子！

但另一方面，以縮圖展示的產品目錄（例如鞋類或衣物），則應該全都採用相同的高度與寬度，且各張縮圖中的產品表現方式應該有整體性。

範例說明

macOS 的 Finder（圖 7-14）在列出檔案目錄時呈現各式各樣的縮圖。當檔案是個圖像時，即顯示該圖像的縮小版；如果要表示目錄，則用一個資料夾圖示；如果要表示的檔案沒有可用的視覺元素，則採用呈現該檔案類型（如「DOC」）的通用圖示。這裡的縮圖不見得全都規格一致，所以看起來可能不像本模式的其他範例一樣乾淨整齊，但不同的尺寸與格式也是傳達資訊給使用者的一種方式。

圖 7-14　macOS Finder

HBO Now 是一個影片應用程式（圖 7-15），以縮圖網格顯示電影或影集的照片與名稱。

圖 7-15　HBO Now 的搜尋結果

在很多情境中行動裝置都需要用到縮圖網格，例如：顯示應用程式、功能與圖像。請注意圖 7-16 中縮圖的相對尺寸，Google Images 與 iPhone 的主頁上的縮圖都大到足以讓人類的手指輕鬆觸控。

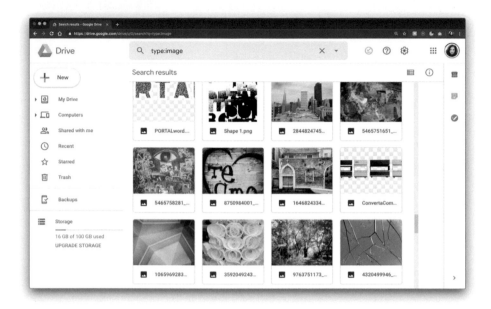

圖 7-16　Google Drive

延伸閱讀

關於縮圖清單的更多資訊，請參考以下資源：

- *https://developer.apple.com/design/human-interface-guidelines/ios/views/collections*
- *https://material.io/design/components/image-lists.html#types*

轉盤（Carousel）

把一組外觀顯眼的項目排列成像圖 7-17 中的水平線或橫向弧線，並允許使用者來回捲動
或用手指掃過縮圖，以便檢視項目。

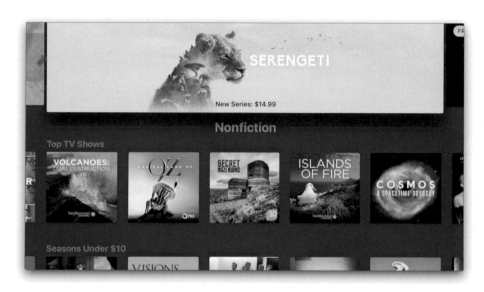

圖 7-17　Apple TV 轉盤

清單項目的視覺表現可以分辨出各個項目時，例如：圖像、商標、螢幕截圖、相片縮
圖⋯⋯等等。其視覺表現多半具有相似的尺寸和風格。這份清單是扁平的（*flat*，指不再
分類或分容器）。

各位或許想一併顯示項目的某些描述性資料（項目的更多資訊），例如項目名稱與日期，
但這些資訊又不是太多，圖像應該佔據項目所用空間的大部分。

每個項目都可能引發使用者的興趣，使用者將仔細瀏覽項目；他們一般不會搜尋特殊項
目，也不太需要同時看到整份清單。如果真的有人要尋找特殊項目，也不會在意要先經過
許多其他項目才會找到需要的那一個。您或許可把人們會有興趣的項目排在前面，或是依
時間順序排列。

在您的垂直空間不夠把清單設計成**縮圖網格**時，同時也沒有很多水平空間，但需要讓清單看起來有趣而且有吸引力時使用。

轉盤是種用來瀏覽視覺項目的迷人介面，鼓勵使用者檢閱當下看得到的項目，並檢視接下來的項目。使用者無法輕易跳到清單深處的某一項目，所以必須捲動才能查看每樣事物，因此這個模式能鼓勵瀏覽與發現意外驚喜。

轉盤用到的垂直空間很有限，所以在小空間的環境中，是比**縮圖網格**更好的方案。在水平向來說，可以只用少量水平空間或占用全部水平空間。

如果實作時把注意力集中在中央或被選的項目（例如放大該項目），這個模式即可傳遞「焦點加上情境」（focus plus context），即使用者可得到項目的詳細外觀，同時又看到緊鄰四周的其他項目。

首先，為**轉盤**要呈現的每個項目都建立縮圖。關於縮圖尺寸與比例的問題，可參考**縮圖網格**模式中的討論（請記得**轉盤**的限制更嚴格，如果擺放了不同尺寸或比例的縮圖，在**轉盤**上比在**縮圖網格**上看起來更奇怪）。將描述文字（text metadata）安放在靠近縮圖的地方，但使用小號字體，以維持縮圖的顯眼度。

請在一個水平捲動的工具程式上水平排列縮圖，可隨機排列或採取使用者能理解的排列順序（例如依日期排列）。只顯示少許項目（少於十個），並把其餘項目隱藏於左右兩側。在**轉盤**的左右兩端放置醒目的箭號，以便叫出**轉盤**上的項目；每次點擊箭號應該要移動多個項目。捲動轉盤時做成動畫效果，看起來更有吸引力。

如果使用者將想在一份很長的清單中快速移動，像是尋找特定事物時，請在**轉盤**既有的箭號之外，再多加一個捲軸。您可能會發現使用者經常這麼做（快速移動）；假設如此，請考慮調整清單結構為更便利的垂直清單，並加上「尋找」功能。

您可能會選擇放大**轉盤**的中央項目，以吸引注意力。這個動作為**轉盤**賦予了選取單一項目的意義，放大的項目顯然是被選取的項目，您即可根據選取行為而做一些動態行為，例如顯示該項目的文字詳細資訊，或在項目是影片縮圖時提供影片控制元件。

有些**轉盤**是線狀的、有些是弧形或圓形的。這些外觀都利用了三維透視的技巧，也就是說離開中央的項目會縮小、變模糊。

在行動裝置設計的世界中，**轉盤**有一個稱為**幻燈片**（*Filmstrip*）模式的變體。在小型螢幕上，一次只能呈現一個項目，使用者需要用手指掃過或捲動螢幕以看到其他項目。

範例說明

許多網站使用了基本的線形**轉盤**以瀏覽產品。Amazon 圖書以這種方式呈現書籍封面（參見圖 7-18）；注意設計中描述文字的多寡，請想想應該為每本書提供多少資訊？書籍封面的排列又該多緊密？

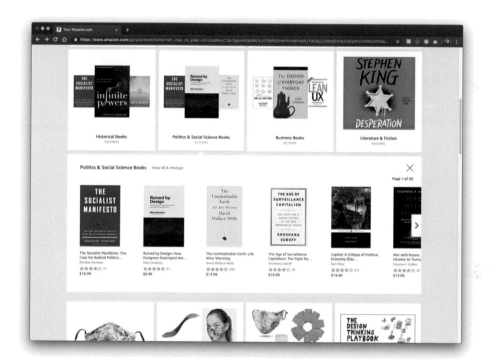

圖 7-18　Amazon Books

Amazon 和 Airbnb（圖 7-19）在它們的轉盤上提供了箭頭，這些箭頭幫使用者認知到在視窗之外還有更多內容。

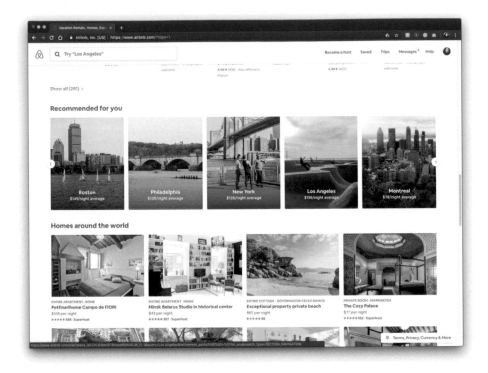

圖 7-19　Airbnb

頁碼標註（Pagination）

這是什麼

把非常長的清單拆成好幾頁，一次只載入一頁。並為使用者提供控制元件，以便於清單中導航，如圖 7-20。

圖 7-20　TripAdvisor 頁碼標註控制元件

何時使用

當你要呈現一份可能很長、很長的清單時。大多數使用者將會搜尋特定項目，或是瀏覽清單的最頂端尋找相關項目（例如搜尋結果）；無論是任何狀況，沒人想要看完整份清單。

或您目前使用的技術，無法把整份清單載入到單一頁面或附捲軸的區域中，原因可能如下：

- 載入整份清單將花費太多時間，而您不想讓使用者等待。這可能是礙於網際網路連線速度太慢，或後端伺服器速度太慢。

- 顯示清單將花費太多時間。

- 清單實際上是無窮無盡的，而且因為某些原因，無法實作*無限清單*（*Infinite List*）或接續捲動的清單（兩種都是用來處理無盡清單的方法）。

為何使用

「頁碼標註」把一份清單拆成片段，讓使用者可以輕易接受、不會手足無措。還有，這個模式把進一步查閱的權力交給使用者，這種權力像是讓使用者決定是否還想從清單中下載更多項目？或者這個頁面上的項目已經夠了？

這個模式還有一個優點，就是在全球資訊網上很常見，尤其是用在搜尋結果上（但並不是專門用在搜尋上）。它很容易實作，而且在某些系統上或許可以預先建立。

首先，我們將需要決定每一個頁面要有多少項目；可依據每個項目佔用的空間、使用者可能擁有的螢幕大小（別忘記考慮行動裝置）、載入或呈現項目所需的時間，以及使用者在第一頁找到一個或更多理想項目的可能性來決定。

一個相當重要的重點是：讓第一頁就滿足所需！極可能大多數使用者都不會去看第一頁以外的項目，所以他們如果無法在第一頁找到要找的事物，會蠻令人喪氣的（如果你處理的是搜尋，請確認搜尋把品質最高的結果放在第一頁的上方）。

在使用者可能逗留的頁面，例如產品或影片的清單，請考慮讓使用者設定每頁的項目數量。要來回切換才能看完全部感到興趣的項目時，有些人可能覺得這樣很煩。

接下來，需要決定如何表達頁碼控制元件。通常會把頁碼元件放在頁面底端，但有些設計也把頁碼放在頂端，如果使用者真的需要用到後續頁面的項目，這樣就不用一定要捲動到頁面的最下方。

請好好思考頁碼元件中的元素：

- 上一頁（Previous）與下一頁（Next）連結，用箭號或三角記號以強調用途。當使用者在第一頁時，請停用上一頁連結；在最後一頁時，請停用下一頁連結（如果已知是最後一頁）。

- 通向第一頁的連結。這個元件應要一直出現，請記得第一頁應該會包含最重要的項目。

- 一組帶編號的頁面連結。當然，不含使用者目前所在的頁面；請以對比色和不同的字型大小來表示目前頁碼，提供使用者某種「你在這裡」的導航線索。

- 如果頁數太多，不太可能呈現在頁碼元件上（例如超過 20 頁），則請省略部分頁碼，但請保留第一頁與最後一頁（如果清單並非無窮無盡），也保留目前頁面的前後頁碼，其餘的則可省略。

- 可選擇是否加上總頁數（如果能知道總頁數的話）。這點有幾種做法，例如表達成「第 2 頁 / 總共 45 頁」，或是單純地把最後一頁的連結用頁碼顯示在頁碼元件的最末端。

Etsy 的設計完全符合前面列表中的所有元素和提示，圖 7-21 顯示了大量項目的第一個頁面。

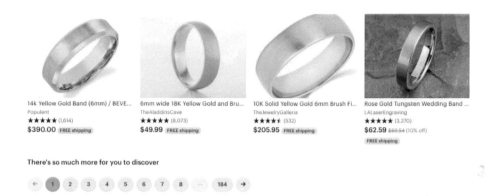

圖 7-21　Etsy 搜尋結果的頁碼控制元件

圖 7-22 顯示了多個來自網路的範例。請注意，哪個更容易從視覺上看出連結的功能？接下來我應該在哪裡點擊？哪一種能讓您知道自己的位置和頁面總數。還要注意點擊目標的大小，使用者需要用滑鼠游標或指尖精確度到什麼程度？

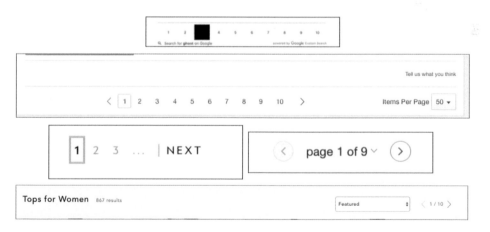

圖 7-22　依逆時針順序分別為：The Atlantic、eBay、National Geographic、Target 和 Anthropologie

跳至項目（Jump to Item）

當使用者輸入一個項目的名稱，即直接跳選該項目，如圖 7-23 描繪的那樣。

圖 7-23　Font Book app

當介面使用可捲動清單、表格、下拉式選單、複式盒（combo box）或者樹狀結構來表現一長串資料項目時，而且這些項目通常已經排序，如果不是依字母順序就是依數字順序。使用者想要快速且精確地選擇某個特定的項目，並且傾向使用鍵盤操作。

這個模式常使用在「檔案尋找」、長清單，以及選取國家或州的下拉式選單，您也可把它用在數字上，例如年份或金額；甚至可用在日曆時間，像是選擇月份或一週中的某一天。

為何使用

人類不擅長掃視長串的文字或數字並從中找出特定項目，但是這正是電腦擅長的，所以讓電腦為我們服務吧！

使用此項技巧的另一個好處，就是使用者的手可以保持在鍵盤上。當使用者在表單或對話框中一邊輸入一邊移動時，只需要鍵入所需項目的前幾個字元，就可以輕易從清單中選出想要的項目（系統會為使用者挑出項目，使用者可以跳到後面繼續動作），不需要捲動清單、不需要滑鼠點擊，使用者的手可以一直放在鍵盤上，根本不需要碰滑鼠。

原理作法

當使用者輸入所尋找項目的第一個字母或數字時，就會直接跳到第一個符合使用者鍵入字元的項目：清單會自動捲動，顯示符合的項目並選取。

使用者輸入更多字元，則持續改變選取結果，跳到第一個完全符合輸入字串的項目。如果沒有符合的項目，就停留在最接近的項目，不要回到清單前端。你可以發出警告的嗶聲，向使用者提醒沒有符合項目（有些應用程式這麼做）。

範例說明

Spotify 的搜索功能使用**跳至項目**的變體，在使用者開始逐一鍵入內容時，搜索結果將開始顯示不同的結果，因為每個字母都可以使系統更好地預測使用者正在尋找的歌曲或歌手。

在圖 7-24 左上方的範例中，我鍵入了「Brian」，結果顯示 Spotify 的演算法猜測我最可能想要搜索的內容。我甚至無需輸入第二個單詞，搜索結果就顯示了我要搜索的歌手。在某些方面而言，這種漸進式搜索更方便，而且必然更快。

圖 7-24　Spotify 的搜索功能使用跳至項目的變體

字母 / 數字標記捲軸（Alpha/Numeric Scroller）

沿著清單捲軸顯示字母、數字或時間軸陣列，如圖 7-25（左）所示。

使用者將在一長串的清單中搜尋非常特殊的項目，這種清單通常被編排為一份可捲動清單、表格或樹。而您想讓項目尋找的工作盡可能輕易快速地達成。

字母 / 數字標記捲軸雖不太常見，但使用方式一目瞭然。這個模式提供一份清單內容的互動地圖，與註解式捲軸（*Annotated Scroll Bar*）大致相似。這兩種模式都與跳至項目非常相似，都能夠立即跳到有序清單中的指定地點。

這個模式大概是由實體書籍（例如字典）與手冊類（例如通訊錄）演化而來；這類東西會依字母順序排列並標出各字母所佔的位置。

原理作法

把一個長清單放入可捲動的區域中。沿著捲軸顯示字母或日期，當使用者點擊字母時，隨即捲動到字母的位置。

範例說明

iPhone 提供了這個模式廣為人知的範例。圖 7-25（右）即為它的內建聯絡人應用程式。

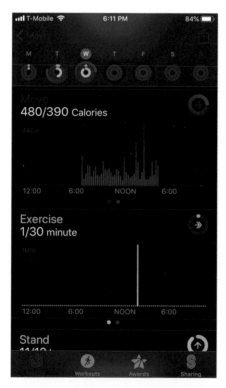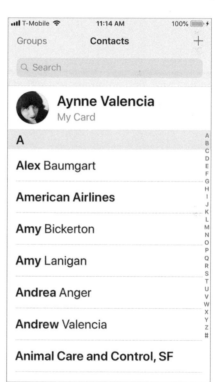

圖 7-25　Apple iOS Health app 中的日期捲軸與 iPhone 的聯絡人清單

新項目預備列（New-Item Row）

利用清單或表格中第一個橫列或最後一個橫列建立一個新的項目。如圖 7-26 中的第四個清單項目。

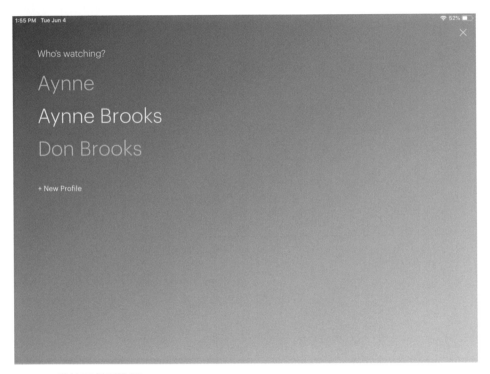

圖 7-26　Hulu 的使用者切換器

在介面包含一個表格、清單、樹狀檢視畫面（tree view）、或任何其他垂直呈現的一群資料（一個項目佔用一個橫列）時使用。在某些時候，使用者需要在其中加入新的項目，但是使用者介面又沒有太多空間可放置額外的按鈕或選項，而我們又希望新項目的建立過程相當有效率且容易。

當您要明確限定使用者要加入的資訊或功能類型時，也可以使用該功能。

藉由讓使用者在表格最終處（或起始處）直接輸入新資料，資料就好像在它最後要「生活」的地方被建立一樣。這種作法在概念上，比起在使用者介面的其他地方填寫資料感覺更為合理。另外，比起另外做一個建立項目專用的使用者介面，本模式的作法讓介面更優雅，它使用較少的螢幕空間，減少了需要導航的次數（減少「轉跳」到其他視窗的次數），且使用者要做的事也比較少。

讓使用者有一個容易且清楚、可以從第一個空白的表格橫列創建出一個新物件的方式。比方說，用滑鼠點擊此橫列就可以開始編輯，或者這一個橫列可能會包含一個「新項目」的按鈕。

這個時候，使用者介面應該建立一個新的項目，且將它放在該橫列中。表格中的每個直欄（如果是多欄位表格的話）應該都是可以編輯的，這讓使用者可以設定屬於該項目的多個值。每個格子都應該有文字欄位或下拉式選單之類的輸入裝置，可以快速又精確地輸入值。就和任何類似表單的輸入一樣，預先填入**良好的預設值**（第十章）可以幫助使用者省下時間，讓使用者不必編輯每個欄位。

但是，仍然有一些收尾工作要做。如果使用者在完成新項目之前就放棄了怎麼辦？你可以一開始就先建立一個有效的項目，這麼一來，就算使用者放棄繼續編輯，此項目依然存在，直到使用者回來刪除它為止。再強調一次，如果有多個欄位的話，預先填入**良好的預設值**會有幫助的。

根據實作的方式，此模式也可以結合**輸入提示**（第十章）使用。這兩種不同的模式，都可以為使用者設定假定值，讓使用者可以把它編輯成真的值，而這樣的假定值在文字上有著「提示」使用者該做什麼的作用。

新項目預備列最常出現在使用者用來組織或創建自有內容的應用程式中。

Slack（圖 7-27）在其「Add Workspaces（新建工作區）」功能中使用了這個模式。

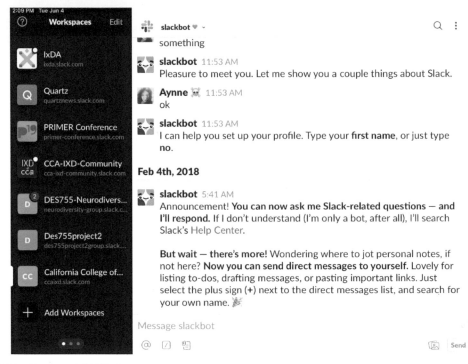

圖 7-27　Slack → Add Workspaces

清單無處不在

在本章中，我們介紹了顯示清單最常見的使用方法以及它們的使用時機。顯而易見地，您在網頁和移動應用程式中看到的許多內容其實都是清單。在設計清單時，請嘗試不同的方式來顯示內容，始終記得使用者要執行的任務是什麼，並為此優化設計。

第八章

做事：動作與命令

本章專注於介面上的「動詞」：人們如何做一個動作，或使用一個命令。換句話說，我們要觀察人們如何用軟體完成工作，本章探索內容如下：

- 執行動作或執行命令的多種方法
- 如何利用功能可見性來清楚說明可以對一個項目做些什麼
- 提供控制與編輯的模式和元件

這一章要討論的內容，與到目前為止我們對介面設計中的「名詞」的討論形成對比。首先，我們前面已經談論過整體結構、動線（flow）、版面設計（visual layout），以及看過的介面物件，例如視窗、文字、連結、頁面的靜態元素等等。在接下來的章節，我們將把重點放在像是資料視覺化或表單等複雜的元件上。

我們把動詞（設計動作和命令）視為人們可以在您的應用軟體中，用來執行任務的方法。明確地說，指的是人們如何使用您的軟體來完成以下任務：

- 開始、暫停、取消或完成一個動作
- 輸入設定、組態或值
- 操作介面上的物件或元件
- 修改或轉換
- 移除或刪除東西
- 加入或建立東西

本章討論的許多模式都來自硬體介面，這些硬體介面早在軟體介面普及之前，就已經被開發和標準化過了。

其他模式直接模仿現實世界的行為和方法。的確，這裡有很多歷史淵源，並且有很多最佳做法可以遵循。標準平台樣式指南（例如適用於 Android 和 iOS、Windows 和 Macintosh 的指南）以及用於回應式網站和移動使用者介面的 JavaScript 框架，通常會讓您得到近乎可行的使用者介面。

現在，大多數使用者都依賴於從其他應用程式中學到的行為，來決定怎麼設計選單和搜尋按鈕，因此，即使似乎缺乏獨創性，您的使用者和您遵循這些慣例還是有好處的。大多數時候，人們希望使用他們已經知道的互動方法來完成工作。

一個好的使用者介面策略是要意識到，當今軟體環境中的「缺乏獨創性」僅意味著使用者已學會了許多常見模式和流程，這些模式和流程幾乎是通用的使用者介面標準，使用者可以馬上上手。因此，精明的使用者介面設計師、產品經理、工程師或產品團隊將把今日已有的軟體標準、使用者介面工具集、元件庫和現成的框架視為有用的基礎，許多最常見的應用程式功能不再需要從頭開始編寫。這樣可以騰出時間和精力來設計獨特的功能，這些功能可以真正激發您的使用者並使您的設計脫穎而出。

我們現在視為理所當然的常見功能範例包括剪下、複製和貼上之類的操作。即使這是一個抽象流程，它也是基於真實世界的操作。「剪下」或刪除的物件或文字會被臨時儲存在「剪貼簿」中（暫時不可見，暫時儲存在電腦記憶體中）。經驗豐富的桌上型電腦使用者都已經知道這個流程的「工作原理」。彈出選單（環境背景選單）也是如此，某些使用者會像無頭蒼蠅般尋找彈出選單，另一些使用者不用找就知道它會出現在哪裡。

另一個範例是拖放。拖放操作更直接地模仿現實世界的行為：取得物件並將其放下。但是它絕對必須按照使用者期望的方式工作（將物件放置到「目標放置區」或資料夾上），否則就不能直觀地操作了。

即便如此，您可以做很多事情來使介面更聰明、更實用。您的目標應該是提供適當的操作方式，把它們好好的標記，讓它易於搜尋並支持一連串操作，有幾種創新的方法可以做到這一點。

首先，讓我們列出使用者可用的常見操作：

點擊、掃過與捏合

在移動作業系統和應用程式中，手指手勢是執行動作的主要方法。我們可以在觸控作業系統（OS）中執行多種操作。雖然對移動互動設計的深入研究已超出了本書的範圍，但要注意的動作是點擊、掃過和捏合。點擊意味著觸摸移動作業系統中的圖示、按鈕或物件。這樣做將啟動應用程式、按下按鈕、選擇一個物件（如圖像）、或執行其他操作，至於實際是做什麼要取決於環境。

掃過是執行其他幾種操作的常用方法。在應用程式內，在畫面上掃過是一種導航方式：代表換上一頁或下一頁、移至下一張圖像，在轉盤或畫面清單中移動，或在應用程式中叫出另一個畫面，例如設定畫面或資訊面板。在清單使用者介面中，在一列項目上掃過代表要顯示可應用於該項目的操作，例如存檔或刪除。捏合通常控制視圖或縮放。捏合（在觸控裝置上兩個指尖彼此相對向內滑動）使檢視窗將照片或網頁縮小。在圖像或網頁上做反向捏合（分開兩個指尖）的話，可放大檢視窗或頁面。

旋轉並搖動

移動設備足夠小，小到可以操作整個設備來執行命令（而大型設備則無法做到這一點）。移動設備中的加速度計和其他傳感器可以實現這一點。例如，現在幾乎所有人都知道，在移動設備上觀看影片或圖像時，要將其從垂直方向 90 度旋轉到水平方向，將視窗方向從直向更改為橫向。這樣做通常是為了使影片最大化，從而獲得更好的觀看效果。搖動設備也是另一個執行動作的常用方法，根據應用程式的不同，搖動可能會跳過歌曲或取消操作。

按鈕

按鈕會直接放在介面上，使用者不需執行任何動作就能看到按鈕，且按鈕通常會依據語意而分組（參考**按鈕群組**模式）。即使對於最沒經驗的電腦使用者來說，按鈕也是夠大、可讀、明顯且相當容易使用的。但是按鈕相當佔用介面的空間（不像選單列和彈出式選單）。在首頁（landing pages；例如企業的主頁和產品起始頁）上，能呼籲讓使用者「開始行動」的元件通常會做成單一、吸引視線的大按鈕，這點非常符合按鈕的目的，按鈕能吸引注意力並呼喚著「按我！按我！」。

選單列

對於許多桌面應用程式來說，選單列是必要的標準配備。選單列通常包含程式的全套動作，根據最合理的方式組織（像「檔案」、「編輯」或「檢視」）。其中某些動作會影響整個應用程式，而某些動作則只針對個別選取的項目。因為要兼顧無障礙設計（accessible）服務，所以選單列上的功能常常與出現在環境背景選單（context menu）和工具列中的功能重複（螢幕閱讀器可以朗讀選單列，使用者可透過鍵盤上的快速鍵叫出功能……等等。光是無障礙設計服務這一點，就使選單列變成許多產品不可或缺的一部分）。選單列也出現在某些網頁應用程式，尤其是生產力的軟體（productivity software）、繪圖程式，以及其他模仿桌面應用程式的產品上。

彈出式選單

也稱為環境背景選單（*context menu*）。彈出式選單要利用點擊滑鼠右鍵，或在面板上做某種特殊手勢才會被叫出來。通常根據操作時的環境背景列出常用動作，而不會列出介面上的所有可能動作。請讓這種選單保持簡短。

下拉式選單

使用者點擊下拉選單控制元件（如複式盒（combo box））來叫出選單。然而，下拉選單控制元件是用於在表單中選取選項，而不是用來進行特定動作，所以請避免用它執行動作。

工具列

傳統的工具列又長又窄，上面放置小圖示按鈕。工具列上也常有其他種類的按鈕或控制元件，像是文字欄位或**下拉式選擇器**（*Drop-down Choosers*）（第十章）。若是欲描述的動作具有容易理解的視覺表達方式時，圖示工具列（iconic toolbars）的效果最好；若是真的需要文字描述時，請改用別的控制元件（像是複式盒，或附文字的按鈕）。難以理解的圖示（icon）通常就是造成使用時的困擾與難以使用的原因。

連結

它是沒有加上框線的按鈕。多謝網頁的普及，所有人都瞭解帶色彩文字（尤其是藍色的文字）通常是指可以點擊的連結。當一個使用者介面區域需要做些動作，又不需要在此吸引

注意力或弄亂頁面時，可以用個簡單的可點擊「連結」（link）文字引發動作，而不是用按鈕。這種連結文字可以預設有底線，或是當使用者把游標指向文字時，才改變游標外形並將文字顯示成可點擊的形象（例如改變背景色、邊界）。

動作面板

動作面板本質上是使用者不需要打開的選單；它們總是保持出現在主要的介面上。當動作更適合用語言，而不是視覺來描述時，動作面板是很好的工具列替代品。請參見**動作面板**（*Action Panel*）模式。

游標懸停工具

如果想讓介面上的各個項目顯示兩個以上的動作，但又不想讓頁面出現太多重複的按鈕，可以隱藏這些按鈕，等到游標懸停在它們上面再顯示（這個方式適合滑鼠操作的介面，但不適合觸控式螢幕）。請參見**游標懸停工具**（*Hover Tool*）以瞭解更多資訊。

還有一種叫隱形動作（invisible action），沒有任何標籤宣告它們的用途。除非您已在使用者介面操作說明上寫了關於動作的說明，否則使用者需要事先知道（或猜出）有這些動作的存在才能使用。所以，這樣對於使用者探索（discovery）毫無幫助，因為使用者無法在掃視使用者介面後就找出可以執行的動作。有了按鈕、連結與選單，使用者介面的動作就攤開在陽光下，使用者即可從中學習。在可用度測試中，我發現許多使用者會看著未曾使用的新產品，有策略地逐一點開選單列的項目，試圖從中發現各個項目的功用。

話雖如此，您幾乎總是需要使用一項或多項隱形動作。例如，人們通常希望能夠雙擊項目。但是對視障人士和無法使用滑鼠的人來說，鍵盤（或等效鍵盤的替代品）有時是唯一的操作方法。另外，某些作業系統和應用程式的專家使用者更偏好在 shell 中輸入命令和（或）在 shell 中使用鍵盤來操作。

單擊項目與雙擊項目

使用物件導向作業系統的使用者（例如 Windows 和 macOS），都知道單擊一個像影像或文件的檔案時，代表選取該物件，並且可以對它施予某種動作。首先選擇一個物件，然後套用一個動作或命令，然後這個動作或命令就會對該被選取物件執行。舉例來說，選取一個您電腦桌面上的一個檔案，代表您可以對它執行一個動作，例如「移到垃圾桶」。在應用程式內部，單擊一個元素代表您可以移動它、放大它或對它套用某個操作或命令。

使用者習慣把雙擊滑鼠（double-click）視同「打開這個項目」、「執行這個應用程式」或「編輯這個項目」，至於是哪一種則要根據當時的環境背景而定。雙擊一個圖像通常代表在可檢視與編輯圖像的預設應用程式中打開該圖像。在大多數的作業系統中，雙擊某應用程式的圖示通常表示執行該程式，雙擊一段文字或許是指在該處編輯該段文字。

鍵盤動作

在您的使用者介面設計中可以考慮納入的鍵盤動作有兩種，分別是快速鍵（shortcuts）和 tab 順序（tab order），這兩種都可以視為某種「加速器」。也就是說，雖然它們看起來像是比較神祕或複雜的功能，但事實上經驗豐富的使用者可以藉由它更快地完成任務。在理想情況下，使用鍵盤動作的目標應該是減少滑鼠或手臂的移動。

對於肢體能力不佳且可能需要輔助技術的人來說，鍵盤命令是他們存取介面的重要工具。鍵盤動作的目標是不需要使用滑鼠和圖形使用者介面（GUI）元件來輸入命令。這就是為什麼*快速鍵*和 *tab 順序*這兩種鍵盤動作技術，都可以幫助使用者在雙手不離開鍵盤的情況下控制介面。

快速鍵

大多數桌面應用程式都應該擁有快速鍵（例如著名的 Ctrl-S，用於儲存）設計，讓擁有不同操作能力的人都能執行功能以及讓有經驗的使用者提高效率。主要的使用者介面平台（包括 Windows、Mac 和某些 Linux 環境）都有標準快速鍵的說明，它們在不同平台上都非常相似。此外，選單和控制元件通常附帶有劃下底線的存取按鍵，讓使用者無需單擊滑鼠即可使用這些控制元件（按著 Alt 鍵，然後按下與下底線的字母相對應的鍵，以呼叫這些操作）。

Tab 順序

在桌面應用程式（本機作業系統應用程式或網頁應用程式）中，我們希望 tab 順序可增進一定的可訪問性和效率。tab 順序意味著能夠使用 tab 鍵（或其他指定的鍵）將鍵盤的「焦點」或選擇從一個畫面上的使用者介面元件移至下一個。使用者可以依序循環走過畫面上的所有可用元件，而被選定的使用者介面元件可以接收鍵盤命令，直到使用者將焦點移到下一個畫面上的元件為止。當以此方式選取表單欄位或提交按鈕時，無需使用到滑鼠即可對其進行修改或「點擊」。這對於需要語音瀏覽器或對於無法完全控制鍵盤和滑鼠控制元件的人很實用。

拖放

在介面上拖放項目，通常意味著「把東西移動到這裡」或「對那個東西做這件事」。換句話說，將檔案拖到某個應用程式的圖示上，表示「用該應用程式開啟此檔案」。使用者也可能將檔案拖到另一個地點，表示「移動或複製該檔案」。拖放的真正意義會隨著環境背景而有不同，但不外乎是這兩種動作。

鍵入命令

在未發明圖形使用者介面（GUI）的更早的電腦時代，就已經有命令列介面（CLI）了。當時的電腦畫面上僅顯示文字，可以透過直接在畫面上的特定行或位置鍵入文字命令來控制電腦作業系統。命令列介面通常讓人可用自由格式存取軟體系統中的所有操作，無論是作業系統還是應用程式。我們會說這些操作是「不可見的」，是因為大多數命令列介面都看不出來有哪些可用的命令。儘管您一旦知道有哪些可用功能後就會發現它們很強大，但您一開始並不容易認識這些功能，例如只需使用一個結構合理的命令即可一次完成很多工作。因此，命令列介面最適合認真學習該軟體的使用者。macOS 和 Windows 都有終端機模式，都提供這種方式與電腦進行互動。Unix 和 DOS 作業系統都是採用命令列介面工作的。如今，SQL 查詢已成為一種廣泛使用輸入命令的形式。

功能可見性

當一個使用者介面物件看起來像它可以幫您做一些事情，例如能點擊它或能拖動它時，我們說它「表明」可執行該操作，它能執行或有能力執行。例如，傳統的立體按鈕可以點擊；滾動條可以拖動；日期選擇器看起來可以旋轉或滾動，因此表明可以轉動；文字欄位表明可以輸入；帶藍色下底線的單詞表明可以點擊。

移動裝置使用者介面和桌面圖形使用者介面正是透過這種直接感受，邀請人們進行行動或操作。您可利用這個很好的經驗法則基礎來設計使用者介面，即每個有趣的視覺功能都可以完成某些工作。

在此基礎上，代表可執行行動的功能可見性包括以下內容：

- 與介面其他部分不同的圖示、物件或形狀
- 風格與一般供閱讀文字不同的文字
- 滑鼠指標滑過時會做出反應的東西

- 點擊或掃過時有反應的東西

- 突出顯示或高對比度的視覺設計處理

- 一些看起來可操作的物件：陰影、隆起或紋理、突出標示

- 與畫面上其他所有內容看起來不同，或用空格隔開的物件或元件

直接操作物件

如今，當大多數人機互動都發生在移動設備上時，在設計時就要假定是直接操作畫面元件。例如點擊一個按鈕以提交，掃過清單中的一個項目以將其刪除或打開環境背景選單，拖動一個物件來移動它，捏合地圖進行縮小，點擊一個圖像以存取相關的圖像控制元件。這與較舊的桌面選單方法形成對比，在舊方法中，使用者必須選擇一個物件，然後轉到介面的另一部分才能對所選物件執行命令。這裡的重點是，移動介面大多沒有複雜的間接操作選單和多項選擇。使用者喜歡一個接一個地處理物件，使用一些簡單的手勢直接對物件進行操作，或在需要時才叫出環境背景選單。

圖 8-1 說明了 Adobe Premier Rush 介面中的功能可見性，它是一個用於社交媒體的純移動裝置影片編輯應用程式，是使用者介面設計的一個很好的例子。在軟體介面中，使用者不容易感知道什麼東西可調整大小或做處理：視覺提示可提供大部分提示，其餘則可用諸如高亮度顯示或移動顯示等補完。

Adobe Premier Rush 介面頂部的影片播放器控制元件是幾乎放諸四海都通用的控制元件，所以肯定不是難以理解的使用者介面。下面的面板就困難一些了。亮藍色垂直線穿過放著影片和音軌的軌道，因此表示那些線是媒體的工具或參考點。實際上，亮藍色垂直線是播放頭，即一種用來標記下面媒體文件的播放位置的影片工具。影片本身被顯示成大大的圖示：就是帶有該影片的圖像的正方形或矩形。使用時的假設是幫創建者記住原本錄下了什麼，或者至少認識到這些確實是他們想要使用的影片，因此使用者知道他們想播放出什麼樣的影片。當這些影片物件觸摸到藍色播放線或點擊選取影片物件時，它們會自動地在四周做突出顯示（因此您將知道它們是可選的）。

圖 8-1　Adobe Premier Rush

模式

本章前面出現的幾種模式，是眾多方法中的三種表現動作的方法。當您發現自己反射性地把動作加到應用程式的選單列或彈出式選單上時，請暫停一下，考慮改用以下模式：

- 按鈕群組（*Button Group*）
- 游標懸停或彈出工具（*Hover or Pop-Up Tool*）
- 動作面板（*Action Panel*）

醒目的「完成」按鈕（Prominent "Done" Button）與假定的下一步（Assumed Next Step）改進了許多網頁和對話框上最重要的按鈕。智慧型選單項目（Smart Menu Item）用來改進某些您放在選單上的動作；這是很普遍的模式，對許多選單（或是按鈕或連結）都很有用。

如果在應用程式中能夠馬上就把使用者所觸發的動作進行完畢，這樣當然很好，但是實際上是不可能的。所以才有預覽（Preview），代表可讓使用者在執行相當耗費時間的動作前，可以先看看結果。著名的旋轉與載入指示器常用來讓使用者掌握動作執行的進度，可取消性（Cancelability）是指使用者可以在一項操作進行的過程中要求停止操作。

最後三種模式都是用來處理一連串的動作：

- 多層復原（Multilevel Undo）
- 命令歷史（Command History）
- 巨集（Macro）

這三個環環相扣的動作模式在複雜的應用程式最有用，特別是那些使用者會花時間好好學習，並且經常使用的軟體（因此這部分的範例都取自 Linux、Photoshop、MS Word）。請注意，這些模式並不容易實作。它們需要將使用者的動作建成不連續、可描述的動作模型，有時甚至可以逆轉，且這樣的模型相當不容易直接加入既有的軟體架構中。

進一步的動作設計與命令的討論，我們推薦您閱讀 Gamma 與 Erich 等人所著的《Design Patterns: Elements of Reusable Object-Oriented Software》（Addison-Wesley, 1998）。

按鈕群組（Button Group）

這是什麼

將相關動作的按鈕群聚在一起，排列整齊並處理成類似的圖像。如果有超過三個或四個動作，也可以建立成多個群組。

何時使用

介面上有許多動作要呈現時。您會想一眼就能看到所有動作，但同時需要安排視覺呈現的方式，不讓按鈕造成一團混亂或無法整理的狀態。有些動作彼此相似，例如有相似或互補的效果，或是依相似的語意在運作，因此這些動作可以組成二到五個群組。

按鈕群組可用在整個應用程式層面的操作（如：開啟、偏好設定），或項目專屬的操作（儲存、編輯、刪除），或用在任何其他層面上。不過，運作層面不同的動作，不該放在同一個群組中。

為何使用

按鈕群組可以提升介面自我描述的效果。定義良好的按鈕群組，容易從複雜的版面中突顯出來，且因為它們是如此的顯眼，所以可立即傳達出「有這些動作可用喔！」的訊息。它們宣示著「在這個環境背景下，各位使用者可以使用這些動作」。

Gestalt 原則（第四章）可以運用在這裡。鄰近性（proximity）暗示「有關係」：按鈕被放在一起，所以它們大概做類似的動作。視覺上的相似性（similarity）也是如此：比方說，具有相同尺寸的按鈕，看起來就好像屬於同一群組。相反地，不同的按鈕群組則應有空間區隔，或應有不同的外形，藉此暗示它們是無關的動作群組。

良好的設定的尺寸和對齊可以幫助**按鈕群組**構成更大的組合外形（這是封閉性（closure）定律）。

原理作法

請將有關的按鈕集結成一群，讓它們形成一個自然或邏輯上的集合；還可以選擇為它們標上簡短而清楚的動詞或動詞片語，請使用對使用者有意義的詞彙。不要將作用在不同事物上的按鈕或作用在不同層面上的按鈕混在一起；請把該分開的按鈕分成不同群組。

在同一個群組中的按鈕，應該具有相同的外觀處理方式：框線、色彩、高度、寬度、圖示風格、動態效果……等等。您可以將按鈕排成一個直欄；如果按鈕不是很寬的話，也可以排成一個橫列。

（不過，假設其中有個動作是主要動作，例如網站表單中的「送出」（Submit）按鈕，主要動作是我們希望大多數使用者採取的動作，或是大多數使用者預期要採用的動作。請加強按鈕的外觀處理，讓它與其他按鈕有所不同）。

如果某個群組中的按鈕都作用在相同的物件或多個物件上，請將這個**按鈕群組**放在這些物件的左側或右側，或是放在下面，但是使用者常常會看不到複雜使用者介面（像是多欄清單和樹狀結構）的下面，所以放在下面可能會被忽略。若想讓按鈕更顯眼，請保持介面其他部分的乾淨與整齊。如果您所做的特定設計較適合將按鈕放在下面的話，請執行可用性測試看看是否真的合適。

如果有一堆按鈕，且如果它們都有圖示的話，您也可以將它們放在工具列，或頁面頂端類似工具列的長條中。

藉由使用**按鈕群組**，您可避免按鈕與連結擠成一團，或是避免形成一份冗長、卻沒有明顯區別的動作清單。有了這個模式，等於您建立一個小型的動作階層：使用者可以一眼就看出來哪些項目有關聯，以及哪些項目是重要的。

範例說明

圖形編輯器的標準工具通常會依功能分組。圖 8-2 顯示了一些在 Google Docs 中的常見工具分組（組和組間以豎線分隔），這些分組實際上有助於識別。該介面上的按鈕多達 27 個，其中有很多需要學習和一直查看。但是，由於有了精心設計的視覺和語意分組，該介面從未令人感到吃不消。

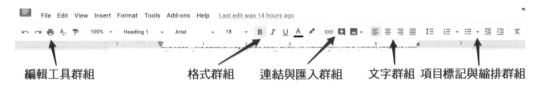

圖 8-2　Google Docs 中的按鈕群組

第二個範例（圖 8-3）顯示了 macOS 的 finder 視窗的抬頭部分。按照其設計傳統，按鈕的長相就是一個按鈕樣。導航用的群組是放在一起的兩個按鈕。「檢視控制元件（View controls）」按鈕群組是一個分段式按鈕，這整個群組僅在左側和右側具有圓角，中間的按鈕則沒有。

圖 8-3　Apple macOS Finder

游標懸停或彈出工具（Hover or Pop-Up Tool）

把按鈕和其他動作放在要做動作的目標項目旁，但先隱藏起來，直到使用者的游標指到項目才顯示。在移動裝置使用者介面中，則是在使用者點擊物件時，會有工具出現在該物件旁。

在介面上有許多動作要顯示，而您又想要大多數時候介面的外觀看起來乾淨整齊，但這些動作總得放在某個地方，最好放在它們的行動所依據的項目上面或旁邊。也許您已將顯示動作的地方安排好了，但如果所有動作都要同時顯示出來的話，只會讓畫面看起來擁擠忙亂。

游標懸停工具多半用在清單介面中，也就是在有很多小項目顯示成一個直欄或一份清單的地方，例如相片、訊息、搜尋結果……等等，而使用者可以對各個項目執行一些動作。

用手指頭操作的裝置不會使用這種使用者界面（如在觸控式裝置上），而且您確定幾乎所有使用者都會透過滑鼠與您的使用者介面互動。

游標懸停工具會在真的需要它們的時間與地點出現。它們平常藏在看不到的地方，以保持使用者介面的乾淨整潔，等到使用者要求時才出現；由於會回應使用者的手勢，所以吸引人們的目光。

彈出式（右鍵）選單、下拉式選單、選單列也符合這些原則，但對於某些類型的介面來說不是很好找，它們適合用在傳統的桌上型應用程式中，而不是以網站為基礎的介面（有時候，這類設計也不是傳統應用程式的最佳選擇）。**游標懸停工具**較容易被發現，因為游標經過項目是一件相當地簡單且自然的事。

很可惜，在觸控式螢幕上，我們沒有滑鼠可用，所以沒有懸停狀態。但在觸控式裝置上，使用者可以看到「游標懸停工具」的唯一方式，就是直接點擊懸停區域（hover area）。在點擊之後，若有該物件可用的工具或行動，就將這些工具或行動以彈出式面板顯示，或以清單顯示，或直接在物件上顯示。

為每個項目或懸停區域保留足夠的空間，以顯示所有可用的動作。隱藏過度擾亂介面的項目，只在使用者的滑鼠游標經過目標區域時才顯示。

回應游標懸停的動作要快，而且不要使用**動畫轉場效果**，單純地立即顯示工具就好，並在使用者把游標移走時立即隱藏工具。同樣地，千萬別放大懸停區域，也不要在使用者的游標懸停時重新配置頁面。重點在不要太強調游標懸停，反應愈快愈好，如此使用者才能輕鬆取得必要的工具。

如果懸停區域是一個清單中的一個項目，建議您藉由改變其背景色彩或繪製外框以突顯該項目。雖然在懸停區域上顯示工具已能吸引使用者的注意，但突顯項目更能加強效果。

請把**游標懸停工具**想像成一種替代品，它可以替代下拉式選單、彈出式選單、**動作面板**（*Action Panel*）、具有按鈕的**清單嵌板**（*List Inlay*），或是每個項目中重複會用到的一組按鈕。

Slack 廣泛地使用懸停工具（圖 8-4）。對於主要訊息來源或討論串中的每個貼文都配有懸停工具。如果不使用懸停工具的話，只能一直顯示所有工具（太忙和太擁擠），或者將工具移到頂部工具欄，但這樣就只能對已選取的貼文做動作，真的太複雜了。相比之下，「懸停工具」直接就在那裡，並且很容易讓人理解（或者至少很快可學會）。

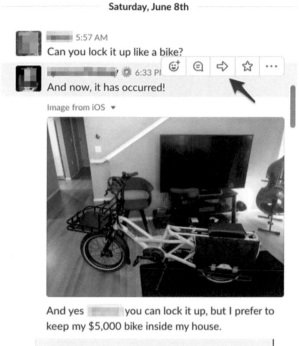

圖 8-4　Slack：貼文與討論串的懸停工具範例

另一種懸停工具的實作，使用了顯示／隱藏圖層來顯示按鈕或控制元件（例如捲軸）。這類似於第十章中的「下拉式選擇器」模式，唯一的區別是您打算拿懸停工具來做動作而不是拿來做設定。

在 YouTube 中（圖 8-5），YouTube 播放器使用滑鼠懸停來顯示音量控制和其他控制元件。影片播放器僅在滑鼠游標移到播放器區域本身時才顯示控制元件，否則，其他時候它們將被隱藏，以免雜亂無章的東西瓜分了使用者對影片本身的注意力。

圖 8-5 YouTube 網頁播放器

動作面板（Action Panel）

把命令用面板或其他分組方式分組，不止是一個靜態的選單，它們可依據使用者所在之處，或使用者正在做什麼，來顯示最常用的動作或最相關的命令。動作面板是一種非常吸引目光的命令顯示方式。

當您有一串清單項目，還有一組不適合顯示在每個項目中，也不適合做成**游標懸停工具**時。雖然您可以選擇將它們放進選單中，但可能根本沒有選單列可用；或者您希望讓這些動作容易被看到（比放在選單列中更容易）。即使放入彈出式選單也有相同問題，它們不容易被看到；或是使用者或許根本沒注意到有彈出式選單可用。

也可能因為動作組合太複雜，是個不適合用選單呈現的情況。選單較適合以非常簡單、線性、一行一個項目的表現方式，來顯示一組無階層動作集合（因為向右拉出的選單或分層選單對於某些使用者來說不容易操作）。如果您的動作需要分組，而且這些群組又不符合標準的頂層選單名稱時（如「檔案」、「編輯」、「檢視」、「工具」等等），各位或許會想用完全不同的表現手法。

此模式可能會佔用許多螢幕空間，所以對於小裝置來說，並非是個好的選擇。

為何使用

使用**動作面板**（而不是用選單或針對項目的按鈕）有三個主要的理由：能見度、可用空間和外觀的自由度。

藉由將動作放在主要的使用者介面上，而不是隱藏在傳統的選單內，可讓使用者能看到所有動作。實際上，**動作面板**就是選單，只是不放在選單列、下拉式選單或彈出式選單中。使用者不需要多做什麼事，就可以看到**動作面板**上的東西，它完全公開在使用者面前，所以介面的發現度更好。對於不熟悉傳統文件模型及其選單列的使用者來說，這是很貼心的設計。

想以有結構的方式在介面上呈現物件，有很多種方法：清單、網格或表格、階層、以及各式各樣客製化的結構。但是**按鈕群組**（*Button Group*）和傳統選單只能為您顯示一個功能清單（而且不是很長的清單），而**動作面板**的格式卻是自由的，您可以在視覺上隨心所欲地組織那些可套用在您物件（「名詞」）上的動作（「動詞」）。

原理作法

在使用者介面上放置動作面板　在介面的旁邊備好**動作面板**使用的空間，這個空間要放在動作目標物的下方或旁邊。目標物通常是包含可選擇的項目的清單、表格或樹狀結構，但也可能是位在**中央舞台**（*Center Stage*）的文件（第四章）。請記得，鄰近性（proximity）很重要。如果**動作面板**距離目標物太遠，使用者可能看不出來兩者之間有關係。

面板可以是頁面上一個簡單的矩形，也可以是幾個整齊排列在頁面上的面板之一，也或許像是第四章提到的**可移動面板**（*Movable Panel*），或是 macOS 中的一個「抽屜」（drawer），甚至可能是個獨立的視窗。如果它是可以被關閉的，也請讓它可以簡單地再被重新開啟，特別是那些動作只呈現在**動作面板**上，而不存在於選單中時！

您極可能需要在不同的時間點顯示不同的動作。**動作面板**的內容或許會依應用程式的狀態而定（例如是否有已經開啟的文件）、依有沒有選取清單中的項目而定，或是依其他因素而決定。請將**動作面板**設計成動態的；它的變化將吸引使用者的注意，這是件好事。

設計動作的結構　接下來，您需要決定如何架構所需呈現的動作。下面列出一些方法，可供參考：

- 簡單的清單
- 多欄式清單
- 帶有標頭和分組的分類清單
- 表格或網格（grid）
- 樹狀結構
- 以上各種方法的組合

如果您想要將動作分組，請考慮採用任務導向的方式。依據使用者的企圖來分類，但請試著以線性呈現動作。請想像要將動作大聲念出來給無法看到畫面的人聽的情況，您是否能依合理的方式逐一朗讀，並有明確的開始與結束嗎？這就是視障人士「聽見」介面的方法。

為動作加上標籤　每個動作的標籤可以使用文字、圖示，或兩者並用；至於使用何者，就看哪一種最能傳達動作的本質。事實上，如果大部分都使用圖示，最終您會得到的成果就是……傳統的工具列！（如果您的使用者介面是一個視覺建構器型的應用程式，就會得到像工具盤的東西）。

動作面板上的文字標籤，可以比選單或按鈕上的文字更長。您可以使用多行的標籤，這裡沒有必要惜字如金。請記得更長、更具有表達力的標籤，比較適合初次使用者或不熟悉的使用者，因為他們需要學習（或提醒）這些動作到底是什麼。至於著重於高效能的介面，因為使用者多半經驗豐富，所以他們可能會因為看到長標籤佔用了額外空間而有點不開心。如果實在放了太多的字，甚至連第一次操作的使用者也會跳過不看。

圖 8-6 中的範例來自 Dropbox。這是該服務的桌面板網站使用者介面。在畫面右側有一個動作面板，這個面板目的是一直保持可見，只要按一下就可以做最常做的動作，對最可能或最常用的命令進行特殊處理。這些命令的分組和獨立性，都顯示這是一個動作面板。

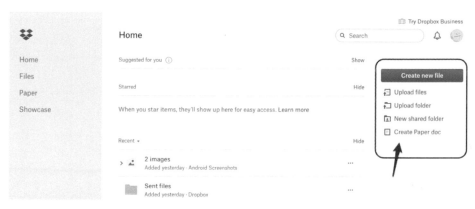

圖 8-6　Dropbox 的動作面板

以下的畫面擷取自 Windows 10，畫面中顯示了開啟 / 隱藏**動作面板**的兩個範例。由於畫面擁擠的程度不同，這些面板不是永遠都在顯示的狀態，但它們一旦被開啟，就會一直保持開啟的狀態，且顯示一大堆使用者可用的選項和動作。

Microsoft Windows 10 的開始選單（圖 8-7）（傳奇的彈出式選單），已經被打開在精典的啟動應用程式圖示下面。這個版本的開始選單為了要顯示很多組的動態磚（其實是既大又方的按鈕，某些會附帶動態狀態，例如最新版的天氣應用程式），所以動作面板被做得很大。動態磚是根據猜測使用者最可能想做的任務去進行分組，選取一個動態磚將會執行應用程式，或打開一個目錄。

圖 8-7　Microsoft Windows 10 的開始選單

可透過右下角的「對話框」（speech bubble）圖示叫出 Microsoft Windows 10 的**動作面板**（圖 8-8），該面板的大部分是由顯示通知的捲動列表占用。這些通知中有許多是號召性用語：使用者需要更改設定、啟動流程或解決問題。通知是可點擊的，因此使用者可以直接從此清單中採取行動。底部是一組用於存取通知做系統設定的按鈕。其他設計資源將此模式稱為**工作窗格**（*Task Pane*）。

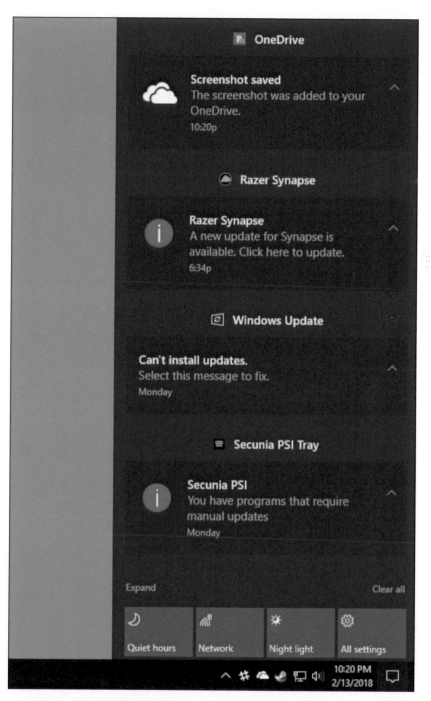

圖 8-8　Microsoft Windows 10 的動作面板

醒目的「完成」按鈕 / 假定的下一步

是一個按鈕或擺明可選的畫面元件,用以表明下一步或代表畫面或流程的結束。

何時使用

需要在介面上放置「完成」、「送出」、「確定」、「繼續」……這類按鈕的時候,應採用此模式。更常見的是,任何「交易」(像是線上購物)的最後一步,或送出一組設定時的最後一個步驟時,使用一個顯眼的按鈕作為終結。

為何使用

一個明瞭、清楚的最後步驟,可以讓使用者有完成的感覺。按下此按鈕,毫無疑問地,就表示交易完成了;別讓使用者對工作是否有效感到疑慮。

將最後一個步驟做得很明顯,是此模式真正的目的。請好好地利用第四章的版面設計概念,包括視覺階層、視覺動線、分組與對齊。

原理作法

請建立一個看起來擺明就是一個按鈕的按鈕,而不是連結;或使用平台的標準按鈕,或具有鮮明色彩與清楚邊界的中大型按鈕圖形。這可以讓按鈕看起來很突出,不會被忽略。

請將結束交易按鈕放在畫面視覺排版動線的最尾端,請為它做一個易懂的標籤,把整個按鈕做成很顯眼。

為按鈕標示標籤時,盡量用文字、不要用圖示。除了文字比較容易理解之外,使用者也會特別去尋找上面寫著「完成」(Done)、「送出」(Submit)等字樣的按鈕。標籤中的文字請用動詞或動詞短句,從使用者的角度描述會發生的事,例如「送出」、「購買」或「變更記錄」都比「完成」更清楚、更具有溝通效果。

把按鈕放在使用者最希望看到的地方。循著頁面、表單或對話框的工作流程走,並將按鈕放在最後一個步驟下方。最終步驟通常位在頁面底端或右端。您的頁面排版方式或許有放置這類按鈕的標準位置(參考第四章的**視覺框架**(*Visual Framework*)模式),或著依循平台標準規格;如果這樣的話,請採用標準規定的位置。

無論如何，請確定按鈕靠近最後一個文字欄位或控制元件。如果距離太遠，使用者無法在完成工作後立即發現它的存在，他們或許會因為想知道「接下來要幹嘛」，而開始尋找其他元件。對網站來說，這表示使用者在無意中很可能放棄了正在進行的網頁（甚至可能放棄購物）。

Android OS 移動設備上的 Google Play 商店（圖 8-9）顯示有關特定遊戲的資訊。利用大小、色彩、位置與按鈕周圍的留白，突顯想要使用者按下的「安裝」按鈕。

在移動裝置的環境中，這是一個很好的實作。只靠視覺設計，你不用閱讀標籤上的文字也知道要按這一顆按鈕：

- 綠色很明顯，因為它是飽和色，與白色背景形成對比（帶有黑色邊框的白色或淺灰色按鈕很容易被表單淹沒）。

- 按鈕的圖形看起來像一個按鈕。這是一個帶有微妙圓角的矩形，而且它也很大。

- 該按鈕位於內容的下方和右側，在本例中的內容為一個移動裝置遊戲。任務流程（使用者從上看到下）和視覺流程都帶領使用者視線最後停留在該按鈕上。

- 該按鈕周圍放了空白。

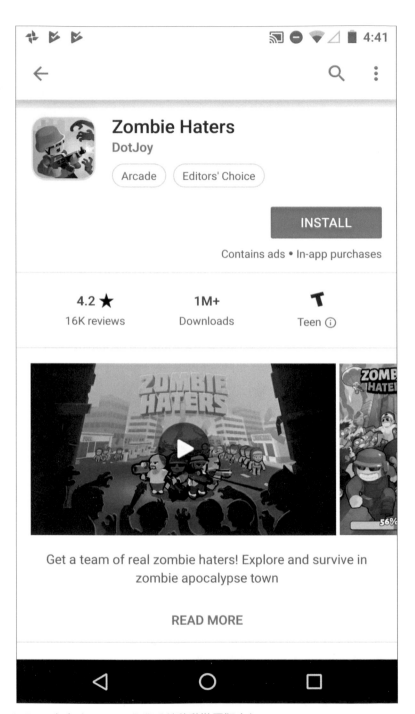

圖 8-9　Google Play 商店（Android 作業系統移動裝置版本）

JetBlue.com（圖 8-10）、*Kayak.com*（圖 8-11）和 *Southwest.com*（圖 8-12）在其首頁航班搜尋介面上使用了顯眼的按鈕，這些按鈕都遵循醒目的「完成」按鈕的所有原則。同樣地，您第一眼就會看到它們。這三個範例的搜尋中，「搜尋」都是畫面上最突出的操作步驟，它們被做成具有大尺寸和對比色的按鈕（在 Southwest 的範例中，其實有兩個號召性用語：「搜尋」和「立即預訂」，用來促銷航班）。

在這些範例中，JetBlue 的按鈕是最有效的設計，因為顏色的對比，居中的位置，大範圍的周圍空曠空間及其標籤，因此很容易就看到該按鈕。

Kayak 的搜尋按鈕也使用了強烈的色彩來突顯按鈕，但效果沒那麼好，因為其按鈕僅使用圖示，並且位於畫面的最右邊，無法被立即看到。雖然放大鏡是搜尋的標準圖示，但是使用者仍然必須將形狀轉換為單詞或概念。

Southwest 對兩個按鈕使用相同的按鈕設計，由於號召性用語不再只有一個，因此分散了使用者的注意力。在下方的 Book（預訂）面板中的按鈕做得還不錯：從白色和藍色的對比、標籤和它的坐落位置可以看出，該按鈕是面板必須執行的下一步工作（幫助使用者找到航班）。在上面是促銷區域，紅色和黃色是對比度較低的組合，所以按鈕似乎有些不顯眼。而且畫面的此區域還有其他更大的元件吸引使用者的目光，且按鈕的對齊或放置位置不太清楚，以致於無法吸引視線。

Airbnb（圖 8-13）在其主畫面上提供了一個清晰的完成 / 下一步按鈕。使用者填寫預訂搜尋表單後，接著會看到 Airbnb 用了一個大型的搜尋按鈕來吸引使用者的目光。

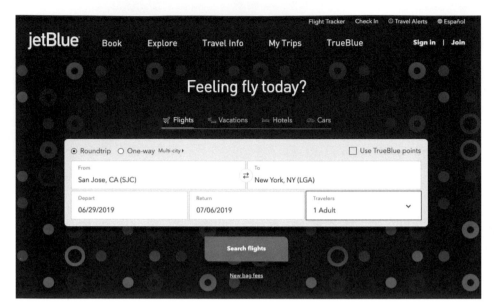

圖 8-10　JetBlue.com

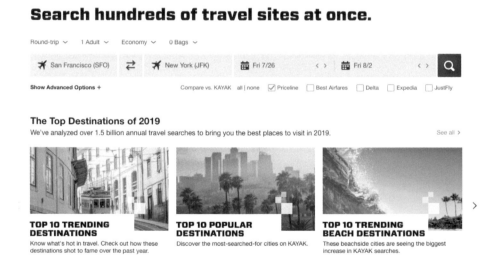

圖 8-11　Kayak.com

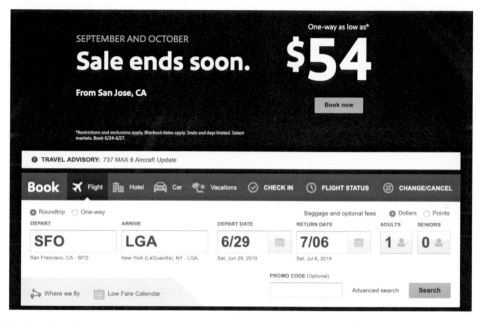

圖 8-12　Southwest.com

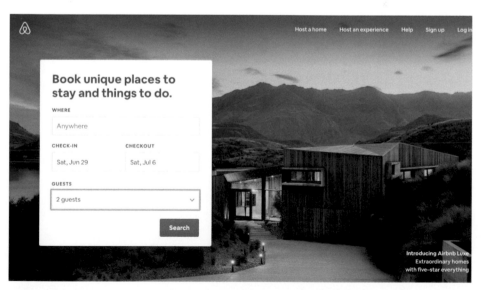

圖 8-13　Airbnb.com

智慧型選單項目（Smart Menu Item）

選單的標籤可以精確地動態顯示呼叫選單時的功能。這是一種可根據使用者正在做什麼，來提供不同的選擇來使選單更有效率、更能回應使用者的機制。

您的使用者介面上的選單項目，是要針對特定文件或項目做動作，例如「關閉（Close）」；或是在不同的環境背景中，選單項目的行為會有些不同，例如「復原（Undo）」。

讓選單的的項目可以清楚表達可執行什麼動作，讓使用者介面能自我說明。使用者不需要停下來思考動作要對哪些物件執行，也比較不會一不小心就意外地做了不想做的事，例如本來要刪除「註 3」卻誤刪了「第八章」，有助於使用者進行安全的探索。

每次使用者改變所選取的物件（或改變目前的文件、或者上一個可復原的操作……等），就跟著改變用在該物件的選單項目，以涵蓋特定的動作。很明顯地，如果沒有物件被選取，您就該讓選單項目失效；如此可以強調項目和物件之間的關聯。

意外的是，這個模式也可以用在按鈕標籤、連結、或者使用者介面環境中任何代表「動詞」的事物上。

萬一選取了多個物件，又該如何呢？這方面並沒有完整一致的原則（在既有的軟體中，此模式主要套用在文件和復原操作上），但是我們可以用複數來表達，像是「刪除所選取的物件」。

圖 8-14 顯示了 Adobe Lightroom 選單列中的選單。「Edit（編輯）」下拉選單中的第一個選擇是動態的。範例的使用者使用的最後一個濾鏡是「Increase Clarity（增加清晰度）」。選單會記住這一點，因此它會更改其第一個項目來代表最後使用的濾鏡。由選單觸發的

「Undo（復原）」動作，會復原使用者前一個執行的動作。標籤會根據使用者執行的動作
而變化。

想要重複套用同一個濾鏡時，使用快速鍵就很方便。

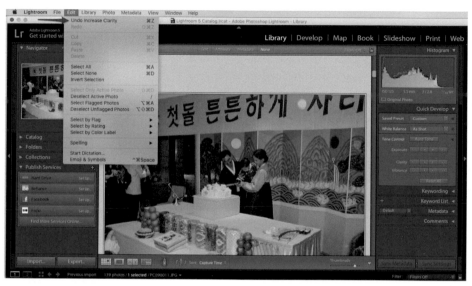

圖 8-14　Adobe Lightroom

雖然上一個範例是應用程式的選單列，但是您也可以在環境背景工具（例如 Gmail 的下拉
選單）中有效地使用此模式（圖 8-15）。根據當前選擇的電子郵件不同，下拉選單中的幾
個命令也會隨之改變。選單項目「Add [person from email] to Contacts list」（加入 [某位電
子郵件中的人] 添加到聯絡人列表），比通用選項「Add sender to Contacts list」（將寄件者
加入聯絡人列表）更加清晰，更讓人一目瞭然。

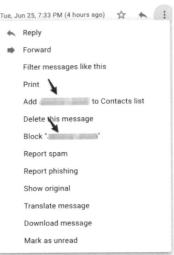

The Information

Dear Reader,

It's always interesting to take a moment to
recent stories have resonated with our read
world of media, technology, and business.

I hope that these seven stories give you a ta
is all about: writing deeply reported article
anywhere else.

Here are our Top 7 stories of Q2 2019

7. How Iger Broke Disney's Netflix Ad

*Disney CEO Bob Iger's decision in 2017 not to renew its Netflix deal
and compete directly with the streaming giant with its own service
was a monumental shift in the media industry. But it comes after
years of debate and dithering over the huge amount of TV shows and
movies Disney was selling to Netflix—in effect helping to fuel its rise.
This story looks at the years long debate among top executives over*

圖 8-15　Gmail

預覽（Preview）

這是什麼

呈現命令效果或動作可能的結果的簡明示範，在使用者送出動作之前就主動顯示它們。
在這種模式中，向使用者展示了他們可能採取的行動結果的模擬，以便他們可以選擇自己
喜歡或想要的行動。這種模式與簡單傳統的互動設計方法恰恰相反，在傳統互動設計方法
中，使用者必須先執行命令，然後等待才能查看結果。

何時使用

使用者即將執行一件「成本很高」的動作，例如開啟很大的檔案、列印十頁的文件、送出一
份花很多時間填寫的表單、或透過網頁送出購物清單。使用者想要先確定一切正確，才真
正開始動作時使用。因為一旦做出錯誤的動作，會很浪費時間或者花費其他昂貴的成本。

或者，使用者即將進行某些難以預測的外觀改變，例如對相片套用某個濾鏡；因而想提前知道改變效果是否會讓他滿意。

為何使用

預覽有助於預防錯誤。使用者可能打錯字、因為誤解而導致動作出問題（像是線上購物時買錯東西）。但如果對使用者顯示摘要，或關於即將發生事情的視覺描述，您就是給予使用者撤回動作或更正錯誤的機會。

預覽也可以幫助應用程式變得更具有自我描述的效果。如果有人未曾用過某個特定的動作，或者不知道動作在某種特定的狀況下會做什麼，這個時候，給他一個預覽比給他一份說明文件更能解釋清楚其作用，也能讓使用者在需要學習的時空直接做學習。

原理作法

在使用者進行某動作之前，提供任何可讓使用者清楚認知後續可能事件的資訊。如果是預覽列印，那麼要顯示出列印到所選紙張尺寸上的樣子；如果是影像的操作，顯示影像將變成的樣子；如果是交易，顯示系統所知一切關於交易的重點。恰如其分地只顯示重要的資訊，不多也不少。

讓使用者能夠從預覽的畫面直接進行該動作。不需要讓使用者關閉預覽或導航到另一個地方之後，才能進行該動作。

同樣地，讓使用者有機會退出。如果使用者只需更正先前填寫的內容就能挽救某筆交易，請在可改變的資訊旁附上「修改」（Change）按鈕，讓使用者有機會更正交易內容。在一些軟體精靈和線性流程中，這可能只是後退幾個步驟罷了。

範例說明

Apple Photos（圖 8-16，左）為使用者提供了各式各樣的照片濾鏡。每個濾鏡都提供「所見即所得」的預期渲染效果。編輯所選照片時，畫面底部的每個濾鏡都會顯示「已套用該濾鏡」的圖像，使用者無需猜測濾鏡可能會做什麼，也不需先選擇濾鏡才能查看它的作用，可以簡單地查看渲染的縮圖，並根據圖像的真實預覽選擇自己喜歡的濾鏡。從可用性的角度來看，比起人們必須記住命令的含義並猜測結果，這樣的模式使人們更容易、更快地認識到自己喜歡的選擇有哪些，並進行選擇（Photoshop 和其他圖像處理應用程式均使用類似的預覽）。

Bitmoji 應用程式範例（圖 8-16，右）顯示了一個密切相關的用例。Bitmoji 能建立定制的插圖風格的有趣的卡通化身，可以讓使用者透過訊息傳遞，也可以分享社交媒體。使用 Bitmoji 的第一步是讓使用者透過添加頭髮、眼睛、表情線條、膚色和其他選擇來建構自己的卡通形象。在這一個步驟裡，使用者會試圖從一組有限的預先渲染選項中找到與其實際外觀最接近的匹配項目。膚色的部分，Bitmoji 會根據使用者的選擇渲染臉部膚色，然後為每種可用的膚色提供不同的預覽。當使用者可以捲動瀏覽大量的膚色預覽時，可使得創建更逼真的個人化頭像變得更加輕鬆快捷。

圖 8-16　Apple Photos app 以及 Bitmoji app

線上產品建構者和提供客制商品服務者，常在銷售過程使用**預覽**來顯示使用者到目前為止所創建的商品。圖 8-17 中的客製化 Prius 汽車就是一個很好的例子。當使用者為他的 Prius 選定配置時，車輛的預覽會更新以顯示使用者的選擇。外觀和內裝的多個預覽可幫助潛在買家更好地了解他們的選擇。使用者能夠在流程中的主要步驟之間來回移動，還可以在每個步驟中嘗試各種變化以查看其實際外觀。目的是根據客戶的實際需求取得汽車的報價。這樣的**預覽**工具非常吸引人。

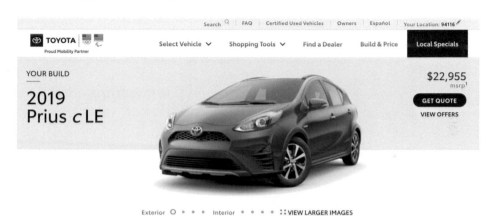

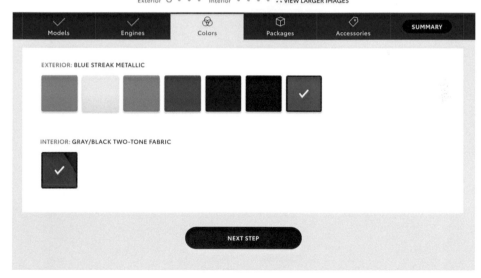

圖 8-17　Toyota.com

來自 Sephora.com 的客製化化妝方案（圖 8-18）是一個更貼近個人的範例。在這裡，客戶會試著從眾多可能的品牌和選擇中找到合適的美容產品。他們可以感受用了什麼產品，外表有什麼變化。這個化妝預覽應用程式可讓購物者加入自己的臉部照片，然後實際嘗試各種化妝品和技術。他們可以預覽不同的產品和顏色在皮膚、眼睛、睫毛、眉毛和嘴唇的效果。體驗和預覽的所得到的結果是一系列產品，這些產品將讓購物者擁有他們想要的外表。套用於臉部預覽的產品會自動顯示在「What You're Wearing（您正使用的產品）」購買清單中。

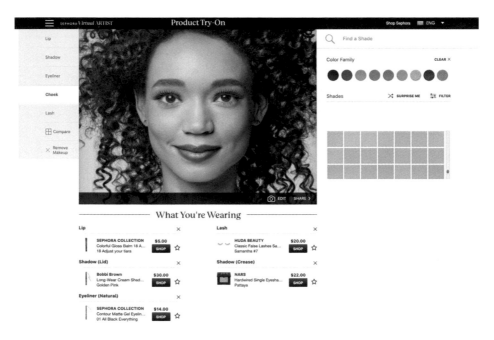

圖 8-18　Sephora.com

旋轉與載入指示器（Spinner and Loading Indicator）

在使用者送出動作之後，取得回應之前，所顯示的動畫或其他指示符號。如果回應有延遲，則旋轉與載入指示器能使正在等待的使用者知道他們的互動 session 還在「努力」工作，並且系統正在準備回應內容。這樣可以防止使用者中斷他們對任務的注意力。

旋轉指示器 旋轉指示器是一種動畫，它顯示系統正在處理中。它通常是無狀態的；也就是說，它不傳達變化的狀態，例如完成百分比（不過這不是條硬性規則）。

載入指示器 載入指示器通常是測量工具或溫度計樣式的動畫，顯示需要很長時間的任務的相關關鍵資料，例如，上傳大型文件或圖像，或在消費者的移動設備上載入移動應用程式。載入指示器顯示一個不斷更新的「空 / 滿」測量工具，以及有用的資料，例如完成百分比、已處理資料與未處理資料的位元數以及剩餘時間。

若想執行一項耗費時間的操作，這個操作可能會中斷使用者介面的流程，或是在背景執行，而且該操作花費的時間在兩秒以上。

著名的可用性和數位設計專家 Don Norman 和 Jakob Nielsen 的建議總結，以及有關此主題的研究，可以提供您一個很好的指南[1]：

- 若花費的時間不到十分之一秒，那麼使用者會感覺到他們正在與「即時」的使用者介面互動，因為瞬間就得到來自軟體的回應。從一個使用者介面操作轉到下一個操作沒有延遲，這個時間是軟體的預期回應時間。

- 若花費的時間在十分之一秒到一秒之間，使用者會感受到延遲，但是他們會等待、想要繼續任務，並且期待馬上就可以繼續。

- 回應延遲時間超過一秒，使用者可能會認為使用者介面不能正常工作、出現問題或放棄任務。在這種情況下，如果想讓使用者知道您的軟體確實仍在執行，則必須使用旋轉指示器或載入指示器。或者，您可能想讓他們知道在等待處理結束前，他們有時間進行其他活動。

1　Nielsen, Jakob. "Response Times: The 3 Important Limits." *Nielsen Norman Group*, Nielsen Norman Group, 1 Jan. 1993, *https://oreil.ly/6IunB*. This article, updated in 2014, cites additional sources of research into software response time and its effect on users.

當使用者介面凍結、等候某件事情完成時，使用者會失去耐心。您寧願將滑鼠游標改成時鐘或沙漏（這是當使用者介面的其他部分都被凍結時您應該做的事），也不想讓使用者等候一段不確定的時間。

實驗證明，如果讓使用者有看到事情正在進行的徵兆，他們會更有耐心，即使等待的時間其實比起沒出現**載入指示器**時更久。或許這是因為他們知道「系統正在做事」，它不是在空閒中，也不是正在等使用者做些什麼。

利用帶有動畫的指示器表達出已完成的進度，水平式或垂直式（或同時）都可以，指示器告訴使用者的是：

- 現在怎麼了
- 距離操作完成的百分比
- 剩下多少時間
- 如何停止

盡量讓時間估計值正確，但有時候有誤差也沒有關係，只要迅速地修正估計值即可。但是使用者介面有時候無法告知還要等多少時間；這種情況下，顯示與完成比率無關的旋轉指示器。

大多數的圖形使用者介面工具集都提供了實作此模式的小工具或對話框。然而，要小心此模式潛在的執行緒問題，即**載入指示器**必須持續更新，同時操作本身的進展卻不受此更新所影響。如果可以的話，請保持使用者介面其他部分仍能正常動作。也就是說，在**載入指示器**出現的時候，不要鎖住使用者介面。

如果正在監控的操作可以被取消，請在**載入指示器**附近提供「取消」按鈕或等價的動作，這是使用者最可能尋找取消功能的位置。請參考**可取消性**（*Cancelability*）模式以獲取更多資訊。

旋轉指示器通常在等待時間非常短的情況下使用，功能是讓使用者知道「處理中，請耐心等待」。

Apple iPhone 上的 Touch ID 服務（圖 8-19）使應用程式開發者（在本例中為 CVS）無需客戶輸入使用者名稱和密碼，即可安全地登入。當 iPhone / iOS 和 CVS 正在處理登入時，我們會立即看到 iOS 旋轉指示器。

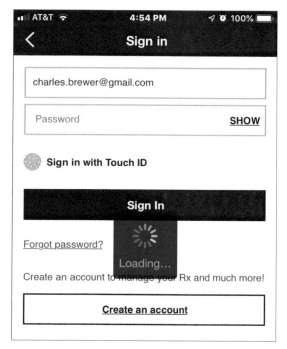

圖 8-19　Apple iOS 上的 CVS 移動應用程式；iOS 旋轉指示器範例

旋轉指示器也是大多數使用者介面工具集和框架會提供的標準元件。圖 8-20 顯示了 Twitter Bootstrap 使用者介面框架中的規範和範例。Bootstrap 元件庫中的標準元件之一是可客制的旋轉指示器，它可以在 Bootstrap 網頁應用程式中的任何位置使用。

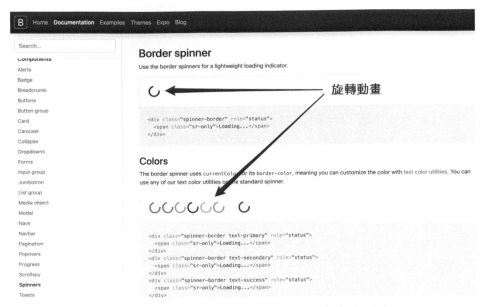

圖 8-20　Twitter Bootstrap 元件庫（getbootstrap.com）中的外框型旋轉指示器

Blueprint 使用者介面工具集（圖 8-21）提供了一個按鈕元件，該元件支持嵌入旋轉指示器，使之成為按鈕的一部分。當使用者點擊這些按鈕之一時，他們會看到按鈕上的標籤或圖示暫時變為旋轉指示器。

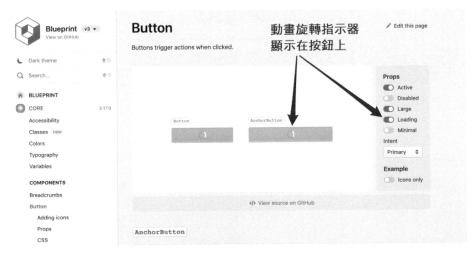

圖 8-21　Blueprint 使用者介面工具集的按鈕進度狀態

載入指示器為耗時較長的流程提供了更可靠的狀態和資訊，它們適用於有足夠時間生成和顯示資訊的情況。使用者將知道還需要等多長時間，可以等待、取消或執行其他操作，然後稍後再回來。

圖 8-22 再次顯示了 Google Play 商店，這次遊戲正在下載到使用者的 Android 設備上。此時「安裝」按鈕消失了。它已被替換為載入指示器。這個載入指示器提供了很多資訊，它是由器為綠色和灰色水平線構成。動態的綠色線表示遊戲已下載了多少，灰色線代表的整個檔案大小，相同的資訊也會用數值顯示，另外還有一個完成百分比。

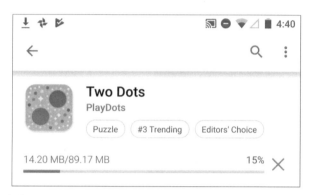

圖 8-22　Android OS 上的 Google Play 商店

Adobe 在其 macOS 桌面板的 Creative Cloud 應用程式中也使用載入指示器，其版本迷你、陽春，但是堪用。圖 8-23 顯示了 Photoshop CC 正在處理著某項工作，畫面上有一個小的溫度計式載入指示器，目前標示已完成 3%。

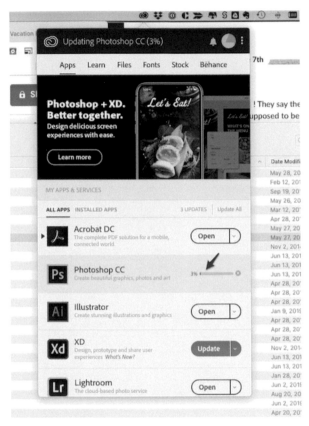

圖 8-23　Adobe Creative Cloud 桌面管理（macOS）

可取消性（Cancelability）

提供一種方法，這個方法可以立刻取消一個很耗時間的操作，且沒有副作用。

若想執行一項耗費時間的操作，這個操作可能會中斷使用者介面的流程，或是在背景執行，而且該操作花費的時間在兩秒以上，例如列印檔案、查詢資料庫，或載入一個很大的檔案。又或是使用者正在進行一項活動，此活動確實或顯然會使大多數系統互動無法進行時，例如當使用者在強制回應對話框（modal dialog box）中工作時。

在任何時刻，軟體的使用者能在使用者介面上取消一個任務或流程，是一個重要的可用性標準條件。尼爾森 · 諾曼集團（Nielsen Norman Group）的軟體專家 Jakob Nielsen 的產業研究和調查結果的一份審查資料中指出，這與「使用者控制和自由」（十大可用性啟發式方法或準則之一）有關。[2]

使用者會改變心意。一旦某個耗費時間的操作開始了，使用者有可能想要中途停止，特別是看到**載入指示器**（*Loading Indicator*）顯示該項操作需要花費一陣子時間時，或可能使用者是不小心開始這個操作的。**可取消性**的確有助於避免錯誤與狀態回復，使用者可以取消他知道最後會失敗的事（像是試圖從已經掛掉的網頁伺服器載入一個頁面）。

無論如何，如果使用者知道一切操作都是可以取消的，他會更樂意於探索介面並嘗試新事物。這增進了第一章提到的**安全探索**（*Safe Exploration*），因而讓介面更容易使用，學習時更有趣。

首先，請想看看能否加快耗時操作的進度，讓它看似即刻完成。甚至不需要真的很快，只要讓使用者感覺它是即刻完成就好了。對網頁或網路應用程式來說，可以靠預先下載資料或原始碼（在使用者開口要資料之前先傳送到使用者端）；或可能是用漸進的方式傳送資

---

2   Nielsen, Jakob. "10 Usability Heuristics for User Interface Design: Article by Jakob Nielsen." *Nielsen Norman Group*, 24 Apr. 1994, *https://oreil.ly/Sdw4P*.

料（一有資料就立刻顯示給使用者看）。請記得：人類閱讀的速度有限。您可以在使用者閱讀第一頁的資料時下載第二頁，依此類推。

但如果您真的需要實作**可取消性**，做法是這樣的。請直接在介面上靠近**載入指示器**（*Loading Indicator*）的地方放置「取消」按鈕（您應該**有**使用載入指示器吧？），或放在預定出現操作結果的地方。按鈕上標示「停止」或「取消」，且可以在上面放置一個國際通用的停止圖示：紅色的八邊形或紅色的圓形，中間是一個白色的水平短線或「X」。

當使用者點擊「取消」按鈕的時候，請立刻取消操作。如果取消動作太久（超過兩秒），使用者可能會懷疑到底有沒有取消成功（或者勸使用者不要取消，因為操作可能很快就會完成），並且在取消成功時明確地告訴使用者，比方說，停止**載入指示器**，並在介面上顯示狀態訊息。

面對多個平行的操作就比較困難了。使用者該如何指定取消哪一個特定操作呢？為「取消」按鈕加上標籤或工具提示，可以明確地敘述按下後取消的事物（請參考**智慧型選單項目**（*Smart Menu Item*）模式或類似概念）。如果各個操作以一份清單或一組面板呈現，您可能要考慮為每個動作提供獨立的「取消」按鈕，以避免混淆。

Google Play 商店中的遊戲安裝畫面（圖 8-24）顯示了一個極簡風的取消圖示。這裡的綠色和灰色條實際上是一個載入指示器。建立下載連接後，綠色條的動畫會左右移動幾秒鐘。注意有個大大的「X」取消圖示放在載入指示器的右側，供使用者隨時取消下載和安裝流程。

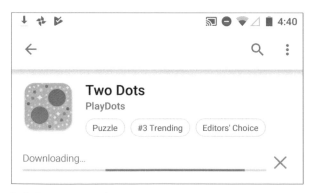

圖 8-24　Google Play 商店（Android OS）

macOS 的 Adobe Creative Cloud 桌面應用程式顯示了另一種樣式的「X」取消按鈕（圖 8-25）。在此桌面程式下拉面板中有一行 Photoshop CC 項目，其載入指示器旁邊有一個 「X」圖示，客戶可以隨時選擇此圖示以取消更新 / 安裝流程。

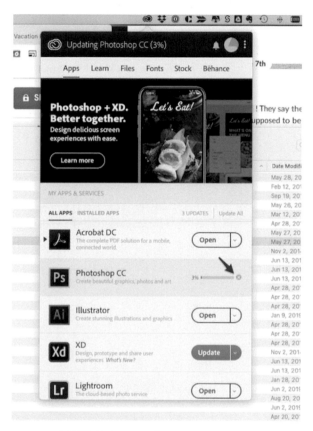

圖 8-25　Adobe Creative Cloud 桌面管理（macOS）

多層復原（Multilevel Undo）

是復原使用者執行的一連串動作的能力。**多層復原**就是復原與使用者動作歷史的結合，使用者動作歷史中記錄著動作與其順序，是一種以與執行命令相反的順序逐步還原任何近期命令或動作歷史的方法。也就是說，第一次復原是針對最靠近現在的那次動作，第二次復原會還原第二個最近的操作，依此類推。歷史記錄通常會有長度限制，以支援**多層復原**。

當您在設計一個具有高度互動性的使用者介面，其中的行為比簡單的導航或表單的填寫複雜許多的時候使用。這類的軟體包含郵件閱讀程式、資料庫軟體、寫作工具、繪圖軟體，以及程式開發工具。當想要讓您的使用者有能力復原一連串（而不是一個）動作時，請設計這個功能。

復原一長串操作的能力，讓使用者覺得可以放心地探索此介面。在他們學習介面的用法時，也一邊做著實驗，心中知道不管做任何事都可以還原，甚至意外做出「不好」的事，也可以還原。不只對於初學者有幫助，對於任何程度的使用者都有幫助。[3]

一旦使用者熟悉介面後，他就有自信知道犯錯不會不可挽救。如果誤選了錯誤的選單項目，不需要繁複的手續就可以復原；使用者不需要先回復到之前存檔的舊檔案，關閉介面然後再重新開始一次，也不需向系統管理員請求回復備份檔。這個模式可以讓使用者省下許多時間，免除偶然操作失誤後的精神壓力。

多層復原也讓專家級的使用者很快且很容易地摸索出新的操作方式。比方說，Photoshop使用者可能會對一張影像進行一連串的濾鏡操作，看看是否喜歡這樣的結果，然後回復到開始操作前的狀態。接下來使用者可能會嘗試套用其他濾鏡，也許會儲存檔案，然後再次復原。當然，若沒有**多層復原**也能達成前述行為，但是要花費更多時間（用在關閉和重新載入影像上）。當使用者進行創意工作時，速度和容易使用性是相當重要的，有助於維

---

[3] Alan Cooper 和 Robert Reimann 在他們的著作《*About Face 2.0: The Essentials of Interaction Design*》（Wiley, 2003）中有專章討論復原的概念。

持工作順暢的體驗。更多相關資訊可參考第一章，尤其是**安全探索**（*Safe Exploration*）與**漸進建構**（*Incremental Construction*）模式。

可以復原的操作　首先，您用來建立使用者介面的軟體需要有個關於「動作」的強大模型，能定義動作名稱、動作有哪些相關的物件，以及如何復原動作，然後您才可以為它建立一個復原介面。

請決定哪些操作需要復原功能，例如任何可能改變檔案或資料庫的動作（任何可能造成恆久改變的動作）都應該要可以復原，暫時性或與檢視相關的狀態則通常不需要。特別注意，對於大多數應用程式，使用者會期待以下的改變支援復原功能：

- 文件或試算表的文字欄位
- 資料庫交易
- 對於影像或繪圖畫面的修改
- 圖像應用程式的版面修改，例如位置、大小、堆疊順序或分組
- 檔案操作，例如刪除或修改檔案
- 物件的建立、刪除、或重新安排（像是郵件訊息或試算表的直欄）
- 任何剪下、複製、貼上的操作

下列的改變一般都不會放入動作歷史中，也無法復原。在這類不可復原的動作中，導航功能是一個經典的好範例。

- 文字或物件的選擇
- 在視窗或頁面上的導覽
- 滑鼠游標和文字游標的位置
- 捲軸位置
- 視窗或面板的位置與尺寸
- 在未確認的對話框或強制回應對話框中所做的改變

有些操作則在灰色地帶。例如說，填寫表單有時是可以復原的，有時不行。然而，如果利用 tab 鍵改變焦點欄位後，系統會自動送出剛修改欄位中的內容，那麼讓它可以復原似乎是比較正確的作法。

Note

有一些操作是不可能被復原的，通常應用程式會讓任何使用者都能清楚地察
覺這一點。不可能復原的包括了電子商務交易的購買步驟，或者送出電子郵
件。（雖然我們有時真的很希望能有復原的方法！）

不管在什麼情況下，請確定可以復原的操作對於使用者來說是有意義的。請確定復原操作
的定義與命名必須站在使用者角度思考，讓使用者很容易看到名字就想到操作本身，而不
是電腦怎麼看待該操作。例如說，應該要能復原一整段輸入的文字，而不是一字一字地慢
慢復原。

設計復原或歷史記錄堆疊　每當操作執行時，操作都會被放進堆疊頂端。每次復原時，就
從頂端（最近執行的動作）開始往下（更早之前的動作）進行，取消復原（redo）則會從
堆疊的底下一步步向上執行。

堆疊中應該至少放置 10 到 12 個項目才能發揮最大功效，如果您可以的話，甚至可以放更
多項目。長期觀察與可用性測試或許能告訴您要放多少項目（Constantine 和 Lockwood 聲
稱：超過 12 個項目通常不太實際，因為「使用者幾乎不會用到這麼多層的復原」[4]，但功
能強大軟體的專家級使用者可能不會同意這個說法）。

呈現　最後，決定要如何將復原堆疊呈現在使用者面前。大多數的桌面應用程式會在「編
輯」選單中放置復原／取消復原（Undo/Redo）項目。還有，復原或同等動作通常可以利
用 Ctrl-Z 當快速鍵。設計良好的應用程式會利用*智慧型選單項目*（*Smart Menu Item*）
告知使用者復原堆疊中的下一個操作為何。

<hr>

範例說明

Microsoft Word（圖 8-26）是**多層復原**的經典代表。在範例中，使用者前先已鍵入了一些
文字，然後插入表格。第一次復原將刪除表格，完成此操作後，隨後的復原操作（復原堆
疊中的下一個動作）是鍵入文字的動作，若再次呼叫復原將刪除該文字。在此時，使用
者還可以使用「重做」選項來「復原復原動作」。如果我們位於堆疊的頂部（如第一個畫
面截圖所示），則不會有「重做」可用，並且該選單上「重做」的位置會被「重複」給取
代。這是一個試圖在介面中實現的複雜抽象概念。如果您也想實作這樣的功能，請在您的
協助系統中添加一兩個使用情境，以更全面地說明其工作方式。

<hr>

4　Constantine, Larry L., and Lucy A.D. Lockwood. "Instructive Interaction: Making Innovative Interfaces Self-Teaching."
　User Experience, vol. 1, no. 3, 2002. *Winter, https://oreil.ly/QMNpz (https://oreil.ly/QMNpzg).*

圖 8-26　Microsoft Word 的動作歷史記錄

儘管看不見復原堆疊，但是 Word 將它存在記憶體中。這允許使用者多次選擇「復原」以返回到文件的某個之前狀態。當使用者使用復原命令復原其最近操作的當下，「編輯」智慧選單中的第一項將更改為復原堆疊中的下一個操作。

大多數使用者永遠搞不清楚這裡使用的演算法。大多數人不知道什麼是「堆疊」，更不用說「重複」和「重做」是怎麼利用堆疊做到的。這就是為什麼智慧型選單項目對於此處的可用性來說相當重要的原因。智慧型選單項目準確地解釋了將要發生的事情，從而減輕了使用者的認知負擔。重要的是，使用者瞭解到他們可以退回，也可以重做最近的操作順序以再次向前進。

命令歷史（Command History）

可復原動作　當使用者進行動作的時候，用看得見的方式記錄這些動作，記錄**何時**對**何物**做了**何事**。這是使用者執行的動作步驟的列表或記錄，這個列表是可看見的，並且可以由使用者操縱，他們可以使用或刪除或更改這些操作的順序。通常，這些動作是對檔案、照片或其他數位物件使用。

瀏覽器歷史記錄　使用者瀏覽網頁時，瀏覽器會儲存他們訪問的網站、應用程式和 URL，它比較像是一個記錄檔，可以用 URL 字串中的關鍵字搜尋這些資料，或者按日期瀏覽。這對於查出使用者之前訪問過、但無法記住確切的 URL 網站來說很有用。

使用者會在圖形使用者介面或命令列中進行一串冗長且複雜的動作時使用。大多數的使用者都相當有經驗，或者至少想要一個有效率的介面能支援又長且重複性又高的工作。圖形編輯器與程式編輯器通常很適合使用此模式。

某些時候，使用者在使用軟體的過程中，需要回想或重新檢視做過的行為。比方說：

- 重複進行稍早做過的動作或命令，但是已經不太記得該動作或命令的細節
- 想要回想起某些動作進行的次序
- 重複一連串的操作；把原本對某物件的操作，套用在另一個物件上
- 基於法律或安全因素，儲存他們的動作日誌
- 將一連串互動的命令轉換成一個腳本（script）或巨集（參考本章的**巨集**（*Macro*）模式）

持續記錄使用者所採取的動作。如果介面由命令列驅動，事情很簡單，只要記錄使用者透過鍵盤輸入的一切就對了。如果可以的話，請追蹤不同 session 的操作歷史，那麼使用者就可以看到一個星期前甚至更久以前的動作歷史了。

如果是圖形介面，或者是圖形和命令列混合的介面，事情就複雜多了。請用一致且精確的方法來表達每個動作，通常是用文字來描述（但也沒有說不能用視覺的方式描述）。為動作下定義時，請適度的定義動作，如果某個動作被用在一個具有十七個物件的集合上，請記錄成一個動作就好，不要記錄成十七個動作。

什麼樣的命令應該被紀錄下來呢？而哪些命令不該被紀錄呢？請參考**多層復原模式**，其中有討論哪些命令才是目標。只要是可以復原的命令，就應該記錄在歷史中。

最後，要有對使用者展示歷史記錄的方法。在大多數軟體中，這種展示應該是選擇性的，因為它對使用者的工作來說幾乎都是扮演支援的角色，而不是主角。利用命令清單形式（從最舊到最新）來展示似乎還不錯，您甚至可以讓命令歷史搭配時間戳記（timestamp）一起顯示。

與所有瀏覽器一樣，Google 的 Chrome 瀏覽器（圖 8-27）會儲存使用者訪問的網站和網站應用程式的歷史記錄。使用者可以查看、搜尋和瀏覽它，這讓使用者可以回到之前訪問的 URL，或共享記錄中的項目。Google Chrome 歷史記錄頁面雖然不是嚴格定義上的重做歷史記錄，但它是來自使用者瀏覽歷史記錄的歷史記錄文件。如果 URL 或檔案已在歷史記錄中，則在日後再度輸入 URL 時，將變成預測輸入文字。使用者還可以搜尋歷史文件或手動選擇 URL 以返回到先前訪問的 URL。

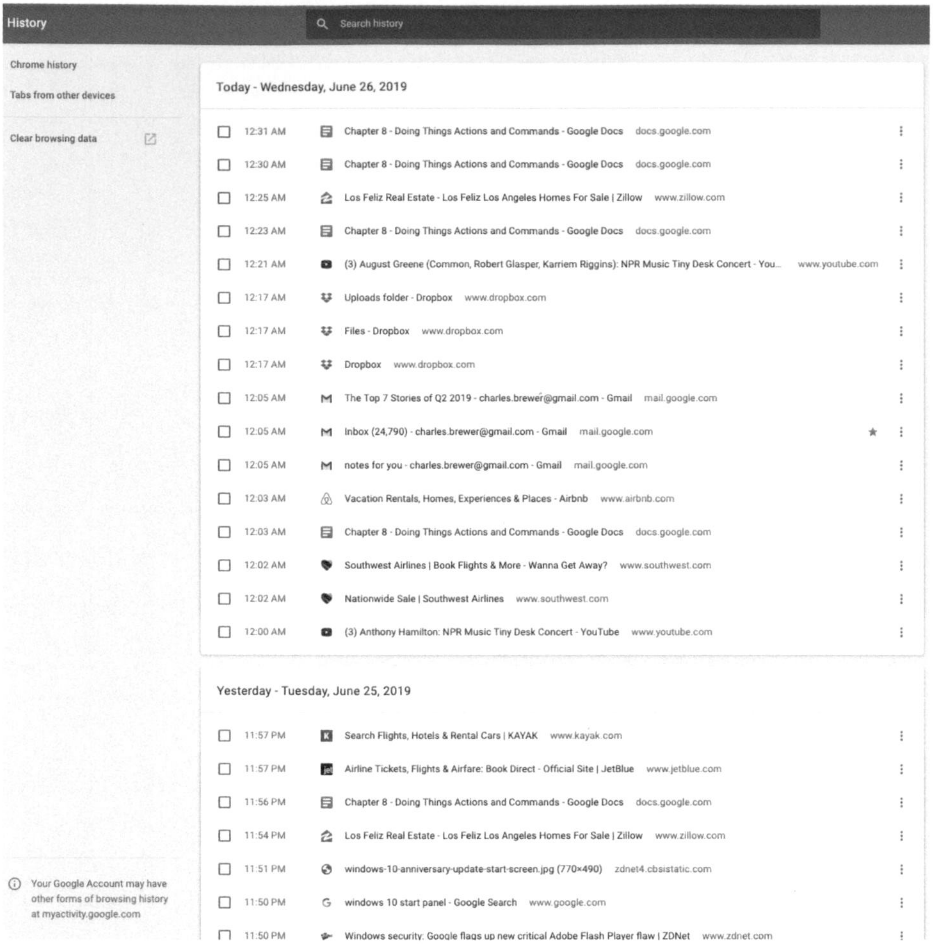

圖 8-27　Google Chrome 歷史記錄

Adobe Photoshop CC 的復原堆疊（圖 8-28）實際上是一個命令歷史記錄。您可以使用它復原您之前做的事，但不一定要這樣做；您也可以只查看並捲動瀏覽，查看之前所做的操作。很罕見地，它使用圖示來標識不同類別的動作，但使用起來很不錯。這種真實的動作歷史記錄是存在於 Photoshop 中的一項悠久功能。每個工具、操作、濾鏡或其他命令均按時間順序記錄，會顯示在「History」面板（在圖的左下角）上。「History」功能不是只能簡單的復原歷史記錄而已，還可讓使用者有選擇地打開或關閉動作或重新排列其順序，順序改變後也會影響當前圖像。

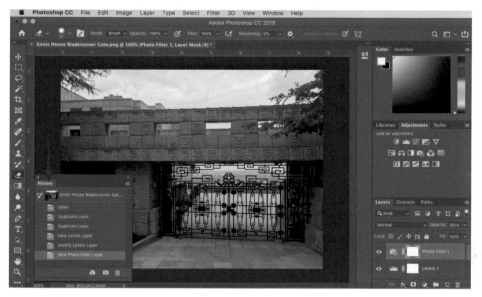

圖 8-28　Adobe Photoshop CC

巨集（Macro）

這是什麼

巨集是一個由許多其他更小的動作所組成的單一動作，使用者可以把一系列動作放在一起，組合成為一個巨集。巨集可以被存儲以重用，可以獨立被重用或在其他一連串命令中使用，巨集能節省大量的時間，以及讓工作流程更有效率。

何時使用

使用者有可能想要重複一長串的動作或命令時。比方說，面對一組檔案、影像、資料庫記錄或其他物件，使用者可能想對其中的每個項目進行同樣操作。您可能已經實作過**多層復原**或命令歷史了。

為何使用

沒有人想要一而再、再而三地執行一組相同的重複任務！這卻是電腦擅長的事。第一章討論到一個使用者行為模式：**流暢重複**（*Streamlined Repetition*）；巨集正是能夠好好支援這個模式的機制。

巨集顯然可以讓使用者工作得更快。但藉由減少完成某件事的命令或手勢，更可以減少人為操作的疏失（按錯按鍵、看錯內容……等類似錯誤）。

各位可能也想起了第一章所說「無我」的概念。當使用者可以將一連串的動作壓縮成單一命令或一個按鍵捷徑，就可讓使用者深刻的體驗無我的境界（使用者可以用更少時間更少精力完成同樣的事，且可以將眼光放在大目標上，不會被一些小細節所侷限）。

原理作法

請提供一個方法，讓使用者可以「記錄」一連串的動作，且能輕易地隨時「重播」這些動作。重播時應該簡單到只要下達一個命令、只要按一個按鈕或拖放一個物件即可。

定義巨集　使用者應該能自由地為巨集命名。也讓使用者有辦法檢視該巨集內的動作序列，這樣他才可以檢查自己在巨集中做了什麼，或重新檢視一串已經沒印象的動作（正如同命令歷史（*Command History*）一樣）。請讓巨集可以使用其他巨集，讓使用者可以用巨集建立巨集。

使用者一定會想要儲存巨集以供日後使用，請確定巨集是可以永久儲存的（將巨集存到檔案或資料庫中）。請依照使用者的需求，以可搜尋、排序、甚至用分類清單列出巨集。

執行巨集　最簡單的方式，是直接執行巨集；假如巨集作用的物件每次都不一樣的話，或許您可為巨集加入參數（例如使用標示字串（placeholder）或變數，而不是用真的物件）。另外，巨集也應可以一次用在多個東西上。

巨集的名字（或啟動巨集的控制元件）要如何呈現，則相當受到應用程式的影響，但最好考慮用內建的動作來呈現巨集，不要讓巨集變成二等公民。

記錄一串動作的能力，加上巨集可以呼叫其他巨集的方便性，這讓使用者有機會設計出全新的語言語法或視覺語法，這種語法已經過良好調整，非常適用於使用者專屬的環境和工作習慣上。這樣做的威力非常大。事實上，這已經屬於程式設計範疇了：但是如果您的使用者不認為自己是程式設計師，就別說這是在寫程式，否則會嚇到他們（「我又不懂程式設計，所以這東西對我來說一定太難！」）。

Adobe Photoshop CC（圖 8-29）具有強大的巨集能力，主要的能力是能夠創建或記錄複雜的多步圖像編輯和轉換命令，這些命令在 Photoshop 中稱為「Action（動作）」。Action 利用了自動化和重用大大加快了圖像工作流程。在本範例圖中的左側，一個稱為 Sepia Toning（棕褐色調）的現有動作被選取，選取後會顯示在該動作中依次發生的多個巢式結構步驟。在右側的「動作」選單顯示用於記錄、編輯和微調複雜的多步動作的選項。

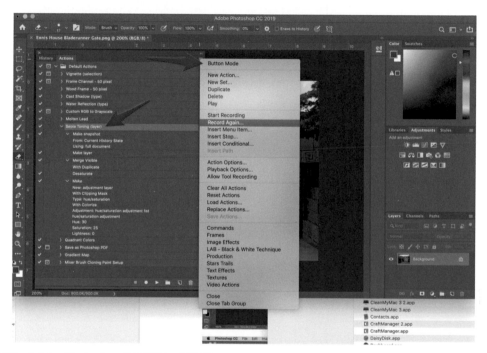

圖 8-29　Adobe Photoshop CC 錄製一個巨集

Adobe Photoshop CC（圖 8-30）顯示了 Photoshop 中的「批次處理自動化（Batch automation）」選單和對話框，它是另一個巨集生成器。Batch 是使用者創建的工作流程腳本，可命令 Photoshop 從一個位置打開圖像，套用儲存的動作，並以指定的命名將圖像儲存在其他位置。由於使用者無須手動打開每個圖像即可應用動作巨集，因此可以節省更多時間。藉由這樣的行為，使用者可以快速，自動地處理大量文件，從而節省了大量的人工動作。

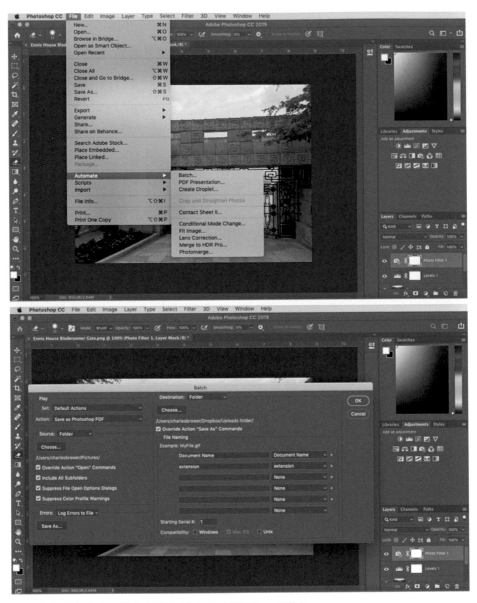

圖 8-30　批次處理自動化：設定自動套用到多個檔案的一串動作

現在，您可以將不同的網頁應用程式、服務和平台集成在一起並編寫腳本，就像它們是一個應用程式一樣。IFTTT（If This, Then That 的縮寫；如果這樣，就那樣）（圖 8-31）是用於編寫這種腳本的網頁應用程式，可以利用擁有 API 存取權限並已與 IFTTT 平台整合過的第三方軟體公司的產品。客戶可以將其第三方登錄資訊提供給 IFTTT，並開始將多種網頁應用程式與 IFTTT 中稱為「recipes（配方）」的巨集連接以進行工作。

以下是 IFTTT 配方可以做什麼的一些範例：

- 同步個人所有社交媒體帳戶中的資料照片
- 自動將圖像檔案從社交媒體備份到雲端儲存帳戶
- 根據您的手機打開 / 關閉家庭自動化設備
- 將社交媒體貼文儲存到雲端試算表
- 將健身資料從設備儲存到雲端試算表

藉由提供登錄資訊給您的線上帳戶，然後再利用 IFTTT 網頁應用程式建立簡單的巨集，可以建構出 IFTTT 配方（圖 8-31）。畫面中的大型標語「if [Twitter] then [+] that（如果 [推特怎樣] 則 [做] 什麼）」代表正在建立中的巨集。第一步已就緒，這個帳戶已經和推特帳戶整合完成，此時若選取推特的圖示會開啟另一個畫面，用來設定如何用「推特」驅動這個巨集。下一步是設「做什麼」步驟，例如，將每條推特訊息記錄到 Google 活頁簿中。這個步驟是 IFTTT 或其他已整合的網路服務會去執行的行動。這些巨集能製作自訂的自動商務流程，這種流程能為您整合沒有關連的網頁應用程式和服務。

圖 8-31　IFTTT（If This, Then That）小應用程式（applet）建立器

微軟的 Excel（圖 8-32）可以記錄巨集、命名巨集、將巨集儲存在文件中，甚至可指定呼叫巨集的快速鍵。在這個範例中，使用者可以錄製巨集，之後在程式開發環境中編輯（Excel 中有一個輕量級的 Visual Basic 編輯器），使用者所錄製的巨集可用於處理資料和在 Excel 中操作試算表，這些巨集都可以被編輯、儲存，以供之後使用。

如果您要開發一個真正可編寫腳本的應用程式，那麼 Excel 還讓我們學到一課，就是思考此類巨集可以被如何濫用。建議您對巨集可以完成的操作施加限制。

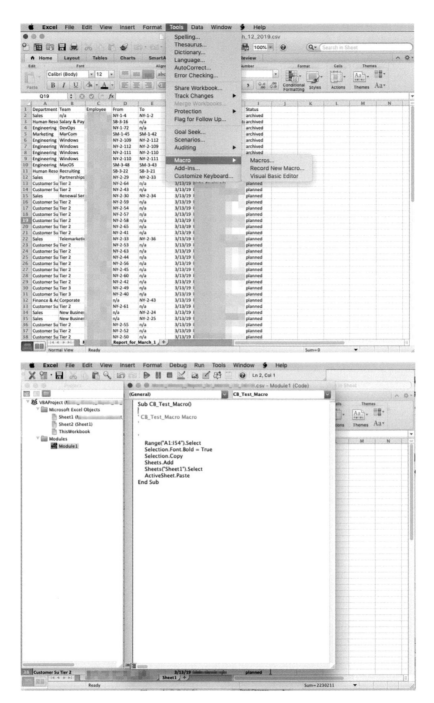

圖 8-32　Microsoft Excel

本章總結

在本章中，我們研究了在軟體中執行操作或啟動命令的不同模式和方式。作為一名互動設計師，您有許多模式和最佳實作方法可以幫助使用者了解他們可以做什麼以及正在發生什麼事。重點是您要使最重要的動作被看見。為此，可以使用本章討論的圖形設計方法。使動作明確的好處是，您可以將新使用者和現有使用者引導到您預設的下一步。預覽和多層復原等模式可幫助使用者避免錯誤，他們也將更快地學習軟體。

不要低估了使人們能夠在您的介面上安全遊玩的正面感受（也就是說，他們掌握了正在做的事情，因為他們知道如何預覽、發起行動、取消和復原操作）。對於更進階的使用者或進行複雜互動的使用者而言，設計一種在時間軸上記錄動作，以及能前進和後退動作的能力，是強大的動作控制功能。最後建議您，為需要又快又有效率地去自動、可程式化執行多個動作的使用者，考慮在軟體中設計類似巨集的功能。

第九章

顯示複雜資料

如果擁有設計良好的資訊圖形（包括地圖、表格及圖表），那麼以視覺來傳遞知識通常會勝出文字許多。資訊圖形可以讓人們透過眼睛和心智推導出結論；圖形「顯示」結論，而不是「告知」結論。視覺化資料是一門藝術也是一門科學。資料視覺化是設計學科內的一種專業，除了需要強烈的視覺設計敏感性外，還需要該領域專業知識。

創建巧妙的視覺呈現是一門學科。本章會討論資訊圖形的基本概念，並展示一些在移動應用程式或網站中顯示資料的最常見的方法。

資訊圖形基礎入門

資訊圖形（*information graphics*），簡單來說就是用視覺的方式表達資料，目的是將知識傳遞給使用者。我會一併討論表格（table）和樹狀檢視圖（tree view），因為它們本就是以視覺傳遞資訊，即使它們主要是由文字，而不是以線段和多邊形構成。其他為人所知的靜態資訊圖形包括了地圖、流程圖、長條圖，以及利用真實事物做成的圖表。

但您面對的是電腦，而非紙張，所以您可以藉由加入互動性，讓良好的靜態設計能變得更好。互動性工具讓使用者依需要來隱藏或顯示資訊，而且讓使用者坐上「控制台」，自行選擇顯示與探索資訊的方式。

即使只是在互動圖形中操作和重新整理資料，都具有價值，因為這讓使用者參與發掘的過程，不再只是被動的觀察者，而且還可以發現無價之寶，使用者或許不會產出全世界最好的製圖或表格，但是處理這些圖表的過程中，使用者能與資料面對面，看到在紙張上不會注意到的面向。

在使用資訊圖形上來說，使用者最終的目標是瞭解一些東西。設計者必須瞭解使用者需要瞭解哪樣東西。使用者可能在尋找某個特定的東西，例如地圖上的某條街道，他們可能是透過直接搜尋、或需要過濾掉許多資訊找到那條街道。使用者之所以需要瞭解「整體狀況」，都是為了能夠觸及某個特定資料，所以搜尋、過濾、瞄準細節的能力都是很重要的。

在另一方面，使用者也可能是想試著瞭解某些較不具體的東西。他們可能看著地圖，想知道城市的整體配置，而不是尋找特定的地址。或者一名科學家正在視覺化某種生物化學流程，試著瞭解該流程是如何進行的。此時，整體狀況十分重要；使用者需要看到局部與整體的關係。他可能會想要拉近，然後再次拉遠，偶而看看細節，同時把一種資料檢視與其他檢視做比較。

好的互動資訊圖形可以提供使用者下列問題的答案：

- 這份資料是如何被組織的？
- 什麼和什麼有關聯？
- 我該如何探索這份資料？
- 我能夠重新整理這份資料，用不同的方式檢視嗎？
- 如何只顯示我需要的資料？
- 有哪些特定的資料值？

在本節中，請記得資訊圖形一詞涵蓋許多東西，包括示意圖（plot）、圖表（graph）、地圖（map）、表格（table）、樹狀圖（tree）、時間軸（timeline），以及各式各樣的圖形表示；所處理的資料量可能龐大又具有很多層次，也可能量小而十分有針對性。這裡所介紹的技術，很多都能套用在各位從未想到的圖形類別上，而且意外地適合。

開始講解介面模式之前，我們先討論前面提到的問題。

組織模型：資料的組織方式

任何資訊做了視覺化後，使用者看到的第一件事，都是您為資料所選擇的外型。理想中，資料具有與生俱來的結構，您會依結構選擇呈現資訊的外型。表 9-1 列出許多種組織模型，何者最適合您的資料？

表 9-1　組織模型

模型	示意圖	常見圖形
線性（Linear）		清單、單一變數圖
表格（Tabular）		試算表、多欄清單、可排序表格、多 Y 圖，其他多變數圖
階層（Hierarchical）		樹、清單、樹狀表格
連通網路（Network of interconnections）		有向圖、流程圖
地理（或空間）（Geographic 或 Spatial）		地圖、概要圖、散佈圖
文字（Textual）		文字雲、有向圖
其他		多種排序的圖表，例如平行座標圖、矩形式樹狀結構…等等

請將這些模型套用在您要顯示的資料上，試試看。如果有兩種以上都適合，請考慮更能表現您資料的那種。例如您的資料可以做成地理型或表格型，如果用表格顯示，或許會掩蓋資料的地理本質，此時如果沒有以地圖呈現資料的話，閱讀者很可能會錯失資料間的有趣特徵或關係。

前注意變數：什麼和什麼有關？

您所選擇的組織模型，能告訴使用者關於資料外型的許多訊息。此訊息的一部分是在潛意識中運作；當人們看見樹、表格與地圖的當下，在有意識地思考前，人們對圖表底下的資料已有所假設了。這不只有外型會帶來的影響。個別資料元素也在使用者的潛意識中運作：看起來類似的東西，一定互有關聯。

如果各位讀過第四章，對於上面的說法應該不陌生，畢竟您已經讀過 Gestalt 原則了（如果您是跳著閱讀本書，現在是回頭閱讀第四章介紹部分的好時機）。大部分 Gestalt 原則都會在這裡派上用場，特別是相似性（*similarity*）與連續性（*continuity*），接下來讓您看一下這些原則是如何運作的。

在前注意（*preattentive*）層面，某些視覺特徵就已經開始運作了：在閱讀者開始認真看之前，就已經開始傳遞資訊了。請見圖 9-1，並找出圖中的藍色物體。

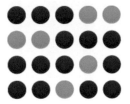

圖 9-1　找出藍色物體

我想您一定很快就做到了。現在，接著看圖 9-2，一樣找出藍色物體。

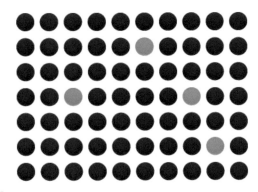

圖 9-2　再度找出藍色物體

這次還是很快，對吧？事實上，紅色物體的數目沒有影響；您找出藍色物體的時間是不變的！各位或許認為物體的數目和尋找速度會成正比（用演算法術語來講即 order-*N* 時間），但其實您找出藍色物體的時間是固定的。色彩在原始的認知層次操作；視覺系統幫您解決了困難的部分，而且似乎是以「大宗平行處理」的方式運作著。

另一方面，看起來單調的文字，會迫使人們閱讀且思考數值。圖 9-3 換了方法呈現同一個問題，只是以數字取代色彩，請問大家能夠多快找出比 1 大的值？

0.103	0.176	0.387	0.300	0.379	0.276	0.179	0.321	0.192	0.250
0.333	0.384	0.564	0.587	0.857	1.064	0.698	0.621	0.232	0.316
0.421	0.309	0.654	0.729	0.228	0.529	0.832	0.935	0.452	0.426
0.266	0.750	1.056	0.936	0.911	0.820	0.723	1.201	0.935	0.819
0.225	0.326	0.643	0.337	0.721	0.837	0.682	0.987	0.984	0.849
0.187	0.586	0.529	0.340	0.829	0.835	0.873	0.945	1.103	0.710
0.153	0.485	0.560	0.428	0.628	0.335	0.956	0.879	0.699	0.424

圖 9-3　找出大於 1 的數值

處理這樣的文字時，您的「搜尋時間」就和項目的個數成線性關係了。假如您繼續使用文字，但是讓目標（大於 1 的數字）大於其他文字，如圖 9-4，此時又有什麼樣的成效呢？

0.103	0.176	0.387	0.300	0.379	0.276	0.179	0.321	0.192	0.250
0.333	0.384	0.564	0.587	0.857	**1.064**	0.698	0.621	0.232	0.316
0.421	0.309	0.654	0.729	0.228	0.529	0.832	0.935	0.452	0.426
0.266	0.750	**1.056**	0.936	0.911	0.820	0.723	**1.201**	0.935	0.819
0.225	0.326	0.643	0.337	0.721	0.837	0.682	0.987	0.984	0.849
0.187	0.586	0.529	0.340	0.829	0.835	0.873	0.945	**1.103**	0.710
0.153	0.485	0.560	0.428	0.628	0.335	0.956	0.879	0.699	0.424

圖 9-4　再度找出大於 1 的數值

現在找出物體的時間又回到常數時間了。事實上，尺寸是另一種前注意變數。而且，較大的數字會超出欄位右邊界一些些，這也有助於辨識，因為對齊也是另一種前注意變數。

圖 9-5 列出許多已知的前注意變數。

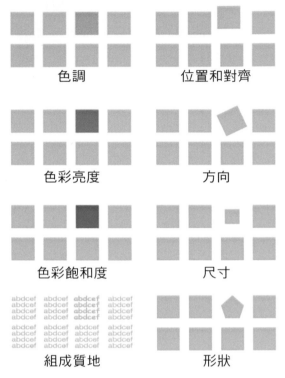

色調　　　　　　　　位置和對齊

色彩亮度　　　　　　方向

色彩飽和度　　　　　尺寸

組成質地　　　　　　形狀

圖 9-5　8 個前注意變數

這個概念對於文字為主的資訊圖形（如圖 9-3 的數字表格）有著深遠的意義。如果希望突顯某些資料點，就必須讓它們看起來不一樣，例如改變它們的色彩、尺寸，或其他前注意變數。更常見的是用這些變數來區別資訊圖形中的資料等級或資料維度；有時候稱之為**編碼**（*encoding*）。

當您需要繪製一個多維度資料集合（multidimensional data set）時，可以使用數個視覺變數，把所有維度編碼成一個靜態顯示畫面。請見圖 9-6 顯示的散佈圖。位置由 X 軸和 Y 軸組成；用色調編碼第三個變數；用散點圖標記形狀編碼第四個變數；但本例中，形狀和色調有所重疊。重疊的編碼可以幫助使用者更容易從視覺上區分出三個資料群。

前面所說的一切，講的都是一種整體平面設計概念：**層次感**（*layering*）。當您看到任何設計良好的圖形，就會從畫面上感知到不同的資訊分類。

前注意變數（例如色彩）會造成畫面上的某些資訊特別突出，而相似性則讓您看到互相有關聯的資訊，彷彿資料放在基底圖形上的一個透明圖層中。在圖 9-6 的範例中，紅色的圓點、藍色的 X 以及藍色的方型創造出差異，讓觀看者看出大量的分區資訊。既可獨立研究每一種資料，同時又能保留與突顯每一種資料和整體之間的關係。

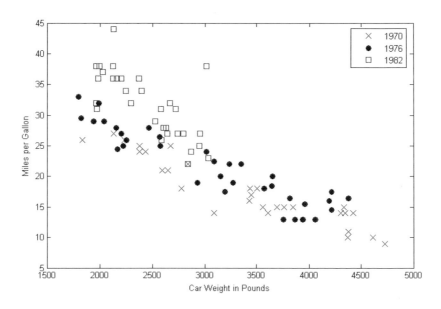

圖 9-6　在散佈圖中編碼三個變數

導覽與瀏覽：探索資料的方式

使用者對於互動資料圖形進行的初步調查，可能只是瀏覽一下，到處看看有什麼東西。使用者也可能在圖形中有目的地前進，尋找特定事物。過濾與尋找也可以達到此目的，但是瀏覽資料集合的「虛擬空間」效果往往會更好。使用者可以看到自己感興趣的資料點（points of interest，後文簡稱**興趣點**）在大環境中、和其他資料一起時的狀態。

在資訊視覺化的領域有句箴言：「焦點加上環境背景」（Focus plus context）。好的視覺化應該能讓使用者將焦點放在興趣點上，同時充份顯示興趣點附近的環境，讓使用者能大約知道興趣點在大環境中的位置。以下是一些適用於導覽與瀏覽的共通技巧：

捲動與移動鏡頭（*Scroll and pan*）
　　如果資料無法一次顯示在畫面上，可以利用附帶捲軸的視窗，提供使用者一種容易且熟悉的方法取得畫面外的資料。幾乎每個人都很熟悉捲軸，捲軸也很容易使用。然

而，有些資料畫面實在太大、或者根本不知道資料量有多大（這會讓捲軸不精確）、或者可見視窗外的資料必須重新取得或計算（這會讓捲動速度太慢，來不及回應）。這類狀況下，請試著改用按鈕，讓使用者按下按鈕才能取得下一個畫面的資料。還有其他應用程式則改為採用移動鏡頭（pan）的方式，所謂的移動鏡頭，就是用滑鼠「抓住」並拖曳資訊圖形，直到找到感興趣的資訊為止，就像在 Google Maps 中一樣。

這些技巧適合許多不同的狀況，而基本的概念都一樣：想要可互動性地移動圖形的可視部分。在詳細的檢視旁邊加上整體概觀可以幫助使用者維持方向感。在整體圖形中以方框標記的一小部分，表示目前可見的「視野」（viewport）；使用者可以拖動矩形以移動鏡頭，同時可以搭配捲軸或其他方法一同使用。

拉近拉遠

捲動只是改變位置，而拉近拉遠（zooming）會改變可視區的*規模*（*scale*）。在呈現一個資料密集的地圖或圖形時，應該考慮讓您的使用者可以拉近看興趣點附近。這意味著，您不需要將每項資料細節通通放進完整的檢視畫面中，如果您有許多標籤，或者非常小的細節（特別是在地圖上），可能根本無法將太多細節放入畫面。隨著使用者拉近畫面，可以在空間夠大時才顯示這些比較細部的資訊。

大多數的拉近拉遠都是用捏合、滑鼠點擊或按鈕來操作，但做法還有更多。某些應用程式會隨著使用者在圖形上移動滑鼠游標，建立資訊圖形的非線性變形：只要是游標底下的東西就進行縮放，離滑鼠比較遠的地方則不會改變顯示規模。

開啟與關閉感興趣點

樹狀檢視通常允許使用者隨心所欲地開啟與關閉父項目（parent item），以瞭解這些項目的內容。某些階層結構圖也讓使用者有機會「就地」開啟或關閉一部分圖表，而不需要開啟新的視窗或進入新的畫面。有了這些機制，使用者不需要離開視窗，就可以輕易地探索項目的容器，或者瞭解親子關係。

深入興趣點

有些資訊圖形只呈現「頂層」資訊。使用者可能會點擊或者雙擊一張地圖，以觀看所點擊的城市資訊，或是點擊圖表中的關鍵點，以觀看子圖表。這種「深入」可能重複使用相同的視窗、在相同的視窗中另外叫出面板，或是帶出新的視窗。這項技巧類似開啟和關閉興趣點，只不過檢視的行為與圖形本身分離，而不是整合在一起。

如果您要為互動式資訊圖形提供搜尋機制，請考慮用前述任何一項技巧連接到搜尋結果。換句話說，當使用者在地圖上搜尋雪梨（Sydney）時，就將地圖縮放且移動鏡頭到該處；於是使用者就能從環境背景與空間記憶得到一些好處。

排序與重新安排：
我能夠重新排列資料，用不同的方式看它嗎？

有時候，光是用另一個方法重新排列一個資訊圖形，都可能會揭露事先料想不到的關係。請看看圖 9-7，這張圖取自 National Cancer Institute 的線上壽命死亡調查圖，顯示出德州因肺癌而死亡的數目。德州主要的都會區域用英文字母順序排列，這是蠻合理的排序方式，方便找到特定的城市；只是這麼一來，資料不會呈現任何有趣的現象。比方說，您不清楚 Abilene、Alice、Amarillo、Austin 的死亡人數為何如此類似；可能只是巧合吧！

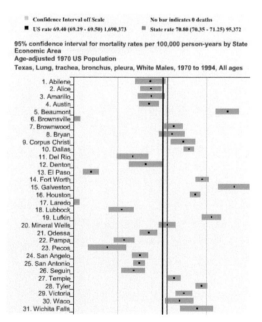

圖 9-7　各城市的肺癌死亡人數，以字母排序

但若您重新排列這份圖表資料，依數字遞減的方式排列，如圖 9-8 所示。忽然間，圖表變得有趣多了。Galveston 排名第一，但為何它的鄰近城市 Houston 的排名卻比較偏後面？到底 Galveston 有何特殊之處？（當然，需要知道一些德州的地理常識才能回答，但各位應該瞭解我的意思了）。同樣地，Dallas 和 Fort Worth 既然地理上如此接近，為何死亡率會有如此的差距？還有，鄰近墨西哥邊境的南方城市如 El Paso、Brownsville、Laredo 的肺癌

死亡人數顯然都少於德州其他地方，這又是為什麼？雖然各位無法單憑這個資料集合就回答這些問題，但至少能讓您提出問題。

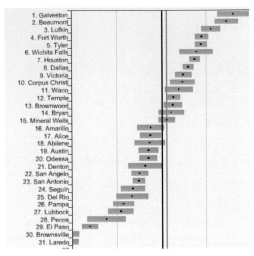

圖 9-8　各城市的肺癌死亡人數，以數值排序

能和資料圖形做這種互動的人，有更多機會從圖形中得到一些知識。排序和重新排序能將不同的資料點放在一起，可讓使用者做出不同的比較，因為比較相鄰的值當然比比較散開的值來得容易。且使用者傾向於將注意力放在極大和極小值的兩端，如同前面範例所示。

這樣的概念該如何運用在其他地方？**可排序表格**（*Sortable Table*）模式討論的是一個明顯的方法：有一個多欄位表格時，使用者可能想要根據某個欄位的值進行排序。此模式相當常見（許多表格的實作方式也允許拖曳改變欄位的位置）。樹則可能允許重新安排子節點的次序。圖表和連接圖或許可允許重新擺設圖中元素的位置，而同時保留原來的連接。

利用第二章中討論的資訊結構方法，考慮用以下項目做排序和重新排列：

- 英文字母順序
- 數值順序
- 日期或時間
- 物理位置

- 分類或標籤

- 普遍性（最常用 vs 最少用）

- 使用者自行設計安排

- 完全隨機（您完全不知道會看到什麼）

較細緻的範例請見圖 9-9。圖中的長條圖（bar chart）在每個條柱上顯示多個資料值（稱為**堆疊**長條圖）或許也可以重新排列，最靠近基準線的條柱區段，是最容易比較的區段，也許您能讓使用者自定最靠近基準線的變數。

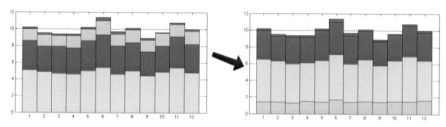

圖 9-9　堆疊長條圖重新排列

此範例中，顯示出幾乎每個條柱的淡藍色變數都一樣高，這個值有變化嗎？如何變化？最高的淡藍色在哪一條？除非把淡藍色區段移到底端，否則難以回答這些問題，在重新排列後讓所有淡藍色區段都對齊。現在就容易做比較了：第 6 號和第 12 號條柱的淡藍色區段最高，且各個淡藍色區段的高度似乎大致反應出整體條柱的高度。

搜尋與過濾：只顯示需要知道的資訊

有時候您不想一次看到完整的資料集合。您可能是從全部資料開始，然後漸漸縮小範圍，直到剩下需要的資料（這就是過濾），或是利用搜尋或查詢建立一個資料的子集合。大多數的使用者甚至不去區分「過濾」和「查詢」（雖然從資料庫的角度來說，兩者差異很大）。不管用什麼詞，使用者的意圖都是一樣的：凝聚焦點到資料中感興趣的部分，把其他部分丟一邊去。

只要用最簡單的過濾搭配查詢技術，讓使用者可以選擇想查看的資料面向。勾選方塊（checkbox）和其他單一點擊的控制元件可用於開關互動圖形功能。表格能依使用者的選擇顯示一些欄位，並隱藏一些欄位；地圖可以只顯示使用者感興趣的地點（如餐廳）。動態查詢（Dynamic Query）模式可以提供豐富的互動，正適合用來擴充一類簡單過濾元件。

有時候，單純地強調一部分的資料就已經足夠了，不必隱藏或移除某些不重要的資料。使用者能夠只看部分資料的子集合，並以其他資料為環境背景。在互動上，可用一些前面講到的簡單控制元件強調資料。資料刷色（*Data Brushing*）模式描述強調資料的不同方式，能在數個資料圖表中同時強調相同的資料。

請看圖 9-10，這是一張互動式滑雪道地圖，圖中依符號編碼區分顯示四種滑雪道，加上其他重點（像是滑雪纜車以及休憩小屋）。當所有東西都同時打開時，畫面變得相當擁擠、難以閱讀！但使用者可以點擊滑雪道符號，如圖所示，以打開或關閉資料「層」。左側圖並未強調任何滑雪道；右側截圖則切換到以黑色菱形為標幟的滑雪道。

圖 9-10　互動的滑雪道地圖

各種圖表的搜尋機制都很不一樣。當然，表格或樹應該支援文字搜尋；地圖應該支援地址與其他實體地點的搜尋；數字類圖表或許能搜尋特定的資料值或一組範圍。您的使用者想搜尋什麼呢？

當搜尋完成，獲得結果之後，您可能在圖表上設置一個展示結果的介面，例如捲動表格或地圖，讓搜尋到的項目出現在視野中央。同時看到結果與周遭環境，能幫助使用者更清楚地瞭解結果。

好的過濾與查詢介面的特性有：

高度互動性（*Highly interactive*）
　　回應使用者的搜尋和過濾時要盡量快速（如果每次鍵入都會進行搜尋，會造成過度減慢使用者輸入資料的速度，就請別在每次鍵入都搜尋）。

迭代（*Iterative*）

讓使用者重新定義搜尋、查詢或過濾條件，直到得出想要的結果。使用者甚至可以合併這些操作：使用者可以搜尋、取得滿滿整個畫面的結果，然後過濾畫面上的結果直到得出想要的東西。

環境背景（*Contextual*）

介面將結果顯示在環境背景中，搭配周遭的資料一併顯示出來，以讓使用者易於瞭解結果位於資料空間的何處。對於別種搜尋來說也一樣；例如最好的文字搜尋引擎會顯示關鍵字，和該關鍵字所在的句子。

複雜度（*Complex*）

介面不只是切換整個資料集合的顯示，還允許使用者指定某些條件集合來顯示資料。例如說，資料圖表能否顯示出位於範圍 M 到 N 中，符合條件 X、Y、Z，但不符合條件 A、B 的資料呢？這種複雜度允許使用者測試關於資料的假設，並以充滿創意的方式探索資料集合。

實際的資料：特定資料值

有幾個常見的技巧可以幫助閱讀者從資訊圖形中找出特定的值。這要對您的使用者有點瞭解，如果使用者只想對資料的大方向有概念，您設計時就不需為了標明每個小東西而花費許多時間和像素，但標示少部分實際的數字或文字還是有必要的。

因為這些技術都牽涉到文字，也別忘了能夠美化文字的平面設計守則：好讀的字型、適當的字型大小（不要太大也不要太小）、不相關文字項目間要有恰當的視覺間隔、有關聯的項目要對齊、不用太粗的框線、不會在不必要的地方遮住資料。以下是一些您可以思考的面向：

標籤

許多資訊圖形直接在圖中放置標籤，例如在地圖上標出城鎮名稱。標籤可識別資料值，可用於散佈圖上的符號，或長條圖上的長條，或其他通常迫使使用者必須依賴座標軸或圖例的東西。標籤很容易使用，它們可以精準而明確地傳遞資料值（如果放對地方），而且可以放在興趣點上或興趣點附近，也就是說不需要來回查看資料點與圖例說明的意思。缺點則是過度使用標籤會讓圖變得很亂，所以一定要小心使用。

圖例說明

在資訊圖形中利用色彩、紋理、線條樣式、符號、或體積表示資訊（或分類或值範圍）的時候，圖例說明向使用者表示各種圖案代表的含意。圖例應該與資料圖形放在相同頁面，使用者的眼睛才不會因為資料和圖例說明距離太遠而疲於奔命。

軸線、尺規、刻度、時間軸

只要是用位置呈現資料的情況，例如在圖表或地圖上（但大多數的示意圖都不屬於這類），這些技術即可向使用者表示位置所代表的值。它們都是參考線（直線或曲線），線上標示著參考值。使用者必須想像從興趣點畫一條線到參考軸上，或用內插法（interpolate）推估正確的數值。與文字標籤相比，這種方式給使用者的負擔比較大。但是文字標籤也有缺點，當資料已經很緊密時，標籤會讓畫面更亂，而許多使用者不需要從圖中得到十分精確的值，他們只想要知道此值大致上的狀況。對於這些狀況來說，使用軸線比較適合。

資料提示

本章有個名為資料提示（Datatip）的模式，就是在使用者的游標指向興趣點時把資料顯示在工具提示（tool tip）上，跟標籤一樣可以放在近處的優勢，又不像標籤文字易使畫面雜亂。不過，資料提示只適用於互動圖形。

資料聚焦

類似資料提示，資料聚焦是在使用者的游標指向興趣點時強調資料。但它並非顯示特定資料點的值，而是在資訊圖形裡的背景環境下呈現一個資料「切片」，通常以調暗資料周邊亮度的方式達成。請見資料聚焦（Data Spotlight）模式。

資料刷色

有一個技術名為資料刷色，讓使用者選擇資訊圖形中的一部分資料，觀察這些資料位於其他背景中狀況。通常搭配兩個以上的資訊圖形使用；比方說，在散佈圖上選取某些離群值（outlier），即可在（顯示相同資料的）表格中強調這些資料。請參考本章的資料刷色（Data Brushing）模式，以瞭解更多資訊。

模式

因為本書焦點在於互動軟體，大多數的模式都是描述與資料互動的方法：在資料中移動；項目的排序、選取、插入或改變；以及探索特定值（或特定值的集合）。有一些模式只能處理靜態圖形：例如資訊設計師早已知道的多 Y 圖（Multi-Y Graph）與多幅小圖（Small Multiples）模式，不過這些模式也相當適合用在軟體上。

您可以將以下模式應用於大多數的互動式圖形，而不用考慮資料的基礎結構（某些模式比其他模式更難以學習和使用，因此請不要在每個資料圖形上使用這類模式）：

- 資料提示（*Datatip*）
- 資料聚焦（*Data Spotlight*）
- 動態查詢（*Dynamic Query*）
- 資料刷色（*Data Brushing*）

其餘模式則為建構多維度複雜資料圖形的方式，多維度資料就是有許多屬性或變數的資料。它們鼓勵使用者詢問資料各種不同的問題，並對資料元素做出各種不同的比較。

- 多 Y 圖（*Multi-Y Graph*）
- 多幅小圖（*Small Multiples*）

資料提示（Datatip）

當手指或游標指向互動資料表上某個興趣點，或當您點擊圖示時，顯示資料值。

Pew Research chart（圖 9-11）就是一個實際的資料提示範例。

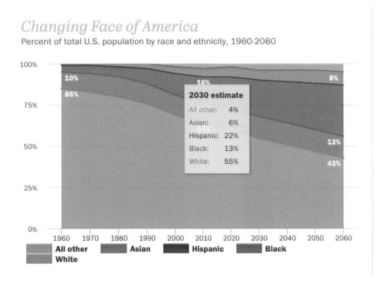

圖 9-11　Pew Research，Changing Face of America

您想顯示資料集合的概觀（不論哪種形式），多數資料「隱身」在該圖中的某個特定點的後面，例如地圖中街道的名稱，或是長條圖中的長條。使用者能夠用滑鼠游標或觸控螢幕「指」到有興趣的位置。

在資料相當豐富的圖表中，尋找某個特定資料值是項很常見的任務。使用者想看到概觀，但也在尋找概觀上沒有呈現的特定資料。資料提示能呈現出小而特定、又依存在環境背景的資料區塊，而且就將資料放在使用者集中注意力的地方：滑鼠游標或手指尖處。如果概觀以合理的方式組織而成，使用者應該很容易找出需要的資料，所以您就不需在圖形上放置所有內容。資料提示可做為標籤文字的替代品。

另外，某些人可能只是好奇、想要知道「這裡還有什麼？可以找出什麼東西？」等等。資料提示提供了一種容易、有回報的互動形式。資料提示的方法很快速（因為不需載入新頁面！）、運作輕巧，且提供了一窺原本不可見的資料集合的有趣機會。

使用類似工具提示的視窗，顯示關於興趣點的資料。技術上，不需真的做成「工具提示」，重點是要顯示在游標所在之處，且以圖層疊加顯示在資訊圖形之上，而且只是暫時顯示，讓使用者很快理解。

在資料提示的視窗內，用適當的方式格式化資料。資料排得愈稠密越好，因為工具提示視窗應該是小巧的；別讓視窗大到遮蓋太多圖形，並且放在合適位置。如果可以用程式計算出遮擋最少資訊的位置，就請這麼做。

您甚至可能想要依當時狀況，用不同的格式呈現資料提示。比方說，互動式地圖或許允許使用者在顯示地名或經緯度座標間切換。如果您有幾組資料集合，在一張圖上各自繪製成不同的線段，資料提示或許可用不同的方式標示每條線，或在提示視窗中呈現不同類型的資料。

許多資料提示提供使用者可以點擊的連結。如此即可下探一些資料，一些平常在主要資訊面板上可能看不到的資料。資料提示有著非常優秀的自我說明性，它不只提供資訊，也提供了進一步鑽探資料的連結與指示。

動態展示隱藏資料的另一種做法，就是把某個面板設計成靜態的資料視窗，這個面板位於圖形上或圖形旁邊。隨著使用者的游標移過資料圖形上的各個點，與之相關的資料就顯示在資料視窗中。雖然構想一樣，但是使用了固定的保留區域，而不是暫時出現的資料提示，而且使用者必須把注意力從目前滑鼠游標的位置轉移到面板上，但優點則是不用擔心圖形中有資料會被遮蓋住。還有，如果資料視窗可以持續顯示資料，使用者就可以一邊檢視資料一邊用滑鼠做別的事。

現代的互動資訊圖形中，資料提示通常與資料聚焦（*Data Spotlight*）機制一同運作。聚焦機制顯示資料的切面，例如一條線段或一組散佈的點；資料提示則顯示滑鼠游標指向的特定資料點。

範例說明

CrimeMapping 範例（圖 9-12）用圖示顯示來說明發生過哪種類型的犯罪，並將該圖示繪製在地圖上。使用者可以放大和縮小地圖，並透過從左側面板中選擇「What」來過濾犯罪的性質。

圖 9-12　CrimeMapping

CrimeMapping 同時使用資料提示與資料聚焦。地圖上強調出所有關於竊盜的犯罪事件（透過資料聚焦的手法），但資料提示則說明了使用者游標指向的特定事件。也請注意有個連結可以打開此項犯罪事件的原始資料。

由於以 Google Maps 為基礎的地理資訊圖形實在太多，所以得特別值得一提。該地圖可以在簡化的地圖或衛星檢視之間切換，並且可以在地圖上疊加交通情況、路線和放置標記等資訊（圖 9-13）。

圖 9-13　Google Maps

Transit Mobile App（圖 9-14）能在地圖上用簡化的路徑與資料提示來表示一條路徑，色彩、符號和資料會依選取了哪種交通模式而產生變化。

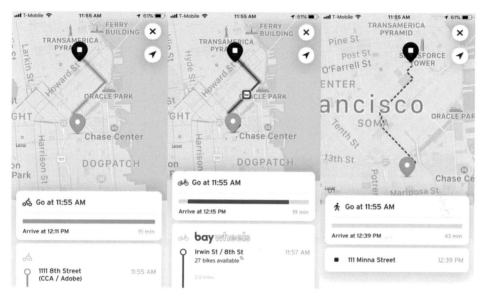

圖 9-14　Transit Mobile App

資料聚焦（Data Spotlight）

在使用者將滑鼠游標懸停在圖表上某個興趣區域的時候，強調該處的資料的切片（圖形線、地圖圖層等），並降低其他資料的明顯度。

看起來很漂亮的 Atlas of Emotions（圖 9-15）顯示了各種情緒與強度，當使用者將游標移到資料上時，它就會顯示該同分類的相關情感。

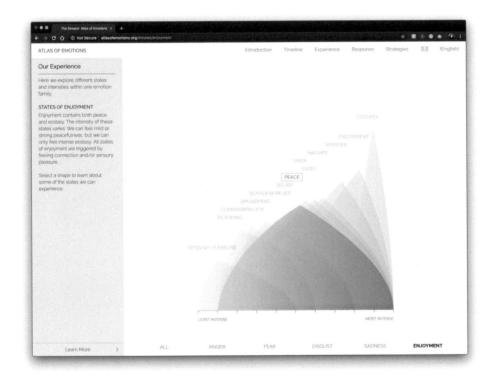

圖 9-15　Atlas of Emotions

當圖表包含的資料，多到會蓋掉圖表本身的結構時。閱讀者很可能無法看出資料間的關係，也無法追蹤資料間的關聯，因為資料量真的太龐大了。

資料本身的結構很複雜；或許有著數個互不相關的變數，或許有著複雜的、相互關聯的資料「切片」，例如一條線段、一個區域、一組散佈的點，或連結系統…等等（如果游標指向的資料只是一個點或一個簡單的圖形，採用資料提示（*Datatip*）會比採用資料聚焦更好。不過，這兩種模式也經常搭配使用）。

為何使用

資料聚焦能解開彼此互動糾纏的資料。這是在複雜的資訊圖形上提供「焦點加上環境背景」的方式之一：使用者從圖形上排除一些視覺上的干擾因素，把大部分干擾因素都壓制下去，只專注於感興趣的資料切片。不過，其餘資料仍然在畫面上為使用者提供背景環境。

透過可讓使用者快速在不同資料切片間切換，也允許動態探索的可能性。使用者可藉此看到資料間非常大的差別與非常小的差別，只要資料聚焦在游標移到不同切片時的轉換快速且平順（沒有突然中斷閃動），即便是非常微小的差別也能看得出來。

最後一點，資料聚焦在使用上可以既好玩又引人留連忘返。

原理作法

首先，先設計出一個不使用資料聚焦的資訊圖形，然後試著維持資料切片的可見性與合理性，以便使用者在與圖形互動前就能瞭解圖形的意義（畢竟可能有人需要印出這個資訊圖形）。

要建立聚焦效果時，請以亮色系或飽和色做為聚焦資料的色彩，同時其餘資料則褪成較深或較不鮮明的色彩。請對游標懸停採取非常快的反應速度，為使用者帶來立即有效且平順的感覺。

除了在游標指向資料元素時觸發聚焦效果，也可以在圖例或其他參考資料中安排「熱點」（hot spot）。

請考慮採用「聚焦模式」（spotlight mode）。在聚焦模式下，資料聚焦出現前所等待的游標懸停時間較長。但進入此模式後，使用者的滑鼠動作直接對聚焦效果造成影響。也就是說，當使用者游標只是不小心經過圖形時，不會意外觸發聚焦效果。

有一個替代游標懸停的方案，就是簡單的滑鼠點擊或指尖輕點。如此缺少了游標懸停的立即性，但能在觸控式平台上運作，而且也不會意外觸發。不過，您可能會想把滑鼠點擊保留給其他的動作，例如進一步深入查看資料等等。

請在必要時使用**資料提示**描述特殊的資料點、描述目前已強調的資料切片,並提供說明指引。

這是資料聚焦的一個實際應用範例。

Winds and Words(圖 9-16)可視化了**權力遊戲**的資料。當使用者點擊一個角色時,其他角色會隱入到背景中,並顯示所選角色及其與其他角色的關係。

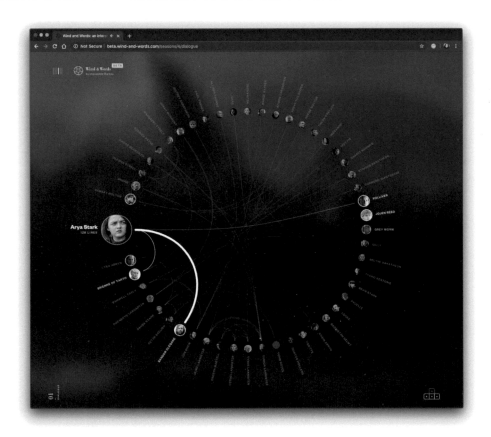

圖 9-16　Winds and Words

動態查詢（Dynamic Query）

採用易用的標準控制元件，例如滑桿（sliders）和勾選方塊（checkbox），去定義要顯示哪部分資料，以及立即、互動地過濾資料集合。隨著使用者調整這些控制元件，立即反映在資料顯示區域。

Google Public DataExplorer（圖 9-17）讓使用者可以從多個變數中作選擇，且立即看到結果，使用者也可以移動時間線上的滑桿，查看不同時間的資料。

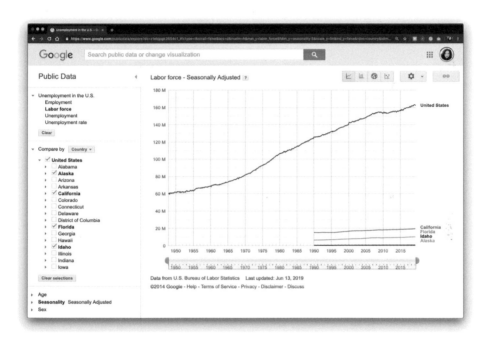

圖 9-17　Google Public Data Explorer

當您要以任意形狀、任意表示方式，展示一個大、多變數（multivariate）的資料集合給使用者看時；使用者需要過濾某些資料，以完成數個目標，這些目標包括擺脫不相關的資料、觀察哪些資料點符合條件、瞭解多種資料屬性之間的關聯、或只是探索資料集合，看看資料中含有什麼東西。

資料集合本身具有一群固定且可預期的屬性（或參數、變數、維度…等，每個人用的詞不同），這些屬性是使用者感興趣的東西。它們通常是數字且有一定範圍；也可能是可排序的字串、日期、分類或列舉值（以一組數值代表非數字的值）；也可能是資訊圖表上可以用互動的方式選取的可見資料區域。

動態查詢也能套用在搜尋結果上。分類搜尋（Faceted searches）就有可能用到動態查詢介面，讓使用者能探索豐富的項目資料庫，例如產品、圖像或文字資料庫等等。

為何使用

首先，**動態查詢**相當容易學習。使用者不需要學會複雜的查詢語言；這是利用大家都熟悉的控制元件來表達常用的布林表示式，像是「價格 > $70 而且價格 < $100」。這種表達能力當然比不上完整的查詢語言，在不讓 UI 變得太複雜的前提下只能做簡單的查詢，但在大多數情況下已經足夠了。各位必須判斷這個模式是否足以應付自己面臨的需求。

其次，立即反應會鼓勵使用者探索資料。比方說，當使用者移動滑桿的控制桿時，他會看到變數資料的收縮或擴張。加入或移除不同的資料子集合後，則會立即看到結果或畫面產生的改變。他可以用漸進的方式慢慢建構出長且複雜的查詢表示法，先動一下這個控制元件，再動一下那個控制元件……如此一來，連續且互動的一連串「問答過程」就在使用者和資料之間展開。立即反應可以縮短一來一回的時間，讓資料研究變得有趣，可能達到「無我」的境界。

第三點，這一點有些微妙，帶有標籤的動態查詢控制元件，可以在一開始就澄清可查詢的屬性有哪些。比方說，如果使用者看到滑桿的兩端寫著 0 和 100，他會馬上知道這個資料屬性是數字、範圍在 0 和 100 之間。

原理作法

設計動態查詢的最佳方式取決於您的資料是如何顯示的、您想要做怎樣的查詢種類、工具套件能力等等。稍早提過，大多數的程式會將資料屬性對應到常用控制元件，且將控制元件放在資料顯示區旁邊。如此即允許一次查詢許多變數，不限於顯示上用空間特徵編碼的資料。而且，大多數的人都知道如何使用滑桿和按鈕。

另外一些程式則提供直接在資訊顯示區內的互動式選取。通常使用者會在興趣點的周遭圍出一個矩形區域，該區域內的資料就會被移除（或保留，把其他的移除）。這就是「最直接」的處理，但缺點是受到資料的空間呈現方式的影響。如果無法在興趣點周遭畫出矩形區域（或者選出興趣點），您就無法據以查詢！關於類似技巧的優點與缺點，請參考**資料刷色**（*Data Brushing*）模式。

回來講控制元件，接下來：為動態查詢挑選控制元件，這與挑選表單的控制元件十分類似，您的選擇會受到資料型態、查詢方式、以及可用控制元件的影響。常見的選擇包括了：

- 用滑桿指定一個範圍內的某個數字。

- 用兩個滑桿指定一個範圍：顯示大於某個數值，且小於某個數值的資料。

- 單選圓鈕或下拉的複式盒，用於從數個可能的值中挑選一個值。也可用來挑選完整的變數或資料集合。無論是哪種使用方式，「All」（全選）是個經常利用的候選值。

- 以勾選方塊挑選一組值、變數或資料層（data layer）的任意子集合。

- 用文字欄位輸入單一值。請特別小心，文字欄位比滑桿和按鈕有更大的出錯空間，但較能取得準確的值。

在 Apple Health（圖 9-18）的介面中，使用者可以點擊日期，以查看某個特定日期的活動。

圖 9-18　Apple Health

資料刷色（Data Brushing）

讓使用者在一個檢視畫面中選擇資料，在另一個畫面中同步顯示被選擇的資料。圖 9-19
中的範例顯示了一個能讓使用者很輕鬆就可以移動的時間軸，移動它可檢視地圖上隨時間
改變的資料點，以及右側面板中的資料。

圖 9-19　American Panorama 的非本國出生人口（Foreign-Born Population）

您可以同時顯示一個或多個資訊圖形。例如有兩份折線圖和一份散佈圖、或有一份散佈
圖搭配一個表格、或是一份圖表與一個樹狀結構、或是一份地圖與一段時間軸……無論如
何，只要各個圖表都是顯示相同的資料集，即可使用本模式。

資料刷色為互動式資料探索提供了一個格式非常豐富的形式。首先，使用資訊圖形本身作為「選取工具」，讓使用者能夠選取一個資料點。有時候，直接用眼睛看反而比較容易找到興趣點（比沒那麼直接的動態查詢更容易些），比方說圖表上的離群值就很容易用看的看出來，但想要從數字上定義出離群值則可能要多花幾秒鐘（可能更久），例如：「我想要得到所有滿足 X>200 且 Y>5.6 的點嗎？不太確定，先讓我選定這個範圍」。

接下來，同步在其他圖表中將這些資料點「刷上色彩」，使用者至少可在另一份圖表的環境中觀察這些點。該點可能是相當具有價值的。再次以離群值為例，使用者可能想要知道，這些離群值在不同資料空間中、用不同變數做索引時，會有什麼不同的表現，藉由這樣認識的過程，使用者對於產生資料的現象，有可能立即得出觀察結果。

這裡有一個較大的原則是協同的檢視畫面（_coordinated view_）或稱連結的檢視畫面（_linked view_）。同樣資料的多個不同檢視畫面，可以相互連結或同步化，如此在某個畫面中的某些操作（例如縮放、拉動鏡頭、選取等等），即可同時反應到其他畫面中。協同檢視強調的想法是：用不同角度觀看相同的資料。再說一次，使用者的重點是把相同資料放在不同環境背景中，這可以幫助觀察出一些現象。

首先，使用者該如何選取資料？或者說，該如何為資料「刷上色彩」？這個問題與遇到任何可選擇的一群物件時是一樣的：使用者可能想要一個物件或是數個物件？要連續或要分散？要一次選足或漸漸增加？可考慮下列想法：

- 點擊關鍵字
- 用滑鼠點擊，以進行單一選取
- 藉由將物件打開或關閉，選取一個範圍

如各位可想像到的，其他檢視畫面立刻反映資料刷色的操作結果也是很重要的。請確定系統的反應時間能處理這種快速的轉變。

如果已刷色的資料點能在所有檢視畫面中具有相同的視覺特點（包括您動手刷色的圖表），使用者可以更容易發現這些刷色的資料點。這些資料點也會形成一個感知層（參見第 435 頁提到的「前注意變數：什麼和什麼有關？」一節）。在做資料刷色時，色調是最常用的前注意變數，或許是因為即使您的注意力集中在其他地方，仍然會很容易注意到明亮的色彩的關係。

地圖很適合進行**資料刷色**，因為在地理環境中顯示的資料，通常也可以透過其他方式進行組織和渲染。AllTrails 應用程式（圖 9-20，左）中有個討人喜歡的資料刷色變體應用，當使用者將手指移到畫面底部的路徑圖上時，路徑圖指標（藍色點）將沿著路徑移動，以指示路徑中該點的高度和坡度。

Trulia 的「搜尋（Search）」地圖檢視（圖 9-20，右）將符合搜索參數的項目列表繪製在地圖上。使用者可以透過點擊「Local Info」過濾特定地圖邊界內的資料，並查看該邊界內地區的資料。

圖 9-20　AllTrails app 與 Trulia 的搜尋結果

多 Y 圖（Multi-Y Graph）

這是什麼

將多個圖表堆疊在一個面板上；讓它們共用相同的 X 軸（圖 9-21）。

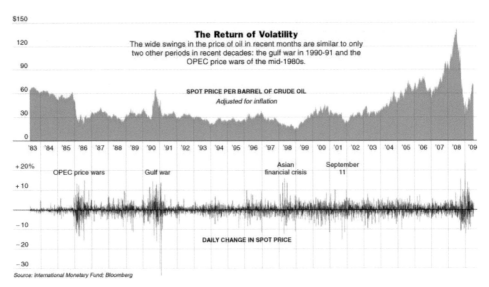

圖 9-21　New York Times 圖表

何時使用

要呈現兩個或多個圖表，通常是簡單的折線圖、長條圖或面積圖（或任何兩種圖表的混合）。這些圖中的資料都使用相同的 X 軸（通常是時間軸），但是圖表本身表達的資料完全不同，或許在 Y 軸必須用不同的刻度或單位。您想鼓勵閱讀者從資料集中發現「垂直」關係，例如：關連性、相似性、意外的差異……等等。

為何使用

這些圖表都對齊相同的 X 軸，會讓閱讀者認為這些資料是有關係的，然後互相比對這些資料。

原理作法

在一個圖表上方疊加另一個圖表。兩者共同使用 X 軸，但是使用不同的 Y 軸，放在不同的垂直空間。如果 Y 軸需要部分重疊，可以重疊，但是盡量讓圖表不要彼此產生視覺干擾。

有時候根本不需要 Y 軸；或許是因為找到確切的值不是重點（或者，圖表本身已經包含了精確的值，例如有標示資料的長條圖）。這種情況下，直接上下移動圖形曲線，直到它們不會彼此干擾即可。

為每個圖表加上標籤，以免混淆。盡可能使用垂直格線；這可以讓閱讀者很容易觀察不同資料集合在特定 X 值上的資料，以便比較。這也可以幫助閱讀者得知興趣點處的值（或近似點的值），而不需要用到筆和尺。

範例說明

Google Trends 讓使用者能比較搜尋詞彙的使用頻率。圖 9-22 的範例顯示兩個運動相關詞彙的搜尋量比較，讓它們在一份簡單圖表中就能輕易比較。但 Google Trends 的能耐不只如此。相關的搜尋數量繪製於上方的圖表中，下方的圖表則顯示新聞提到的數量。兩份圖表的計量單位和規模都不同，所以 Google Trends 把它們做成兩個不同的 Y 軸。

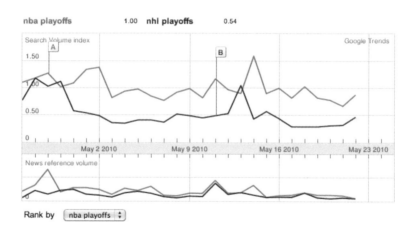

圖 9-22　Google Trends

圖 9-23 的範例是 MATLAB 軟體建構出的互動式多 *Y* 圖。您可用滑鼠操控這三個資料軌跡的 Y 軸，左側有色彩編碼，您可以上下拖曳軌跡、藉由滑動色彩軸的端點以垂直「伸展」軌跡，甚至就地編輯 Y 軸的極限值以改變軸的顯示範圍。有趣的來了！您可能會注意到這些軌跡看起來類似，彷彿彼此有關連，比方說這三個軌跡都在標為 1180 的垂直線之後滑落。它們到底有多類似呢？使用者可以移動軌跡以觀察相似性。

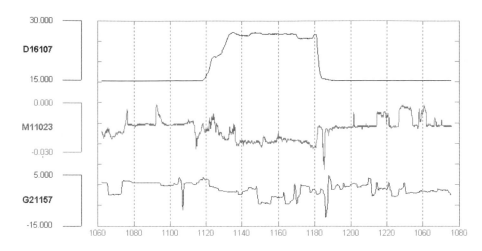

圖 9-23　MATLAB 圖表

人眼很擅長從資料圖表中辨識關係。圖 9-24 中，藉由堆疊和重疊不同刻度的圖表軌跡，使用者可能會因此觀察出寶貴的想法，想出是什麼樣的背後現象造成這些資料。

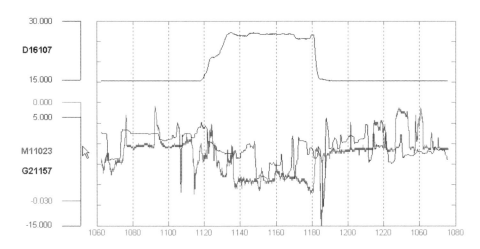

圖 9-24　仍是 MATLAB 的圖表

在多 Y 圖中的資訊圖表可以不必是傳統的圖表。圖 9-25 的氣象預報圖用了一組象形圖示表示預測氣象資訊；這些圖同樣對齊以時間為刻度的 X 軸（這個圖表提示了接下來的下一個模式：多幅小圖）。

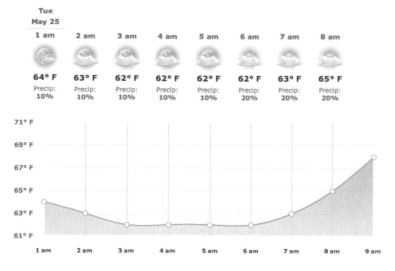

圖 9-25　Weather Channel 的氣象預報圖

多幅小圖（Small Multiples）

多幅小圖模式是用兩到三個資料維度（dimension）顯示資料的小圖。根據一到兩個額外的資料維度，像貼磁磚一樣整齊排列這些圖表，可能排得像一條「連環漫畫」，或者排成二維的矩陣。

氣候溫度圖（圖 9-26）以較小的縮圖顯示了一段時間內的資料，以易於理解的方式顯示了密集的訊息。

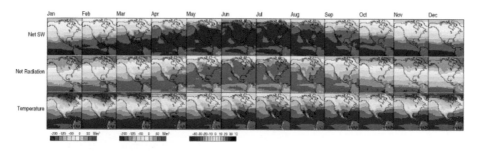

圖 9-26　Oregon 大學出版的氣候溫度圖

當您需要展示一個很大的資料集合，會用到超過兩個以上的維度或獨立變數時。將資料的一個「切片」顯示成一張圖（例如顯示成圖表、表格、地圖或影像）很容易，但是要顯示超過一個維度就很困難了。使用者可能必須一次只看一張圖，並來來回回許多次才能看出其中的差異。

使用 **多幅小圖** 模式時，需要有相當大的顯示區域。除非每張圖都非常小，否則行動裝置少有適合使用此模式的例子。請只有在當大多數的使用者都是在大型畫面或紙張上看您的圖表時，再使用此模式。

迷你圖（*sparkline*）是種特殊的 **多幅小圖** 圖表類型，在顯示空間很小時特別實用，例如在變動的文字或在表格欄位中。它們本質上是縮小的圖表，只是去除了所有標籤與座標軸，用來呈現簡單資料集合的外型或概覽。

多幅小圖 模式具有相當豐富的資料，採用可理解的方式同時顯示出許多資訊。每張圖片都有自己背後的意義；但這些圖片全都聚在一起時，展示出圖片如何漸漸「改變」，可以歸納出另一種更廣大的意義。

如同 Edward Tufte 的經典著作《*Envisioning Information*》（Graphics Press）中所說的：「多幅小圖、多元設計和豐富的資料，透過視覺直觀地比對變化、物件之間的差異以及替代的範圍進行比較來直接回答問題。」（Tufte 在他的視覺化領域暢銷書籍中，為 **多幅小圖** 模式命名並予以推廣）。

這麼想吧！如果您能將某些維度用圖片呈現，但是還需要再編入一個維度，卻做不到；這時要怎麼辦？

循序展現

將維度表達成彷彿會隨著時間改變。您可以像播放電影那樣，使用「上一頁 / 下一頁」按鈕來切換，一次只看一個圖。

3D 呈現

將圖片放在第三個空間軸，也就是 Z 軸。

多幅小圖

在較大規模中重複使用 X 軸和 Y 軸。

圖片並排的放置方式，讓使用者可以很快地從一張圖片瀏覽到另一張圖片。使用者不必記憶前一個畫面顯示的事物，但如果使用「循序展現」就必須硬記下來（雖然用電影的形式來呈現影格間的微妙差異會很有效率）。使用者不需要編碼或者旋轉一個複雜的 3D 圖表（如果把 2D 圖片放在第三個座標軸上就必須這樣）。「循序展現」和「3D 呈現」有時候可以適用一些情況，但並不適合所有的狀況；而且在非互動的狀況下，這兩種呈現方式完全無法使用。

可選擇是否使用一個或兩個額外的資料維度。只多一個維度時，影像可以垂直排列或水平排列，甚至還可以換行，就像漫畫一樣，使用者可以從頭開始閱讀到最後一格。多兩個額外的資料維度時，應該使用 2D 表格或矩陣，以直欄表示一個維度，橫列則表示另一個維度。

不管是一個維度或兩個維度，都必須為**多幅小圖**的圖表標上清楚的標題，如果可以的話，讓每張圖表各有自己的標題，不然也要沿著顯示區的側邊標明圖表。要讓使用者清楚地瞭解沿著這些圖表可以看到那一個維度的變化，並瞭解您是採用一維或二維的編碼方式。

每個影像應該和其他影像有相似之處：例如相同的尺寸或形狀、相同的座標軸刻度（如果你使用的是圖表的話）、相同的內容。使用**多幅小圖**模式時，請試著帶出顯示事物間有意義的差異；試著削減沒有意義的視覺差異。

當然，您不應該在一個畫面上使用太多**多幅小圖**模式。如果其中一個資料維度的範圍是 1 到 100，您大概不會想看到 100 列或 100 行小圖表吧！該怎麼辦呢？或許，可以把這 100 個值分成（例如說）5 個桶（*bin*），每個桶包含 20 個值。或者使用技術上所說的 *shingling*，與前一種分桶的方式有點像，但是允許桶之間有重疊（也就是說某些資料點可以出現一次以上，但是這或許有助於分辨出資料中的模式；不過您必須要把標籤標示清楚，好讓使用者知道是怎麼回事）。

具有兩個維度的多幅小圖圖表有時也被稱為**格子圖**（*trellis plots*、*trellis graphs*）。統計圖學的知名權威 William Cleveland 採用這個名詞，軟體套件 S-PLUS 與 R 也跟著使用這個名稱。

圖 9-26 的北美氣候圖顯示了許多編碼變數。每張多幅小圖圖片的下面是 2D 地理地圖，並在上面覆蓋著某些氣候指標（例如溫度）的彩色編碼「圖」。看著其中任何一張圖片，您

都可以從顏色資料中看到有趣的形狀。它們可能會促使觀看者提出疑問：為什麼在陸地中的某些特定地區會出現顏色斑點。

這個**多幅小圖**範例編入兩個額外變數：每一欄都是當年的一個月份，每一列則表示一種氣候測量標準。您的眼睛能觀察出同列裡的圖表改變、注意到逐年產生的變化，也能輕易地上下比較同欄的圖表。

圖 9-27 使用了網格，編入兩種獨立變數到各州的地理資料中：種族宗教、收入。相依的變數（以色彩編碼）則是公眾對學校教育券的支持度（橘色表示支持、綠色表示反對）的估計。呈現結果的圖表內容非常豐富而且細膩，說明了美國人在這個議題上的態度。

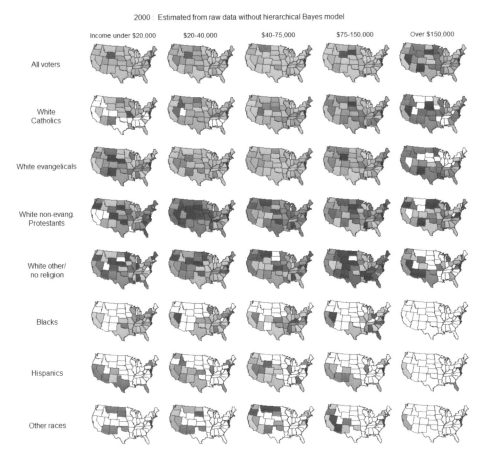

圖 9-27　地理與人數統計的多幅小圖圖表

資料視覺化的威力

圖 9-28 中的範例很好地示範了妥善的使用資料視覺化在美學不僅為人帶來愉悅感,同時又能提供很多資訊。Show Your Stripes 的資訊圖形僅使用簡單的條形和顏色來顯示 1850 年至 2019 年的溫度變化資料,設計師編入了密集的資訊,並將簡化過的資訊告知觀眾,用一個引人入勝的視覺圖像完成多個圖表的工作。

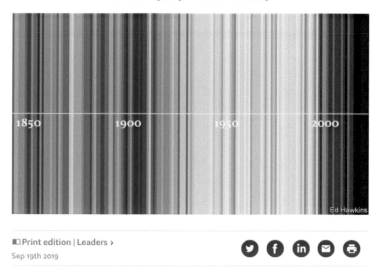

圖 9-28　Show Your Stripes(https://showyourstripes.info/),經濟學人,2019 年 9 月

是的,一張圖片可以訴盡千言萬語,若您為這些圖片加上互動性的話,可以再進一步幫助閱讀者理解您想表達的資訊。本章中的範例說明了,諸如地圖和圖表之類的圖形方法可以透過優雅、愉悅和美麗的方式傳達大量資訊。

第十章

從使用者取得輸入：
表單與控制元件

各位所設計的軟體早晚都將需要詢問使用者的資訊，甚至在大家開始與軟體互動時就需要發問了，例如：你的登入名稱為何？你想要搜尋什麼字串？您的訂單想用哪種貨運方式？

在本章中，您將會討論關於取得使用者輸入的幾個相關主題：

- 設計實用、可用表單的原則
- 為不同目的設計不同的表單
- 開發有效率的自動完成
- 設計複雜的控制項

表單互動一開始看來似乎很容易設計，這是出於幾個原因。每個人都熟悉標準表單元素，例如文字欄位、勾選方塊、複式盒（combo boxes）。我們有超過二十多年的互動式表單設計範例可以參考。這些輸入控制元件也是使用者介面框架的重要組成部分，您可以到第十一章中回顧這些控制元件。所有這些介面工具箱都擁有隨附的表單元素和控制元件。

但是，您可能苦於不知如何修改笨拙、使用者難以理解或難以完成的設計。以下是其他示範問題，可以闡明設計人員在設計表單和控制元件時需要考慮的各種問題：您想要哪個地區的天氣預報？使用者可能想知道，我是否要指定鄰里、城市、地區、州、國家／地區、郵遞區號或其他指定位置？可以使用縮寫嗎？如果我拼錯了怎麼辦？如果找不到我要的城市怎麼辦？沒有地圖可供選擇嗎？而且為什麼它不記得我昨天給它的位置？

本章討論解決這些問題的方法。此處介紹的模式、技術和控制元件主要適用於表單設計（表單只是一系列問題/答案），但它們在其他情況下也很有用，例如用在網頁或應用程式工具欄上的單個控制元件。輸入設計和表單設計是互動設計人員的核心技能，因為您可以在每種流派和每個平台上使用它們。

首先，讓您回顧一些設計準則，以建立有效，可用的表單和控制元件。

表單設計基礎入門

在做輸入和表單設計的時候，有一些守則要牢記：

尊重使用者的時間和精力

進行表單設計時要意識到一個人填寫表單需要花費多少時間和精力，在他們眼中的時間和精力成本可能會比設計師想像的要高。請使用本章中介紹的技術，使表格盡可能短而簡單。

確定使用者理解表單的目的

表單要求使用者做某事以換取某些東西。表單的標題、上下文和措辭應要能讓使用者看出為何要求提供此資訊，如何使用該資訊，以及使用者將從中得到什麼。

減少表單上的輸入數量

仔細考慮每個問題或要素，不要要求使用者做不必要的工作。例如，如果您要求使用者提供美國郵遞區號，那麼您可以自行推斷出城市和州嗎？對於信用卡，無需詢問卡片的類型（Visa、Mastercard 等），因為卡號前兩個整數就代表信用卡的類型。如果電子郵件地址可以當作使用者名稱，請考慮不去詢問名字和姓氏。

盡量減少視覺混亂

通常，表格不該用其他材料分散使用者注意力。請保持簡單、整潔和專注。

在可能的情況下分組並命名表單元素，分成不同分區

如果您設計的是較長或複雜的表格，請將其分解為具描述性的**標題分區**（請參見第238頁的「標題分區」一節）。分組並標記表單元素，並使用標題和子標題進一步組織和解釋表格。

對於較長的複雜表格,請考慮動態顯示/隱藏部分表單

如果一次全部顯示所有內容,那麼冗長或複雜的表格可能會令人生畏,而且使用者選擇跳過欄位的機會也會增加。請考慮將表單分成幾部分,預設情況下僅顯示第一部分。其他部分可以依次顯示。預設情況下,請始終隱藏表單的可選部分。

使用對齊方式獲得清晰的垂直流動感

使用排版和對齊方式,這樣一來,無論是在一列或多列,表單都會產生強烈的垂直流動感。對齊輸入的左邊緣,並盡可能使用相同的垂直間距。眼睛從標籤移動到輸入的行程應該要最小。

指出什麼是必填欄位,什麼是可選欄位

指示表單中必須填寫的欄位有哪些既是禮貌、也是一種可用性和錯誤預防策略。但您應該要標記出必填欄位還是可選欄位,您的應用程式或網站中的所有表單應使用一致的標示方法。

標籤、說明、範例和幫助

使用描述性的表單標籤、輸入範例以及表單欄位的說明文字。標籤仍然是確保能讓不同能力的人可以進行存取的最佳實作。請避免在欄位中使用很多佔位文字,因為它會讓使用者誤以為他們已經填寫了文字。請使用適合使用者和該任務領域的詞彙。如有必要,不要害怕在表單中放置說明(您可以選擇將說明放置在由使用者觸發的彈出式視窗或強制回應視窗中)。

用輸入欄位的寬度當成輸入的長度的參考

您選擇的控制元件將影響使用者認為要回答什麼。單選按鈕代表在多個中選定一個,而單行文字欄位代表輸入一個單詞或一段文字。較大的多行文字輸入欄位代表更長的答案,例如一段文字。

接受多少種輸入格式

使用「寬恕格式」模式的話,可以接受多種格式的日期、地址、電話號碼、信用卡號等。如果您要求以特定方式格式化輸入,請向使用者提供格式範例。

儘早做錯誤預防和驗證錯誤

此處的目標是幫助使用者第一次輸入就成功。請提供說明和範例,讓使用者知道該輸入哪些資訊。在表單中放置有關上下文的說明,在使用者犯了錯誤時,請立即顯示錯誤訊息。請考慮逐欄位提供回應訊息,在使用者送出整個表格之前,幫他找出每一個驗證錯誤。在表單上,提供可行的驗證消息:指出哪個輸入欄位出了問題、出問題的原因以及使用者如何進行修復。請參閱密碼強度指示器和錯誤訊息模式。

自動完成能進一步告訴使用者什麼輸入是有效的，或者提醒使用者他們之前輸入的內容，或者提供最常見的輸入來節省時間。

為移動裝置和網路回應設計考慮使用上方對齊標籤

頂部對齊的標籤是顯示在使用者輸入欄位上方而不是左側的標籤。使用這種對齊方式最適合於回應式設計的畫面，因為這些組件可以垂直堆疊而無需更改排版。標籤和輸入物對不齊的可能性較小。

考慮國際化

請考慮到需要向您自己的國家和文化以外的使用者顯示表單的情況。直接要面對的問題是，要在不破壞排版的情況下更改表單的語言（需考慮不同長度的翻譯文字字串和不同的書寫方向）。還需要切換到不同單位、風格、數字格式、度量標準、日期、時間、貨幣和其他標準。除此之外，不同的資料安全性和隱私法規可能會影響您可以合法收集、傳輸和存儲的資訊。

成功訊息

使用者成功送出表單後，請確保讓他們知道這一點，並向他們表明接下來將要發生的事情。

進行可用度測試

基於某些理由，牽涉到輸入表單時，設計者和使用者特別容易對術語、可能的答案、干擾、與其他種種運用環境上的問題做出完全不同的假設。即使你確定自己的設計很好，還是要做可用度測試。

表單設計不斷發展

表單設計的一個主要要小心的地方，是它會不斷變化和發展。身為互動設計師的你必須要考慮新表單功能的利弊。

必需與可選

用星號（*）標記必填欄位的做法仍然很常見。在這種情況下，最好在表單中解釋一下星號的意義，儘管現在許多網站都省略了該說明，因為這給使用者帶來了一絲絲理解上的負擔，現在有許多替代方案可用。不過，可用性專家 Nielsen/Norman Group 表示，標記所有必填欄位仍然是最實用的方法。[1]

---

1 Budiu, Raluca. "Marking Required Fields in Forms." *Nielsen Norman Group*, 16 Jun. 2019, *https://oreil.ly/vPQSQ*.

有一種替代方案是計算相對於可選欄位還有多少個必填欄位，然後僅標示出兩種欄位中較少的那一個（只標記大多數中的例外）。第二種選擇是僅顯示必填欄位，忽略所有可選欄位。將所有欄位都標示成必填欄位有助於消除混亂，但有許多表單雖然沒有特別標明，但內含欄位都是必填欄位。

第三種方法是不去標記必填欄位，而在標籤或輸入欄位旁邊用「可選（optional）」字樣標記可選欄位。這是美國網頁設計系統（*https://oreil.ly/VH3Jp*）和英國政府網頁設計標準（*https://oreil.ly/oQV6S*）中使用的標準方法。

浮動標籤

現在在表單元素內部顯示輸入欄位的標籤已經是種可行的做法了。預設情況下，標籤以全尺寸顯示，類似於輸入欄位中的佔位文字，但如果使用者選擇輸入欄位，則該浮動標籤將變為小尺寸文字，並向上移動以使其靠近輸入欄位的內側頂部。它不會影響使用者，但在使用者輸入文字時仍然可見。儘管它為表單提供了生動的動畫，但請考慮這對您的使用者來說是否實用。

延伸閱讀

有許多專門針對表單設計的設計書籍。如果要進行更廣泛的分析，請參考以下三個參考資源：

- Enders, Jessica. *Designing UX: Forms: Create Forms That Don't Drive Your Users Crazy.* SitePoint, 2016.

- Jarrett, Caroline, and Gerry Gaffney. *Forms That Work: Designing Web Forms for Usability.* Elsevier/Morgan Kaufmann, 2010.

- Wroblewski, Luke. *Web Form Design: Filling in the Blanks.* Rosenfeld Media, 2008.

模式

本章的模式大多和控制元件有關，特別是如何讓輸入控制元件與其他控制元件或與文字相結合，以產生更容易使用的控制元件。某些模式定義元素之間的結構關係，像是下拉式選擇器以及填入空白。另一些模式，像是良好的預設值、智慧預填以及自動完成則討論控制元件的值，以及如何修改這些值。

下方列出的許多模式主要用來處理文字欄位，這應該不會讓人感到驚訝，因為文字欄位相當常見，但是卻無法讓使用者知道該輸入什麼。當環境背景可以清楚說明文字欄位的用途時，文字欄位是最容易使用的元件。下列模式讓你有許多方法可以建立這樣的環境背景：

- 寬容格式（*Forgiving Format*）
- 結構化格式（*Structured Format*）
- 填入空白（*Fill-in-the-Blank*）
- 輸入線索（*Input Hint*）
- 輸入提示（*Input Prompt*）
- 密碼強度指示器（*Password Strength Meter*）
- 自動完成（*Autocompletion*）

接下來的兩個模式用來處理文字欄位以外的控制元件。下拉式選擇器描述一種建立客製化控制元件的方法；在前一節的控制元件表格中提到的清單建構器則描述一種常見的控制元件組合方式，讓使用者建立一個項目清單。

最後的兩個模式應該套用到整個表單中。這兩個模式適合許多地方，包括文字欄位、下拉式控制元件、單選圓鈕、清單、以及其他各種控制元件，但是在一份表單內（或在一個對話框內，甚至是在整個應用程式內）應用這些模式的方式應該有一致性。

- 良好的預設值和智慧預填
- 錯誤訊息

其他章節的模式也同樣能套用在表單設計上，您可以將標籤放在表單欄位的上方（以佔用垂直空間為代價，但也多了很多水平空間可放置長標籤），或靠左對齊表單的左緣。您的設計選擇可能會影響使用者填寫表單的速度。

第三章和第四章也提供一些大範圍設計時的可能性。看門狗表單（任何擋在使用者與當下目標中間的表單，例如登入或購物清單）應該要放在**中央舞台**（*Center Stage*），且頁面上使人分心的雜物應該減到最少。或是把表單做成**強制回應面板**（*Modal Panel*），疊加在頁面上方。

如果表單很長且涵蓋不同主題，或可考慮把它拆成**標題分區**（*Titled Section*），甚至拆成不同頁面（tab 分頁多半不適合做為表單的分群機制）。在拆解表單成不同頁面時，請使用**精靈**（*Wizard*）與**進度指示器**（*Progress Indicator*）模式，向使用者顯示出他們在表單中的何處與接下來要前往的地方。

最後，表單應該使用醒目的「**完成**」按鈕（*Prominent "Done" Button*，第八章）代表完成或送出的動作。如果還有次要的動作，例如重設表單或協助的連結，請設計得比較不醒目一點。

寬容格式（Forgiving Format）

允許使用者輸入各式各樣的選擇、格式和語法，應用程式內部會想辦法解讀。*Weather.com*（圖 10-1）是寬容格式的一個範例。

圖 10-1　Weather.com

你的使用者介面向使用者詢問的資料可能會混雜著無法預期的詞彙或樣式（空白、連字號、縮寫、大小寫……等等）。更常見的是，使用者介面可以接受來自使用者的各種資料（不同的意義、格式或語法），但是你希望介面在視覺上保持簡單，不要太複雜。

使用者只想把事情做完，不會去考慮到什麼是「正確的」格式和複雜的使用者介面。電腦則適合用來處理不同的資料輸入（至少到某種程度還可以）。電腦和人可以巧妙搭配：讓使用者輸入所需的資料，如果資料合理，再讓軟體處理資料。

如此有助於大幅簡化使用者介面，變得相當容易理解。甚至不再需要輸入**線索**或**輸入提示**，雖然這些模式常常在一起使用，如圖 10-1 所示。

可以考慮改用**結構化格式**（*Structured Format*），但這個模式在輸入格式完全可預期的狀況下（通常是數字，像是電話號碼）的效果最好。

困難的地方在於：這個模式把使用者介面設計問題，轉變成程式設計的問題。你必須思考使用者可能會輸入什麼樣的文字。或許你想要使用者輸入的是日期或時間，只是要處理不同的格式（這樣算簡單的）。或者你想要使用者輸入的是他想搜尋的詞彙，軟體會依不同詞彙決定要「做」什麼；這就比較難處理了。軟體能夠消除不同輸入資料的歧異嗎？要如何做到呢？

每個應用程式都用不同的方法運用此模式，你必須確定軟體對於各種輸入格式的回應，都符合使用者的期待。請找真的使用者測試、測試、再測試。

New York Times 在好幾個需要使用者填入資訊的地方都使用了**寬容格式**模式。圖 10-2 所示的範例出自它的房地產搜尋與財經相關訊息。

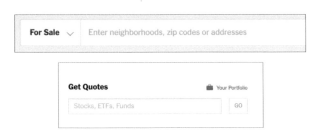

圖 10-2　New York Times 網站上的兩個搜尋欄位，提示了它們能接受的輸入資料格式

Google Finance（圖 10-3）透過將鍵入的內容映射到最可能匹配的股票代號，來幫助使用者找到正確的股票代號。使用者無須知道或輸入確切的股票代號。

圖 10-3　Google Finance 中加入一檔股票到個人常用列表中

試想有個要求使用者提供信用卡號的表單，只要輸入足夠 16 位數字，表單根本不需要關心使用者是否在中間輸入了空格、連字符號或根本不分隔？例如，PayPal 允許客戶隨意輸入他們的信用卡號，信用卡號欄位接受中間有空格、連字符或不包含空格，而 Paypal 隨後立即會做格式標準化（圖 10-4）。

使用者可以隨意輸入他們的信用卡號，Paypal 接受中間有空格、連字符號或不包含空格的輸入資料，隨後立即轉換為無分格格式

使用者可以輸入有斜線的 MM/YY 或無斜線的 MMYY 字串

圖 10-4　PayPal

圖 10-5 取自 Google Calendar 用來設定會議時間的工具。看看畫面截圖中的「from」和「to」欄位，您不需像圖中的文字欄位一樣輸入完整定義的日期。如果今天是 7 月 13 日，而你想把會議日期設在 7 月 20 日，可用下面的任何一種方法輸入：

- Saturday 7/20

- Saturday 20/7

- 20/7/2019

- 7/20/2019

- 20/7

- 7/20

被指定的日期會「自動反應」、以適當的格式（格式符合使用者使用的語言和地區習慣）出現在使用者面前。

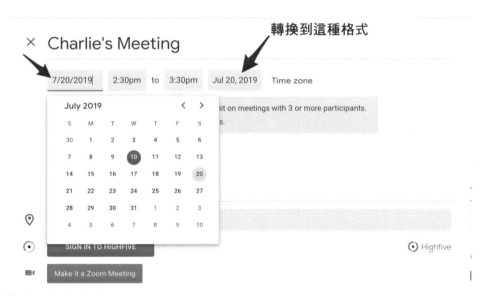

圖 10-5　Google Calendar

結構化格式（Structured Format）

並非使用單一文字欄位，而是使用一組文字欄位反映出所需的資料結構。

你的介面向使用者要求某種特定格式的文字輸入。這個格式是熟悉的且嚴謹的，且設計者不認為使用者有需要違背此格式。這一類的範例包括了信用卡資訊、本地電話號碼、授權字串或授權碼。

如果資料格式會隨使用者而改變，通常就不應該使用此模式。請特別考慮一下，如果你設計的介面要讓其他國家的人使用，會發生什麼事？名字、地址、郵遞區號、電話號碼……這些格式可能會隨著不同的地區而有很大的差異。如果是這樣的狀況，請考慮改用**寬容格式**（*Forgiving Format*）。

文字欄位的結構，可讓使用者對於「應該輸入什麼樣的資料」有點概念。當很清楚要輸入怎樣的資料時，使用者也不用煩惱到底需不需要輸入空白、斜線與連字符號，結構化格式能解決這些煩惱。

此模式通常被實作成一群比較小的文字欄位，而不是一個大的文字欄位，這可以減少資料輸入的錯誤。檢查數個比較短的字串（兩到五個字元不等），比檢查一個很長的字串更容易，特別是其中包含數字時。同樣地，如果把長字串拆成小段，對於謄寫或記憶都會有幫助，因為人腦就是這樣運作的。

這個模式和**寬容格式**（*Forgiving Format*）相當不同：寬容格式允許您輸入任何格式的資料，而沒有提供「需要輸入什麼資料」的結構線索（你可以搭配使用其他線索，像是**輸入線索**（*Input Hint*）模式）。**結構化格式**比較適合可以預期格式的資料，而**寬容格式**則適合自由無限制的輸入。

針對所需要的格式設計一組文字欄位。保持每個文字欄位都很短，欄位長度反映出輸入資料長度。

一旦使用者輸入第一個文字欄位所需的數字或字元，請自動把輸入焦點移到下個欄位，這可以幫他們知道此欄位的資料已輸入完成。當然，使用者還是可以回到前面的欄位重新編輯，但是這種輸入焦點的自動轉移，可以讓使用者知道欄位需要多少個字元。

你也可以使用**輸入提示**（*Input Prompt*），讓使用者對於所要輸入的資料有更多線索。事實上，結構化格式的日期欄位常常用到**輸入提示**，例如「dd/mm/yyyy」。

範例說明

Airbnb 在表單中使用結構化格式讓客戶輸入其安全碼以驗證其身分（圖 10-6）。有四個佔位的破折號，每個破折號代表一位，對應到使用者的安全碼。這是四位數安全碼的結構化格式，當使用者鍵入數字時，插入點會自動跳到下一個數字欄位。

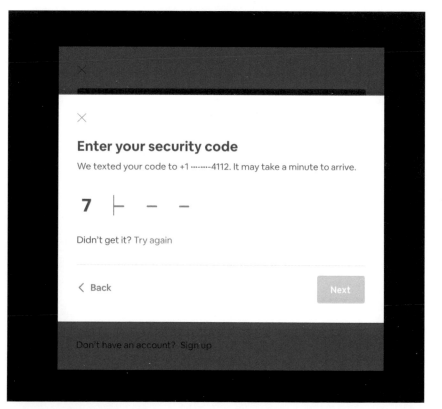

圖 10-6　Airbnb 安全碼輸入表單

Official Payments 是一個位於加州的服務提供商，他們在納稅的線上表單中用了結構化資料格式（圖 10-7）。納稅人的電話號碼欄位和納稅日期範圍欄位都被切成好幾個欄位，並添加了符號以加強提示正確的資料格式，這種電話號碼和日期欄位的結構都有助於成功輸入資料並避免錯誤。

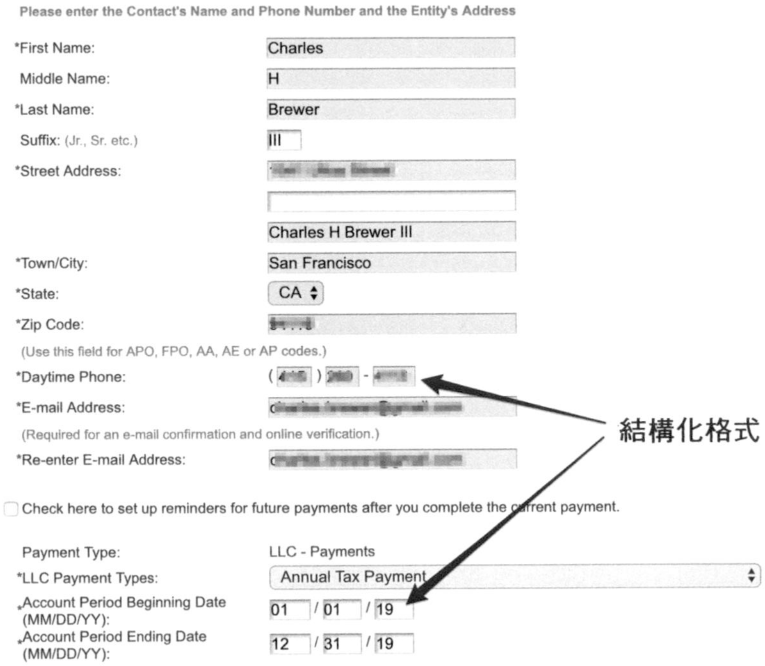

圖 10-7　Officialpayments.com

同樣地，在 Microsoft Office 360 的 Outlook 中安排會議時，會顯示一個帶有日期和時間選擇器的對話框（圖 10-8）。日期和時間選擇器被分解成多個輸入欄位，因此使用者必須按順序逐個瀏覽每個輸入欄位。您無法選擇整個日期字串或時間字串並輸入新值，也不能嘗試改為輸入諸如 DD/MM/YYYY 之類的東西。每個月、日、年、小時、分鐘和上午 / 下午的字串必須分別以規定的位置和格式（除非使用日期選擇器下拉列表）輸入。

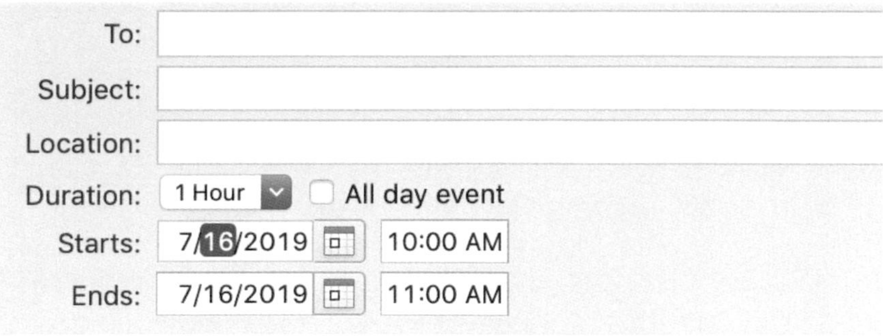

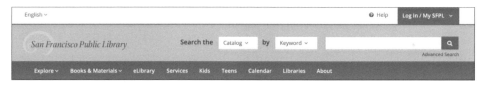

圖 10-8　Microsoft Outlook/Office 360

填入空白（Fill-in-the-Blank）

這是什麼

把表單中的一或多個欄位排列成一個句子或片語，但需填寫的欄位內容保留「空白」，由使用者填入。舊金山公立圖書館（圖 10-9）在它的搜尋中使用了這個模式。

圖 10-9　舊金山公立圖書館

何時使用

需要使用者輸入資料，通常是單行文字、一個號碼，或從下拉式清單做選擇。你試著將它設計成一組「標籤加控制元件」的組合，但是標籤的典型宣告式風格（像是「名字：」以及「地址：」），又不太容易讓使用者瞭解到底要填寫什麼。然而，您可以改用活潑生動的句子或片語，讓使用者知道一旦空白的地方填上資料後，會發生什麼動作。

為何使用

填入空白可以幫助介面自我說明意圖，它讓建立規則或條件變得更容易，畢竟，您必然知道該如何完成一個句子（動詞片語或名詞片語也有相同效果）。當您在一段口語描述中

看到有待輸入的地方，也就是「空白」，這可以幫助使用者瞭解進行的事項，以及被詢問的問題。

原理作法

使用你的文字技巧，寫下一個句子或片語，然後用控制元件取代其中一些字。

如果打算在片語中央嵌入一些控制元件（而不是在片語末端），最適合搭配本模式的元件是文字欄位、下拉式清單與複式盒，也就是與句中的文字具有相同外形因素（寬度與高度）的元件。也請確定句子中文字的基線（baseline）必須和控制元件的文字基線對齊，否則看起來會很不整齊。將控制元件的尺寸調整到只足以容納使用者的選擇，並和周遭文字間保有空白。

這個模式特別適用於定義條件，例如搜尋項目或過濾項目以便呈現時。圖 10-10、10-11 和 10-12 的 Excel 和 eBay 範例就呈現出這一點。Robert Reimann 與 Alan Cooper 說這模式為處理查詢的最佳方式；他們說這是*自然語言輸出*（*natural language output*）。[2]

然而，這裡有一個需要特別注意的地方：介面的本地化（localization，把介面轉換成不同國家的語言）會變得相當不容易，因為這受到自然語言的字詞順序的影響，不同語言有不同的字詞文法順序。對於一些國際化的產品或網站，這是不可能成功的構想。你可能需要重新安排使用者介面，以符合各種語言的需求；至少要和有能力的翻譯者一同研究，以確保此使用者介面設計可以本地化。

範例說明

Microsoft Excel 在其條件格式設定規則中廣泛地使用**填入空白**。這些功能讓使用者可以根據邏輯規則設定要自動突出顯示單元格（cell），以便輕鬆查看重要狀態或結果。使用**填入空白**的句子格式可以輕鬆指定所需的邏輯。

在圖 10-10 和圖 10-11 中，您看到了 Excel 用了兩種不同的方式使用此功能。在風格指定為「Classic」的範例中，一系列帶有短句的下拉選單讓使用者設定相當複雜的 If-then 指令。使用者以類似句子的順序選擇一系列語句和條件，以指定所需的邏輯。在圖 10-10 中，填入空白結構讀起來很接近自然語言的說明：「僅格式化包含單元格值在 33 到 66 之間的單元格。用黃色填充和黃色粗體文字格式化它們」。

2　請見書籍《*About Face 2.0: The Essentials of Interaction Design*》（Wiley 出版），第 205 頁。

在圖 10-11 中，您正在為何時顯示綠色、黃色和紅色圖示建立說明。這裡有很多設定要做，但是 Excel 列出了三個疊在一起的填入空白語句生成器。它們更為簡潔，而且使用諸如「>=」之類的邏輯符號代替「大於或等於」這類文字。同樣地，透過逐步填入空白結構可以輕鬆建立顯示邏輯。雖然這裡還有額外的一點小工作要做，但是對於綠色圖示、從左到右閱讀，您可以理解到的意思是「當值大於或等於 67 時顯示綠色圖示」，而且 Excel 將用使用者在此處輸入的數值，自動為第二個黃色圖示預填充填入空白，以使其與第一個綠色圖示不衝突。

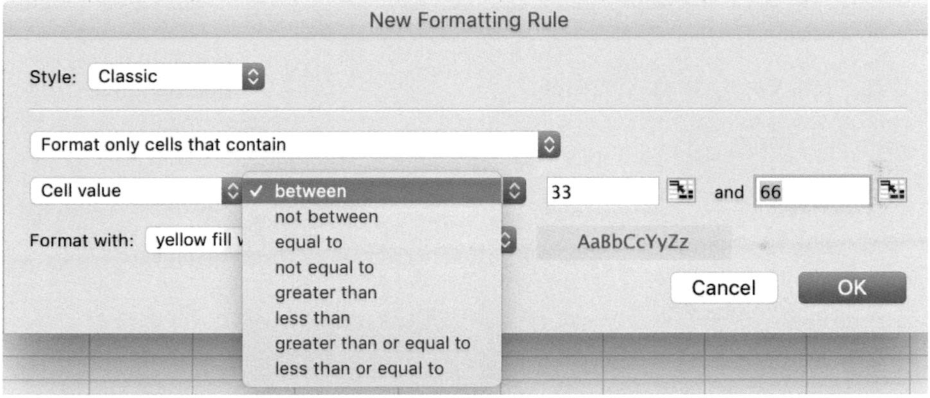

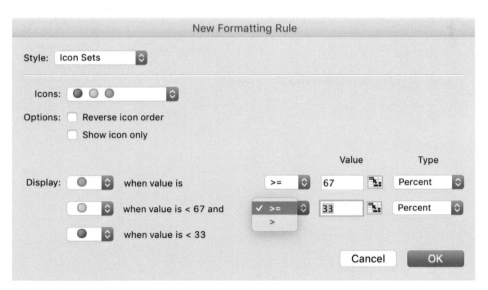

圖 10-10　Microsoft Excel Classic 條件格式

圖 10-11　Microsoft Excel 中的 Icon Set 條件格式

當使用者在 eBay 上搜尋項目時，可以利用 Advanced Search 表單來指定多種條件。圖 10-12 的表單中就有一些填入空白模式的例子。

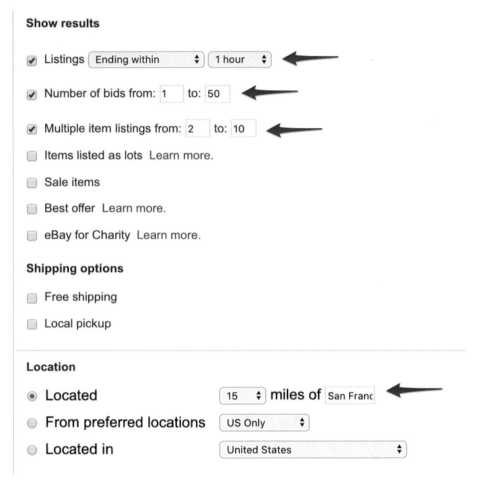

圖 10-12　eBay 的搜尋結果過濾表單

輸入線索（Input Hint）

這是什麼

在空白文字欄位旁邊或下方附上一個句子或範例，用以解釋需要什麼樣的資料，或給出所需資料的額外資訊。

何時使用

介面上有一個文字欄位，但是並非所有的使用者都很清楚要在欄位中輸入哪些資料，同時你又不希望欄位的標籤太長。

為何使用

一個能解釋自身用途的文字欄位，可免除使用者猜測的必要。輸入線索提供了標籤無法提供的背景說明。如果您在設計時能把線索文字和主要標籤分開，已知道該怎麼做的使用者，就可以或多或少地忽略線索文字，並將注意焦點放在標籤和控制元件上。

原理作法

寫一個簡短的範例或解釋用的句子，將它放在文字欄位的下方或旁邊。線索文字可設計成隨時都看得到，也可以在文字欄位成為輸入焦點後再出現。

線索文字請使用小而不顯眼的字體，但不能小到造成閱讀困難；可考慮使用比標籤小兩個點數的字體（如果只小一個點數，看起來比較像是意外標錯字型大小，而非精心安排的）。另外，線索文字請盡量簡短。如果超過一兩個句子，會使許多使用者的目光變得呆滯，然後就徹底忽略這段文字。

範例說明

圖 10-13 是 1-800-Flowers 註冊頁面（*http://1800flowers.com*），頁面中顯示了兩個簡短的輸入線索。**輸入線索**的優點是它使控制元件保持空白，所以使用者被迫思考問題與提交答案，不會因為輸入欄位看起來好像已經被填充過了，所以被跳過。

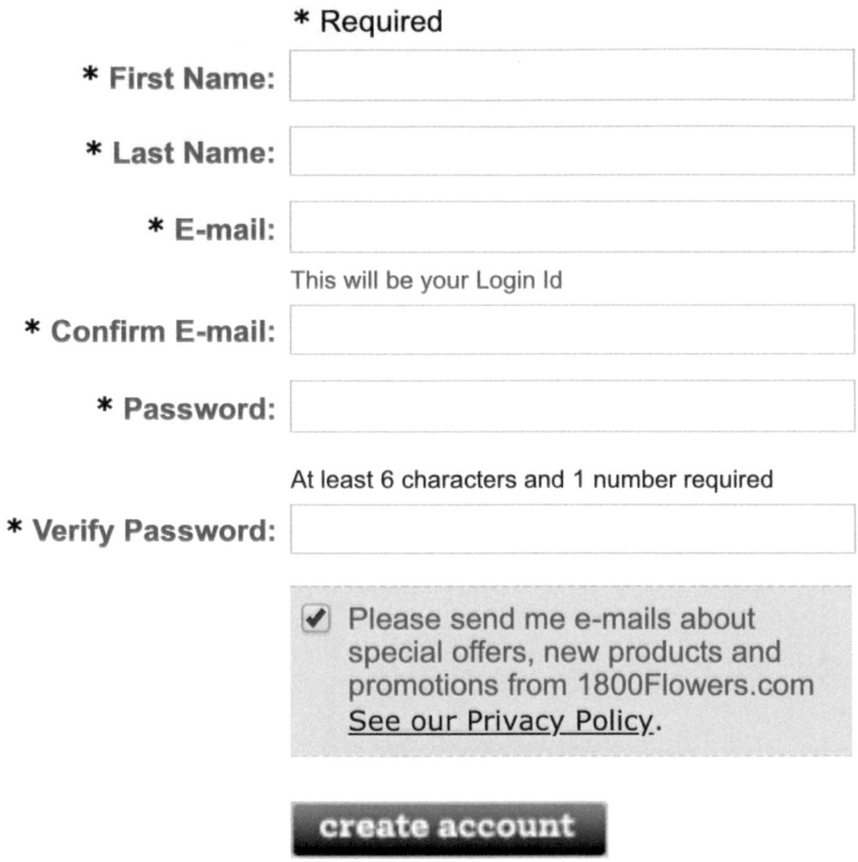

＊ Required

＊ First Name:

＊ Last Name:

＊ E-mail:

This will be your Login Id

＊ Confirm E-mail:

＊ Password:

At least 6 characters and 1 number required

＊ Verify Password:

☑ Please send me e-mails about special offers, new products and promotions from 1800Flowers.com See our Privacy Policy.

create account

圖 10-13　1-800-Flowers 註冊畫面

多個 Microsoft Office 應用程式使用的列印對話框，在一個支援**寬恕格式**文字欄位下方提供了**輸入線索**，表示需要輸入頁碼和 / 或頁面範圍（圖 10-14）。線索說明了如何使用「頁面範圍（Page Range）」列印功能。該提示對從未使用過「頁面範圍」選項的人來說非常有用，但是已經了解的使用者則無須再去關心該文字；他們可以直接輸入欄位。

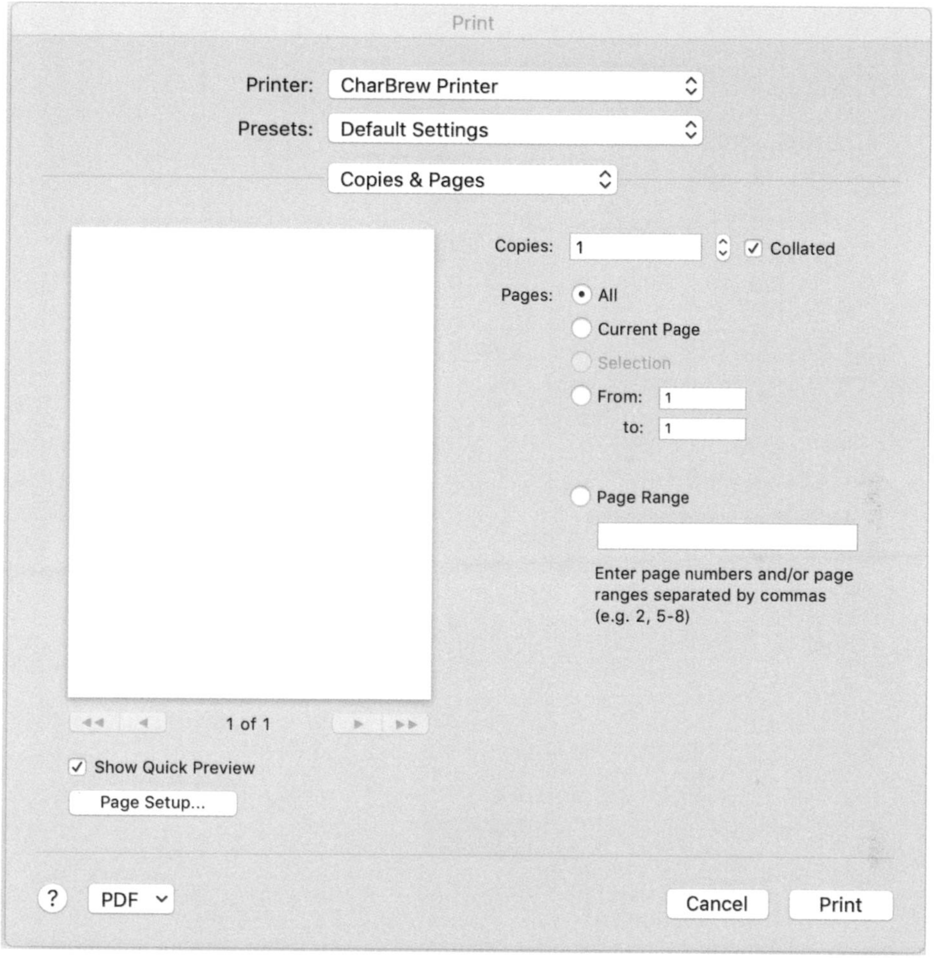

圖 10-14　Microsoft Word 列印對話框

如有需要，**輸入線索**也可用較長的說明。Gmail 的註冊頁面（圖 10-15）範例，放在文字欄位下的線索長度全看您的喜好。實際上 Google 提供了額外的資訊，但唯有使用者選取了「Why we ask for this information」連結後才會出現，點選這個連結後會在一個新的瀏覽器視窗載入一個網頁。解釋公司政策為何是一項好的客戶服務，但多數使用者在填寫表單時不會真的點擊連結，尤其在大家想趕快填完表單、沒有重大隱私權疑問時更是如此，所以千萬別只用連結頁面傳達重要資訊。

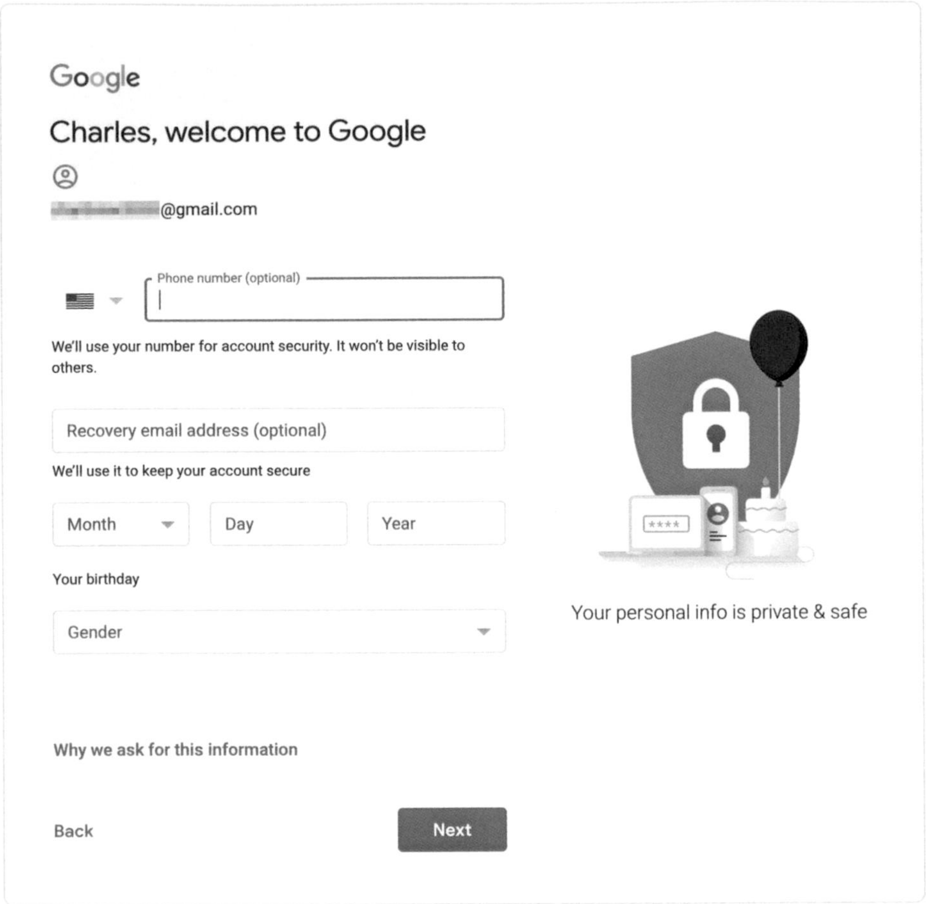
Google
Charles, welcome to Google
@gmail.com
Phone number (optional)
We'll use your number for account security. It won't be visible to others.
Recovery email address (optional)
We'll use it to keep your account secure
Month
Day
Year
Your birthday
Gender
Your personal info is private & safe
Why we ask for this information
Back
Next

圖 10-15　Gmail 的註冊頁面

Apple 把輸入線索放在表單的右側，以水平對齊控制元件與它們的線索文字（圖 10-16）。在建構一個有很多輸入線索的頁面時，這是一種優雅的方式。

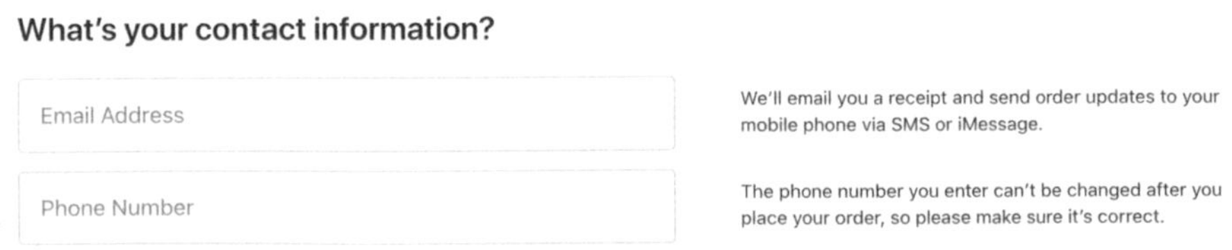
What's your contact information?
Email Address
Phone Number
We'll email you a receipt and send order updates to your mobile phone via SMS or iMessage.
The phone number you enter can't be changed after you place your order, so please make sure it's correct.

圖 10-16　Apple 的結帳畫面

有些表單在使用者把輸入焦點移到文字欄位時，才顯示輸入線索，像 Yelp 這樣（參見圖
10-17）。只有在使用者開始輸入密碼但又缺少了必要的字元時，才會出現輸入線索，否則
線索文字就不會出現。這個方法蠻不錯的，因為隱藏的線索不會弄壞介面、增加視覺雜
訊；不過，使用者不會看到輸入線索，除非他們點擊（或用 tab 移至）該文字欄位才會看
到。如果您想採用這個方式，請注意在介面上保留線索文字呈現的空間，或讓它占用所有
的寬度。

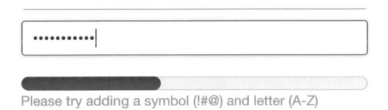

圖 10-17　Yelp 的密碼輸入線索

Trunk Club（圖 10-18）提供了相當簡潔、垂直的註冊表單。當使用者選擇「Password」欄
位時，表單會打開以顯示密碼提示，密碼提示只有在使用者要輸入密碼時才會出現。

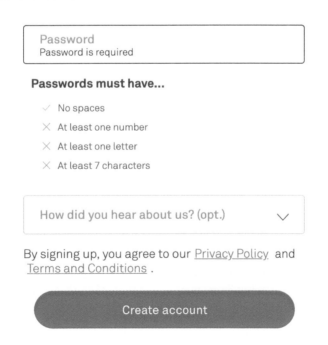

圖 10-18　Trunk Club

輸入提示（Input Prompt）

在文字欄位中預先填入示範輸入或說明文字，告訴使用者要做什麼或要鍵入的內容，這些文字又稱為**佔位文字**（*placeholder text*）。

當使用者介面顯示文字欄位、下拉式控制元件或複式盒以供輸入時使用，這些元件通常會搭配使用良好的預設值一起使用，但是在這個模式中不能這麼做，或許是因為沒有合理的預設值。輸入提示就像 Blueprintjs UI Toolkit（圖 10-19）顯示的提示那樣，能幫助說明該輸入欄位的功能為何。

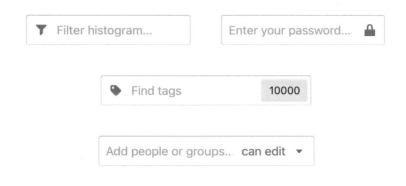

圖 10-19　Blueprintjs UI Toolkit；4 個帶有提示的示範輸入

這個模式能讓使用者介面自己說明自己的用途。就像**輸入線索**（*Input Hint*）那樣，輸入提示也是種暗中提供控制元件協助資訊的方式，而這些控制元件的目的或格式可能不算一目瞭然。

在使用**輸入線索**（*Input Hint*）時，快速掃視使用者介面的使用者能夠輕易地忽略線索（或者徹底置之不理）。有時候你的確希望他們這樣，但是**輸入提示**卻出現在使用者必須鍵入資料的地方，所以無法被忽略。優點是，使用者不用猜測是否必須處理這個控制元

件，因為控制元件本身就已經告訴使用者要怎麼做了（記得使用者並不是因為好玩而填寫表單，若能夠少做一點，他們就會盡量少做一點）。控制元件中出現一個問題或者一個命令如「在這裡填入資料！」，多半會引起使用者的注意。

與浮動標籤不同　現代表單的設計經常使用「浮動標籤」（請參閱 Brad Frost 撰寫的關於浮動標籤的文章（*https://oreil.ly/QqVjd*）。為了優雅和簡單起見，它在表單欄位內使用 HTML 標籤元素，與輸入提示非常相似。但是，當焦點位於具有提示文字的表單輸入元件上時，輸入提示會消失，而浮動標籤會移動並更改大小，但不會在焦點上消失。再看一下圖 10-15（Gmail 註冊畫面）；表單輸入元件的外面沒有標籤。標籤「Phone number (optional)」和下一個表單輸入標籤「Recovery email address (optional)」實際上是輸入欄位中的浮動標籤。在這種情況下，再加入輸入提示就重複了。選取電話號碼欄位時，文字不會完全消失（文字會消失是輸入提示的重大缺點），而是把標籤移至輸入欄位的頂部邊緣。使用者仍然可以參考它，而無須記住它。另一方面，當您需要同時使用標籤文字和輸入提示文字來解釋不同的資訊時，僅使用浮動標籤可能會出現問題。

原理作法

請建立適當的提示字串：

- 對於下拉式清單來說，使用「選取、選擇、挑選」
- 對於文字欄位來說，使用「鍵入、輸入」
- 一個簡短的動詞短語

提示字串最後一個字請使用名詞，此名詞用來描述輸入內容是什麼，像是「選擇一個狀態」、「在此鍵入你的訊息」、或「輸入病患名字」。將這個片語放在控制元件中，放在值一般會出現的位置（在下拉式清單中，提示本身不應該是可以選取的值；如果使用者選取了提示文字，軟體會作出何種反應並沒有一致的規範）。

這個模式是在使用者繼續動作前，告訴他們必須做的事，所以，除非使用者已經完成，否則不要讓操作繼續下去！只要控制元件中仍有提示，就讓用於完成這部分操作的完成按鈕（或其他裝置）失效（disable）。這麼一來，你就不需要對使用者丟出錯誤訊息。

以文字欄位來說，只要使用者清除了輸入的回應，請立即把提示文字放回欄位。

可以準確猜出使用者會輸入的值時，請使用**良好的預設值**（*Good Default*）和**智慧預填**（*Smart Prefill*）而不是輸入提示（*Input Prompt*）。例如說曾在表單其他地方鍵入過使用者的郵件位址，那麼網站多半能偵測出該郵件位址所在的國家。

Lyft（圖 10-20）中有個帶有輸入提示（*Input Prompt*）的表單。輸入提示（*Input Prompt*）預設會顯示，當使用者開始輸入時消失。如果使用者刪除其輸入的條目，則輸入提示文字會再出現。

圖 10-20　Lyft 移動裝置應用程式的輸入提示

密碼強度指示器（Password Strength Meter）

當使用者設定（鍵入）新密碼時，立即反應新密碼是否合格，並偵測密碼的強度。

當使用者介面要求使用者設定新密碼時使用，這在註冊某個網站時非常常見。你的網站或系統要求密碼有一定的強度，身為設計者的你則希望主動幫助使用者選擇一個良好的密碼。

可靠的密碼能保護個別使用者與整個網站，尤其是在網站會處理敏感資訊或社群互動時。薄弱的密碼不應透過檢驗，因為會讓外界有機會入侵。

密碼強度指示器（*Password Strength Meter*）立刻對使用者的新密碼產生回饋，例如密碼的強度是否足夠？使用者是否需要另訂新密碼，如果需要，該用哪些字元（數字、大寫字母等等）？如果你的系統會拒絕太薄弱的密碼，最好立刻反應，而不是等到使用者送出註冊表單時才說。

當使用者鍵入新密碼時、或是在鍵盤焦點離開密碼文字欄位時，請在欄位旁顯示一個密碼強度的測量計。至少，也要顯示一段文字或圖像標籤，以表示密碼強度是弱、中或強，並特別設計說明密碼太短或不合格的文字。加上色彩會有幫助，紅色表示系統無法接受密碼，綠色或藍色表示密碼沒問題，其他色彩（通常是黃色）則表示中間的狀況。Yelp 的密碼強度指示器是個好範例（圖 10-21）。

如果可以，請顯示額外的文字明確地建議如何強化薄弱的密碼，例如至少要有 8 個字元、或是要包含數字或大寫字母等等。使用者如果一直嘗試輸入新密碼卻都不合格，多半會覺得很失望，請給予使用者幫助。

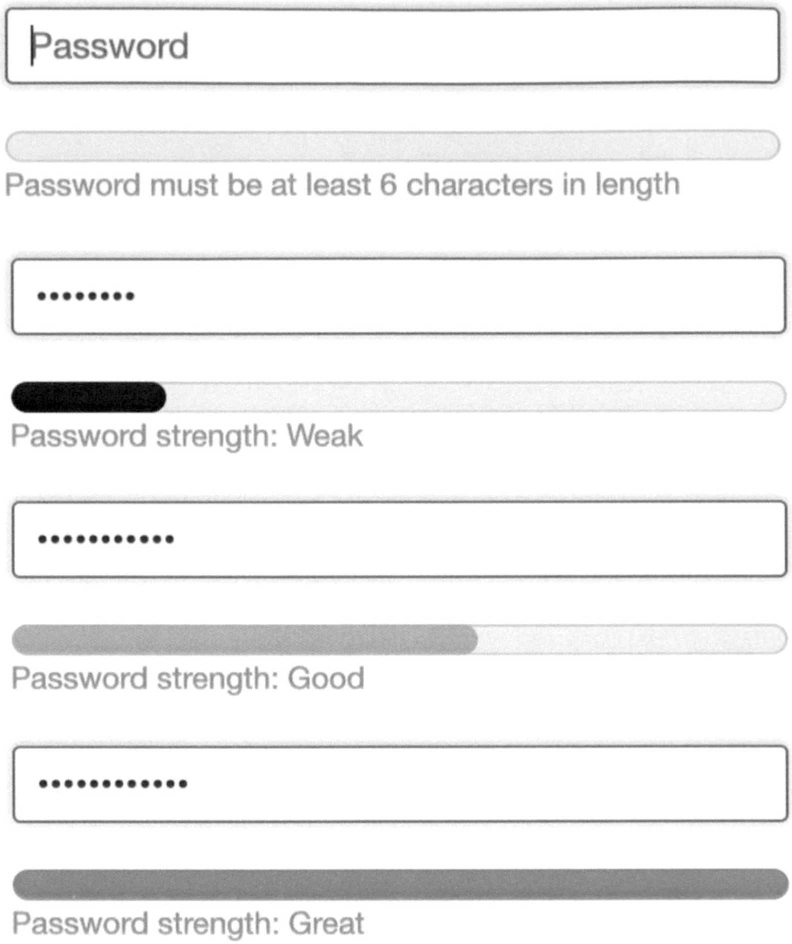

Password

Password must be at least 6 characters in length

•••••••

Password strength: Weak

••••••••••

Password strength: Good

••••••••••

Password strength: Great

圖 10-21　Yelp 的密碼強度指示器

還有，包含密碼欄位的表單應該使用**輸入線索**（*Input Hint*），或用其他文字事前解釋。簡短地提示如何設定良好的密碼，對於需要提醒的使用者是很有幫助的，如果你的系統確實會拒絕薄弱的密碼，則應該在使用者完成表單前，事先警告使用者。許多系統有密碼最低字元數量的要求，例如要 6 個或 8 個字元才是合格的密碼。

請記得，別把密碼顯示出來，但您可以提供一個切換功能，讓使用者可以看見他們輸入的密碼。請別提出其他建議的密碼，您只能提供通用的注意事項而已。

關於密碼安全性的說明，已經超過使用者介面模式的討論範疇。如果各位需要進一步瞭解這個議題，網路上有很多相關的優秀參考資料，也有很多傑出的出版資料，不論參考什麼資料，您都應該更深入的瞭解密碼安全性。

GitHub 的密碼強度指示器（圖 10-22）採用了一種現代方法，將密碼要求或條件（顯示為輸入線索）轉換為一種測量計，也是一種檢查標記的流程。當然，使用者仍然可以閱讀並直接遵循要求。在使用者鍵入時，提示中的某些關鍵字和短語會從紅色（未滿足密碼要求）變為綠色（已滿足要求）。這樣一來，使用者可以在鍵入密碼時調整，以建立一個好的密碼。

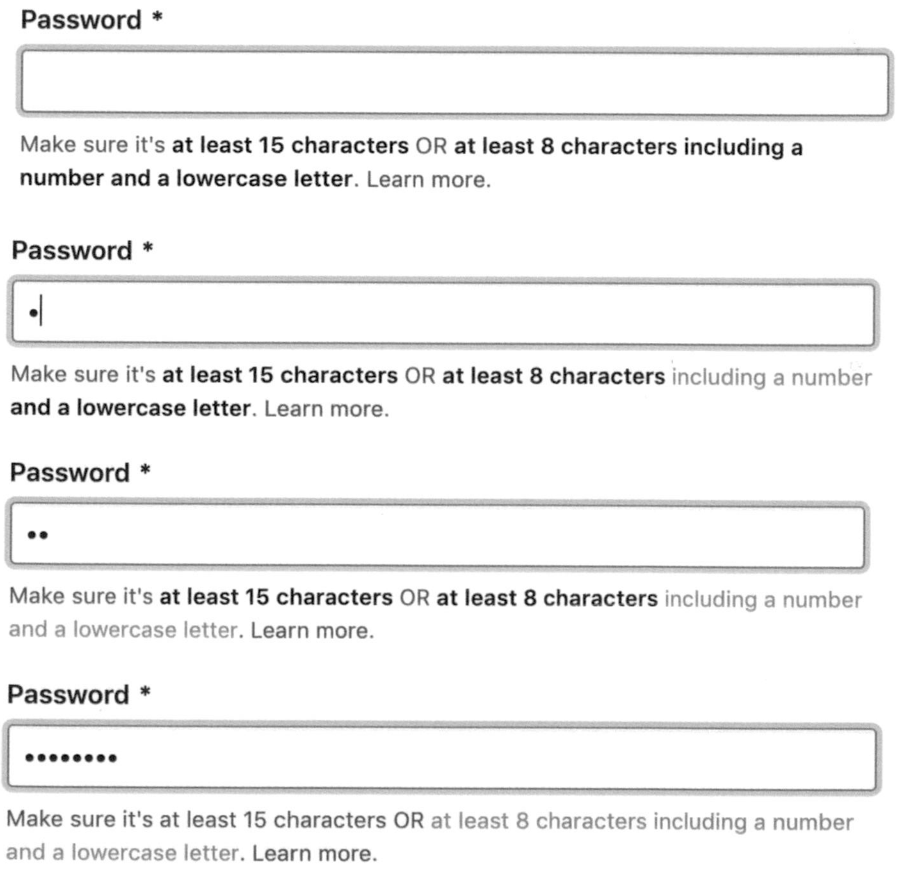

Password *

Make sure it's **at least 15 characters** OR **at least 8 characters including a number and a lowercase letter**. Learn more.

Password *

Make sure it's **at least 15 characters** OR **at least 8 characters** including a number **and a lowercase letter**. Learn more.

Password *

Make sure it's **at least 15 characters** OR **at least 8 characters** including a number and a lowercase letter. Learn more.

Password *

Make sure it's at least 15 characters OR at least 8 characters including a number and a lowercase letter. **Learn more.**

圖 10-22　GitHub 的密碼強度指示器的狀態

Airbnb 的做法相當類似，只是它將密碼強度指示器做成明確的條列式條件，這些條件的狀態會隨著使用者輸入而改變（圖 10-23）。

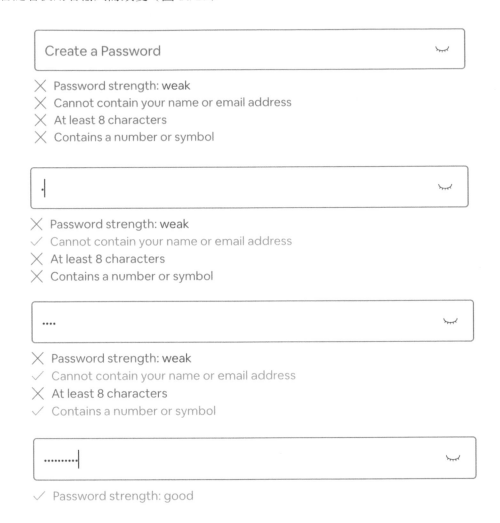

圖 10-23　Airbnb 的密碼強度指示器的狀態

H&M 使用高度簡潔的清單樣式密碼強度指示器（圖 10-24）。同樣地，它是用簡短的一組短語輸入線索呈現，當使用者輸入一個足夠強度的密碼時，檢查項目會標示為透過。

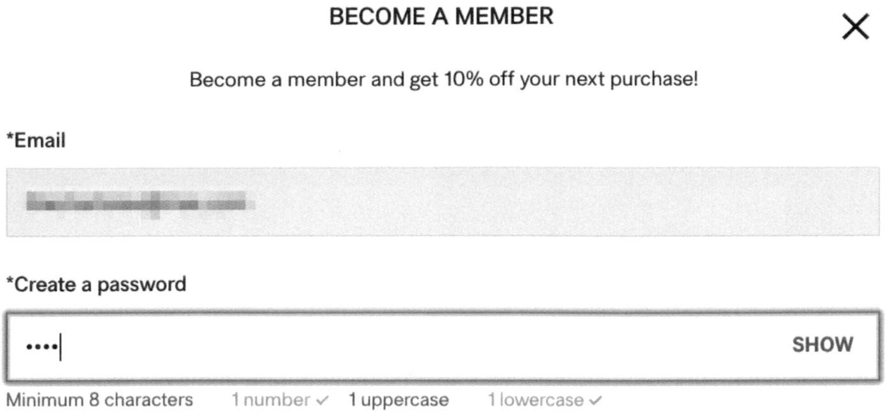

BECOME A MEMBER

Become a member and get 10% off your next purchase!

*Email

*Create a password

| •••• | | SHOW |

Minimum 8 characters   1 number ✓   **1 uppercase**   1 lowercase ✓

圖 10-24　H&M 的密碼強度指示器的狀態

零售商 Menlo Club 使用極簡主義的設計（圖 10-25），它使用了經典溫度計式的密碼強度指示器，簡約地選擇使用顏色和長度，沒有輸入線索或說明。當使用者輸入密碼時，彩色長條會「填充」測量計，從紅色變為黃色，最後變為綠色。

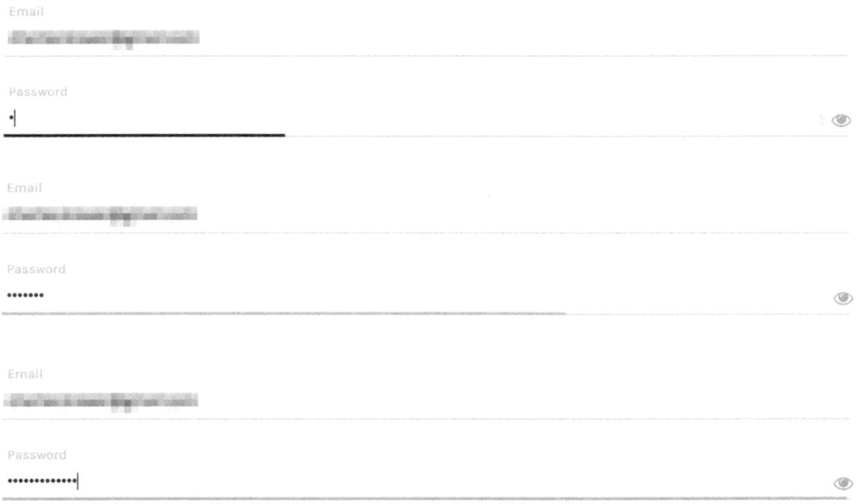

Email

Password

Email

Password

Email

Password

圖 10-25　Menlo Club 的密碼強度指示器的狀態

Glassdoor 提供了另一種極簡主義設計方法（圖 10-26）。密碼輸入時有輸入線索，但密碼強度要求不高。密碼強度指示器只有兩種狀態：帶警告圖示的紅色（表示不符合標準的密碼）和綠色勾標記（表示該密碼可接受）。

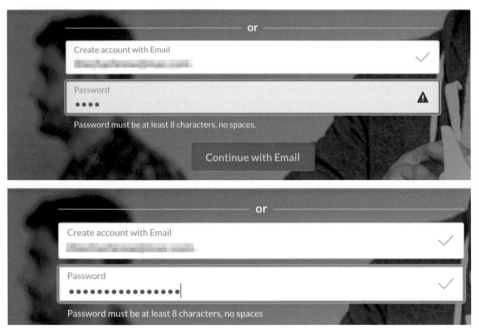

圖 10-26　Glassdoor 的密碼強度指示器的狀態；簡化到只有兩種密碼強度狀態：「警示 / 錯誤」與「OK」兩種

自動完成（Autocompletion）

如果加入自動完成功能，搜尋將變得更加高效和強大。當搜尋者將術語輸入搜尋欄位時，根據可用的字串即時地提供最可能的匹配項。提出明智匹配項建議的祕訣，是去匹配最流行或搜尋最頻繁的術語。這樣做的好處是，搜尋者可以節省時間，因為他們無需輸入整個搜尋字串，就有匹配的字串出現以供選擇。Amazon（圖 10-27）提供了這種功能的範例。

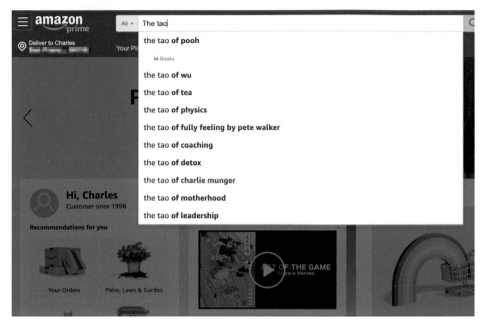

圖 10-27　Amazon 的自動完成

當使用者在文字欄位中輸入資料時，使用者介面猜測可能的答案，顯示一份可選擇的答案清單，在適當的時候自動完成輸入。

使用者輸入某些可以猜測的資料，像是 URL、使用者姓名或地址、今天的日期、檔案名稱等等。對於使用者想輸入的資料，你可以做出一些合理的猜測，或許利用一份之前輸入的歷史清單，或是讓使用者從一組已存在的值中選取（例如某個目錄下的檔案清單）。

搜尋框、瀏覽器的 URL 欄位、郵件欄位、常用的網站表單（例如網站註冊或購物清單）、文字編輯器，以及命令列，若能支援**自動完成**的話，似乎都能變得更好用。

現在的預測演算法和社交演算法也可用在自動完成上。搜尋引擎的自動完成功能會使用熱門、流行或最常用的關鍵字。

自動完成省下許多時間、精力、認知上的負擔,並減少腕關節傷害。它把費力的打字工作轉變成簡單的選取清單(如果能提供可靠的單一選項,就更簡單了)。您藉此可為使用者省下無數秒的工作時間,並造就千百隻健康的手腕!

當鍵入的字串冗長而難以輸入(或難記),就像 URL 或郵件位址那樣時,**自動完成**便極有價值。它以下拉式清單的形式提供「外在的知識」,從而減少使用者的記憶負擔。另有一項額外的好處,便是防止錯誤的發生:所需輸入的字串愈長愈奇怪,使用者打錯字的機會也愈高,**自動完成**能解決這種問題。

對行動裝置而言,這個模式甚至更有價值。在小型裝置上輸入文字並不容易;如果使用者需要輸入一長串文字,適當的**自動完成**可以為他們節省相當多時間,以及減少輸入不便帶來的憤怒。同樣地,移動裝置郵件 app 的電子郵件和網站的 URL,最適合使用此模式。

自動完成在文字編輯器與命令列使用者介面上也很常見。使用者在應用程式或 shell 輸入命令或片語時,它們都可以提供完成輸入的建議。程式編輯器與作業系統 shell 都很適合運用此模式,因為它們只會使用有限的語言而且可以預期(不像人類語言這麼麻煩);所以較容易猜測使用者試圖輸入的事物。

最後,列出的**自動完成**項目清單也能做為對於龐大內容世界來說,我們列出的自動完成項目清單也能做為一種指引。搜尋引擎與全站搜尋框把這個模式做得很好,當使用者輸入了片語的前幾個字,一個下拉式的**自動完成**清單即列出其他人輸入過的可能項目(或是指向可取得的內容)。因此,搜索者可以了解公眾的心理狀況,也就是大多數上網者想要什麼,因為人們在尋求的東西往往是相同的。這為好奇或不確定的使用者提供了一種基於人群的智慧(或好奇心)而找到方向的方法。

在使用者每輸入一個字元時,如果使用者輸入的資料落入一定範圍內,且此範圍資料有限,軟體就默默地根據未完成的字串,列出後續可能輸入的清單。如果可能值的範圍還很廣,自動完成可以依靠下面的資訊進行:

- 將此使用者以前所輸入的資料,儲存在偏好設定或者歷史紀錄中
- 許多使用者過去經常使用的片語,當作應用程式內建的「字典」來提供

- 由搜尋或瀏覽的內容中汲取可能的符合項目，例如用在全站的搜尋框中

- 其他適合環境背景的資料，像是在寄送公司內部郵件時所用的全公司聯絡人清單

- 最熱門或最常被送出的字串

自動完成的互動式設計有兩種方法。其中一種是根據使用者需要（例如按下 Tab 鍵）顯示出可能的完成選項，讓使用者明確地從清單中做選擇。許多程式碼編輯器都這麼做。這種方式的最佳使用時機是：使用者若看到就會知道這就自己想輸入的資料，但如果沒有看到就不會記得。「外在的知識，比腦中死記的知識更可靠」（Knowledge in the world is better than knowledge in the head）。

另一種方法是等到只剩一個合理的結果時，才把該結果呈現在使用者面前，像 Word 利用工具提示做了這件事；許多表單也會在欄位中自動填上後續資料，但同時保持著選取功能開啟的狀態，所以只要按下任何按鍵，就會將自動完成部分的資料抹去。不管是用哪一種方式，使用者都可以自行決定是否要保留**自動完成**的部分（預設情況是不保留）。

請務必確定**自動完成**不會觸怒使用者。如果自動完成的猜測錯誤，使用者會覺得很煩，因為他還得去清除**自動完成**的資料，重新輸入原本想輸入的東西，還要小心防止**自動完成**再次挑錯資料。下面的互動細節能避免您惹惱使用者：

- 總是讓使用者自行決定是否接受自動完成，預定為「不要」。

- 不要干擾一般的打字。如果使用者希望自己鍵入某個字串，就算有自動完成的出現也仍然堅持自己輸入，請確保最後輸入結果就是使用者的輸入。

- 如果使用者在某個地方持續拒絕特定的自動完成，就請別再提供協助。適時的放手會更好。

- 猜測必須正確。

許多電子郵件客戶端軟體也都使用**自動完成**，以幫助使用者填寫「收件人」和「副本收件人」欄位。它們通常會從郵件地址簿、聯絡人清單、或有郵寄來往過的地址清單中找尋這些資料。圖 10-28 是 Apple Mail，顯示出在輸入 fid 三個字母之後出現的自動完成建議；自動完成的文字部分用反白標示，所以使用者只要一個按鍵動作，就可以將它消除。如果自動完成不是你要的，你可以繼續輸入到結束。

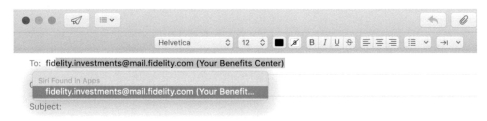

圖 10-28　Apple Mail 的自動完成

Google 的 Gmail 提供了自動完成電子郵件中的句子（圖 10-29）。按下向右箭頭鍵代表要使用建議的完成句子。

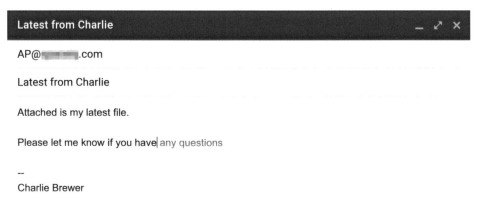

圖 10-29　Google 在電子郵件主體部分的自動完成

自動完成用下拉式清單列出可能的內容，清單有很多種形式。圖 10-30 到圖 10-36 顯示了多種下拉式清單的格式範例。自動完成策略可以只關注特定的資料類型和資訊，或者可以更擴展，包括搜尋各種資料來源。**自動完成**還有成為促銷和付費廣告的機會。

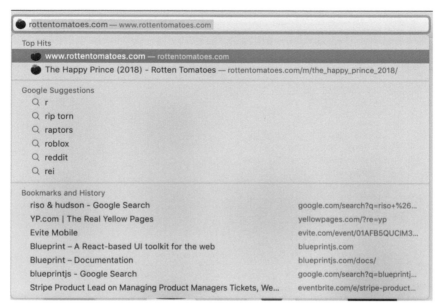

圖 10-30　Apple Safari 瀏覽器的自動完成

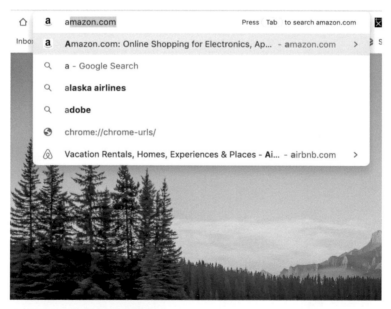

圖 10-31　Google Chrome 瀏覽器的自動完成

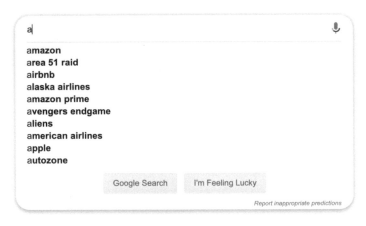

圖 10-32　Google.com Search 搜尋引擎的自動完成

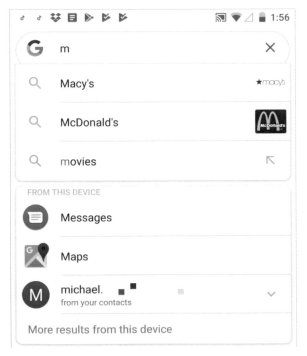

圖 10-33　Android Search 的自動完成

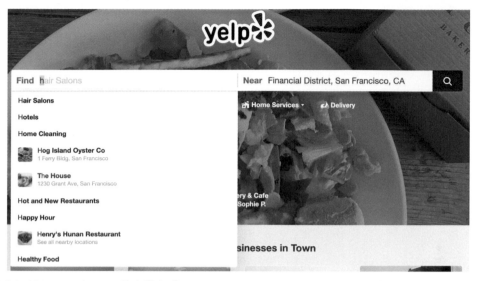

圖 10-34　Yelp.com Search 的自動完成

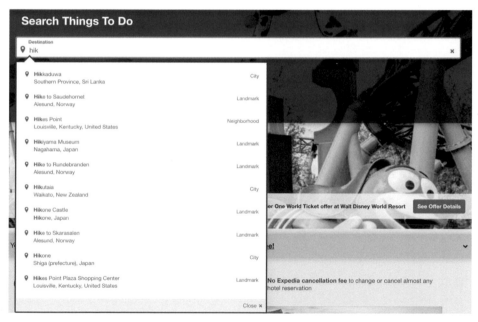

圖 10-35　Expedia.com "Things to Do" Search 的自動完成

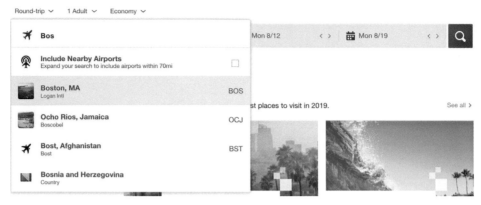

圖 10-36　Kayak.com Search 的自動完成

下拉式選擇器（Drop-down Chooser）

利用下拉式或彈出式面板，展現更複雜或更多層的選值介面，以擴充選單的概念。

使用者需要提供輸入，而該輸入內容是日期、時間、數字或任何東西的集合（例如圖 10-37 的色彩範例）中做選擇（除了可自由輸入的文字除外）。你想要提供一個支援這種選擇方式的使用者介面，或許用美觀的視覺方式呈現選擇，或是使用互動式的工具，但又不想使用主頁面的空間來做這件事；你只需要一個小小的空間，顯示出目前的值就夠了。

大多數的使用者都很熟悉下拉式清單（如果其中可用鍵盤輸入文字，就稱為「複式盒」）。許多應用程式都成功地擴充了這個概念，讓下拉式清單不再只是簡單的清單，也可以成為樹、二維網格以及任何版面。只要控制元件上有個向下的箭頭表示可以打開清單，使用者似乎就沒有使用上的問題。

下拉式選擇器將複雜的使用者介面封裝至小空間中，這是解決很多狀況的好方法。工具列、表單、對話盒以及各種網頁現在都使用這樣的技巧，使用者所看到的頁面維持簡單與優雅，且選擇器的使用者介面只有在使用者要求時才會顯示出來，這是適當地隱藏複雜度，必要時才出現的方式。

當下拉式選擇器控制元件在「關閉」狀態時，請在按鈕或文字欄位中顯示控制元件目前的值。在下拉式選擇器的右邊放個向下的箭頭，這可以是分離獨立的按鈕，也可以不是，你覺得適合就好；感覺一下怎麼做看起來比較舒服，而且又能讓使用者理解。滑鼠點擊箭頭（或整個控制元件）會帶出選擇面板，再次點擊則表示關閉面板。

針對使用者必須選擇的事項量身打造選擇面板，讓面板小而簡潔；視覺組織方式應採用大家已熟悉的格式，例如清單、表格、大綱樹，或特殊格式如日曆、計算機等（請見下節的範例）。第七章對於清單的呈現方式有更詳盡的討論。

面板可以擁有捲動能力，前提是使用者瞭解這是一個大集合中的一部分，像是一個檔案系統中的檔案那樣。但是千萬要記得，對於使用者來說，捲動彈出式面板並不容易，這需要很靈巧的操作！

面板上的連結或按鈕，可以接著帶出次級介面（比方說，色彩選擇對話框、尋找檔案對話盒或說明頁面），用來幫助使用者選擇某個值。這些通常會用強制回應對話框（modal dialog）來實作。事實上，如果你打算用強制回應對話框做為讓使用者挑選值的主要方式（比方說，按下按鈕即彈出對話框），則該改用**下拉式選擇器**，而不是直接用強制回應對話框。彈出式面板內可以包含最通用或最近選擇的項目。讓最常被選擇的項目隨手可得，平均下來即可減少使用者挑選值的時間（或者必須點按的次數）。

第一個範例是 Microsoft Word（圖 10-37）中的數種下拉式選擇器。

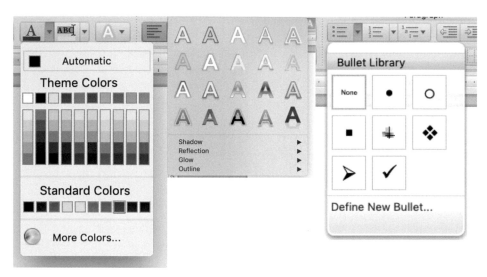

圖 10-37　Microsoft Word 中的下拉式選擇器

Photoshop 中簡潔、可高度互動的工具列大量使用了下拉式選擇器。圖 10-38 顯示了三個範例：筆刷（Brush）、選取工具（Marquee Tool）與透明度（Opacity）控制元件。筆刷選擇器是個略有變化的可選清單，它有額外的控制元件，像是滑桿、筆刷方向轉盤、預先設定的圖示，以及一個能開啟更多選項的筆刷目錄按鈕。點擊選取工具的右下角，可以開啟更多選項選單，也可以顯示特殊版本的選取工具。透明度選擇器則是個簡單的滑桿，上面的文字欄位則反映出現在的透明度值。

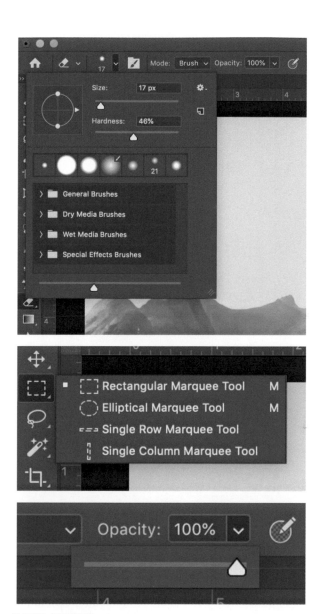

圖 10-38　Photoshop 的下拉式選擇器

設計工具 Sketch 把它的顏色選擇器做成了一個多功能的下拉式選擇器（圖 10-39）。它提供了強大的色彩空間設定配置，包括色相和陰影控制、數字顏色值以及用來儲存顏色的網格。還有幾個提供更多功能的選單。

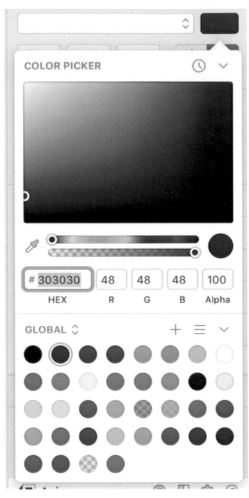

圖 10-39　Sketch 的下拉式選擇器

下拉式選擇器通常會利用縮圖網格（*Thumbnail Grid*）模式（第七章）取代以文字為基礎的選單。PowerPoint（圖 10-40）與 Keynote（圖 10-41）示範了多種縮圖網格的樣式。

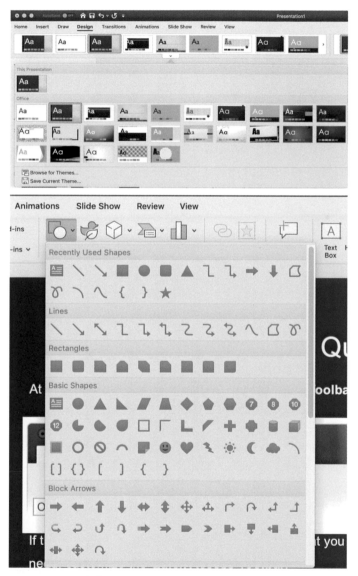

圖 10-40　Microsoft PowerPoint 中使用了縮圖網格的下拉式選擇器

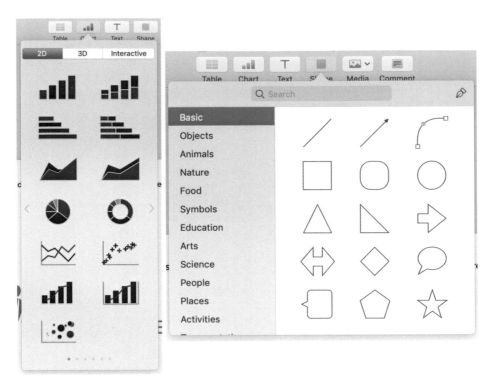

圖 10-41　Apple Keynote 中使用了縮圖網格的下拉式選擇器

清單建構器（List Builder）

這是一種從較大的來源物件集合中建立複雜選擇的模式。清單建構器在同一小元件中可以看到「來源」清單與「目的地」清單。使用者可以透過點擊按鈕或拖放，在這兩個清單間移動項目，這個模式也稱為兩欄多選器。

當您想要求使用者從另一個清單中選擇項目，建立另一份項目清單時使用。來源清單可能很長，以致於無法用幾個勾選方塊簡單地處理。

此模式的關鍵是在同一個頁面中顯示兩份清單。使用者可以清楚地看見一切,這樣或許可免除像是在強制回應對話框中跳進跳出的動作。

清單建構器有一個較簡單的替代方法,就是改用一份全都是「勾選方塊項目」的清單。兩者都能解決「選出一個子集合」的問題。但是如果你的來源清單相當龐大(例如整個檔案系統),一份勾選方塊清單將無法應付這麼大的規模,導致使用者因為無法輕易看到有哪些項目被選取了,而對於自己所選取的項目無法有很清楚的概念;使用者必須來回捲動才能看到所有被選取的項目。

將來源清單與目的地清單並列放置,由左邊的來源移向右邊的目的地,或是由上面移到下面都可以。在這兩個清單的中間,放置「增加」和「移除」的按鈕(除非使用者明顯地感覺到可用拖放操作,就不需要額外放置按鈕)。您可以在按鈕的標籤上放置文字或箭頭,或兩者都放。

這個模式還可以加入其他額外功能,來源或目的地清單兩者都可以加入搜尋功能,來源清單可以用一個能開關檔案目錄的結構來提供多層目錄,如果目的地清單是有順序的,請提供移動功能或拖曳功能,讓使用者可以將項目從上到下依想要的順序排列。

根據你所處理的項目,有可能真的要將項目從來源清單「移動」到目的地清單(來源清單就會「失去」此項目),或者維持來源清單的不變。例如檔案系統中的檔案清單就不該改變;如果檔案清單會改變,使用者將覺得很奇怪,因為這份清單應該是底層檔案系統的模型,而檔案系統中的檔案並未真的被刪除。

請讓清單支援多重選取,不只是單一選取,這可以讓使用者在清單間一次移動許多項目。

現在,大多數這種模式的實作,都靠拖放或簡單的點擊來在兩個清單之間移動項目。在將選定的項目移至目的地清單時,使用者必須獲得視覺上的確認,這一點很重要。網頁應用程式多選器 *multiselect.js* 中有一個快速、簡單用於建立清單的使用者介面(圖 10-42)。這個開源專案開發了一個典型的兩欄式多選小工具,可用於網頁應用程式。

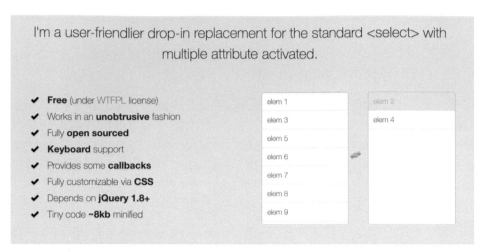

圖 10-42　Loudev.com multiselect.js

Drupal 在它的企業版內容管理系統中，也提供了一個類似的元件，一個多選清單建構器小工具（圖 10-43）。

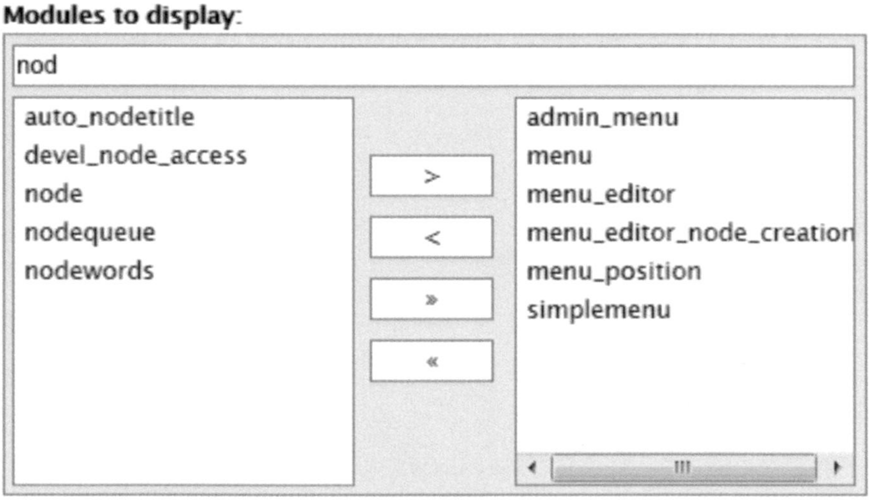

Modules to display:

```
nod
```

auto_nodetitle		admin_menu
devel_node_access	`>`	menu
node	`<`	menu_editor
nodequeue	`»`	menu_editor_node_creation
nodewords	`«`	menu_position
		simplemenu

圖 10-43　Drupal 內容管理系統

您也可以建構圖形式的清單，Lightroom（圖 10-44）展示了一種更現代的**清單建構器**：可以將可能很長的來源圖像清單中的項目拖到「批次處理」群組中，以便批次對所有圖像執行操作。在互動的關鍵時刻，它會用大型文字通知使用者該做什麼，例如開始一個新批次處理或從該批圖像中刪除圖像。

圖 10-44　Adobe Lightroom

良好的預設值與智慧預填（Good Default and Smart Prefill）

這是什麼

為表單元素設定預設值，以節省使用者填寫表單的時間和精力。良好的預設設定是來自許多可用於預填的資料來源：例如先前在同一個 session 輸入的資料，來自使用者帳號的資訊、當前位置、當前日期和時間，以及設計者認為具有很高可能性的其他值，讓使用者可更輕鬆、更快捷地填寫表格。

何時使用

當你的使用者介面會用表單輸入元件（例如文字欄位或單選圓鈕）向使用者詢問問題時使用，且你希望減少使用者的工作量。或許大多數的使用者都用某種方式回答；或者使用者已經提供了足夠的背景資訊，足以讓使用者介面做出精確的猜測。對於技術性或不太重要的問題，或許使用者不太知道或不在乎它的答案，覺得「反正讓系統決定就好了」。

但是，提供預設值不見得總是明智的做法，有時候答案可能很敏感或可能引起激烈的政治反應，例如密碼、性別、公民身分等等。如果針對這些事項做出假設，或預先填好欄位（用應該先行深思熟慮的資料），可能會讓使用者覺得不舒服，甚至憤怒（還有，為了大家好，請別預先勾選「請寄送廣告電子郵件給我」！）。

為何使用

藉由對問題提供合理的預設答案，可以幫使用者省下許多功夫，真的就是這麼簡單。您幫使用者省下思考、打字、回答的時間。填寫表格絕對不是有趣的事，如果此模式能夠把填寫表格的時間縮短一半，使用者一定會很感激。

就算預定值不是使用者所想要的，至少您提供了範例，讓使用者知道您想要的答案類型。這可以幫使用者省下幾秒的思考時間，甚至能避免出現錯誤訊息。

有時候，**良好的預設值**也可能帶來不想要的後果。如果使用者可以略過一個欄位，這個問題可能不會在他們心中留下印象。他們或許忘了曾被問過這個問題；或許不瞭解這個問題或預設值背後的意義。「鍵入一個答案」、「選擇一個值」或「點擊一個按鈕」這些動作都迫使使用者有意識地處理問題，如果你希望使用者有效地學習此應用程式，這一點就很重要了。

原理作法

用合理的預設值，預先填寫文字欄位、複式盒或其他控制元件。您可以在第一次對使用者顯示頁面時這麼做，或把使用者提供給應用程式的資訊用於稍後動態設定預設值（比方說，如果某人提供美國郵遞區號，您可從區號推論出使用者所在的州、郡或市鎮名稱）。

別因為畫面上有空白的控制元件就硬要放預設值，只有在你合理地認為「大多數的使用者在大多數的時候都不會改變預設值時」才使用它。否則，只是讓使用者輸入時更麻煩罷了！請務必瞭解你的使用者。

非經常性使用的介面（例如軟體安裝程式）需在其中加上特別說明。你應該詢問使用者一些技術資訊，像是安裝位置，以免有的使用者想要自己決定位置。但是百分之九十的使用者大概不想這麼做，而且他們也不在乎程式到底安裝在哪裡。這對他們來說根本不重要。所以，提供預設安裝位置是相當合理的做法。

Kayak（圖 10-45）會在當使用者開始搜索航班時提供預設值，Kayak 會預設假期為一週：它會在從現在開始的一個月後，以一週的期間進行航班搜尋。其他預設值也相當合理：單一位旅客很常訂購來回經濟艙，而「From」（出發城市）可從使用者的地理位置或使用者先前的搜尋推斷出來。Kayak 更進一步預填了出發日期（一個月後）和回程日期（出發日期一週後），這些預設值呈現的效果是，讓使用者在填寫表單的這個部分時的思考時間能短一點，立即完成他的目標，也就是取得搜尋結果。

圖 10-45　Kayak

Fandango 移動應用程式（圖 10-46）使用當前位置和日期作為其預設電影搜索參數。當某人打開此應用程式時，它將使用當前日期和位置來生成您所在位置附近今天的電影列表。而且它更進一步：在此畫面的預設排版的底部（位於搜索結果的頂部）帶有一個小的「吐司」或稱彈出式橫幅的東西，可讓您了解離您最近的電影院正在播放什麼。

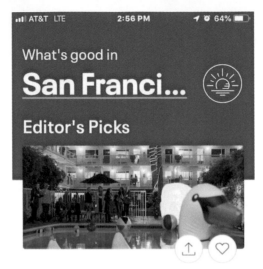

圖 10-46　Fandango（iOS）

在 Photoshop 中建立新圖像文件時，預設情況下會以作業系統的剪貼簿作為開始（圖 10-47）。範例是使用者剛剛剪了一張畫面截圖，並且正要編輯該截圖圖像。因此，Photoshop 可以在剪貼簿中獲取圖像的寬度和高度，並以此來預設「建立新檔案」的尺寸，這是節省時間的明智方法，不用擔心圖像和畫布的尺寸不匹配。

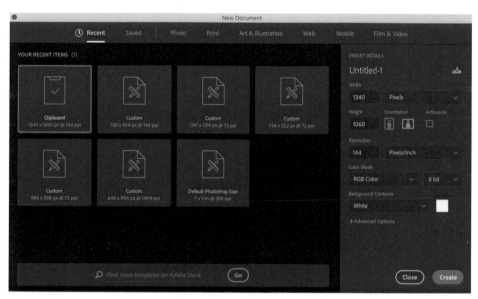

圖 10-47　在 Photoshop CC 中建立新圖像對話框

在 Photoshop 中調整圖像畫布的大小時，圖 10-48 中的對話框就會出現。如圖所示，原始圖像為 1340×1060。這些尺寸將成為預設的寬度（Width）和高度（Height），這對幾種使用情況來說都非常方便。該應用程式將當前圖像的寬度和高度當作預設的畫布大小，如果使用者想在圖像周圍放置細框，則可以從現有尺寸開始，然後分別為寬和高增加兩個像素；如果要使圖像畫布更寬而高度保持一樣的話，則只需更改「寬度」欄位；或若不想要畫布的寬高改變，則立即單擊「OK」即可。

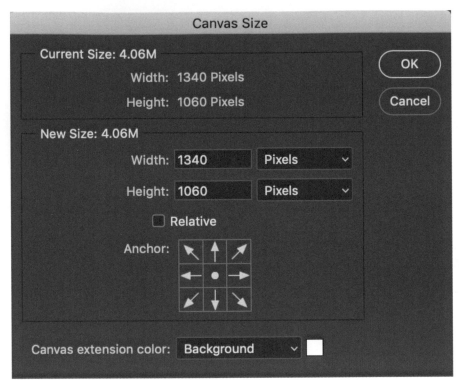

圖 10-48　在 Photoshop CC 的畫布尺寸（Canvas Size）對話框

錯誤訊息（Error Messages）

這是什麼

在表單輸入有錯時使用，例如跳過了必填欄位。請直接在表單上放置一個引人注意的錯誤
說明訊息，該訊息直接向使用者說明要如何修正錯誤，如果可能的話，請在導致錯誤的控
制元件旁邊放置指示器。

何時使用

在使用者輸入表單資訊時，有時可能會輸入無法接受的資訊。使用者犯的錯誤有很多種，
可能是忽略了必要的欄位、輸入的數字格式錯誤、輸入不合格的電子郵件帳號……等。建
議您鼓勵使用者再次嘗試；在錯字造成問題之前，先指出有錯字的地方，幫助感到疑惑的
使用者瞭解可接受的輸入為何。

顯示錯誤訊息的目標，是要幫助使用者修正他們自己產生的問題，並盡量快速且無痛地完成他們的任務。

現在已經很少碰到，也不鼓勵使用的老式方法有兩種，第一種是透過強制回應視窗回應錯誤給使用者，雖然這些訊息可能很有幫助，也能指出問題並說明如何修正；但您必須關閉強制回應對話框，才能開始修正錯誤。但既然對話框已經消失了，你也就無法再閱讀錯誤訊息了！第二種老式的方法，是在使用者按下送出按鈕後，在另一個畫面上顯示錯誤訊息。同樣地，您能讀到訊息，但當您點擊上一頁按鈕，試圖修復問題時，該訊息也一樣不見了。您必須記下錯誤訊息說了什麼後，在表單上找尋出問題的欄位，然後才能修復問題。這不但花時間，也不容易成功修正問題，不然就是要來來回回很多次。

現在，許多網頁表單都把錯誤訊息放在表單本身裡面。藉由把錯誤訊息和控制元件在同一個頁面中，您可讓使用者在同一頁閱讀訊息並輕易地修正表單，不需要在頁面間跳來跳去，或者依賴容易出錯的記憶。更棒的是，某些網頁表單把錯誤訊息放在填寫出錯的控制元件旁邊，使用者一眼就可得知問題在哪裡（不需要根據名稱尋覓出錯的欄位），且修正的指示就在旁邊，相當方便。

首先，請將表單設計成可以盡量避免某些錯誤，比方說選擇有限而且不容易輸入時，請使用下拉式選單，而不使用開放式的文字欄位。需要文字欄位時，請提供輸入線索（*Input Hint*）、輸入提示（*Input Prompt*）、寬容格式（*Forgiving Format*）、自動完成（*Autocompletion*）、良好的預設值（*Good Default*）與智慧預填（*Smart Prefill*）等技術，以支援文字的輸入。請盡可能限制表單欄位的總數，並清楚地標示所有可選與必需欄位（標上星號）。

若您的表單很長很複雜，當錯誤真的發生時，你還是應該在表單頂端顯示某種錯誤訊息，因為表單頂端是人們第一眼看到的地方（這樣對於視障人士來說也有好處，自動閱讀會先朗讀表單頂端，所以他們立即可以知道表單有錯誤）。請在表單頂端放置吸引注意力的圖像，字型也設定成比內文更有強調效果：比方說設定成粗體和紅色。若是短表單，通常就會忽略這些。

現在的標準做法是標出造成錯誤訊息的表單欄位。如果可以的話，在欄位旁放置屬於該欄位的訊息。您將需於欄位的上方、下方或右方保留額外的空間，若無法保留足夠空間，至少也要使用色彩和小型圖像標出欄位。在這個情況之下，使用者通常會把紅色與錯誤聯想

在一起。請大家多加利用，但因為有不少人是紅綠色盲，所以也請您一併使用其他線索，例如：語言、粗體文字（但不放大）與圖像。

如果你的設計是用在網頁上，或在其他具有使用者端與伺服端的系統（client/server system）上，請盡量在客戶端做驗證，意思是當使用者在填寫表單之時，就能馬上做驗證並顯示驗證結果，而不是等他們按下送出以後才驗證。現在的標準做法，是在使用者將輸入焦點移到下一個欄位時就做輸入驗證，某些表單的驗證程式碼，在使用者選取輸入欄位時，就會開始檢查輸入。在使用者輸入資料的同時，就顯示錯誤或一些提示。不論使用哪一種方法都會快上許多：因為使用者送出表單之前就有機會修正所有錯誤（有些笨拙的設計是，當使用者開始輸入時就出現錯誤訊息，但在使用者輸入完有效的資料後，該錯誤訊息才消失。這是不適當的且令人討厭的操作，請不要這樣做）。

關於如何撰寫錯誤訊息，已經超出本樣式的討論範圍了，但以下是些參考方針：

- 簡短，但夠詳細，足以指出有問題的欄位及出錯原因。請比較「您沒有輸入地址」與「資訊不足」，哪一種寫法比較好呢？

- 使用一般口語，不要用電腦術語。請比較「您不小心在郵遞區號欄位填入字母了嗎？」與「數字驗證錯誤」。

- 有禮貌。請比較「抱歉，有地方出錯！請再次按下『Go』按鈕」、「JavaScript Error 693」或「本表格未包含資料」。

範例說明

Mailchimp（圖 10-49）、Mint（Intuit）（圖 10-50）和 H&M（圖 10-51）的註冊表單使用了傳統方法。使用者會填寫表格，在成功地輸入電子郵件地址與密碼之後，Mailchimp 的「Get Started!」按鈕就會變成可用狀態，但是此時卻沒有去檢查必填欄位「Username」。若是沒有填「Username」的話，使用者必須先送出一次然後修正後再重新送出一次。有問題的欄位將會被突出顯示，並顯示錯誤訊息以進行修正。Mailchimp 除了標記錯誤輸入欄位之外，也在表格頂部顯示通用的錯誤警報。不過，它的錯誤訊息已經夠明顯就是了。

Get started with your account

Find your people. Engage your customers. Build your brand. Do it all with Mailchimp's Marketing Platform. Already have an account? Log in

Email

[~~charles.brewer@gmail.com~~]

Username

[   ]

Password   👁 Show

[   ]

- One lowercase character
- One uppercase character
- One number
- One special character
- 8 characters minimum

[Get Started!] By clicking the "Get Started!" button, you are creating a Mailchimp account, and you agree to Mailchimp's Terms of Use and Privacy Policy.

Get started with your account

Find your people. Engage your customers. Build your brand. Do it all with Mailchimp's Marketing Platform. Already have an account? Log in

Email

[~~charles.brewer@gmail.com~~]

Username

[   ]

Password   👁 Show

[••••••••••••|]

⊘ Your password is secure and you're all set!

[Get Started!] By clicking the "Get Started!" button, you are creating a Mailchimp account, and you agree to Mailchimp's Terms of Use and Privacy Policy.

Please check your entry and try again.

Get started with your account

Find your people. Engage your customers. Build your brand. Do it all with Mailchimp's Marketing Platform. Already have an account? Log in

Email

[charles.brewer@gmail.com]

Username

[   ]

Please enter a value

Password   👁 Show

[••••••••••••]

⊘ Your password is secure and you're all set!

[Get Started!] By clicking the "Get Started!" button, you are creating a Mailchimp account, and you agree to Mailchimp's Terms of Use and Privacy Policy.

圖 10-49　Mailchimp 的註冊表單

在 Mint 範例（圖 10-50）中，錯誤訊息說明第二個密碼字串與第一個密碼字串不一致，因此需要重新輸入匹配的密碼。

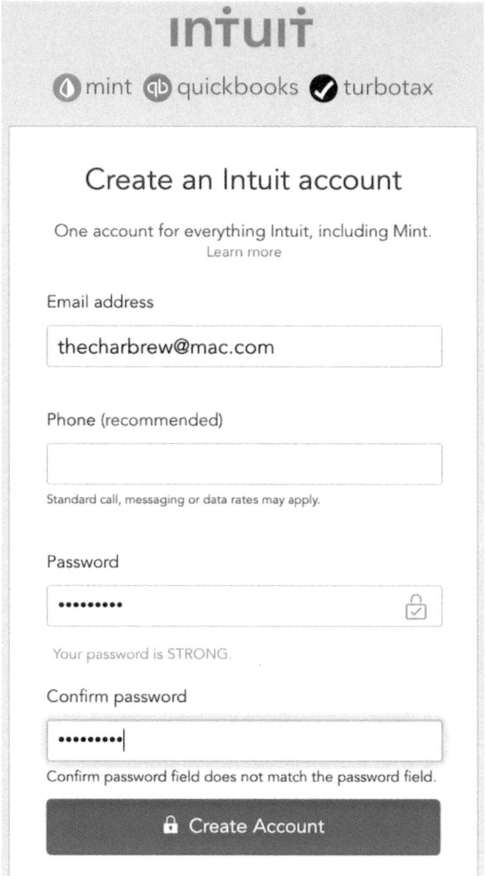

圖 10-50　Mint（Intuit）的註冊畫面

在 H&M（圖 10-51）範例中，「Become a Member（成為會員）」按鈕始終處於可用狀態。如果客戶忘記填寫必填欄位，則只有在按下「Become a Member」後，他們才會看到錯誤訊息。錯誤訊息本身設計的很好：它準確說明了要做什麼才能解決問題。

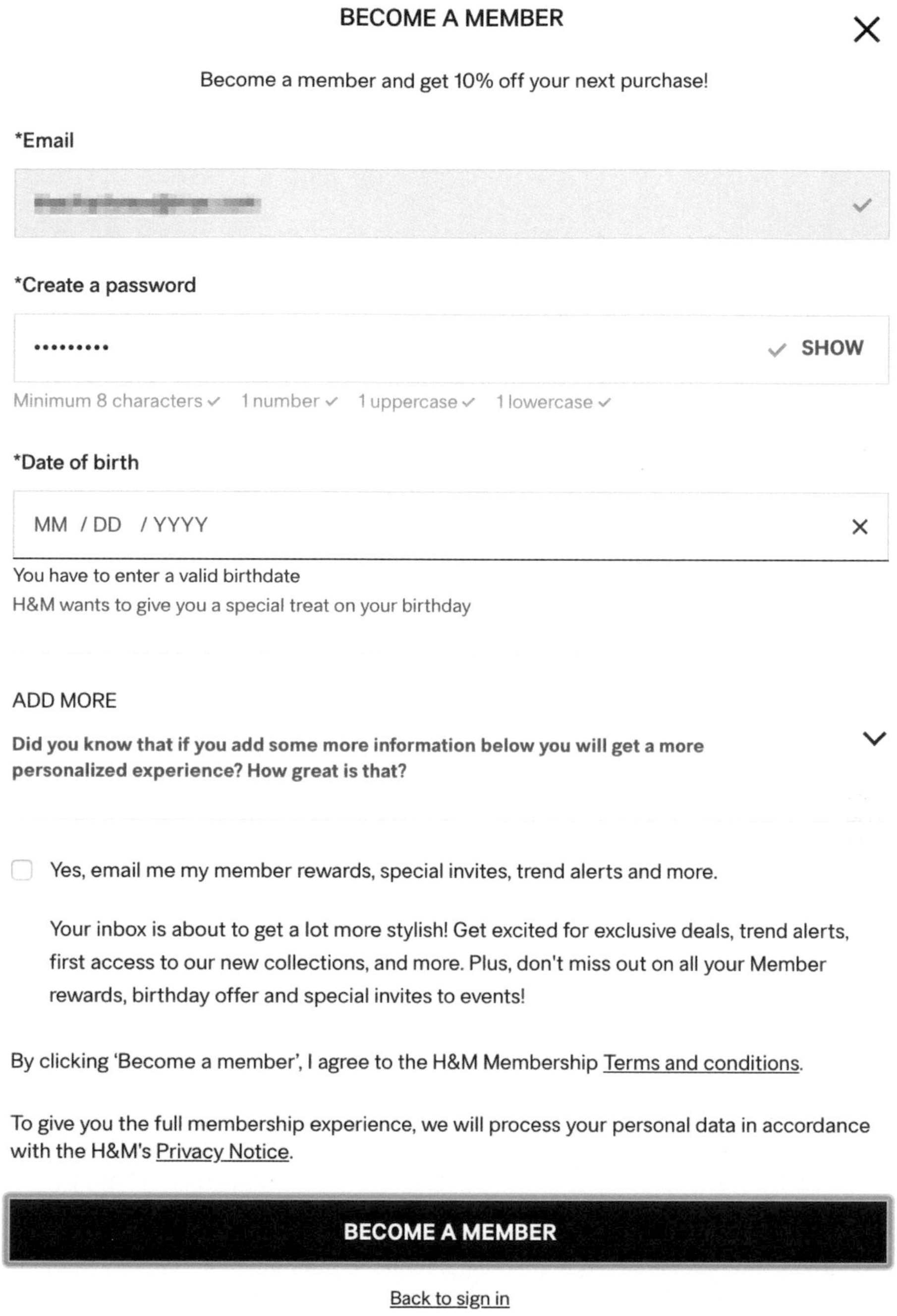

BECOME A MEMBER

Become a member and get 10% off your next purchase!

*Email

[email blurred] ✓

*Create a password

•••••••• ✓ SHOW

Minimum 8 characters ✓　1 number ✓　1 uppercase ✓　1 lowercase ✓

*Date of birth

MM / DD / YYYY　✕

You have to enter a valid birthdate

H&M wants to give you a special treat on your birthday

ADD MORE

Did you know that if you add some more information below you will get a more personalized experience? How great is that?　⌄

☐　Yes, email me my member rewards, special invites, trend alerts and more.

Your inbox is about to get a lot more stylish! Get excited for exclusive deals, trend alerts, first access to our new collections, and more. Plus, don't miss out on all your Member rewards, birthday offer and special invites to events!

By clicking 'Become a member', I agree to the H&M Membership Terms and conditions.

To give you the full membership experience, we will process your personal data in accordance with the H&M's Privacy Notice.

BECOME A MEMBER

Back to sign in

圖 10-51　H&M

現在的標準解決方案的目標，是要避免造成使用者跳過必需步驟或一開始就輸入無效資料，在成功完成必需的步驟後，才能按下送出。

Twitter 將其註冊流程分為多個步驟（圖 10-52）。在步驟 1 中，預設情況下，下一步是不能使用的。在成功填寫完此畫面之前，無法執行步驟 2。這將促使使用者用正確格式的資料完成表單填寫，才能達到下一步。而且：表單位於強制回應對話框中。除了退出整個流程之外，沒有其他導航會分散注意力。在使用者選擇「Next」按鈕之前，驗證已經在即時進行了。使用者填好必填欄位後，下一步元件才會變為可用狀態。電子郵件地址驗證也是即時進行的，無需送出表單即可馬上顯示操作上的回饋，從而節省了使用者無謂的操作。

圖 10-52　Twitter 註冊

當您試圖加入商品到 Jos. A. Bank 網站的購物車中，卻缺少規格資訊時，它會使用一條溫和的訊息提醒您填寫缺少的資訊，如圖 10-53 所示。在這個範例中，「Add to Bag」按鈕始終處於可用狀態，購物者必須選擇它才能生成驗證錯誤訊息。

圖 10-53　Jos. A. Bank

本章總結

表單和控制元件設計是互動設計中的一門專門領域，在這個領域中，設計人員可真正地去分析所有可能的用例，並仔細考慮他們如何處理各種互動（包括標準、錯誤和臨界情況）。表單設計可以從非常簡單開始，但也可以成為一項艱鉅而困難的任務。但是，本章中的設計原則為您提供了紮實的基礎，告訴您如何進行表單設計，並建立有用的、實用的設計。我們的範例還可以作為您管理重要流程（例如註冊和密碼、驗證和錯誤訊息、資料格式，以及建立控制元件以處理複雜的工具和設定）的模型。

第十一章

使用者介面系統和原子設計

上一章出現過許多範例，那些範例指出了一個介面設計的固定模式：畫面介面通常都是由常用的一系列控制元件組成。設計人員和開發人員做介面設計的最新概念，都是建立在這種系統化的設計之上。在本章中，我們將研究以控制元件為基礎的前端使用者介面framework，了解和使用這種 framework 將有助提昇您的軟體一致性、可伸縮性和可用性。因此，本章涵蓋以下內容：

- 以控制元件為基礎的使用者介面（使用者介面）系統概述
- 以控制元件為基礎的方法的原子設計（Atomic Design）哲學
- 介紹您可能將會使用的網站和移動網站使用者介面框架（控制元件庫）

以現在來說，設計軟體應用程式代表著為消費者和商業客戶提供豐富的互動體驗，無論他們使用什麼設備或在哪裡使用。人們期望著隨時隨地都可以進行體驗，始終與外界的世界進行交流，與其他人進行交流，系統持續不斷地動態回應使用者的需求。

如今，建立軟體是從基礎開始，一路向上直到可以連接網際網路，以利用雲端的強大資訊處理、儲存和通訊的優勢。移動裝置是主要的客戶端計算機平台。客戶希望應用程式充分利用本地設備的功能，例如相機、語音輸入、即時位置資料，以及他們自己之前的活動和偏好等等。他們還希望從多個設備（移動裝置、平板電腦、桌上型電腦、手錶、電視等）存取同一個軟體，實現無縫接軌，並獲得相同的體驗。他們也不希望軟體功能和能力在較小的設備上打折。所以，在設計人員建立使用者介面系統時，應該要符合此環境中使用者介面標準。

之所以能實現上一段中客戶的期待，依靠的是設計和開發方法。這種設計和開發方法的重點在控制元件和小工具，以及即時連接到其他系統進行通訊、交易、取得即時資料和儲

存。目標是設計和建構控制元件系統，讓使用者無需考慮設備、畫面尺寸、作業系統或網站瀏覽器即可完成任務。

使用者介面系統

使用者介面系統或使用者介面設計系統指的是使用者介面樣式和標準系統，可幫助公司的設計師、開發人員和合作夥伴在其軟體產品的外觀上保持品質和一致性。它們採用控制元件為基礎，專注於標準化功能和外觀，並盡可能與其他作業系統（OS）標準保持一致，不指定實作技術（例如使用哪種程式語言）。

作為一名互動設計師的您，應該要瞭解的主要重點是，以控制元件為基礎的介面和設計方法是現在的標準方法（至少對於諸如填寫表格、選擇日期和時間之類的基本功能而言）。接下來讓我們簡要地看一下這個重點。

諸如 Microsoft、Apple、Google 和許多其他這類的技術公司，其使用者介面系統橫跨多個作業系統以及多個設備和畫面：

- Microsoft 的 Fluent 設計系統（Fluent Design System）為 Windows OS、網站、iOS 和 Android 提供了標準化的樣式和程式碼模組庫。
- Apple 的使用者介面指南（User Interface Guidelines）涵蓋了 macOS 和 iOS 應用、watchOS（適用 Apple Watch）和 tvOS（適用 Apple TV）。
- Google 的 Material Design System 透過其 Flutter 使用者介面框架（Flutter UI framework）涵蓋了網站、Android、iOS、以及現在的原生桌面 OS 應用程式。

以控制元件為基礎的使用者介面系統範例：Microsoft 的 Fluent

我們以上述使用者介面系統中的一個和其中的一個控制元件為例。Microsoft 在 2017 年發布了使用者介面系統 Fluent，其目標是幫助 Microsoft 軟體生態系統中的任何產品，在外觀和感覺上都像 Microsoft 出品的一樣，無論這個產品適用於 Windows 桌面、Android、iOS 還是網路執行都一樣。

快速瀏覽一個使用 Fluent 使用者介面系統建立的網站即可看到它所涵蓋的範圍（圖 11-1）。假設您是 Microsoft 的一名互動設計師，而您正在設計一個需要用到日期和時間選擇器的應用程式。如果這是個網頁應用程式，則您需要看的是 Fluent 網頁日期選擇器（Fluent web date picker）（圖 11-2）。如果您是移動裝置設計師，則需要看 Fluent iOS 日期選擇器（Fluent iOS date picker）（圖 11-3）或 Fluent Android 日期選擇器（Fluent Android date picker）（圖 11-4）。最後，如果您是 Windows 桌面應用程式設計人員，則需要看 Fluent Windows 日期選擇器（Fluent Windows date picker）（圖 11-5）。

圖 11-1　Microsoft Fluent 設計系統首頁

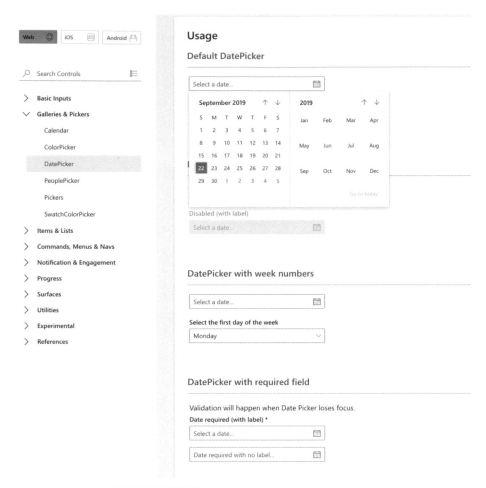

圖 11-2　Microsoft Fluent 的網頁日期選擇器

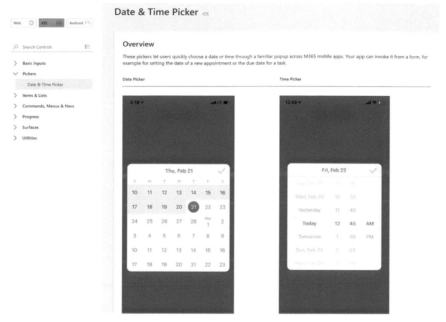

圖 11-3　Microsoft Fluent 的 iOS 日期選擇器

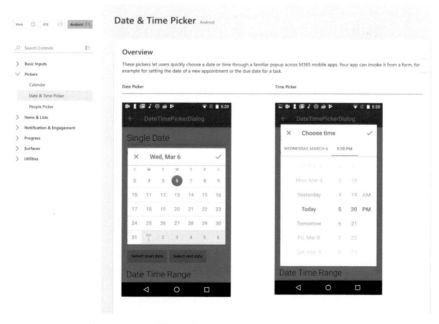

圖 11-4　Microsoft Fluent 的 Android 日期選擇器

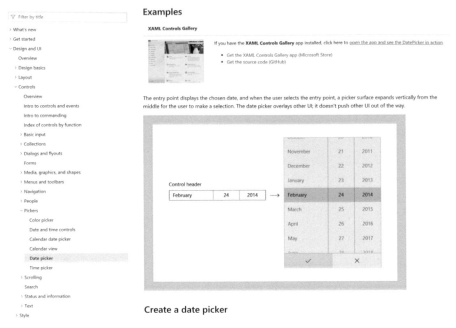

Create a date picker

圖 11-5　Microsoft Fluent 的 Windows 日期選擇器

這只是快速瀏覽一下一個以控制元件為基礎的使用者介面設計系統。互動設計師要如何使設計出的系統在自己的工作中具有相同的一致性、可伸縮性和可重用性呢？目前，有一個熱門的方法：原子設計（*Atomic Design*），我們將在下一部分中查看這種設計方法。

原子設計：一種設計系統的方式

如前所述，設計和設計方法論是隨使用者介面設計系統一起發展的。使用者介面設計領域中有著這樣一個想法：我們要設計出一個靈活、可重複使用的控制元件系統，用來組裝所有畫面或設備的介面。

許多設計師已經開始以這種方式思考，原子設計可能是這種方法最廣為人知的名稱。它最初由設計師 Brad Frost 寫在他的部落格中，現在他還出了書，書名就叫《原子設計》（*Atomic Design*）（*http://atomicdesign.bradfrost.com*）（Brad Frost 出版，2017 年）。現在，它已被設計團隊廣泛採用和改編，以解決設計問題並建立自己的使用者介面設計系統，我們在這裡接著要簡要介紹一下這個方法。

總覽

原子設計包括原則和使用者介面控制元件分類結構，我們用以下小節概述它們。

分解

原子設計基本上是一種自下而上的建構介面的方法。從分析當前正在設計的軟體開始，然後將頁面和畫面分解到最小，拆分後的這些區塊仍然可以單獨使用和發揮作用。也可以用前面提到的許多使用者介面框架作為起點，因為它們已經將控制元件分解完畢。

樣式指南

制訂設計的基本和通用準則：顏色、版式、排版網格（或用時下無網格、容器可調整大小的設計計劃）、容器、圖示等。有關排版網格的討論，請參見第四章，有關顏色和排版的資訊，請參見第五章。重點是要記住，最終目的是做出獨特而令人愉悅的外觀。您的選擇應遵循品牌所設定的準則或建立符合品牌的外觀及感受。您原子設計系統中的所有內容都將以此為基礎，並透過 CSS 繼承這些樣式。請從您軟體中最基本的原子單元開始著手，當需要組合這些元素時，您需要加入更多樣式標準以控制外觀、行為和排版，為充滿元件的整個畫面建立樣板。

一致性

一個主要目標是避免欠下「使用者經驗（UX）債務」，使用者經驗債務是由各種不同設計風格和外觀和感覺緩慢積累而成。請在各處重複使用相同的控制元件，並維持其特定的設計。重用時是以整個控制元件為單位，無需從頭開始建立它，也有機會改變它的外觀。這樣，該軟體可以在發展和擴張的同時，仍能保持其使用者介面的一致性。

模組化

模組化主要講的是您需要一個軟體建構區塊系統，用來組裝成工具和畫面，以滿足特定需求。小區塊可組合成更大的區塊，就像建立一組樂高玩具套組一樣，只是改為建立使用者介面。您可以單獨使用其中的小區塊，也可以將它們組合在一起以建立更大、更強健的控制元件和工具。

巢式結構

如剛才所述，策略是從最小的功能元素和最通用的樣式標準開始，例如排版和顏色調色板。您可以使用較小的東西來建立較大的東西。例如，一個簡單的文字輸入欄位可以與標

籤、輸入線索（*Input Hint*）或輸入提示（*Input Prompt*）（請參見第十章）以及輸入欄位內的下拉式選擇器結合使用，以構成一個更加實用的動態表單控制元件。還有樣式繼承的概念，較小控制元件的樣式設定，會隨控制元件一起被攜帶到較大的聚合體中，更改基礎元件的樣式宣告將修改到整個系統。例如，可以調整調色板中的顏色以獲得更好的對比度和可存取性，而且該顏色會傳播到使用該顏色的所有位置。您可以調整按鈕的圓角半徑，然後所有使用該按鈕元素的東西都會立即改變形狀。對於設計團隊來說，讓所有設計人員都引用的公用元件庫檔案或共享檔案，就可以達成這件事。如果連結妥善的話，設計檔案就會自動在來源檔案更新時更新。對於正在線上的產品，工程團隊必須將所有設計更新整合到相關控制元件的原始程式碼中。完成此操作後，產品將會反映出更改。

建造

建立一組類似於樂高積木的元件，目的當然是讓我們可以建構整個畫面、工作流程和應用程式。設計人員可以設定現有網站應用程式控制元件（例如按鈕和輸入欄位）的樣式，然後再用設定好的東西進行建構。他們也可以選擇從使用者介面框架中立即可用的模組和控制元件作為開始，就像我們前面討論的那樣，這些模組和元件有許多不同等級的客製化可供選擇，有些使用者介面框架的控制元件不是很多，但另一些則已經擁有龐大的使用者介面控制元件庫。請選擇最適合您的需求並能搭配您開發人員使用的 JavaScript 框架的控制元件。

不要被任何技術綁死

儘管在本章的討論以技術為中心，但 Frost 和其他許多設計師還是大聲疾呼：設計師應該繼續專注於設計而不該被任何特定技術或框架限制。目標和以前一樣：去理解使用者；找尋使他們的生活更輕鬆的機會；並為他們設計令人愉悅的、實用的軟體體驗。原子設計、使用者介面框架和使用者介面模式僅是實現此目的的工具，而不該是任何的約束或阻礙。

原子設計階層

一個用原子設計概念建構出的使用者介面設計系統，在結構上都是從小而簡單到大而複雜。

原子

原子被定義成使用者介面系統的最小、最基本的建構單位。它們是無法再進一步分解的模組，而且功能完整的可運作元件，例如文字輸入欄位、標籤、顏色、字體。

分子

分子是兩個以上的原子的組合，以構成更完整的功能元素。分子元素的範例包括，在「同質性網格」（第四章）中用帶有標題和說明的圖像作成新聞或促銷的形式，或者是帶有標籤、輸入線索、輸入提示和送出按鈕的表單輸入控制項。

有機體

將分子的集合變成一個相當複雜的物件，稱為有機體，這些物件可用來處理您軟體中的多種功能或主要功能。您的應用程式或網站中的標題模組就是一個很好的例子。有機體可能包括公司標誌、全域導航控制元件（如第三章中的*胖選單*（*Fat Menus*））、搜索模組、導航工具集或*登入工具*、代表使用者的頭像以及通知計數器。

範本

範本是將分子和有機體放在一起以達到特定目的的骨架，它們是用於根據您的內容所需畫面類型的排版方法。這些範本通常代表會一遍又一遍出現的畫面類型，範本的例子包括表格、首頁、帶有圖表的報告或含有表格式資料的畫面。

頁面

頁面代表最終產品：現在範本已被填入實際的內容變成了頁面。底層的範本和模組系統可以被標準化，但是每個頁面會根據其獨特內容而有所不同。現在，您已經在整個網站套用了一個一致的*視覺框架*（*Visual Framework*）（第四章）了。

互動設計師如何實現一個符合原子設計的系統呢？幸運的是，有許多介面控制元件庫可以隨時進行樣式設定、修改和使用，這些稱為使用者介面框架，您的開發團隊也許已經選了一個在用了。在下一節中，我們將介紹一些精選的使用者介面框架。

使用者介面框架

我們在本節中討論的是用於網站和移動網站技術的使用者介面框架：HTML、CS 和 JavaScript（或類似的程式語言，例如 CoffeeScript 或 TypeScript），因為這本《操作介面設計模式 第三版》就是專門針對網站和移動裝置的畫面介面。

使用者介面框架有許多不同的名稱：例如前端框架、CSS 框架、使用者介面集合、使用者介面工具集。但是它們的內部組成都是一樣的：一個軟體控制元件系統，專門用於建構畫面為基礎的使用者介面。值得仔細研究這些框架的原因有兩個：

- 使用者介面框架是現今的控制元件系統的絕佳範例
- 您可能正在利用這些框架其中之一來設計軟體

總覽

如今，網站和移動裝置的軟體開發人員都已經使用 JavaScript（或其他類似語言）框架來呈現前端程式碼。這些框架只是一些事先準備好、可設定的程式碼模組庫，與從頭開始編寫程式碼相比，只要做客製設定的它們用起來更輕鬆。它們可用來為網站和移動網站應用程式生成適當的 HTML、CSS 和 JavaScript 程式碼。這樣一來，軟體開發可以更快速，而且程式碼和使用者介面更一致。最受歡迎的 JavaScript 框架，像是 Angular、React、Vue、Ember 和 Node.js，以及其他許多其他框架。這些程式碼框架能替您處理使用者輸入、API 呼叫並處理這些 API 回傳的資料。

好處

程式碼框架是種不停翻新的中介軟體引擎，它消除了很多底層的複雜性。除去底層的複雜性提供了許多好處：

速度

事先就準備好的程式碼可以滿足大多數預期的使用情況，這代表著您可以更快地生成可用的軟體。

一致性

程式碼模組和通用 CSS 會用相同的方式去生成使用者介面控制元件。

去除不同的瀏覽器功能差異性

在不久之前，瀏覽器對 HTML、CSS 和 JavaScript 標準的支援程度不同，它們還為不同的瀏覽器各別做了不同的處理，曾經試圖以放大瀏覽器差異以「贏得瀏覽器之戰」。這使得早期的網站和移動軟體若想在不同的瀏覽器上執行，並具有相同的外觀的話，會產生巨大的問題。如今，現代 JavaScript 框架會自動處理好瀏覽器和作業系統的差異。

包含回應式設計

毫無疑問，我們看到了各種設備類型和畫面尺寸的爆炸式增長。要如何對付這種爆炸式增長的挑戰，回應式設計是其中一種答案。根據使用者畫面尺寸自動變化的液態排

版，有助於設計師建立適用於各種設備的設計。現代的程式碼框架就包含了這個重要的能力。

使用者介面框架的興起

這些程式碼框架還為應用程式的前端或表示層提供了控制元件庫，這就是為什麼將它們稱為使用者介面框架、使用者介面套件、使用者介面工具集、CSS 框架或前端框架的原因。它們包含了互動設計人員熟悉的模組和控制元件：例如標題、按鈕、表單輸入、圖像等。

設計人員可以透過多種方式客製化這些使用者介面框架的外觀。確實，本章的重點也在此，也是目前軟體專案的主要設計工作，以下是當今使用者介面設計的工作內容：

- 以控制元件為基礎的使用者介面框架，是使用者介面設計系統方法的一部分。
- 要設計的是系統，而不是只用一次的畫面。
- 使用者介面框架是一個起點，可以進行調整和制定風格。
- 使用使用者介面框架是最低要求，而不是最高要求。它們省下的時間和精力，可用於解決其他更複雜的問題。

在以下各節中，我們將研究一些常見的使用者介面工具集，並透過查看每個工具集中的幾個控制元件範例，來進行比較和對比。

快速瀏覽精選的使用者介面框架

在本節中，我們將快速瀏覽當今的各種使用者介面框架，數量有幾十種，持續還會出現更多。雖然詳盡的比較和比對超出了本書的範圍，但關鍵的一點是它們都使用 CSS，因此顏色、排版和其他設計風格可以進行自定義。另一個要點是，這些工具集由模組和控制元件組成。這個小節的目的是讓您瞭解，使用者介面框架通常將成為您原子設計流程的起點。以下是我們選定要看的使用者介面框架：

- Bootstrap
- Foundation
- Semantic UI
- Materialize
- Blueprint
- UIkit

Bootstrap

Bootstrap 是現今最受歡迎的使用者介面框架之一。最初由 Twitter 開發，任何人都可以使用。圖 11-6 顯示了內建的控制元件列表。圖 11-7 顯示了一般按鈕控制元件。

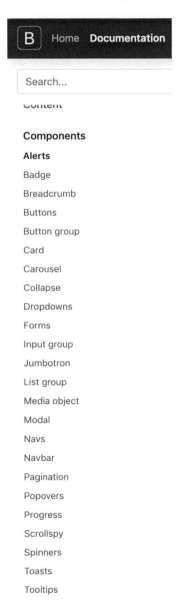

圖 11-6　Bootstrap 控制元件

Examples

Bootstrap includes several predefined button styles, each serving its own semantic purpose, with a few extras thrown in for more control.

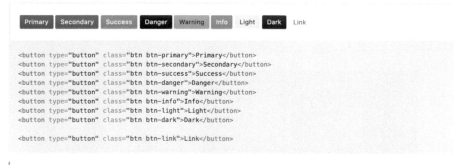

```html
<button type="button" class="btn btn-primary">Primary</button>
<button type="button" class="btn btn-secondary">Secondary</button>
<button type="button" class="btn btn-success">Success</button>
<button type="button" class="btn btn-danger">Danger</button>
<button type="button" class="btn btn-warning">Warning</button>
<button type="button" class="btn btn-info">Info</button>
<button type="button" class="btn btn-light">Light</button>
<button type="button" class="btn btn-dark">Dark</button>

<button type="button" class="btn btn-link">Link</button>
```

Conveying meaning to assistive technologies

Using color to add meaning only provides a visual indication, which will not be conveyed to users of assistive technologies – such as screen through alternative means, such as additional text hidden with the `.sr-only` class.

Button tags

The `.btn` classes are designed to be used with the `<button>` element. However, you can also use these classes on `<a>` or `<input>` elements (th

When using button classes on `<a>` elements that are used to trigger in-page functionality (like collapsing content), rather than linking to new pa `role="button"` to appropriately convey their purpose to assistive technologies such as screen readers.

```html
<a class="btn btn-primary" href="#" role="button">Link</a>
<button class="btn btn-primary" type="submit">Button</button>
<input class="btn btn-primary" type="button" value="Input">
<input class="btn btn-primary" type="submit" value="Submit">
<input class="btn btn-primary" type="reset" value="Reset">
```

Outline buttons

In need of a button, but not the hefty background colors they bring? Replace the default modifier classes with the `.btn-outline-*` ones to rem

```html
<button type="button" class="btn btn-outline-primary">Primary</button>
<button type="button" class="btn btn-outline-secondary">Secondary</button>
<button type="button" class="btn btn-outline-success">Success</button>
<button type="button" class="btn btn-outline-danger">Danger</button>
<button type="button" class="btn btn-outline-warning">Warning</button>
<button type="button" class="btn btn-outline-info">Info</button>
<button type="button" class="btn btn-outline-light">Light</button>
<button type="button" class="btn btn-outline-dark">Dark</button>
```

Sizes

Fancy larger or smaller buttons? Add `.btn-lg` or `.btn-sm` for additional sizes.

圖 11-7　Bootstrap 按鈕控制元件

Foundation

Foundation 是現今另一個流行的使用者介面框架。它最初由一家名為 Zurb 的公司開發，功能強大且擁有龐大的貢獻者社群。許多大型企業都使用 Foundation。圖 11-8 顯示了內建的控制元件列表。圖 11-9 顯示了按鈕控制元件。

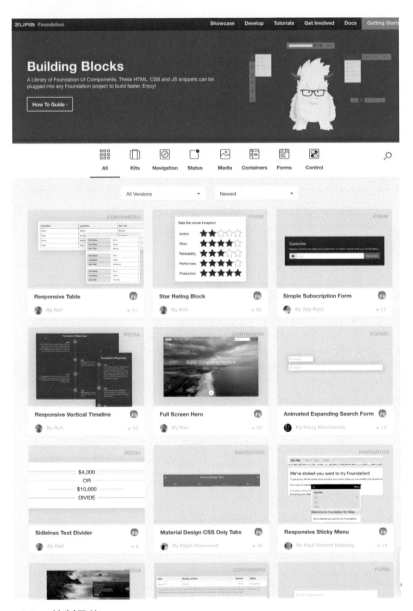

圖 11-8　Foundation 控制元件

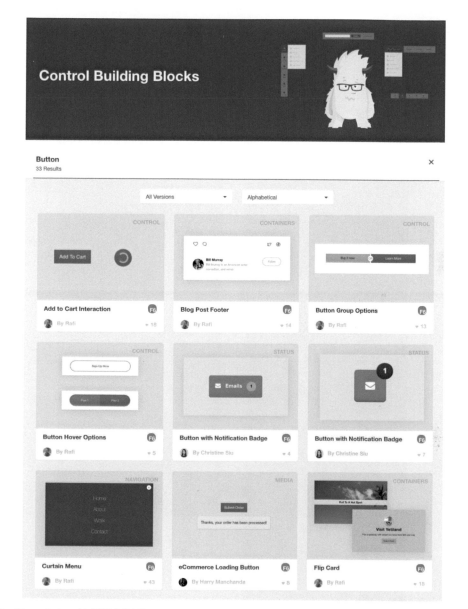

圖 11-9　Foundation 按鈕控制元件

Semantic UI

Semantic 是一個使用者介面框架，目標是讓一般人覺得它好用。它的組織和命名使用自然語言和現實世界的概念。圖 11-10 顯示了內建的控制元件列表，圖 11-11 顯示了它的按鈕控制元件。

圖 11-10　Semantic UI 控制元件

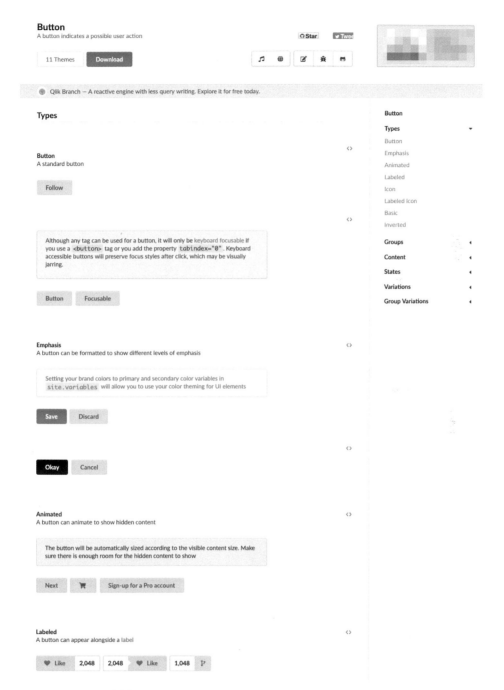

圖 11-11　Semantic UI 控制元件

Materialize

Material 是一個 Android 的設計系統，Materialize 是許多以 Material 為基礎的使用者介面框架之一。Material 最初由 Google 開發，廣泛用於 Android 原生應用程式，也被第三方用於網站和移動應用程式。Materialize 就是用在網站和移動應用程式，並保持了 Material 的風格。圖 11-12 顯示了內建的控制元件列表，圖 11-13 顯示了它的按鈕控制元件。

圖 11-12　Materialize 控制元件

Buttons

There are 3 main button types described in material design. The raised button is a standard button that signify actions and seek to give depth to a mostly flat page. The floating circular action button is meant for very important functions. Flat buttons are usually used within elements that already have depth like cards or modals.

Raised

```
<a class="waves-effect waves-light btn">button</a>
<a class="waves-effect waves-light btn"><i class="material-icons left">cloud<
<a class="waves-effect waves-light btn"><i class="material-icons right">cloud
```

Floating

```
<a class="btn-floating btn-large waves-effect waves-light red"><i class="ma
```

Floating Action Button

See the documentation on this page

Flat

Flat buttons are used to reduce excessive layering. For example, flat buttons are usually used for actions within a card or modal so there aren't too many overlapping shadows.

BUTTON

```
<a class="waves-effect waves-teal btn-flat">Button</a>
```

Submit Button

When you use a button to submit a form, instead of using a input tag, use a button tag with a type submit

SUBMIT

```
<button class="btn waves-effect waves-light" type="submit" name="action">Subm
  <i class="material-icons right">send</i>
</button>
```

Large

This button has a larger height for buttons that need more attention.

圖 11-13　Materialize 按鈕控制元件

Blueprint

Blueprint 是針對資料密集型網站應用程式進行了優化的使用者介面框架。由 Palantir Technologies 開發，可用於任何軟體專案。圖 11-14 顯示了內建的控制元件列表，圖 11-15 是按鈕的範例。

CORE	3.17.0	FORM CONTROLS
Accessibility		Form group
Classes new		Control group
Colors		Label
Typography		Checkbox
Variables		Radio
		HTML select
COMPONENTS		Slider new
Breadcrumbs		Switch
Button		
Button group		FORM INPUTS
Callout		File input
Card		Numeric input
Collapse		Text inputs
Collapsible list		Tag input
Divider new		
Editable text		OVERLAYS
HTML elements new		Overlay
HTML table		Portal
Hotkeys		Alert
Icon		Context menu
Menu		Dialog
Navbar		Drawer new
Non-ideal state		Popover
Overflow list new		Toast
Panel stack new		Tooltip
Progress bar		DATETIME 3.10.1
Resize sensor new		ICONS 3.9.0
Skeleton		SELECT 3.9.0
Spinner		TABLE 3.6.0
Tabs		TIMEZONE 3.4.0
Tag		LABS 0.16.3
Text		RESOURCES
Tree		

圖 11-14　Blueprint 控制元件

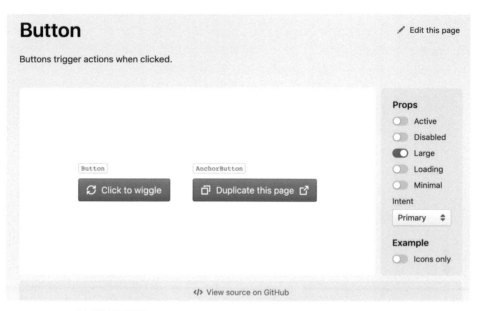

圖 11-15　Blueprint 按鈕控制元件

UIkit

UIkit 是一個極簡風的使用者介面框架，目標是讓人能快速上手前端控制元件。圖 11-16 顯示了 UIkit 內建的控制元件列表，圖 11-17 顯示了按鈕控制元件。

圖 11-16　UIkit 控制元件

圖 11-17　UIkit 按鈕控制元件

本章總結

如今，諸如原子設計之類的設計系統方法，並結合本章中所介紹的現代使用者介面框架，是設計可伸縮、一致的介面的堅實基礎。使用者介面框架是軟體專案中的工程基礎的標準部分，因此您可以期望您的工程團隊選用其中一個使用者介面框架。這些框架使用以模式為基礎的方法來建構使用者介面。好處是可以更快、更輕鬆地設計和部署互動設計中的可標準化、重複部分。對於您的客戶而言，可得到更輕鬆的學習曲線，以及在使用您的設計時更放心。其他好處還有在擴展設計團隊和軟體時，無需擔心在做相同事情時會引入隨機變化的不同方法，這使您可以騰出時間來解決真正困難的互動設計問題。

第十二章

在畫面之外

在前面的章節中，我們探索了以畫面為基礎，為網站、軟體和移動設備設計的世界。這些模式和最佳實作涵蓋了以人為主要目標的數位產品設計的世界，人們藉由點擊畫面而得到的體驗。然而，在我們看不見的地方，支持這些介面和體驗的複雜系統正在一步步地發生變化，而且這些變化中有越來越多都以使用者與系統互動的方式（或不需要與使用者互動）表現出來。

使用者能看見的那一大部分系統，都是關於使用者向系統提供資訊或與系統進行交易，以及向使用者顯示結果的介面。這些系統使用的模式會根據該系統的預期用途而有所不同。

諸如 YouTube、Facebook 或 Twitter 之類社交媒體的體驗都遵循著類似的模式，因為它們的核心是非常相似的事情。從根本上講，與社交媒體的互動包含了使用者將內容發布到其他人可以查看和評論的系統上。內容的所有者可以編輯、刪除內容或修改可以查看內容的人員。其他使用者可以喜歡（按讚）或與他人共享內容，甚至可以告訴系統該內容令人反感或選擇不查看。這樣，儘管系統會用一組複雜的演算法來居中調整和顯示內容，但從使用者的角度來看，互動卻非常簡單。

同樣地，從系統角度來看，*New York Times*（紐約時報）、*The Atlantic*（大西洋）等新聞網站或您當地的線上新聞報紙也遵循類似的模式。幕後有一個內容管理系統，記者、編輯和攝影師可以使用該系統將內容放入系統中，並在發布給大眾之前對其進行審核。使用者可以查看文章、分享文章，以及在某些系統中發布和編輯評論。

電子商務網站也可以被拆解到簡單模式的層級。它的幕後有一個系統，員工可以為特定的商品輸入照片和說明，以及調整所有可用的選項；有一個系統可以追蹤公司可售商品的數量以及可能存放的位置。使用者可以依分類或集合查看項目，並最終導航到產品的詳細資訊畫面，在這裡他們可以選擇商品的特定尺寸和數量，將它們加入到購物車中並進行購買。

這些是我們在網路和移動應用程式中會看到的模式。但是，隨著技術能夠處理越來越複雜的操作，輸入和輸出的複雜性同樣會隨之增加。在幕後，演算法（資料的計算規則集合）驅動了顯示給使用者的資訊和內容，這些演算法隨著它們在*機器學習*（*machine learning*）中的發展而變得越來越複雜：機器學習是人工智慧的一個子集合，其系統會尋找出用來推斷資料和分類的模式。

普及計算（Ubiquitous computing，也稱為物聯網（Internet of Things）或工業網際網路）是指將物件或在空間中嵌入與網際網路連接的硬體（例如傳感器），使其可以讀取環境的相關資訊並回傳此資訊。這些系統可能非常複雜，且大多數時間人們是完全看不見的。

這些複雜的系統與使用者「互動」的方式與本書所關注的以畫面為基礎的互動方式不同。隨著互動變得更加自動化和不可見，使用者甚至會變得不需要鍵盤，互動將變得更加簡單，因為使用者的行為就能確認並批准系統的動作。將來，這些類型的互動將越來越普遍。

智慧系統的組成

技術世界的基礎正在發生巨大變化。系統正在從請使用者主動輸入資料，轉變成以「讀取」活動和位置來建立間接輸入的系統。

連網 / 智慧裝置

連網裝置是能連接到網際網路的裝置。您的智慧型手機、電視、汽車、恆溫器、燈泡、甚至狗碗都可以連接到網際網路且進行監控。

預測系統

預測系統是一種靜靜觀察使用者正在做什麼，並提供資料、建議甚至主動為使用者下訂單的系統。例如，智慧冰箱知道冰箱中有些什麼食物，並在牛奶快喝完時訂購牛奶。

輔助系統

輔助系統是透過科技，以調整和增強使用者的人類能力的系統。

自然使用者介面

自然使用者介面是使用動作、手勢、觸摸或其他觸覺和感官方式來提供輸入和輸出的「介面」，您在智慧手機或平板電腦上使用的觸控螢幕是早期自然使用者介面的範例。其他還有更多範例，例如亞馬遜的 Alexa 或 Microsoft 的 Kinect 系統，這類可以讀取手勢，而且您可以點擊、擠壓、握住、揮手或與之交談的介面將越來越多。

本章總結

第三版《操作介面設計模式》涵蓋了桌上型電腦軟體、網站、移動設備上大量以畫面為基礎的設計模式和實作方法。隨著這些系統變得越來越複雜，我們希望人們在使用系統時的體驗將變得更簡單、更容易理解。設計師的功能是理解這些模式並將其應用於特定的環境。如此一來，設計的主要工作，將轉換為品牌行銷、故事行銷、想像場景以及適用於這些場景的「規則」。

無論介面最後在使用者面前如何呈現，本書的模式和原則都是經久不衰的。不論是了解合理的使用者介面架構的基本模式，建立遵循 Gestalt 原則的清晰資訊層次結構的視覺化呈現，為使用者提供適當的協助，這些都能幫助使用者更了解介面。

最後，請您保持一個想法，設計師和從事技術工作的人們創造的體驗，以大大小小的方式觸及人們生活，我們將有機會以符合道德的、以人為本的心態進入未來，使人們和我們生活的世界更加美好。我們擁有無與倫比的技術和工具可打造未來，而現在真正要問自己的問題是：我們將用它創造什麼樣的未來？

索引

※ 提醒您：由於翻譯書排版的關係，部分索引名詞的對應頁碼會和實際頁碼有一頁之差。

B

G

作者簡介

Jenifer Tidwell 十多年來一直在設計和建立使用者界面。從 1997 年開始,她一直在研究使用者界面模式,從 1991 年以來,她一直在設計和建構複雜的應用程式和網站界面。最近,她從數位設計轉向景觀設計,在做景觀設計時,仍然每天追求可用性、美觀和良好的工程設計間的平衡。

Charlie Brewer 是使用者體驗設計的領導者,在 B2B 網站應用程式和 SaaS 平台方面擁有豐富的經驗。在職場工作時,將觀察力轉化為數位產品的設計能力。他的背景包括製作獨立電影、教學和為全球客戶建立數位品牌。Charlie 後來設計了一個突破性的程式化電視廣告市場,共同創立了一家社交遊戲新創公司,並推出了多種數位產品。

Aynne Valencia 是 The City of San Francisco Digital Services 的設計總監,也是加州藝術學院的副教授。她的經驗包括建立創意團隊,推出重點產品和服務,指導和教育設計師以及與全球主要品牌合作。她在實體產品設計、數位產品設計、服務設計和軟體方面擁有廣泛的設計背景。

出版記事

本書的封面動物是鴛鴦（*Aix galericulata*），鴨科動物中最美麗的一種。這種色彩斑斕的鳥類原產於中國，目前可於俄羅斯南部、中國北部、日本、英國南部與西伯利亞發現其蹤跡。雄鳥的羽毛色彩多變，醒目的頭冠、栗色的雙頰、一道由鮮紅的鳥喙經過眼部向後頸延伸的白色寬帶。雌鳥的外表則樸素許多，多半是灰、白、褐與褐綠交雜，喉部與前頸則為白色。

鴛鴦生活在靠近溪流或湖泊的林地，由於是雜食性動物，所以食物也隨著季節而變化：秋天多半吃橡實與穀粒，春天則換成昆蟲、小蝸牛與水生植物，夏季則享用蚯蚓、蚱蜢、青蛙、魚和軟體動物。

其交配儀式是則從一場精緻繁複的求偶舞開始，動作包括搖晃、模仿飲水與梳理羽毛。雄鳥相互競爭，但最後的選擇權還是由雌鳥自行決定。小鴛鴦出生後自然跟隨著保護慾強大的母親，雌鳥會偽裝受傷，分散水獺、貉、水貂、臭鼬、雕鴞、草蛇等獵食者的注意力。

鴛鴦目前雖然不是瀕危物種，但牠們的生存仍受到威脅。伐木工不斷地侵占牠們的棲息地，捕獵者和偷獵者為了羽毛而補殺牠們。人類認為牠們的肉不好吃，因此獵殺牠們的理由並不是把牠們當成食物。

O'Reilly 書籍封面上的許多動物都面臨瀕臨絕種的危機；牠們都是這個世界重要的一份子。

封面插圖是由 Karen Montgomery 以 Wood 的 Illustrated Natural History 的黑白版畫為基礎繪製。

操作介面設計模式第三版

作　　者：Jenifer Tidwell, Charles Brewer, Aynne Valencia
譯　　者：張靜雯
企劃編輯：蔡彤孟
文字編輯：王雅雯
設計裝幀：陶相騰
發 行 人：廖文良

發 行 所：碁峰資訊股份有限公司
地　　址：台北市南港區三重路 66 號 7 樓之 6
電　　話：(02)2788-2408
傳　　真：(02)8192-4433
網　　站：www.gotop.com.tw
書　　號：A628
版　　次：2020 年 12 月二版
　　　　　2024 年 04 月二版二刷
建議售價：NT$980

國家圖書館出版品預行編目資料

操作介面設計模式 / Jenifer Tidwell, Charles Brewer, Aynne
　Valencia 原著；張靜雯譯. -- 二版. -- 臺北市：碁峰資訊,
　2020.12
　　面；　公分
　譯自：Designing Interfaces, 3rd Ed.
　ISBN 978-986-502-654-7(平裝)
　1.電腦界面　2.電腦程式設計
312.16　　　　　　　　　　　　　　　　　　109017093